宿州气象志

《宿州气象志》编纂委员会　编

方志出版社
Publishing House of Local Records

图书在版编目(CIP)数据

宿州气象志 /《宿州气象志》编纂委员会编. — 北京：方志出版社，2017.2

ISBN 978-7-5144-2358-7

Ⅰ.①宿… Ⅱ.①宿… Ⅲ.①气象—工作概况—宿州 Ⅳ.①P468.254.3

中国版本图书馆 CIP 数据核字(2017)第 036019 号

宿州气象志

编　　者:《宿州气象志》编纂委员会
责任编辑:王笃银　陈　菁

出 版 人:冀祥德
出 版 者:方志出版社
　　地址　北京市朝阳区潘家园东里 9 号(国家方志馆 4 层)
　　邮编　100021
　　网址　http://www.fzph.org
发　　行:方志出版社发行中心
　　电话(010)67110500
经　　销:各地新华书店
印　　刷:安徽煤田光大彩印有限责任公司

开　　本:889×1194　1/16
印　　张:20.25
字　　数:517 千字
版　　次:2017 年 2 月第 1 版　2017 年 2 月第 1 次印刷
印　　数:001~200 册

ISBN 978-7-5144-2358-7　定价:200.00 元

《宿州气象志》编纂委员会

主　任:李红卫

副主任:祁　宧　孙惠合　陆太平　薛光侠　戚尚恩

委　员(姓氏笔画为序):

王德育　王　东　王夫北　王　颖　孙厚选　孙录贵

李　德　张丙振　张成兴　张明本　吴本勋　陈邦怀

娄成立

主　编:戚尚恩

副主编:张丙振　吴本勋

编纂组(姓氏笔画为序):

王德育　王　东　王夫北　王　昉　卢　俞　祁　宧

汪顺勤　柏　枫

目　录

第四篇　行政管理

第五篇 气象灾害纪实

序

编修志书是中华民族的优秀文化传统,是一项承前启后、彰古昭今、继往开来、服务当代、有益后世的文化工程建设。用志书的形式系统记述宿州气象事业发展历程,旨在资治、教化和存史,展示宿州气象发展历程。

自1952年8月华东军区司令部气象处在宿县建站始,已有60多年历史。1954年至1957年,砀山县、泗县、萧县、灵璧县相继建成气象站,宿州气象进入全面发展的时代。经过艰辛的创业努力,特别是改革开放后,宿州气象事业发展步伐显著加快。进入21世纪以来,全市气象部门坚持深化改革,加速气象现代化建设,气象事业进入全面、快速、协调发展的新阶段。气象队伍逐步扩大,人员素质大大提高,雷达、卫星等先进探测手段广泛应用,天气预报手段增多,准确率逐步提高。气象公共及科技服务已渗透到全市各行各业,为全市防灾减灾作出了积极贡献。

本志是在周鸿庆主编的《宿县地区气象志》(1987年)的基础上,拾遗补缺,重新编修的志书,增加了较多的内容。《宿州气象志》全书5篇22章、99节,加上总述、附录、大事记等,51.7万字。比较系统、全面地记述了宿州气象事业的历史沿革、台站发展、气候特点及气候区划,主要科研成果、获奖科技论文,技术人才的培养,重大气象事件以及为国民经济各部门、各行业服务的途径、方法和手段等。通过查阅地方志、中国气象灾害大典等,收录了2220余年的主要气象灾害。内容上祥而不冗,广而不滥,详今明古。是宿州气象史上第一部全面、系统、客观地记述气象事业发展历程和现状的气象专业志书。

该书的出版有助于行业内外互通信息,互相了解,加强联系与对外合作;对发挥气象技术的优势,促进气象事业的发展;对帮助气象部门职工了解创业历程,增强搞好气象事业的光荣感和责任感将起到积极的推动作用。

《宿州气象志》记载了宿州气象事业60年历程，将成为社会各界了解宿州气象的重要“窗口”，也必将日益显示其“资治、教化、存史”的历史功用。

本志是一部集史料性、科普性、实用性、权威性于一体的工具用书，信息量大、针对性强、适用性广，对气象工作者认识气象事业的昨天、建设气象事业的今天、规划气象事业的明天，有着积极的作用。

“以铜为鉴可正衣冠，以古为鉴可知兴衰，以人为鉴可明得失，以史为鉴可知兴替”。《宿州气象志》的出版发行，对于关心宿州气象工作发展、热爱气象事业的人们，一定会有所启迪、有所帮助。让我们共同携手为创造更加美好的宿州气象事业新明天而不懈奋斗。

宿州市气象局党组书记、局长　李红卫

2015年7月

凡　　例

一、《宿州气象志》遵循辩证唯物主义和历史唯物主义立场、观点和方法，实事求是地记述宿州市的气候实况（概况）和气象事业发展各方面的历史与现状。

二、本志求真存实，力求思想性、科学性和资料性的统一。严谨、朴实、科学、实用，突出时代特征，反映行业特点和宿州气象特色。

三、本志通贯古今，详今略古，以现状为主。上限不限，下限原则上截至2012年12月31日止。大事、特殊事件等下限延至2013年年末，有关负责人和处级非领导职位人员下延至2015年4月。

四、记述范围，主要立足于宿州市现政区地域，部分涉及原政区；“气候”“物候”“气候资源”以市区（宿州站）资料为主，部分数据分述所辖各县区地域。

五、本志文体，均采用记述体。一般只记事实，不加评论。

六、本志采用述、记、志、图、表、录等体裁。概述与各章小序，述议结合，为全志和各章之大纲；大事记以“编年体”为主；各章节为志的主体。附录收录与气象工作密切相关的重要文献等。

七、本志行政区划、机构、地名等均按当时名称，必要时注现名。需用简称者，在首次出现时写明全称，括注简称。1979年10月至1999年1月出现的宿州市为县级宿州市。

八、继承修志传统，横排纵写，横分门类，纵述史实。划分事类，不受部门隶属关系限制，采用“事以类从”的方法。

九、本志采用章节体为基本框架，由篇、章、节、目、子目五个层次组成。照片集中和分散相结合；总述、大事记等置前；附录殿后，中设5篇22章、99节，图表随文设置。

十、本志涉及历史纪年、数字计量、标点符号、称谓等，均按《安徽省第二届志书编纂行文规范》和国家有关规定执行。

十一、天气、气候资料，以宿州市气象局基本气象资料数据库（含县局）和三十年气候资料整编集为基础，部分采用《宿州气候》中资料。

十二、本志所引气象灾害纪实，从地方志、中国气象灾害大典、地方民政灾情资料等有关文献记载摘录。其他所引资料，依据有关文献、台站档案材料、口碑资料以及《宿县地区气象志》等；文中一般不注明出处。

宿州市气象站分布及宿县气象站变迁

宿州市5个国家气象站分布图

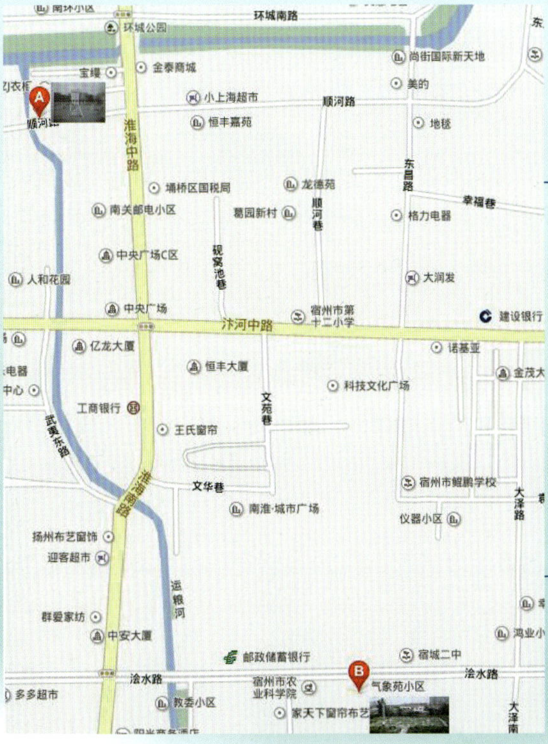

宿县（州）气象站位置图

A点：1952年8月至1955年8月，宿县气象站位置（宿县老城环城河南岸万里桥旁）

B点：1955年8月至今，宿州国家气象观测站位置（宿州市浍水东路509号气象苑小区院内）

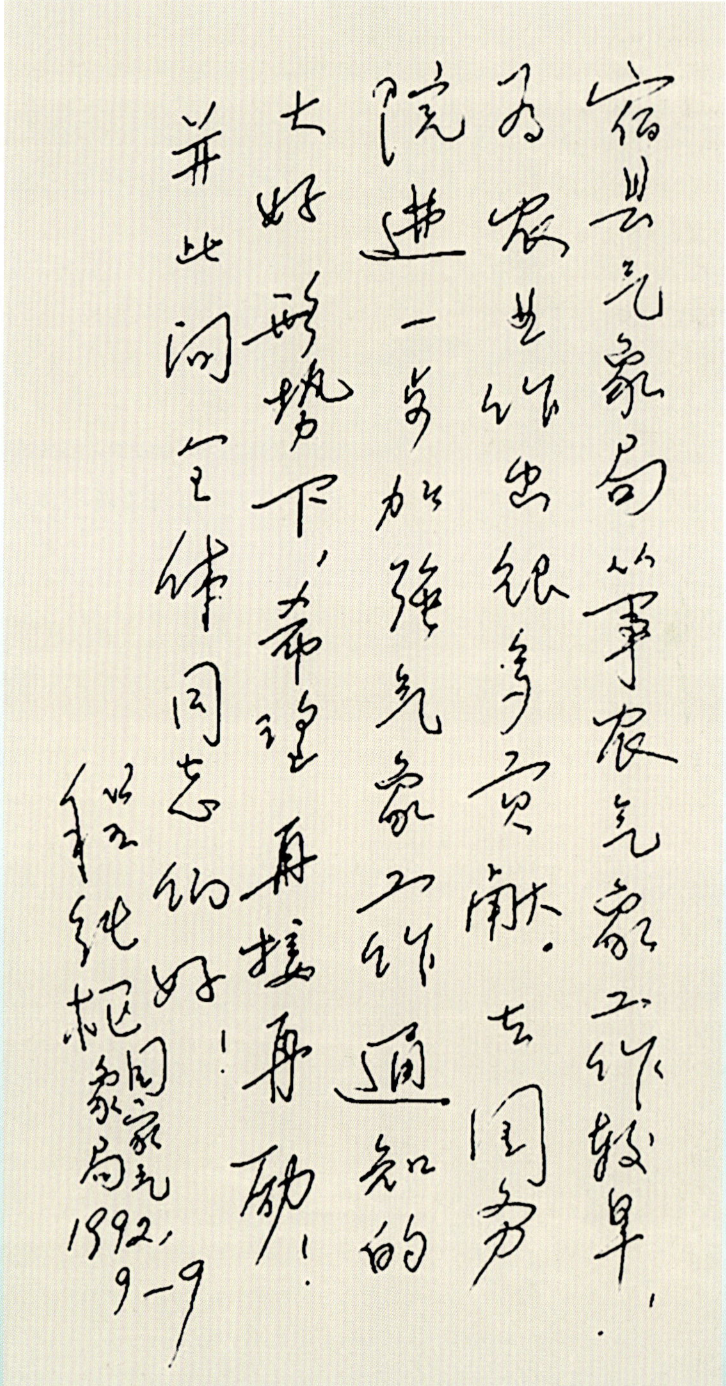

宿县气象局从事农气象工作较早，
为农业作出很多贡献。在国务
院进一步加强气象工作通知的
大好形势下，希望再接再励！
并此问全体同志们好！
程纯枢
国家气象局
1992，9-9

1992年，国家气象局总工程师、副局长，中国科学院院士程纯枢为宿州气象建制四十周年题词

1997年8月，安徽省人大常委会副主任陆子修（中）率省人大执法检查团到宿县地区进行《中华人民共和国气象条例》执法调研。宿县地区人大工委主任吴立义（左二）、宿县行署副专员武秀玲（左一）等陪同检查

2005年7月4—5日，安徽省政协副主席战秋萍（右二）一行在安徽省气象局副局长翟武全（左二）、宿州市副市长李令臣（右一）等领导的陪同下，对宿州市的气象防灾减灾工作进行专题调研

1992年9月18日，宿县地委书记耿广宽（左二）、宿县行署副专员武秀玲（左一）及原行署专员唐振（右二）、安徽省气象局副局长司瑞祥（右一）出席宿县地区气象事业创建40周年纪念大会

1998年8月18日，宿县行署专员陈树德（中）一行到宿县地区气象局检查指导工作

2000年8月22日，宿州市委书记徐立全（前）到宿州市气象局检查指导“宿州市农网中心信息入乡工程”工作

2002年12月11日，宿州市委副书记、市长梁卫国（右二）到宿州市气象局检查指导工作

2004年5月，宿州市委副书记、市长唐承沛（中）检查宿州市气象局工作

2007年7月4日晚8时，宿州市市长吴旭军（右二）、副市长李令臣（右一）到宿州市气象台检查指导防汛工作

2008年6月17日，宿州市委书记李宏鸣（右五）、市委常委组织部部长訾金雷（中）、副市长李令臣（右一）到宿州市气象局检查指导工作

2011年11月18日，宿州市政协主席刘晓云（右三），副主席王胜华（右二）、武敏（左三）一行到宿州市气象局调研

2003年7月14日，中国气象局副局长许小峰（中）一行在安徽省气象局局长孙健（右四）、宿州市副市长王建（左一）陪同下检查灵璧县气象局汛期气象服务和灾后重建工作

1997年11月25日，安徽省气象局局长会议期间，省气象局局长刘志澄（前）率会议代表到宿县地区气象局检查指导工作

2003年4月21日，安徽省气象局局长孙健（前）到萧县气象局检查工作

2010年3月11日，安徽省气象局局长翟武全（右二）到宿州市气象局检查指导工作

2015年4月9日，中国气象局气象宣传与科普中心副书记梅连学（右二）在安徽省气象局党组书记、局长于波（右三）的陪同下，到宿州市气象局调研气象现代化建设和气象为农服务工作

20世纪50年代建成的宿县气象站观测平台和职工宿舍

1985年5月，观测员冒雨测量雨量

1959年冬，全体观测员在观测场合影

2013年6月，新型自动气象站改造完成后的宿州国家气象基本观测站

2006年7月建成的六要素自动气象站

20世纪80年代，
填图员填天气预报图

20世纪80年代，预报员讨论天气预报

2009年8月投入使用的气象现代化气象资料处理系统

2009年8月投入使用的宿州市气象台业务大平面。图为业务员进行联合天气预报会商

2003年10月安装的第一个中规模卫星云图处理系统接收天线

台站和业务建设

延绵半个多世纪的土壤湿度测定方法

20世纪80年代使用的自制农田小气候观测仪器架

20世纪90年代使用的农林小气候综合观测仪，于2001年3月安装在宿州市农业科技示范园大型钢构连栋大棚温室内

2010年11月安装的农田综合小气候自动观测仪

2011年1月正式启用的自动土壤水分观测站，截至2012年年底，全市已安装8个

1973年建成的办公楼；楼上为1975年8月投入使用的711测雨天气雷达（2008年9月停用）

1992年建成的用于天气警报网组网的50米高铁塔（全区5座）

1994年7月，宿县地区气象局与宿县地区黄淮海开发办联合建造的五层综合大楼竣工并投入使用

2009年8月投入使用的新办公楼及2010年7月投入使用的713数字化天气雷达

2009年8月投入使用的学术报告厅

职工住宅变迁

1966年修建的职工宿舍，每套2间33平方米

1976年修建的职工宿舍，每套2间40平方米

1989年10月，宿县地区气象局建成的第一栋4层16套职工宿舍楼投入使用，每套57.5平方米

1998年11月，第一栋5层20套职工宿舍楼建成并投入使用，每套84平方米

2009年5月26日，宿州市气象局邀请宿州市政府法治办、建委等30多家单位和企业参加《安徽省防雷减灾管理办法》实施效果座谈会

2009年5月，在汛期到来之前，宿州市气象局保障中心工作人员在全市各乡镇检修自动雨量站、多要素自动气象站

2010年1月，宿州市人工影响天气作业能力建设项目启动仪式

2010年6月30日，宿州市综合应急救援支队——气象救援专业队成立

2010年11月，宿州正式启动电力气象专业服务保障系统，并投入业务运行

2011年2月25—27日，安庆市气象局人工增雨突击队，到萧县开展人工增雨，支援当地小麦抗旱保苗工作

2012年8月8日，宿州人工影响天气小分队在宿州市农业科技示范园开展人工增雨、抗旱保苗工作

2012年11月30日，《拂晓报》全文刊登《气象设施和气象探测环境保护条例》，加强观测环境的保护

2011年2月27日，宿州市电视台《直播宿州》栏目夜间采访人工增雨作业小分队

2009年3月，宿州农业气象专家在种粮大户、全国人大代表、埇桥区夏刘寨村村长王化东（左一）家的麦田开展点对点气象专项服务

2009年4月16日，在埇桥区夏刘寨村赠送电子显示屏及气象灾害防御手册

2010年4月14日夜间，宿州市气象局组织开展麦田低温监测工作，提前做好低温预警

2010年8月初，在埇桥区25个乡镇全面开通气象灾害预警显示屏广播服务系统，图中左上角为气象灾害预警大喇叭

2011年5月4日，埇桥区沟西村建成大棚小气候自动站，左下角为棚外显示屏

至2012年年底，全市建成8套小气候自动观测站（其中5套在设施农业大棚内）

图1 涉农专家集体讨论夏玉米苗情与中后期管理重点

图2 涉农专家在宿州农业气象示范基地查看玉米长势

2011年8月12日，宿州气象与农业专家服务联盟成立

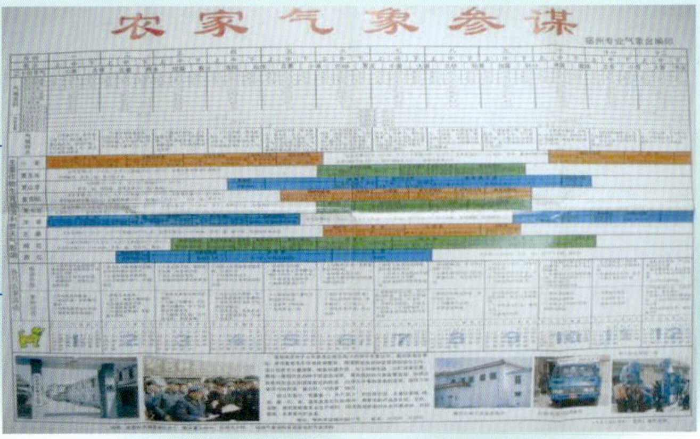
农家气象参谋

宿州专业气象台编印

1993年9月，宿州专业气象台编印的农家气象参谋挂图

2010—2012年，宿州市气象局在宿州市电视台《农事》栏目中，开辟《农事气象服务》节目，针对每个节气、不同的农事时段和农业气象灾害，积极开展气象为农服务

2012年5月16日，埇桥区气象局举办乡村信息员气象综合知识培训班

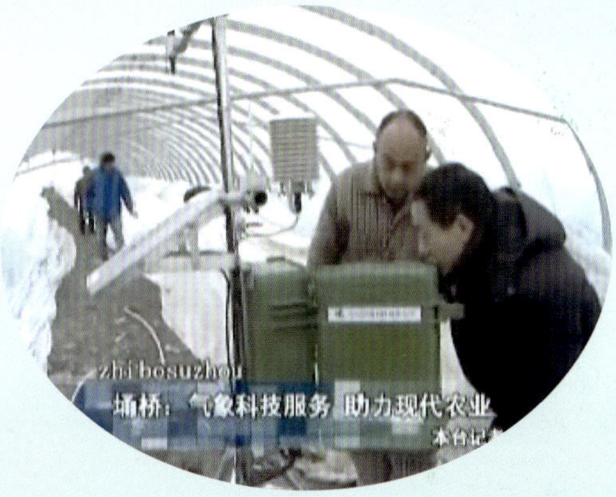

2012年4月11日，宿州电视台《直播宿州》栏目，以“气象科技服务　助力现代农业”为题，作了专门深入的采访报道

2012年5月25日，宿州气象与农技签署联合制作发布农用天气预报协议

2000年4月26日，省气象局副局长孙健（左二）参加宿州农网技术培训班第一期开学典礼

2008年11月10日，第三批选派干部培训班开班典礼

2009年9月，第十五期全省乡镇信息员培训班（宿州市班）学员合影

1958年的砀山县气象观测场

砀山县气象局业务平面

砀山县气象台

县站面貌——萧县气象局

萧县气象局旧貌（1978年拍摄），前排为办公室，后排为职工宿舍，均为1964年前建筑的房屋

2007年3月建成的萧县气象局办公楼

2005年建设的别墅式职工宿舍楼

县站面貌——灵璧县气象局

1985年观测场全貌

2007年重新修建的灵璧县气象局办公楼

灵璧县气象局新观测场

县站面貌——泗县气象局

1982年泗县气象局全景

泗县气象局办公楼

2007年建成的泗县气象局气象科普画廊，科普长廊后为气象局职工宿舍楼

1992年9月，宿县地区气象建制40周年纪念活动合影

2002年10月，宿州气象建制50周年庆祝活动合影

2002年10月29日，宿州气象建制50周年庆祝活动时职工风采

2002年10月29日，宿州气象50年庆典书画、摄影展

2012 年 12 月 2—3 日，宿州气象 60 年庆典书画、摄影展

2012年12月2—3日，宿州气象建制60周年庆典时历任负责人合影，左起祁宦、张学贤、佘修平、司瑞祥、崔振华、孟继方、朱延文、薛光侠

2012年12月，宿州气象建制60周年纪念活动时，全体到会人员合影

2008年8月1日，宿州市气象局举行迎奥运健身长跑活动

2009年1月20—21日，宿州市气象系统首届职工运动会

2009年9月22日，宿州市气象局职工积极参加宿州市市直第七届运动会

2009年8月18日，宿州市气象局新办公楼启用仪式

2009年，新中国成立60周年文艺汇演时离退休老同志放声高歌《东方红》

2010年7月12日，宿州市气象局与南京信息工程大学应用气象学院局校合作签字仪式在宿州市气象局举行

2013年4月18日，宿州、淮北两市气象局共同开展党风廉政教育活动。图为在淮北市廉政文化广场“警钟长鸣”处合影

2000 年 3—5 月，宿州市气象局大院内清除垃圾 100 多车，堆成小土山一座，建成大小不等、形状各异的花坛 9 个及小型花园 2 个，美化了院内环境

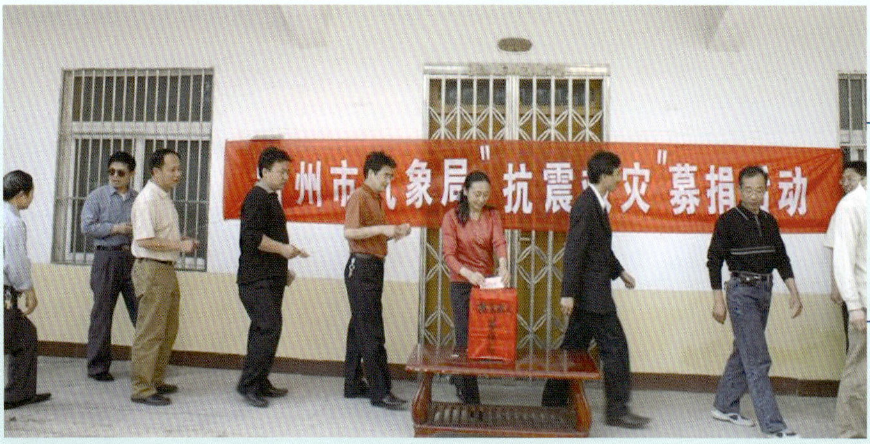

2008年5月15日，宿州市气象局职工为四川汶川地震灾区捐款

2012年5月23日，宿州市气象局离退休党支部组织退休党员开展“爱我大院”环境卫生清理

大雪后，宿州市气象局领导带领职工清除大院内积雪”

2005年—2012年，萧县气象局连续三届获得“全国文明单位”称号

宿州市气象局连续三届获得“安徽省文明单位”称号

2011年12月，宿州市气象局荣获“安徽省卫生先进单位”称号

2012年10月，宿州市气象局荣获第三届“安徽省文明窗口”称号

荣誉集锦

1995年4月起，宿县地区专业气象台连续三届获得“安徽省百家最佳优质服务单位”称号

2005年8月，宿州农网荣获“气象为农服务优秀奖”称号

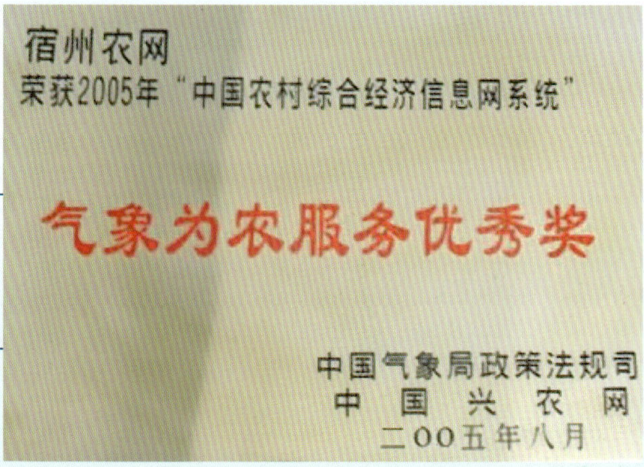

20015年12月，宿州农网荣获“2005中国农业网站100强”称号

2005年12月，淮海农资网荣获“2005中国农业网站100强”称号

2006年4月26日，宿州市气象局全体党员在徐州淮海烈士纪念塔前重温入党誓词

2009年5月27日，宿州市气象局全体党员、副科级以上干部到宿州市展览馆参观反腐倡廉书画展

2010年6月26日，宿州市气象局全体党员在凤阳县小岗村沈浩墓前重温入党誓词

2013年2月6日，宿州市气象局领导班子走访看望离退休老干部

2010年3月23日，宿州市气象学会在宿州市科技广场举行大型宣传和纪念活动

2010年5月15日，宿州市气象局积极参与宿州市政府组织的科技活动周宣传活动，市委常委、宣传部部长王子宜（右二）到市气象局展台前慰问工作人员

2011年“5·12”防灾减灾日，宿州市政府组织在市科技文化广场进行防灾减灾宣传，副市长李令臣（中）到市气象局展台前慰问工作人员

2011年6月12日，宿州市气象局积极参与全国第10个“安全生产月”宣传咨询活动，宿州市人大常委会副主任王克金（中）、宿州市政协副主席王胜华（左二）到市气象局展台前慰问工作人员

总　述

宿州市位于安徽省最北部，东与江苏省宿迁市接壤，南依安徽省蚌埠市，西与河南省商丘市、安徽省淮北市为邻，北与山东省菏泽市、江苏省徐州市毗连。全市地处北纬33°18′~34°38′、东经116°09′~118°10′之间，东西最大跨距184.6千米，南北最大跨距151.2千米，国土总面积9987平方千米，海拔高度14~53米，地势自西北向东南倾斜。

宿州市地处中纬度地带，在太阳辐射、大气环流和地理环境的综合影响下，宿州属暖温带向亚热带的过渡型气候。在中国气候区划中，宿州属北亚热带亚湿润季风气候区。主要气候特点是：季风明显、四季分明，气候温和、雨量适中，春温多变、秋高气爽，冬季干冷、夏雨集中。综观而论，宿州气候条件优越，气候资源丰富；充沛的光、热、水资源，有利于农、林、牧、渔业的发展。但由于气候的过渡型特征，南北冷暖气团交绥频繁，天气多变，降水的年际变化较大，常有旱、涝、风、冻、霜、雹等自然灾害，给农业生产带来不利影响。

宿州辖区在1917年就有气象观测，但连续性不强，持续时间较短；1952年9月起，开始有系统的气象观测。宿州气象事业的发展大致可分为五个时段。

一

建站初期　宿县气象站于1952年8月建成，隶属安徽省军区司令部气象科建制，9月有完整的地面气象观测资料；1954年1月，转地方建制。1954年6月，建立江苏省砀山县气象站，10月正式启用；1955年5月转属安徽省气象局和砀山县政府双重领导，更名为安徽省砀山县气象站。1956年春天至1958年11月，泗县、灵璧县、五河县、郝庄（萧县）、濉溪县、怀远县气候站相继建成，并正式启用；1964年，固镇县设立后，1966年8月建成气象站。至此，宿县地区全境每个县都建立了基本气象（候）站。

建站初期，国家在财力上比较困难，气象工作又是一个新兴的行业，专业技术人才奇缺。在此情况下，建站人员艰苦创业，从不气馁。建站时，人员不过3人，建房不过3间；为场地不受环境干扰，站址大都选择在城外的农场附近，场地虽然视野开阔，但缺电少水，夜间工作极为不便。观测工作严格的规章制度培养了人的组织纪律性，艰苦的工作环境磨练了人的意志，良好的社会环境和观测工作特点，培养了一支政治、业务素质较好的专业队伍。

二

1957—1966年　1957年以后，宿县地区气象事业开始走上正轨，所承担的业务工作任务不断增加，至1966年，先后开展了县站天气预报、农业气象观测，逐步打开气象为农业、经济建设服务的局面。1959年，宿县气象站改为宿县农业气象试验站，1960年3—6月，所属各县气象站相继改为“气象服务站”或“农业气象服务站”，1962年，宿县气象站增设农业气象组，1965年11月，宿县专区气象服务站扩建为宿县专区气象服务台，下设地面气象测报、报务、填图、天气预报、农业气象、业务检查6

个组。

1958 年 7 月,在全国气象工作会议上,提出"专有台、县有站、社有哨、队有组"的建设规划。秋季始,在地方政府的大力支持下,全区掀起大办气象哨、组的热潮。其中,宿县气象站经月余办哨,实现全县气象化,建了 24 个气象哨,191 个看天小组,哨组人员 500 余人,而仪器齐备的只有一个哨。

三

1966—1976 年　"文化大革命"中,主要领导干部遭到冲击,业务骨干受到批判,许多规章制度被废驰,部分气象台站仪器失修,报表积压甚至停审,业务质量下降,基本资料整编停顿,农业气象工作被削弱。1969 年大批下放业务技术人员到基层,专区气象台就曾下放 3 名技术人员到固镇县任桥去支持农村工作。但是,全区气象业务技术人员怀着强烈的事业心和责任感,在十分困难的情况下,仍坚守值班岗位,各台站的观测记录从未间断,获得了宝贵的气象资料,确保了气象记录的连续性和完整性。

20 世纪 60 年代中期起,天气预报实行"小、土、群"(气象站预报、土办法、群众经验)为主的技术原则,并上升为"指导思想""中国式的气象路子"。预报工具设置了盐罐子、水缸等物象,又饲养了蚂蝗、泥鳅等动物,要求预报人员去寻找预报依据。泗县气象站还砌了一个深 1.5 米、长 4 米、宽 2 米的水池饲养水生动物。

1968 年 7 月,派驻军代表到气象台,1970 年,气象部门实行军事管制,气象台站的人事和财权下放到地方。此期,较多的非气象专业人员调入气象部门,加之仪器设备陈旧,不少正常观测和科研项目无法开展,天气预报准确率不高。1973 年结束军事管制,但上述问题依然存在,气象台站只能应付日常不可省却的工作。

四

1977—2000 年　宿县地区气象台站陆续更新仪器,配备新设施;推广各种新的预报技术,天气预报的准确率明显提高。气象工作的重点逐步转移到气象现代化建设和为经济建设服务上来。全区气象工作无论是业务质量、装备更新,还是人才培养、技术成果等方面,都得到了较快发展。

大气探测形成综合探测系统,环境保护提上议事日程。1979 年 9 月,宿县地区革命委员会发布《关于加强保护气象观测场地环境条件的通知》;1980 年 11 月,宿县地区行政公署发布《关于保护和改善气象台站观测环境的通告》。1982 年 4 月,使用遥测雨量计;1986 年 4 月,微机正式在测报工作中应用;1993 年 6 月,使用 EN 型风记录仪,同年地面测报年报表由微机制作;2000 年 1 月,启用有线遥测自动气象站。1980 年,全区第一个全国"质量优秀测报员"诞生。

随着国内外数值预报产品的不断引用、卫星云图处理系统的运行、通信能力的不断提高、"9210 工程"的应用,短期天气预报质量有了较明显的提高,灾害性天气预报能力逐步提升。1979 年,宿县地区气象台预报 6 月 8—9 日冰雹过程成功,获 1979—1980 年度安徽省气象科技成果三等奖,这是宿县地区气象局获得的第一项科技成果奖。1998 年,第一个全国"优秀值班预报员"诞生。

农业气象工作先后完成全国、全省及区域科研协作项目 15 项,8 项获得省部级科技进步奖;本地区气象职工主持的科研课题 20 项,获得省部级科技进步奖 3 项,其中"安徽省土壤湿度测站合理布局研究"获得 1989 年度安徽省科技进步四等奖,这是宿县地区气象局获得的第一项省部级科技进步奖。农业气象观测工作质量提高,1998 年第一次出现农业气象全国"质量优秀测报员"。

气象资料库房中的技术资料，得到全面的梳理，辖区所属8个台站的30年气象资料整编均在1982年3月出版。资料室添置了专柜，各种资料登记造册，规范化管理，获得宿县行署主管部门的表彰。

人才培养和智力开发上采取了有效措施。1981年，宿县地区气象局专门聘请宿州师范专科学校和宿城一中的老师，开设基础文化补习班，为职工投考在职中专班创造条件。此后，到在职中专班、大专班和本科班学习的职工不断增加，经过培训和引进，人员的知识结构有了很大变化。

在技术装备上，气象通信传输网络不断升级改造，越来越畅通。计算机技术得到广泛应用，气象技术装备不断向自动化方向发展。1977年开始传真业务运行，苹果Ⅱ微机在1985年投入使用，1994年安装卫星云图处理系统，同年11月使用386微机进行数据采集、编发报和编制报表；1996年下半年启动“9210工程”；1999年6月1日，地面观测天气报以卫星方式上传，并正式业务运行；2000年，实现接收多媒体信息、网上会议和业务培训功能。

地方政府及各部门的支持力度逐渐加大。1993年4—5月，宿县地区科学技术协会和宿县地区民政局先后发文批准成立“宿县地区灾害防御协会”，挂靠在宿县地区气象局。1994年6月，宿县地区行政公署办公室下发《关于成立宿县地区农村经济信息中心的通知》；简称“宿州农网”，地区气象局承办具体工作。1996年7月，宿县地区行政公署计划委员会下发《关于将我区地方气象事业“九五”计划纳入全区国民经济和社会发展“九五”计划的复函》；8月，宿县地区编制委员会批准，决定成立“宿县地区防雷减灾局”。1997年3月，宿县行署办公室下文，恢复全区人工增雨防雹工作。2000年，宿州农网信息港正式上网运行，实施“农网”信息入乡工程，宿州市111个乡镇全部成立了信息站，200多名信息员培训上岗。

五

2001—2012年　进入21世纪后，以贯彻《中华人民共和国气象法》为契机，宿州气象事业快速发展，气象现代化进程加快。

2001年，开通气象办公网。2002年，宿州市气象局网络接入10兆宽带互联网。2003年，安装华为8020视频会商系统，在“非典”和汛期服务中发挥了巨大作用；第一批41个雨量站在全市投入使用；完成风云—2号气象卫星中规模接收站安装。2004年，开通市—县预报会商系统；整个网络升级为100兆。2006年，全市5个地面观测场都安装了观测实景监控系统。2007年，实现中国气象频道落地接收，完成风云Ⅱ-C星和D星接收系统安装调试，实现了双星气象资料的接收；宿州市人民政府下发《关于印发加快气象事业发展的决定》。2009年，卫星应急移动指挥车投入使用。2010年，新一代数字化天气雷达正式启用；“气象灾害预警显示屏广播服务系统”建成。2011年，建成5套CMA-CAST卫星数据广播接收处理设备；宿州市发展和改革委员会下发《关于印发宿州市气象事业“十二五”发展规划的通知》。2012年年底，宿州市气象局拥有各类型号计算机140台；全市共建有88个各类自动气象站，可实时自动采集和显示有关数据。

气象为农服务方面，截至2012年年底，宿州辖区内先后安装了8套土壤水分自动观测仪，8个农田综合小气候自动观测站；“三七”高炮增至16门，添置12套火箭系统，6部作业指挥车，每年多次组织人工增雨或消雹作业；构成了设施农业和粮食安全保障气象服务监测网。由乡村气象大喇叭、自助触摸屏、多媒体显示屏、手机短信服务平台组成的农业气象服务体系和农村气象灾害防御体系初步建成，在全省处于领先地位，获安徽省气象局创新工作项目评比第一名的好成绩。

大事记

1952 年

8 月 16 日,宿县气象站建成(地址在宿县老城环城河南岸万里桥旁),归属安徽省军区司令部气象科建制,业务工作受华东军区司令部气象处指导。

1954 年

1 月 1 日,接安徽省军区司令部命令(〔53〕气象字第 333 号),宿县气象站由部队转归地方政府,隶属安徽省气象科建制。

10 月 1 日,江苏省砀山县气象站建成。

11 月,安徽省气象科改称安徽省人民政府气象局建制,下属台站的人事、财务、业务三权归属省气象局领导。

1955 年

5 月 1 日,接砀山县委文件,砀山县气象站归属安徽省。

6 月 1 日,刘宝珠代表安徽省气象局接收砀山县气象站。

8 月 1 日,宿县气象站南迁至宿城南关郊外(宿县地区农业科学研究所界内),用地 3055 平方米,建 60 平方米二层观测小楼一座,草房宿舍 5 间。

1956 年

8 月 1 日,泗县气候站建成。

10 月,灵璧县、濉溪县、五河县气候(象)站建成,11 月有气象记录。

1957 年

1 月 1 日,郝庄(萧县)气候站建成,并开始有气象记录。

1958 年

6 月 29 日—7 月 9 日,宿县气象站副站长巫洪韬出席在广西桂林召开的第三次全国气象会议。

10月,谢金球出席在江苏省南京召开的第一次全国农业气象会议。

11月,怀远县气象站建成,1959年1月有气象记录。

是年,气象台站的“人、财”权放给台站所在地政府领导。

1959年

1月,接安徽省气象局办字〔28〕号文件,气象部门归地方政府建制,省气象局负责业务指导。

3月,谢金球出席在北京召开的第二次全国农业气象会议。

9月,安徽省宿县气象站更名为安徽省宿县农业气象试验站,9月15日启用新印章。

1960年

2月,根据1960年2月17日“安徽省气象局关于改变台站名称的通知”(办字第006号),为加强“服务”观点,台站名称一律增加“服务”二字。

3月,萧县气象站、泗县气候站更名为萧县气象服务站、泗县气象服务站。

4月,灵璧县气候站更名为灵璧县农业气象服务站。

6月,砀山县气象站更名为砀山县气象服务站。

1963年

3月,安徽省宿县农业气象试验站更名为安徽省宿县专区气象服务站。

7月1日,安徽省人委传气字第〔888〕号文件,决定改变气象部门体制,收回安徽省气象局建制,党政领导归地方政府。

1964年

1月,气象台站的人事、财务权收归安徽省气象局。

1965年

9月,安徽省人民政府气象局改为厅属气象局:安徽省农业厅气象局(办字第0487号)。

11月24日,经安徽省人委农办作字第〔0483〕号文件批准,宿县专区气象服务站扩建为宿县专区气象服务台。

1966年

8月,固镇县气象站建成,9月有气象记录。

1968年

7月,军代表进驻宿县地区气象台。

1969 年

2 月，下放三名气象技术人员去固镇县任桥，支持农村工作。

1970 年

11 月 7 日，安徽省革命委员会、安徽省军区〔70〕16 号文件转发国务院、中央军委〔70〕国发 75 号文件，决定气象部门实行地方政府和军队双重领导，以军队为主的体制，属军队领导，建制仍属地方政府，安徽省气象局负责业务指导。

1973 年

7 月 11 日，安徽省革命委员会、安徽省军区革生字〔73〕64 号文件：结束军事管制，调整气象部门体制，气象台站的“人、财”权由台站所在地政府领导，安徽省气象局负责业务指导。

1972—1973 年，宿县地区气象局分两次建成第一幢三层办公楼，24 间，共 750 平方米。

1974 年

6 月 1 日，宿县地区地面气象观测场在原址基础上向东南方向移动 30 米。

1975 年

1 月，宿县地区气象台扩建为宿县地区革命委员会气象局，内设办公室、政工科、业务科，临时增设人工降雨办公室；二级机构有气象台、农业气象试验站。

8 月，711 测雨天气雷达在宿县地区气象台投入业务使用。

1976 年

6 月，宿县地区革命委员会在萧县郭庄召开全区气象工作会议。

1977 年

1 月，宿县地区气象局局长崔振华参加在浙江省杭州市召开的全国气象工作会议。

4 月，优秀共产党员、国家气象局中年气象学家雷雨顺到宿县地区气象局举行气象讲座。

5 月，设置宿县气象服务站，办公地址在宿县县政府大院内。

11 月 14—16 日，宿县地区气象局、科技局、农林局、供销合作社、棉办室在五河县联合召开宿县地区土面增温剂会议，研究落实生产、推广、使用土面增温剂。

11 月 25 日至 12 月 1 日，在固镇县召开宿县地区气象科学技术讨论会，宿县地区各县气象局、安徽农学院、安徽省气象科学研究所、安徽省气象局气象处、蚌埠市气象局、宿县地区“五七”干校等单位派员参加。

是年，宿县地区气象局开始传真业务运行。

1978 年

1 月，经宿县地委研究批准，宿县地区气象局下设政秘科、业务科、宿县地区人工降雨办公室、宿县地区气象台等单位，1 月 15 日启用新印章（宿地气政字〔1978〕第 1 号）。

4 月 26—27 日，宿县地区行署、宿县军分区联合召开宿县地区人工防雹、降雨工作会议；宿县地委副书记马健、军分区副司令员孙福亭到会。

10 月 5 日至 22 日，宿县地区气象台副台长周鸿庆出席先在天津、后在北京召开的“全国气象部门先进集体、先进工作者代表会议”。

11 月 20 日，根据安徽省革命委员会革发〔1978〕87 号文件精神，宿县地区编制委员会下文批准成立“宿县地区农业气象试验站”（革编字〔1978〕30 号），定事业编制 9 名。

1979 年

2 月 17 日，安徽省革命委员会革发〔1979〕19 号文件，调整安徽省气象部门体制，下属气象台站的“人、财、业务”三权收归安徽省气象局领导，地方政府负责党政领导。

8 月 4 日，安徽省气象局下文，县级气象站在年内一律改称“气象局”（皖气字〔79〕19 号）。

9 月 8 日，宿县地区革命委员会发布《关于加强保护气象观测场地环境条件的通知》（革发〔1979〕84 号）。

1980 年

3 月，根据宿县地区行政公署〔1980〕32 号文件精神，宿县地区革命委员会气象局更名为“宿县地区行政公署气象局”，3 月 27 日启用新公章。

4 月，在宿县地区范围内，宿县地区气象台陈令行第一个荣获国家气象局授予的“全国质量优秀观测员”称号。

5 月 28—29 日，宿县地区行署、宿县军分区在宿县联合召开全区人工防雹、降雨工作会议；军分区副司令员李良宽主持会议。会前，宿县地委副书记王振鹏主持召开宿县地区人工防雹降雨领导小组会议，研究会议议程。地委副书记、宿县地区人工防雹降雨领导小组组长陈海楼到会。会议总结时，宿县地委第一书记孟亦奇到会看望大家。

6 月，“宿县农业气候资源分析及利用”作为全省自然资源调查和农业区划试点工作的一部分正式展开工作，由省、地、县三级农业气象和气候专家组成专家工作组，14 人参与此项工作，其中安徽省气象局专家 4 人，王善型任组长，年底完成试点工作。

9 月 26—28 日，宿县地区气象局张伯忍出席在浙江省杭州市召开的“全国气象部门科普创作先进集体和先进个人表彰会议”。

11 月 1 日，宿县地区行政公署发布《关于保护和改善气象台站观测环境的通告》（行发〔1980〕163 号）。

11 月 18—30 日，安徽省农业气象工作培训班在宿县举办，全省 31 个台站（单位）的 41 名农气工作人员参加培训，南京气象学院冯秀藻教授作学术讲座。

是年，宿县地区气象台配备Z—80传真收片机，接收欧洲和日本传真资料。

1981年

3月12日至4月27日，配合宿县地区科委举办科技日语培训班，宿县地区气象部门11名中层干部或主要业务骨干参加学习。

7月21—24日，安徽省农业气象工作会议在萧县召开，安徽省气象局副局长雷化蕴到会。

10月21日，安徽省气象局批准成立宿县地区气象局气象服务科（皖气政字〔81〕276号）。

10月28—31日，中央气象局组织闽、赣、皖三省检查组，到宿县地区检查农业气象试验站工作，30日召开由宿县地区农业局、行署农办等农口7个单位参加的座谈会。

11月10—12日，宿县地区气象局召开年终总结评比工作会议，宿县行署副专员徐圣帮到会。

1982年

1月15—17日，宿县地区气象局召开“气象部门先进集体、先进个人会议”；宿县行署副专员徐圣帮出席会议。

3月，宿县地区各县气象局30年气象资料整编出版。

4月1—6日，宿县气象服务站副站长王文礼出席在四川省重庆召开的“全国气象科普会议”。

7月14日，安徽省气象局派员到宿县地区气象局检查全省农业气象基本点农业气象工作普查情况，宿县地区农试站、砀山县、萧县、五河县气象局农业气象组汇报有关情况。

9月1—7日，宿县地区县级（砀山、萧县、灵璧、泗县、五河、怀远和固镇）农业气候区划成果验收评审会在萧县召开，到会42人。宿县行署副专员徐圣邦、安徽省气象局副局长雷化蕴到会；参加评审会的专家组7人，安徽省气象局副总工程师王善型任组长。

1983年

1月23—25日，宿县地区行署召开“气象工作经验交流会议”。

7月，“LD—2”舰船导航雷达改装为测雨雷达，在砀山县气象局投入使用。

是年，安徽省气象部门实行自上而下的双重领导，以气象部门领导为主的管理体制，明确本部门既是上级业务部门的下属单位，又是同级人民政府的工作部门。

1984年

1月1日起，固镇县、五河县、怀远县气象局划归蚌埠市气象局管辖（皖气字〔83〕346号）。

同日起，濉溪县气象局业务指导划归淮北市气象台管辖，业务管理暂由安徽省气象局直属台站科负责（皖气字〔83〕346号），宿县地区气象局不再代管。

3月23日，宿县地区气象局组织世界气象日纪念活动，地、市、县的党、政、军及有关部门领导和科技工作者参加纪念活动；宿县地委副书记、行署专员唐振及行署顾问徐圣帮到会。

3月29日，安徽省气象局副局长司瑞祥到宿县地区气象局参加局务会议，检查指导工作。

4月,宿县地区气象局配置 PC－1500 袖珍计算机用于预报。

7月,胡晓东因在1983年汛期预报服务中立功受奖去黄山疗养。

9月29日,安徽省气象局发文撤销气象哨(皖气字〔84〕247号),10月起停发给各哨的各项经费,原配发给各哨的仪器、物资、固定资产收回。

11月20—21日,召开1984年宿县地区气象学会学术年会;安徽省气象学会、阜阳地区及淮北市气象局、宿县地区科协及科委有关负责人应邀参加会议;宿县地委副书记武秀玲出席会议。

12月3日,“宿县气象服务站”(宿地气局字〔84〕015号)成立,办公地址在县政府大院内。

1985年

1月1日,宿县地区气象局气象观测场由原场址向南移45米。

3月上旬,安徽省第一次冬小麦遥感测产工作会议在宿县召开,宿县地区气象局主办,皖北10个县市的农业气象业务技术人员及有关领导参加会议。

3月15日,根据皖气(业)字〔58〕号文件,撤销宿县气象服务站。

3月22日,安徽省气象局局长张锋生一行3人到宿县地区气象局调研、检查指导工作,23日参加全局职工大会。24日去萧县气象局检查指导工作。

10月4日,“宿县地区农业气候资源分析与区划”成果验收会召开,安徽省气象局区划办、气科所,宿县地区农牧渔业局等有关单位的7位专家参加鉴定会。

1986年

4月,PC－1500计算机用于地面气象测报业务,手工编报停止。

同月,地对省甚高频通信系统开通,并进行天气预报警报系统表演,地、县有关领导人观摩。

12月,余修平由淮北市气象局调任宿县地区气象局局长,党组书记。

1987年

2月,周鸿庆主编的《宿县地区气象志》定稿,印刷成册存档。

3月,宿县地区气象局党总支成立,总支委员会由3人组成。

5月5日,宿县行署办公室批转宿县地区气象局《关于气象部门开展有偿服务和今后意见的报告》(行办发〔1987〕8号)。

同月,根据皖气发〔1987〕第007号文通知,从1987年5月起,淮北市、濉溪县地面气象观测记录报表、技术指导和检查评比等项工作由宿县地区气象局承担。

7月3日,经安徽省气象局批准,宿县地区气象局成立初级技术职务评审委员会,周鸿庆任主任委员、唐守顺任副主任委员。

8月,宿县地区气象系统首次开展专业技术职务评聘工作,至年底,推荐上报中级职称27人、初级职称58人。

9—11月,在全区范围内举办“学气象竞赛”活动,评出10名优胜奖、40名鼓励奖。

12月8日,宿县地区气象局学术委员会成立,唐守顺任主任委员、周鸿庆任副主任委员。

1988 年

4 月,周鸿庆被评为安徽省劳动模范。

9 月 7 日,“安徽省土壤湿度测站合理布局研究”科研成果鉴定会在宿县举行,这是宿县地区气象局主持的第一个省级重点科研项目。

1989 年

4 月,宿县地区气象局首次在系统内招聘县气象局局长,张从银应聘为砀山县气象局局长。

10 月,宿县地区气象局第一幢 920 平方米四层宿舍楼建成投入使用,16 名职工搬进新居。

12 月 6 日,安徽省气象局副局长盛家荣一行 3 人到宿县地区气象局检查指导工作,宣布领导班子调整。

12 月,戚尚恩、唐守顺、蒋跃林共同主持完成的科研项目《安徽省土壤湿度测站合理布局研究》获安徽省科技进步四等奖,这是宿县地区气象系统获得的第一个省部级科技进步奖项目。

1990 年

2 月,宿县地区气象局服务科招聘科长,史士芹首次以工人身份应聘为科长。

7 月,据皖气业发〔1990〕59 号文通知,宿县地区气象局不再代管淮北市测报业务管理工作。

8 月,周鸿庆、张伯忍被收入《安徽省高级专家人名词典》第一分册。

12 月 1 日,安徽省气象局副局长汪百川(主持工作)一行 4 人到宿县地区气象局检查指导工作,宿县地委副书记吴立义陪同。

1991 年

3 月 22 日,宿县地区气象局设立思想政治工作科(宿地气局字〔91〕5 号),与地区气象局党总支合署办公。

4 月 11 日,宿州市政〔1991〕016 号文件,设立安徽省宿州市(县级)气象服务台,与宿县地区气象台合署办公。

6 月 20 日,宿县地区行署专员张家宝到宿县地区气象局检查指导工作并慰问气象局职工。

是年,完成省到市级高频电话网建设。

1992 年

1 月 29 日,王侠由淮北调任宿县地区气象局副局长,史旭调淮南市气象局任副局长。

4 月 10 日,宿县人民政府办公会议决定(宿政〔1992〕28 号),设立安徽省宿县气象服务台,与宿县地区气象台合署办公。

9 月 18 日,宿县地区气象事业 40 年庆祝大会召开,宿县地委书记耿广宽、行署副专员武秀玲及原行署专员唐振、安徽省气象局副局长司瑞祥以及早年在宿县气象站工作的老同志到会。会后编写《宿县地区气象事业40年》一书。

11月1日，宿县地区气象局结构调整方案实施，全局形成创收服务中心、气象台、人秘科（即创收、业务、行政）三大块，朱延文、刘学香、李红卫分别为负责人。

11月19日，安徽省气象局局长汪百川一行3人到宿县地区气象局调研工作。

是年，宿县地区架设50米以上铁塔5座，用于地区到县灾害性天气警报网建设。

1993年

1月，泗县气象局局长卢山刚被国家气象局授予“全国优秀气象站（局）长”称号。

4月26日，宿县地区科学技术协会批准成立宿县地区灾害防御协会（宿地科协字〔93〕09号）。

5月19—20日，宿县地区气象工作会议召开，宿县行署副专员武秀玲到会。全区各县（市）分管农业的副县（市）长、农委主任、气象局长参加会议。

5月14日，宿县地区民政局发文《关于成立宿县地区灾害防御协会的批复》（民民字〔93〕05号），挂靠在宿县地区气象局，并承办具体工作。

9月29日，安徽省气象局副局长盛家荣一行3人到宿县地区气象局检查指导工作。

11月，省、地气象局通信方式采用单机X.25卡拨号调用，实现了远程资料的调用。

1994年

4月28日，宿县行署召开“宿县地区农村经济信息中心”成立大会，办公地点设在宿县地区气象局，由气象局承办具体工作。

6月8日，行署办公室下文成立“宿县地区农村经济信息中心”（行办秘〔1994〕23号）。

6月21日，安徽省气象局局长汪百川在宿县地区气象局参加全局职工大会。

7月，宿县地区气象局建立以NOVEll386为服务器的局域网，实现气象业务资料共享。

同月，安装卫星云图接收处理系统，接收日本GMS5卫星信号。地区到县通信方式采用无线数据传输方式，实现地区气象局、县局气象资料和卫星云图资料传输及共享。

同月，宿县地区气象局与宿县地区黄淮海开发办联合建造的五层综合大楼（1289平方米）竣工并投入使用。

1996年

5月，宿县地区气象局结构调整方案实施：下设6个科级机构，业务科、人秘科、地区气象台、科技服务科、科技开发科、农业气象试验站；四个县级气象局。

6月13日，安徽省气象局局长刘志澄一行到宿县地区气象局检查指导工作。

7月14日，宿县地区行政公署计划委员会下发《关于将我区地方气象事业“九五”计划纳入全区国民经济和社会发展“九五”计划的复函》（计综函字〔1996〕86号）。

8月18日，经宿县地区编制委员会批准，决定成立“宿县地区防雷减灾局”（地编字〔1996〕013号），与宿县地区行署气象局一个机构、两块牌子。

8月28日，安徽省气象局副局长朱祥瑞一行3人到宿县地区气象局调研、检查指导工作。

11月，宿县地区气象部门首次与地方进行干部交流，砀山县气象局局长张从银调至砀山县环保局,姜晓红由地方调任砀山县气象局任局长。

1997 年

1 月 22 日,安徽省气象局副局长矫梅燕一行到宿县地区气象局检查指导工作,并宣布新的领导班子,佘修平任党组书记,王佚任局长、朱延文任副局长、李红卫任纪检组长。

3 月 14 日,宿县地区行政公署办公室《转发地区气象局关于恢复我区人工增雨防雹工作意见的通知》(行办发〔1997〕14 号)。

4 月 4 日,宿县地区行署办公室下发《关于成立宿县地区人工增雨防雹减灾工作领导小组的通知》(行办秘〔1997〕14 号)。地方政府拨专款购置 11 门“三七”高炮在全区布点。

6 月 18 日,宿县地区气象局运回第一批“三七”高炮 8 门。

同日,宿县地区人工增雨防雹减灾领导小组第一次全体会议召开,领导小组组长、宿县行署副专员武秀玲参加会议,并举行揭牌仪式。

8 月下旬前后,宿县地区第一项防雷工程在桃园煤矿实施。

8 月 26—29 日,安徽省人大常委会副主任陆子修率省人大执法检查团到宿县地区进行“气象条例”执法调研,先后在泗县、灵璧县及宿州市进行检查指导。安徽省气象局局长刘志澄、宿县地区行署副专员武秀玲、人大工委主任吴立义、副主任王玉阶等陪同调研。

10 月下旬,宿县地区气象局开始进行房改工作,安徽省气象局同意售房(包括平房)。

10 月,气象卫星综合应用业务系统(“9210 工程”)建成并投入业务使用。

11 月 7 日,宿县地委书记耿广宽到宿县地区气象局检查指导工作。

11 月 25 日,安徽省气象局局长刘志澄率全省气象局局长会议代表到宿县地区气象局检查指导工作。

1998 年

1 月 23 日,宿县地区行署副专员王建到宿县地区气象局召开现场办公会议,要求气象局要增强服务能力。

4 月 15 日,安徽省高炮防雹讲习班在宿县地区气象局举办。

4—8 月,新疆维吾尔自治区哈密地区气象局副局长杨卫江在宿县地区气象局挂职锻炼。

8 月 18 日,宿县地区行署专员陈树德一行到宿县地区气象局检查指导工作。

8 月 28 日,宿县地区人大工委、宿县行署联合召开“安徽省气象管理条例”颁布实施座谈会,司法局、农委、主流媒体等地直单位 50 多人参加会议,宿县行署副专员王建到会。

11 月 9 日,宿县地区气象局一幢五层 20 套职工宿舍楼竣工投入使用。

11 月,宿县地区气象局安装 Sybase 分布式数据库和业务应用软件,建立气象资料数据库系统,并实现对实时气象资料有效存储和快速检索。

是年,宿县地区气象局房改工作结束,共 53 户职工购买了 100% 产权的住房。

1999 年

1 月 14—15 日,安徽省气象局副局长矫梅燕一行 4 人到宿县地区气象局、砀山县气象局慰问职工。

3月22日，宿县行署副专员王建参加“3·23”世界气象日纪念活动。

5月，撤销宿县地区，建立省辖宿州市，宿县地区气象局更名为“宿州市气象局”，内设机构名称作相应更改。

6月1日，宿州市地面观测天气报实现以卫星方式上传，并正式业务运行。

6月，完成萧县、砀山县、灵璧县、泗县四个县站卫星单收站安装任务。

8月9日，宿州市委副书记、市长陈树德、副市长王建一行到宿州市气象局检查指导工作。

12月，宿州市气象局另一幢五层20套职工宿舍楼竣工投入使用。

2000年

1月1日，宿州、砀山两个基本站同时建成Ⅱ型地面综合遥测气象站，并投入业务运行。

4月26日，安徽省气象局副局长孙健一行到宿州市气象局视察工作，并参加宿州农网第一期培训班开幕式。随后到萧县气象局检查指导工作。

5月29日，宿州市气象局安装9210工程Pcvase多媒体播放卡，接收多媒体信息，实现网上会议、业务培训功能。

5月30日，中国气象局纪检组主任郑明瑛一行在安徽省气象局纪检组组长洪明慧的陪同下，检查宿州市气象局纪检监察、党风廉政工作。

7月1日，宿州市气象局全体职工加入社会医疗保险。

8月1日，“宿州农网”开通。

8月22日，宿州市委书记徐立全到宿州市气象局检查指导“农网中心信息入乡工程”工作。

9月8日，世界银行代表团赴灵璧县长集乡农网服务站就“黄淮海项目投资环境”进行考察。中央电视台、人民日报等新闻媒体先后作了采访报道。

11月19日，安徽省气象局纪检组长洪明慧一行到砀山县气象局检查指导工作。

12月11—12日，安徽省气象局纪检组长洪明慧在宿州参加宿州市气象部门纪检工作会议。

12月，宿州市所有气象台站被评为宿州市市级文明单位（萧县气象局为省级文明单位）。

同月，数字式天气预报“121”电话自动答询系统建成，社会公众随时、随地可以方便地通过电话咨询天气状况；实施“农网”信息入乡工程，111个乡镇全部成立了信息站，200多名信息员培训上岗。

2001年

1月8—11日，安徽省人工增雨防雹作业培训班在宿州举行，60多人参加培训。

1月17日，安徽省气象局副局长孙健一行3人到砀山县、萧县气象局慰问及检查工作。

3月22日，宿州市气象局、宿州市灾害防御协会、宿州市气象学会联合举办灾防协会年会和世界气象日纪念活动，宿州市副市长王建、政协副主席王克金到会。

3月22—23日，安徽省气象局局长刘志澄一行3人到砀山县、萧县气象局检查指导工作。

4月6日，宿州市委副书记、市长陈树德到宿州市气象局检查指导农网工作。

4月20日，农业部市场与经济信息司司长刘振伟一行，在安徽省农委副主任陈业夫的陪同下，考察宿州农网中心。

5月16日，安徽省农业信息化会议在宿州召开，中国气象局、农业部有关人员和安徽省政府副秘书长邵国荷及全省各地市的有关代表参加会议。安徽省气象局局长刘志澄在会议上作报告，宿州市副市长王建就安徽农网“信息入乡工程”作经验介绍。会后参观宿州农网中心及有关信息站。

6月中旬，宿州市人民政府通报表彰市及各县区人工增雨办公室为人工增雨工作先进单位。

6月22日，宿州市气象局全体党员到濉溪县双堆集淮海战役纪念馆参观，重温入党誓词。

6—7月，局域网改造，更换服务器、通信机，配置FTP服务器，开通气象办公网。

7月31日，宿州市副市长王建到宿州市气象局慰问和检查指导人工增雨工作。

7月，创刊《宿州农村经济信息》报，设置7个栏目，每月1期，每期5000份，由邮政部门邮递员免费发送到全市111个乡镇、3000多个行政村、种养大户和涉农部门。

10月7日，宿州市委书记陈树德到宿州市气象局，了解天气情况，慰问节日值班人员。

12月15日，宿州市气象局领导班子调整，朱延文任局长；李红卫、郑良武任副局长；薛光侠任纪检组长；王侠任调研员。朱延文、李红卫、郑良武、薛光侠任党组成员。

是年，农田小气候试验基地在宿州市农业科技示范园建设，开展“设施农业小气候试验、监测、服务”项目。该项目被安徽省气象局评为2002年省级创新项目。

2002年

1月5日，安徽省气象局纪检组组长洪明慧一行到宿州市气象局慰问、检查指导工作。

3月22日，宿州市举办灾协年会和世界气象日纪念活动，宿州市副市长王建、政协副主席王克金到会。

4月，宿州市气象局机构改革完成。局机关设办公室、业务科、人事科；局机关单位参照公务员法管理；直属事业单位设气象台、防雷减灾中心、科技服务与产业科、农村综合经济信息中心，实行事业单位管理。

5月30—31日，安徽省气象局党组成员、纪检组长洪明慧到宿州市气象局检查党组工作；随后到灵璧县、泗县气象局检查政务公开、文明创建工作。

6月19日，埇桥区人民政府和宿州市气象局联合下文（宿气发〔2002〕16号）成立埇桥区气象局，办公地点设在宿州市气象局院内，与科技服务中心一个机构两个牌子。

7月19日，宿州市副市长王建到宿州市气象局，慰问进行人工增雨消雹的干部职工。

9月12日，宿州市委书记陈树德到宿州市气象局检查指导工作，并慰问气象局职工。

9月16日，日本气象专家在国家气候专家以及省、市气象局有关领导的陪同下到萧县气象局考察，落实“江淮流域梅雨试验”项目试验基地。

10月29日，举办宿州气象建制50周年庆典，宿州市副市长王建、人大常委会副主任唐新忠、政协副主席苏兴佳、安徽省气象局副巡视员章晓今到会。宿州市委书记陈树德题词：观风云变幻，测气象万千。安徽省气象局局长刘志澄题词：继往开来发展气象事业，与时俱进造福宿州人民。

10月，宿州市气象局网络全面升级改造，接入10M宽带互联网。

12月11日，宿州市委副书记、市长梁卫国到宿州市气象局检查工作，慰问气象局职工。

是年，电视天气预报制作升级为数字式制作系统；在宿州市电视台、教育台和乡镇插转台开播带节目主持人的《宿州农网信息联播》节目。每天3次播出，设立《气象天地》等5个栏目。

2003年

1月22—23日，安徽省气象局局长刘志澄一行到泗县、灵璧县、宿州市气象局慰问气象职工。

1月30日，宿州市委副书记张国富一行到宿州市气象局慰问气象职工。

3月，在宿州市首届文明单位标兵的评选活动中，宿州市气象局及萧县、泗县、灵璧县气象局等四个单位被评为文明单位标兵。

3月，宿州市气象系统实现了流媒体广播天气会商，全市气象台站可以直接与中央气象台、安徽省气象台及各市气象台进行天气预报会商，大大提高了各类天气预报的准确率。

3月，宿州市气象局与日本名古屋大学合作的“低层大气与降水研究项目”在萧县开展野外观测。

4月21日，安徽省气象局局长孙健一行到宿州市气象局、萧县气象局检查指导工作。

5月31日，安徽省气象局副局长王邦中到宿州市气象局检查科技工作。

6月上旬，全市气象系统VPN网络进行设备安装调试，并开始业务试运行。

7月14日，中国气象局副局长许小峰一行到宿州市气象局、灵璧县气象局检查指导工作，中国气象局副司长于新文、安徽省气象局局长孙健、副局长翟武全陪同。宿州市委书记、市长梁卫国，副市长王建就宿州气象事业的发展与许小峰进行了商谈。

7月24日，宿州市副市长王建一行到萧县气象局检查指导工作。

7月，宿州市气象局与宿州市电信局合作开办农网信息语音咨询热线“1606110”，热线设立10个主信箱和55个分信箱。为农民提供农事气象、农业市场预测、全国50个大中城市农副产品价格行情、劳务培训、供求信息、农业科技等信息服务。

9月15—17日，安徽省气象局党组成员、纪检组长洪明慧先后到宿州市气象局、灵璧县及萧县气象局检查指导党风廉政建设等工作。

9月，在宿州市范围内建成41个“乡镇自动雨量站”。

10月1日，“淮海农资网”正式开通。

10月15日，建成风云-2号卫星资料接收处理系统“卫星中等规模接收站”。

10月，灵璧县、泗县遥测气象站安装调试成功，投入业务运行。

2004年

1月7日，宿州市委副书记、代市长唐承沛到宿州市气象局慰问气象局职工。

3月4日，宿州市新当选的分管农业副市长李令臣到宿州市气象局检查指导工作。

3月23日，宿州市气象局主办“宿州市防灾减灾科技论坛”，宿州市副市长李令臣、魏令波出席大会。

3月，宿州市气象局及所属县级气象局全部荣获宿州市第三届文明单位。

5月，宿州农网中心与宿州市委组织部合作，培训市委下派村党支部书记540名。

6月1日，宿州市气象局副局长李红卫调淮南市气象局任副局长，主持工作。

6月16日，宿州市副市长李令臣到宿州市气象局检查指导工作，落实雷达楼建设有关问题。

7月14日，安徽省信息产业厅厅长贺凌在宿州市副市长魏令波的陪同下，检查宿州农网中心。

7月19日，安徽省气象局局长孙健一行到宿州市气象局检查指导工作。

7月30日，宿州市委副书记张国富、副市长陈卫东到宿州市气象局检查指导文明创建工作。

8月30日，以色列专家在安徽省气候中心、气科所有关专家陪同下到宿州考察设施农业。

11月6—7日，中国气象局监测网络司安徽检查组一行5人，在安徽省气象局副局长翟武全等人的陪同下，到萧县气象局及宿州市气象局进行地面一般站业务和市气象局业务定性考察。

12月初，为表彰宿州市气象局在全市经济建设中的突出贡献，宿州市政府决定予以通令嘉奖。

2005 年

2 月 18 日，宿州市副市长李令臣到宿州市气象局检查指导工作，并慰问气象局职工。

2 月，宿州市气象局大院完成用电社会化改造，居民用电由宿州市供电公司管理。

2—6 月，宿州市气象局开展保持共产党员先进性教育活动，全体共产党员及中层以上干部参加。

3 月 7—8 日，安徽省气象局副局长刘月成一行到宿州市气象局、萧县气象局检查指导工作。

3 月 10 日，宿州市气象局成立法规科、文秘宣传中心、后勤服务中心（宿气人发〔2005〕2 号）。

3 月 16 日，宿州市委副书记刘晓云一行到宿州市气象局检查指导保持共产党员先进性教育活动。

3 月 23 日，宿州市副市长李令臣、政协副主席王克金出席宿州市灾害防御协会第二届代表大会及“3·23”世界气象日纪念活动。

4 月 28 日，安徽省气象局副局长翟武全一行到宿州市气象局考察雷达楼建设工程。

同日，安徽省文明委主任庄保斌一行到宿州市气象局检查指导文明创建工作。

5 月，宿州市人大常委会副主任唐新忠一行到宿州市气象局，检查气象执法工作。

7 月 4—5 日，安徽省政协副主席战秋萍一行在安徽省气象局副局长翟武全、宿州市副市长李令臣的陪同下，对宿州市的气象及防灾减灾工作进行专题调研。

9 月 11 日，宿州市副市长李令臣及有关人员在宿州市气象局收看防 15 号台风电视电话会议。

12 月 5 日，宿州市副市长李令臣到宿州市气象局了解雷达楼工程建设进展情况。

12 月 7—8 日，安徽省气象局纪检组长向世团一行到宿州市气象局调研、检查指导工作。

2006 年

3 月 23 日，“宿州市灾害防御协会年会”及世界气象日纪念大会召开，宿州市副市长李令臣到会。

3 月 28—29 日，安徽省气象局副局长刘月成一行到宿州市气象局、砀山县及灵璧县气象局调研、检查指导工作。

4 月 8 日，中共宿州市气象局机关党委成立，薛光侠当选第一届机关党委书记。

4 月 26 日，宿州市气象局全体党员和入党积极分子到爱国主义教育基地台儿庄大战纪念馆、徐州淮海战役纪念馆参观，重温入党誓词。

4 月，宿州市气象局、萧县及灵璧县气象局获得安徽省第七届文明单位。

6 月 7 日，宿州市副市长李令臣一行到宿州市气象局检查指导汛期及午收气象服务工作。

7 月 4 日下午，宿州市副市长李令臣一行，冒雨到宿州市气象局进行慰问。

7 月 27 日 18 时，宿州市副市长李令臣带领宿州市水利局、教育局、卫生局等宿州市防汛抗旱指挥部部分成员单位负责人，到宿州市气象局召开市防指临时紧急会议。

8 月 24 日，安徽省气象局副局长胡雯一行在宿州参加宿州市气象局领导班子民主生活会。

9 月 8 日，宿州市气象防灾减灾中心（雷达楼）完成招投标，宿州市建筑安装总公司中标。

9 月 23 日，宿州市“百镇千村农信通”工程在埇桥区祁县镇启动，宿州市副市长李令臣、安徽省气象局有关负责人出席。

10 月 23 日，宿州雷达楼举行奠基仪式，宿州市副市长李令臣、安徽省气象局副局长刘月成等有关负责人出席。

10 月 24 日，安徽省气象局关工委副主任洪明慧一行到宿州市气象局调研关工委工作。

12月，根据皖气办发〔2006〕64号文件批准，宿州市气象局机构调整为人事教育科（监察审计室）、业务科技科（政策法规科）、办公室（计划财务科），成立宿州市国家气象观测站（农业气象试验站）、气象科技服务中心（防雷中心、专业气象台）、气象台（人工影响天气办公室）、农村综合经济信息中心（气象信息中心），撤销防雷减灾中心。

2007年

1月6日，中国气象科学研究院副院长王辉在安徽省人工影响天气办公室有关负责人的陪同下到宿州市气象局调研人影工作。

1月19日，安徽省气象局局长翟武全一行3人到萧县气象局检查萧县新业务楼及生活新区。

1月22日，宿州市委副书记张国富在有关人员的陪同下视察宿州市气象局。

3月22日，“宿州市自然灾害应急管理能力建设论坛”在宿州市会议中心举行，宿州市政府、人大、政协，市直相关部门及各县区政府有关负责人、气象局长出席会议；安徽省气象科学研究所所长、研究员张爱民和安徽省气象台首席预报员、正研级高工郑媛媛作学术报告。

同日，中国农学会科普部主任王金辉，在安徽省农委有关负责人的陪同下到宿州农网调研。

5月17日，安徽省气象局局长翟武全一行3人到宿州市气象局检查指导工作。

5月29日至6月1日，宿州市人大常委会副主任尹黎率领市人大执法调研组，到四县一区就《中华人民共和国气象法》贯彻实施情况进行全面执法调研。

6月11日，宿州市政府发《关于开展防雷减灾督查工作的通知》（宿政办明电〔2007〕95号）。

6月，宿州完成DVB－S系统升级改造工程。

7月2日，宿州市政府下发“关于加快气象事业发展的决定”（宿政发〔2007〕18号）。

7月3日，一大早，宿州市副市长李令臣冒雨到宿州市气象台了解雨情。

7月4日晚，宿州市市长吴旭军、副市长李令臣冒雨到宿州市气象台检查汛期气象服务工作。

7月，宿州实现中国气象频道落地接收。

8月4—5日，张伯忍出席在合肥召开的九三学社安徽省委大会，被授予“宣传与理论研究”先进个人称号。

8月，宿州完成风云Ⅱ－C星和D星接收系统安装调试，实现了双星资料接收。

10月11日，安徽省气象局副局长刘月成一行到宿州市气象局检查指导工作，省气象局法规处处长包正擎解读“安徽省气象灾害防御条例”。

11月12日，宿州市副市长李令臣一行到宿州市气象局天气雷达工程建设工地检查工作。

12月，宿州市气象系统获“宿州市十佳文明行业”。

2008年

1月23日，安徽省气象局纪检组长向世团一行到宿州市气象局慰问、检查工作。

4月，宿州市气象局及灵璧县、泗县、萧县气象局被授予安徽省第八届文明单位。

6月5日，宿州市气象局召开首次事业单位岗位竞聘述职测评会，29人参加竞聘5个级别的技术岗位。

6月17日，宿州市委书记李宏鸣、组织部部长訾金雷、副市长李令臣到宿州市气象局检查工作。

6月，宿州市气象局所属事业单位首次进行岗位设置管理。

7月14日，上海市气象局副局长张俊霞，在安徽省气象局副局长胡雯的陪同下到萧县气象局调研。

7月23日，宿州市副市长李令臣到宿州市气象局慰问一线业务技术人员。

8月1日，宿州市气象局举办"全民健身迎奥运长跑"活动，市气象局全体职工参加。

9月22日，中国气象局计划财务司副司长赵一平，中国农科院农业环境与可持续发展研究所研究员、中国气象局农业气象中心首席专家吕厚荃一行8人在安徽省气象局有关人员陪同下到宿州，召开"全国新增1000亿公斤粮食生产能力规划"气象调研座谈会；23日到夏刘寨村调研。

10月12日，宿州市副市长李令臣到宿州市气象局考察数字化天气雷达楼建设工地。

11月2—3日，中国气象局预测减灾司副司长翟盘茂一行到宿州调研农业气象试验站建设，安徽省气象局副局长刘月成、宿州市副市长李令臣陪同调研。

11月23日，安徽省现代农业气象业务服务体系建设座谈会在宿州召开，安徽省气象局副局长胡雯，中国气象科学研究院农气所所长、研究员郭建平，省气象局有关处室及皖北6市气象局的负责人或专家参加会议。

12月29日，宿州市气象局承担的农业重点科研计划项目"人工消雹全程自动决策系统的研究应用"，被授予"宿州市科学技术进步奖"三等奖。

2009年

1月5—6日，安徽省气象局纪检组长向世团、副巡视员彭慕平一行到宿州市气象局检查指导工作，宣布祁宦任市气象局副局长；并看望宿州市气象局离休干部。

1月20—21日，宿州市气象局举办"宿州市气象系统首届职工运动会"，比赛及表演项目有健身操、羽毛球、乒乓球、篮球、飞镖、拔河、中老年太极扇等。

1月21日，宿州市气象局举办纪念改革开放30周年党风廉政建设暨首届气象系统书画摄影展，20幅书画作品、98幅摄影作品参加展出。

2月12日，人民日报社、中央人民广播电台、安徽电视台、安徽日报社、中国气象报社、宿州市电视台等十多家媒体，就抗旱保苗气象服务工作联合采访宿州市气象局。

2月13日，宿州市副市长李令臣到宿州市气象局慰问参加人工增雨的指挥员和炮手。

2月20日，宿州市气象局有关负责人到埇桥区西二铺乡石圩村，看望结对帮扶困难户刘先珍一家，了解生活、生产情况及子女上学情况，并送上慰问金。

3月5日，宿州市庆"三八"暨百名"十佳"女性人才表彰会召开，王昉、桑惠新等10名气象系统职工被授予宿州市"十佳"气象女职工和"三八"红旗手荣誉称号。

3月9日，宿州市气象学会第六次代表大会暨六届一次理事会召开，新一届理事会产生，朱延文任理事长，戚尚恩任秘书长。

3月23日，宿州市举办灾害防御协会年会及"3·23"世界气象日纪念日活动，宿州市人大常委会副主任王克金、政协副主席王胜华到会，副市长李令臣发表书面讲话。

3月24日，安徽省气象局局长翟武全在合肥会见来访的宿州市副市长李令臣一行。

4月14—15日，安徽省气象局纪检组长向世团一行到砀山县气象局调研、检查指导工作。

4月14—16日，安徽省气象局气科所研究员马晓群，带领省气象局农业气象专家组一行到宿州调研。为安徽省精细化农业气候区划和有针对性的进一步细化气象为农服务做准备。

4月底，宿州市气象装备保障分中心成立。

6月16日，安徽省气象局副巡视员彭慕平到宿州市气象局检查指导汛期气象服务工作。

同日，彭慕平宣布张学贤任宿州市气象局党组副书记、副局长。

7月13日，宿州市副市长李令臣到宿州市气象台指挥防范强对流天气。

8月6日，"安徽省气象设施和气象探测环境保护办法"颁布实施座谈会召开，宿州市政府、规划局、国土局、农科所、居委会及拂晓报社的有关负责人和记者参加座谈会。

8月10日，宿州市气象局召开安徽省基层气象台站简史（宿州部分）初稿审查会。

8月18日，宿州市气象防灾减灾大楼正式启用，宿州市气象局机关及所属事业单位迁入办公。

8月，孙惠合编写的《实用信息技术与农产品网络营销》一书，先后被选为宿州市委组织部选派干部农业信息化培训教材、宿州市新农村建设试点镇村信息员培训教材、埇桥区乡镇综合文化站阅览室图书、全省乡镇信息员培训教材。

9月16日，宿州市气象局为埇桥区大店镇三里小学送去10台方正电脑，帮助该校建立一个微机教室。

9月17日，宿州市副市长李令臣到宿州市气象局检查指导工作。

9月22日，宿州市市直第七届运动会落下帷幕，宿州市气象局荣获"体育道德风尚奖"。

9月25日，宿州市气象系统举行"庆祝新中国成立60周年文艺汇演"。

10月29日，安徽省首批30个自动土壤水分观测站建设现场会在宿州市气象局举行；河南省气科所专家进行自动站性能介绍和安装说明，戚尚恩作土壤水文常数测定现场技术指导。

12月23日，安徽省气象局副局长刘月成一行到宿州市气象局检查指导工作，宣布市气象局主要领导调整，张学贤任副局长、党组副书记（主持工作），朱延文任调研员。

2010年

3月11日，安徽省气象局局长翟武全到宿州市气象局检查工作，宿州市副市长汪春生陪同。

5月7日，宿州市《拂晓报》全文刊登《气象灾害防御条例》。

6月1日，安徽省气象局副局长刘月成到宿州市气象局检查指导工作。

6月26日，宿州市气象局在职党员干部30多人前往"中国农村改革第一村"凤阳县小岗村，深切追悼缅怀沈浩同志，学习沈浩精神，重温入党誓词。

7月7日，宿州市副市长李令臣到宿州市气象局检查指导工作。

7月12日，宿州市气象局与南京信息工程大学应用气象学院签署局校合作协议。

7月13日，宿州新一代数字化天气雷达完成吊装，7月23日通过现场验收后正式启用。

7月30日，宿州市人大常委会副主任王克金一行到宿州市气象局调研工作。

8月7日，宿州市防汛抗旱专题会商会在宿州市气象局召开，宿州市政府、农委、水利局、水文局、气象局等市防汛抗旱指挥部部分成员单位负责人参加会议，副市长李令臣主持会议。

8月20日，宿州市气象局完成首份政策性农业保险气象认证业务工作。

8月25日，安徽省气象局副巡视员彭慕平一行到宿州市气象局巡视检查工作。

8月31日，埇桥区乡镇、村的"气象灾害预警显示屏广播服务系统"建成并投入使用。

10月11—13日，全省人工影响天气高炮技能培训班在宿州举办。

10月20日，安徽省小麦天气指数保险开发与推广座谈会在宿州市气象局举行。

2011 年

1 月，张学贤任宿州市气象局党组书记、局长。

2 月 14 日，宿州市抗旱保苗会商会在宿州市气象局召开，宿州市副市长李令臣主持，市农委、水利局、气象局、水文局、财政局、农机局等单位负责人及市农科所小麦专家参加会议。

2 月 22 日，安徽省气象局副局长刘月成到宿州市气象局检查指导工作，副市长李令臣出席会议。会上宣读了省气象局党组对市气象局主要领导的任免通知。

3 月 2 日，宿州市气象局正式启动埇桥区乡村气象服务专项建设。

3 月 9 日，宿州市气象局联合宿州市安全生产监督管理局召开 2010 年度宿州市防雷安全工作表彰会。

3 月 11 日，宿州市召开 2011 年全市气象局长会议，宿州市副市长李令臣到会。

5 月 5 日，中国气象局和农业部冬小麦旱情调查及抗旱成效评估工作第三小组，再次到宿州市埇桥区实地调查冬小麦旱情及其跟踪评估抗旱春管成效。

5 月 6 日，国家气象中心副主任曲晓波一行在安徽省气象局副局长鲍文中的陪同下到宿州市气象局检查指导工作。

5 月 13 日，宿州市气象局完成 CMACAST 卫星接收站的安装调试工作，并投入业务试运行。

6 月 30 日，宿州市气象局举办庆祝中国共产党成立 90 周年红歌演唱会。

7 月 29 日，宿政办发〔2011〕27 号文件《宿州市雷击风险评估管理办法》正式发布实施。

8 月 18 日，《宿州市气象灾害应急预案》在宿州市政府召开的第 27 次常务会议上研究通过。

8 月 19 日，宿州市气象局设立专项经费，用于教育和培训团员青年、表彰先进、青年文明号创建等活动。

9 月 15 日，宿州市发改委和宿州市气象局联合印发《宿州市气象事业“十二五”发展规划》(发改农经〔2011〕303 号)。

11 月 9 日，安徽省气象局副局长刘月成到宿州市气象局检查指导工作。

11 月 16 日，宿州市气象局在“体彩杯”宿州市第四届运动会上被评为“优秀组织奖”。

11 月 18 日，宿州市政协主席刘晓云一行冒雨到宿州市气象局，走访调研并看望工作在气象一线的部分政协委员。

2012 年

1 月 1 日，宿州城市形象景观画面在中央电视台 CCTV－1 和新闻频道并机直播的“朝闻天下”天气预报栏目中开播，时间为早晨 7 点 57—59 分。

2 月 14 日，由宿州市气象局科技服务中心负责开发的“宿州市电力负荷预测预警系统二期工程”项目顺利通过安徽省电力公司验收。

2 月 17 日，宿州市气象局召开 2012 年全市气象局长会议，副市长李令臣出席会议。

5 月 8 日，宿州市气象局机关党委举行换届选举大会，薛光侠再次当选为机关党委书记。

5 月 18 日，全省农用天气预报试点推进会在宿州召开，安徽省气象局副局长鲍文中出席会议。

6 月 6 日，经泗县机构编制委员会批准，泗县气象局加挂泗县气象灾害防御管理局牌子。

6 月 18 日，宿州市副市长李令臣到宿州市气象局检查指导汛期气象服务工作。

7月11日，宿州市气象局被宿州市科学技术协会命名为“宿州市科普教育基地”。

7月26日，萧县气象灾害防御管理局成立揭牌仪式在萧县气象局隆重举行。

9月，张学贤、戚尚恩主编的《宿州气候》正式出版发行。

同月，编印“改革开放以来宿州市气象局科技成果汇编”一本。

10月23日，经灵璧县编委会批准，灵璧县气象局加挂灵璧县气象灾害防御管理局牌子。

10月，宿州市气象局荣获第三届“安徽省文明窗口”称号。

11月1日，“宿州三农网络电视台”正式开通。

11月6日，宿州市气象局被安徽省科学技术协会命名为“安徽省科普教育基地”。

11月30日，“拂晓报”全文刊登“气象设施和气象探测环境保护条例”。

11月30日，经砀山县编委批准，砀山县气象灾害防御管理局与砀山县气象局合署办公。

11月，在三农专项支持下，宿州农网中心和埇桥区气象局在15个现代农业示范村和5个瓜果种植基地安装20个气象预警大喇叭，对广电系统“村村通”工程进行补充。

同月，编印“前进中的宿州气象”纪念画册一本。

12月2—3日，举办宿州气象建制六十周年庆典活动，安徽省气象局原副局长、宿县气象站第一任站长司瑞祥到会祝贺。

12月19日，安徽省气象局副局长胡雯一行到宿州市气象局检查指导工作，宣布祁宧任市气象局副局长，党组成员；孙惠合任市气象局副局长，党组成员。

第一篇　综述概述

第一章　地理环境

一、地理位置

宿州市位于安徽省最北部，辖四县一区：砀山县、萧县、灵璧县、泗县和埇桥区。东与江苏省宿迁市接壤，南依安徽省蚌埠市，西与河南省商丘市、安徽省淮北市为邻，北与山东省菏泽市、江苏省徐州市毗连。地处北纬33°18′～34°38′，东经116°09′～118°10′之间，海拔高度为14～53米，地势自西北向东南倾斜。

宿州区位优越，交通便利。京沪、陇海两大铁路干线及京沪高铁、宿淮铁路，连霍、合徐、济祁、泗许、徐明高速公路纵横穿过境内，距徐州观音国际机场75公里。

宿州市东西长约184.6千米，南北宽约151.2千米，国土总面积9787平方千米，占全省总面积的7.6%；2012年年末，耕地面积48.05万公顷，占全市国土总面积的48.3%；总人口651.7万人，人口密度为656人/平方千米；其中农业人口561.4万人，占总人口的86.5%。

二、地质地貌

宿州市在大地构造单元上属中朝准地台区的淮北盆地一穹窿分区。丘陵地区基岩局部出露，岩性以寒武、奥陶、震旦纪白云质灰岩为主。含有部分页岩、砂岩、石英岩。

宿州位于黄淮海大平原的南端，为淮北平原的一部分，平原占全市总国土面积的91%，其余为丘陵。属黄河冲积扇南翼河间平原地貌组合。岛状低山残丘主要分布在濉河以北、京沪铁路两侧，萧县的东南部、灵璧县、泗县的北部，面积约597平方千米，占土地总面积的6.1%，拔海高程一般在100～395米之间。岗地主要分布在残丘的周围和泗县南部墩集一带，面积292平方千米，占土地总面积的2.9%。

宿州主要耕作土壤为潮土，占总耕地面积的59.3%，是本市最大的土壤类型，在全市5个县、区均有分布。这是一种在旱耕熟化过程中形成的土壤，土层深厚，土体湿润，夜潮明显；矿质养分钾含量丰富，磷中等，有机养分含量不高，氮较为缺乏，铁、钙、镁等元素能满足作物需要；主要分布在中北部的黄泛区，适宜砀山酥梨、苹果、葡萄等多类水果以及冬小麦、玉米、大豆、棉花等多种农作物生长。其次是砂姜黑土，占总耕地面积的34.5%，集中分布在南部的河间平原地区；矿质养分钾含量较为丰富，有机养分和氮含量一般，磷较缺；适宜小麦、大豆、玉米、甘薯、花生等多种农作物的种植。第三类为棕壤土，占总耕地面积的4.8%，主要分布在丘陵、岗地和南部古河流两侧的缓坡地带。零星的土类还有红色石灰土（1.2%）、水稻土（0.1%）、紫色土、黑色石灰土等。

宿州没有常年有水的湖泊，水系欠发达。境内大小河流70多条，分别属于黄河、淮河水系，较大的河流有濉河、沱河、奎河、浍河等，横跨豫、皖、苏三省的大型人工行洪河道——新汴河，在本市境内长127千米。

三、自然资源

宿州境内平原广袤，资源丰富，名产众多，是全国著名的商品粮生产基地，被称为“中原粮仓”之一。农业方面，主产小麦、玉米、大豆，特别是小麦生产，是宿州市的一大优势，被列为国家优质小麦生产基地；粮食作物还有山芋、水稻、大麦、绿豆、红小豆、谷子、高粱等。棉花、花生、油菜、芝麻、瓜果、蔬菜、烤烟等是本地的主要经济作物。

林业。既有用材林，又有经果林。宿州境内树种有53科270余种。天然林仅存于国家4A级森林公园皇藏峪、大方寺、秦山等地。果树11科20属277种，主要以梨、苹果、桃、葡萄为主，其次还有樱桃、杏、石榴、银杏、枣、柿、李、草莓、核桃、板栗等；驰名中外的砀山酥梨，主要产于梨都砀山、黄河故道，连片果园近百万亩。

动物。人工饲养的主要有猪、鸡、鸭、鹅、兔、羊、牛、驴、马、骡等数十种。野生动物主要有獾猪、獾狗、狐狸、野猫、黄鼠狼、野兔等。鸟类主要有鹰、雁、燕、雀、鸽、白鹭、鸳鸯、灰鹤、斑鸠、鹌鹑、猫头鹰、画眉、百灵、布谷鸟、鸦等110多种。

水生动植物。鱼类有7目15科49种，主要鱼种有草鱼、鲢鱼、青鱼、鲤鱼、鳝鱼、泥鳅等。底栖生物11种，有螺、蚌、水蚯蚓等。水生植物有9科11种，主要有马来眼子菜、苦草、金鱼藻等。水生经济作物有芦苇、藕、蒲草、茭白等。还有虾、蟹、龟、鳖等。

宿州地区中药材较丰富，有中药材236科1065种以上。其中植物药材162科893种，动物药材74科115种，矿物药材9种，其他类药材84种。主要品种有远志、柴胡、丹参、地榆、半夏、山枣、全虫、槐米、黄柏、杜仲、郁李仁、黄连木、紫苑、薏米、荆芥、红花连心、芡实等等，其中宿全蝎、宿半夏、宿木瓜等均为全国稀有品种。

矿藏主要有煤、石油、煤层气、铁、石灰石、大理石、白云石、瓷石、石英石、页岩、耐火土、磷矿石等十多种。其中煤储量最为丰富，已探明煤储量约60亿吨，石油达20亿吨，煤气层3000多亿立方米，大理石4000万立方米。

宿州市七级以上航道里程176.2千米(分布在7条河流上)，其中五级航道142.4千米(分布在浍河、新汴河、沱河3条河流上)；主要航道为浍河(26.9千米)、新汴河(111.2千米)，丰水期通航里程143.2千米；新汴河和浍河沿线设有5个港区，建有100～300吨级泊位48个，年吞吐能力300多万吨。

第二章　气候概况

第一节　气候特征

宿州市地处北半球中纬度地带，在中国气候区划中属暖温带亚湿润季风气候，是季风气候明显的区域之一。冬季常有来自北方冷空气的侵袭，天气寒冷，偏北风较多，雨雪偏少。夏季增温强烈，天气炎热而多雨，光、热、水条件配合适宜，对夏、秋季作物生长十分有利。春、秋为由冬转夏和由夏转冬的过渡季节，时间较短，春温上升、秋温下降较快。

一、四季划分

中国气象上常以候(5天为一候)平均气温作为划分四季的标准。即5天滑动的候平均气温≤10℃为冬季，≥22℃为夏季，介于10~22℃之间为春、秋季。按照这一标准，宿州市各地的春、秋季各2个月左右，夏季3个多月，冬季接近5个月。

1957—2012年宿州市各地的四季分配

表2-1

季节 站名	春		夏		秋		冬	
	开始日	天数	开始日	天数	开始日	天数	开始日	天数
砀山县	4月2日	60	6月1日	96	9月5日	60	11月4日	149
萧县	4月1日	62	6月2日	97	9月7日	60	11月6日	146
宿州	3月31日	61	5月31日	102	9月10日	59	11月8日	143
灵璧县	4月1日	62	6月2日	97	9月7日	62	11月8日	144
泗县	4月1日	66	6月6日	95	9月9日	60	11月8日	144

二、春温多变

春季是冬转夏的过渡季节。气旋活动频繁，风向多变，对流性天气较多，时冷时暖，是春季的气候特色。

春季平均5~7天有一次冷空气过境，冷空气过后回暖又较快，故有乍暖还寒现象，常有晚霜、倒春寒危害。全市各地1957—2012年春季平均气温14.3~14.7℃，宿州最高。

春季各地平均降水量虽有132~171毫米，但不少年份仍有较长时段的无降水天气，干旱时常光顾，明显的干旱约2.6年一遇。春季全市最长连续无降水67天，出现在砀山，时间为1977年1月4日至3月11日，其余各地40天左右。

三、夏雨集中

夏季雨水集中,平均每3天就有1个雨日。各地1957—2012年平均季降水量439～501毫米,占全年雨量的55%～59%。季最大降水量1134.3毫米,2003年出现在灵璧;北部萧、砀季最大降水量808毫米左右,泗县、宿州季最大降水量1100毫米上下。

夏季降水强度大,平均每年有3次以上的暴雨。同时,夏季又是一年中天气最热的时期,季平均气温26.4℃左右,土壤蒸发、作物蒸腾量较大,常出现夏旱。夏季也是雷雨大风、冰雹、龙卷风等局地强对流天气经常光顾的季节,常造成人员伤亡等重大损失。

四、秋高气爽

秋季除地面常有冷高压盘踞外,高空仍有副热带暖高压维持,大气层结比较稳定,秋高气爽,晴好天气多,是秋天的特色。

宿州各地1957—2012年秋季平均降水141～165毫米,同春季相差不大;平均气温14.9～15.9℃,较春季偏高1℃左右,有利于秋作物生长发育。

全市秋旱约2.2年一遇,特别是秋播期干旱较为突出,约三分之二的年份都会出现,形成较重旱灾的重旱至严重干旱在20%以上。秋涝约3.3年一遇。

五、冬季干冷

冬季受北方干冷空气的侵袭和控制,气候干燥寒冷,气温偏低,严寒时期较长,雨雪天气少,晴朗天气多,偏北风占优势。宿州冬季平均气温2.2℃,砀山最低只有1.5℃;极端最低气温-23.9℃,出现在灵璧,时间为1969年2月6日;雨雪总量47～67毫米,北少南多,仅占全年总降水量的6.0%～7.4%。

第二节 气候资源

一、风能资源

50米(70米)平均风速和平均风功率密度采用长期数值模拟计算而得。长期数值模拟运用中国气象局风能资源数值模拟评估系统WERAS/CMA,该系统包括天气背景分类与典型日筛选系统,中尺度模式WRF和复杂地形动力诊断模式CALMET以及风能资源GIS空间分析系统。基本思路:将评估区历史上出现过的天气进行分类,然后从各天气类型中抽取5%的样本作为数值模拟的典型日,之后分别对每个典型日进行逐时数值模拟,最后根据各类天气型出现的频率,统计分析得到风能资源的气候平均分布,模拟时段为1979—2008年。

其中年平均风功率密度计算公式为:$\overline{D_{WP}}=\frac{1}{2n}\sum_{k=1}^{12}\sum_{i=1}^{nk}\rho_k v_k,i^3$

式中,$\overline{D_{WP}}$为年平均风功率密度,单位瓦/米^2(W/m^2);n为计算时段内风速序列个数;ρ_k为月平均空气密度,单位公斤/立方米(kg/m^3),$k=1,2,\cdots,12$;n_k为第k个月观测小时数;$v_{k,i}$为第k个月风速序列。

空气密度ρ_k计算公式如下:$\rho_k=\frac{1.276}{1+0.00366}t_k\frac{p_k-0.378e_k}{1000}$

式中，p_k 为平均大气压，单位为百帕（hPa），e_k 为平均水汽压，单位为百帕（hPa），t_k 为平均气温（℃）。

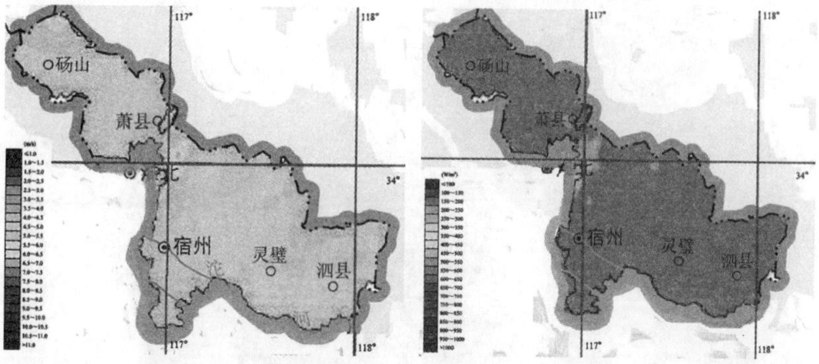

图2－1　1979—2008年宿州50米高度平均风速（左，米/秒）和平均风功率密度（右，瓦/平方米）

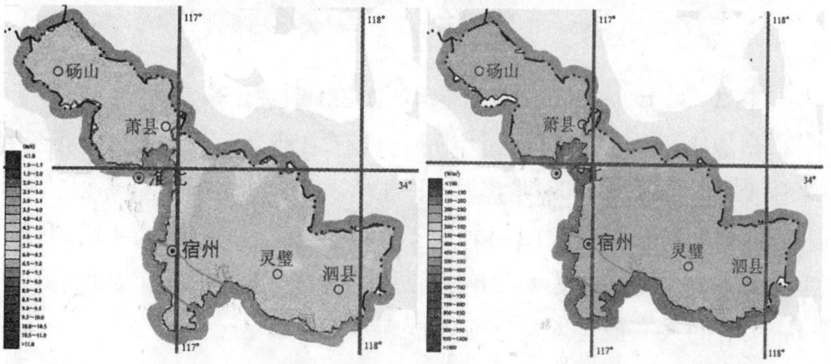

图2－2　1979—2008年宿州70米高度平均风速（左，米/秒）和平均风功率密度（右，瓦/平方米）

1979—2008年模拟宿州地区风能资源具有平原小、低山丘陵大的特点；大部地区50米高度平均风速为4.5～7.0米/秒，平均风功率密度为150～350瓦/平方米；70米高度平均风速为5.0～6.5米/秒，平均风功率密度为200～400瓦/平方米。参考《风电场风能资源评估方法（GB/T18710—2002）》风功率密度等级划分标准，以50米高度的平均风功率密度值为标准，平均风功率密度＜200瓦/平方米为1级，介于200～300瓦/平方米为2级，介于300～400瓦/平方米为3级（应用于并网风力发电较好），宿州大部地区风能资源等级为最低级1级，但在部分低山丘陵可达2级甚至3级。

二、太阳能资源①

总辐射量：指太阳投射在水平面上的直接辐射和天空辐射的总和，单位为兆焦耳/平方米（MJ/m^2），安徽省日射观测站为合肥和黄山市。全省年、月太阳总辐射分布是采用间接计算得到。

经验公式为：$Q = Q_0(a + bS_1)$，

式中，Q 为月太阳总辐射，Q_0 为月天文辐射，S_1 为日照百分率，a，b 为经验系数。a，b 数值由合肥和黄山市的观测资料及最小二乘法计算求得。Q_0 数值由当月逐日天文总辐射量 Q_n 数累加求得。

其中 $Q_n = \frac{TI_0}{\pi\rho^2}(\omega_0 sin\varphi sin\sigma + cos\varphi cos\sigma sin\omega_0)$ 式中，Q_n 为日天文辐射总量，单位为兆焦耳/平方米·天（$MJ/m^2 \cdot d$）；I_0 为太阳常数兆焦耳/平方米·分钟（$MJ/m^2 \cdot min$）；T 为时间周期 24×60 分钟/天

① 风能资源、太阳能资源资料由安徽省气候中心提供。

(min · d^{-1});ρ 为日地距离系数;ω_0 为日出、日落时角;φ 为地理纬度;σ 为太阳赤纬。

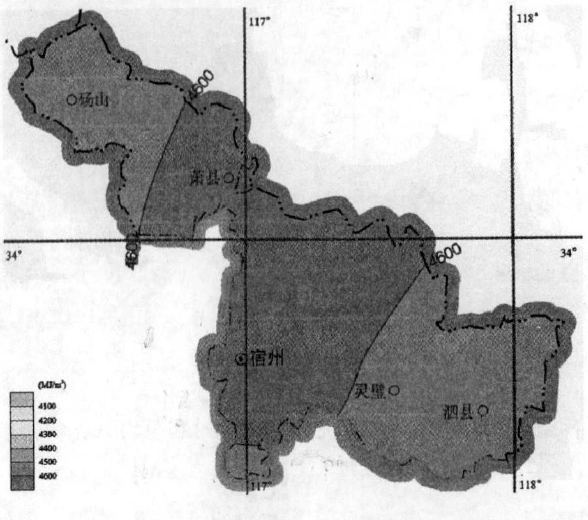

图 2-3 1980—2010 年宿州平均年总辐射量(兆焦耳/平方米)

1980—2010 年,宿州地区平均年总辐射量空间上具有中部高、东西低的分布特征,数值基本在4500 兆焦耳/平方米以上,中部超过 4600 兆焦耳/平方米。依据《太阳能资源评估方法(QX/T 89-2008)》中太阳总辐射的评估标准,年总太阳辐射量 <3780 兆焦耳/平方米为 4 级,介于 3780~5040 兆焦耳/平方米之间为 3 级。宿州大部地区太阳能资源达到 3 级,属于资源丰富区;其中部分低山丘陵的南坡日照百分率高、接受的天文辐射量大,资源更为丰富。

三、热量资源

宿州市热量资源较为丰富。全市各地气温稳定通过 0℃以上日数 313~321 天,活动积温 5242~5439℃·日;稳定通过 10℃以上日数 217~222 天,积温 4668~4839℃·日;稳定通过 22℃以上平均日数 98 天左右,积温 2518~2704℃·日。

1957—2012 年宿州市各站累年平均稳定通过 0℃、10℃、22℃初终日、日数、积温

表 2-2 **单位:月.日、天、℃**

项目 \ 站名		砀山	萧县	宿州	灵璧	泗县
稳定通过 0℃	初日	2.9	2.8	2.6	2.8	2.9
	终日	12.18	12.19	12.23	12.20	12.22
	间隔天数	313.4	315.2	320.9	316.3	318.6
	积温	5242.6	5296.3	5439.1	5338.8	5356.0
稳定通过 10℃	初日	4.2	4.1	3.31	4.1	4.1
	终日	11.4	11.6	11.8	11.8	11.8
	间隔天数	217.0	218.9	222.1	220.8	220.7
	积温	4668.4	4718.3	4839.0	4759.2	4763.9
稳定通过 22℃	初日	6.1	6.2	5.31	6.2	6.6
	终日	9.5	9.7	9.10	9.7	9.9

续表 2-2

单位：月. 日、天、℃

项目 \ 站名		砀山	萧县	宿州	灵璧	泗县
稳定通过 22℃	间隔天数	96.3	98.0	102.3	98.0	96.0
	积温	2518.8	2571.8	2703.6	2581.8	2533.2

四、降水资源

宿州市各站 1957—2012 年平均降水量 761～899 毫米。各站月降水量 7 月为最多，均在 201～247 毫米之间，1 月、12 月最少，大都在 14～22 毫米范围内。各站春季降水量 132～171 毫米，占全年降水量的 17.4～19.1%；夏季降水量 439～501 毫米，占 55.0%～58.8%；秋季降水量 154 毫米上下，占 18% 左右；冬季降水量 47～67 毫米，占 6.0%～7.4%。

1957—2012 年宿州各站累年各月、年平均降水量

表 2-3

单位：毫米

站点 \ 月、年	1	2	3	4	5	6	7	8	9	10	11	12	年
砀山	14.6	18.9	30.1	42.8	59.5	94.9	201.6	142.8	77.0	38.5	25.8	14.2	760.7
萧县	15.3	20.1	33.0	46.7	67.6	102.9	246.6	140.6	75.5	40.1	29.4	15.3	833.1
宿州	18.9	25.9	42.5	53.7	62.9	106.4	241.5	127.7	83.0	42.7	30.8	16.0	852.0
灵璧	19.9	26.3	44.0	54.3	66.0	119.1	238.6	142.9	89.6	42.1	32.7	16.8	892.3
泗县	21.6	28.4	46.5	54.1	70.8	116.1	237.8	140.3	86.7	44.4	33.9	17.8	898.6

第三节　气候要素

一、气温

(一) 年气温

宿州站累年年平均气温 14.9℃，最高年平均气温 16.3℃（2002 年、2006 年），最低年平均气温 13.2℃（1956 年、1957 年）。各站日最高气温≥35℃的累年平均高温日数 12.1～15.8 天，其年际间差异很大，宿州站有 5 年≥30 天，最多的 1968 年 45 天，≤5 天的 9 年，最少的 2008 年只有 2 天，四分之一的年份在 20 天以上。极端最高气温 41.7℃，出现在泗县，时间为 1988 年 7 月 9 日。

各站日最低气温≤－5.0℃的严寒日各地累年平均 21.8～24.3 天。年际间差异极大，其中宿州站有 18 年≥30 天，最多的 53 天（1967—1968 年的冬天）；≤5 天的 6 年，大都出现在 1999—2007 年之间，最少的 3 天，出现在 2001—2002 年、2006—2007 年的冬天。一半的年份在 20 天以上，都出现在 1988 年之前。日最低气温≤－10.0℃的酷寒日累年平均 3.0 天，在 1998 年后极少出现，仅在 2008 年 12 月 22 日出现一次。极端最低气温－23.9℃，出现在灵璧，时间为 1969 年 2 月 6 日。

1957—2012 年宿州各站累年平均气温及最高、最低气温

表 2-4

项目 \ 站名		砀山	萧县	宿州	灵璧	泗县
累年平均气温(℃)		14.3	14.5	14.9	14.6	14.6
累年平均最高气温(℃)		19.8	19.9	20.3	20.1	20.0
累年平均最低气温(℃)		9.8	9.8	10.4	10.0	10.2
累年平均≥35℃高温日数(天)		12.7	12.1	15.7	13.7	13.4
累年平均≤-5℃严寒日数(天)		22.0	23.6	21.8	24.3	23.6
累年平均≤-10℃严寒日数(天)		2.9	2.1	3.0	2.7	3.4
极端最高气温	极值(℃)	41.6	40.5	40.9	41.0	41.7
	年.月.日	1966.7.19	1988.7.7	1994.7.10	1994.7.3	1988.7.9
极端最低气温	极值(℃)	-19.9	-23.6	-23.2	-23.9	-23.7
	年.月.日	1955.1.6	1969.2.5	1955.1.6	1969.2.6	1969.2.5

说明:气候要素平均值除单独标注的外,一般均采用 1957—2012 年的平均值,极值从各地建站至 2012 年的资料中提取;下同

(二)月气温

宿州市气温的月际分布变化较大。最热月 7 月,宿州站 7 月平均气温 27.5℃;最冷月 1 月,月平均气温 0.5℃;历年极端最高月平均气温 35.5℃(1959 年 7 月),历年极端最低月平均气温 -9.9℃(1955 年 1 月)。

1953—2012 年宿州站累年各月平均气温及最高、最低气温

表 2-5

项目 \ 月		1	2	3	4	5	6	7	8	9	10	11	12
平均气温(℃)		0.5	3.0	8.2	15.0	20.7	25.5	27.5	26.8	22.1	16.3	9.2	2.9
平均最高气温(℃)		5.9	9.0	14.1	21.1	26.7	31.2	32.0	31.3	27.2	22.3	15.1	8.4
平均最低气温(℃)		-3.5	-1.2	3.4	9.7	15.2	20.4	23.9	23.3	18.1	11.7	4.8	-1.2
极端最高气温	气温(℃)	20.1	27.3	30.0	35.6	37.6	40.8	40.9	39.8	39.1	35.1	30.0	22.1
	日期	8	1	27	29	24	8	10	24/1	6	1	2	28
	年份	1979	1963	1973	2011	1982	2011	1994	1959/2003	1995	1998	1979	1987
极端最低气温	气温(℃)	-23.2	-22.6	-11.7	-3.9	3.1	11.3	16.7	14.6	7.1	-3.0	-8.6	-18.7
	日期	6	6	3	4	4	2	4	30	30	28	10/25	28
	年份	1955	1969	1958	1962	1961	1955	1967	2003	1970	1966	1968/1956	1991

二、降水

（一）年降水

宿州站累年平均降水量 852.0 毫米；年际间降水变化较大。最大 1480.5 毫米（1954 年），最小 560.2 毫米（1968 年）；由于受季风气候影响明显，降水的四季变化较大。全年降水主要集中在汛期的 6—8 月份，占全年降水量的 55.8%；汛期最大降水量 1121.9 毫米（1954 年），最小降水量 187.0 毫米（1999 年）。最长连续降水日数 12 天（1965 年 7 月 6—17 日、1985 年 10 月 9—20 日），最长连续无降水日数 66 天。

1957—2012 年宿州各站累年平均降水量及年最多、年最少降水量

表 2-6

项目＼站名		砀山	萧县	宿州	灵璧	泗县
累年平均降水量（毫米）		760.7	833.1	852.0	892.3	898.6
最多降水量	降水量（毫米）	1333.9	1319.5	1480.5	1578.0	1620.5
	年	2003	1963	1954	2003	2003
最少降水量	降水量（毫米）	414.7	516.8	560.2	556.5	465.0
	年	1966	1988	1968	2004	1978
最长连续降水	日数（天）	12	13	12	16	13
	时段	1974.8.3—8.14	1965.7.6—7.18	1965.7.6—7.17 1985.10.9—10.20	1965.7.7—7.22	1987.7.26—8.7
最长连续无降水	日数（天）	77	88	66	63	66
	时段	1995.10.28—1996.01.12	1987.11.29—1988.02.24	1973.11.09—1974.01.13	1988.10.19—1988.12.19	1973.11.09—1974.01.13

（二）月降水

宿州站累年平均 7 月降水最多，12 月降水最少，7 月暴雨日几乎占全年暴雨日的一半，各月最长连续降水日数 6～12 天。

1953—2012 年宿州站累年各月、年降水情况统计表

表 2-7

项目＼月、年	1	2	3	4	5	6	7	8	9	10	11	12	年
累年降水平均值（毫米）	18.6	25.9	43.0	53.5	62.4	108.3	251.2	134.1	81.1	41.7	30.1	16.4	866.2
平均降水日数（天）（≥0.1 毫米）	4.8	6.3	7.5	8.0	8.1	9.3	13.8	11.0	8.5	6.8	5.9	4.8	94.8
日降水量≥50 毫米平均日数（天）	0.0	0.0	0.0	0.2	0.2	0.4	1.4	0.6	0.3	0.1	0.0	0.0	3.1

续表 2－7

项目 \ 月、年	1	2	3	4	5	6	7	8	9	10	11	12	年
日降水量≥100毫米平均日数(天)	0.0	0.0	0.0	0.0	0.0	0.1	0.4	0.1	0.1	0.0	0.0	0.0	0.6
最长连续降水(≥0.1毫米)日数(天)	7	8	7	9	9	9	12	8	8	12	7	6	12
最长连续无降水日数(天)	66	63	38	27	21	31	14	27	25	38	31	57	66
累年一日最大降水量(毫米)	35.3	42.6	37.5	80.4	139.3	153.1	221.6	167.5	173.2	68.7	32.6	23.9	221.6

说明：月最长连续无降水日数为前期无降水日数延续到当月的日数

（三）降雪

宿州市各站年平均降雪日数、积雪日数均在10～12天；最多降雪日30天左右，2006年冬季1～2天为最少；最多积雪日43～49天，1994年、2006年、2011年冬季基本无积雪。

1957—2012年宿州各站累年平均降雪、积雪日数及年最多降雪、积雪日数表

表 2－8

项目 \ 站名		砀山	萧县	宿州	灵璧	泗县
累年平均降雪日数(天)		11.1	10.3	11.8	10.5	10.0
累年平均积雪日数(天)		11.7	10.3	10.2	10.0	10.5
最早降雪日期(年、月、日)		1981.11.4	1962.11.3	1959.11.8	1962.11.3	1967.11.3
最迟降雪日期(年、月、日)		1960.4.11	1960.4.11	1955.4.18	2006.4.12	2006.4.12
冬季最多降雪日数	降雪日数(天)	34	31	27	27	28
	年	1968—1969	1968—1969	1968—1969	1956—1957	1968—1969
冬季最多积雪日数	降雪日数(天)	44	49	45	48	43
	年	1968—1969	1956—1957	1956—1957	1956—1957	1956—1957

三、日照

（一）日照时数

宿州市各站累年年平均日照时数2194～2278小时。历年最多2739小时(1959年，出现在砀山)，最少1537小时(2003年，出现在萧县)。

1957—2012 年宿州各站累年平均日照时数

表 2-9

项目＼站名		砀山	萧县	宿州	灵璧	泗县
累年平均日照时数(小时)		2271.3	2254.8	2278.0	2237.6	2193.7
最多日照时数	日照时数(小时)	2739.1	2698.3	2648.1	2714.3	2556.1
	年	1959	1959	1956	1962	1983
最少日照时数	日照时数(小时)	1851.7	1537.1	1962.5	1758.8	1792.2
	年	2003	2003	1989	1989	1991

(二)日照百分率

宿州站累年年平均日照百分率 52%，历年日照百分率最高 60%(1956 年、1962 年)，最少 44%(1989 年)；累年平均月日照时数最多 223 小时以上，最少 158 小时以下，月平均日照百分率以春天的 4—5 月为最高，夏季的 7 月最少。

1953—2012 年宿州站累年各月平均日照时数及日照百分率

表 2-10

项目＼月、年	1	2	3	4	5	6	7	8	9	10	11	12	年
日照时数(小时)	157.4	150.9	178.7	202.6	227.7	223.5	205.7	217.5	190.3	197.3	169.6	161.0	2282.0
日照百分率(%)	51	51	51	55	55	53	46	51	49	54	52	51	52

四、风

(一)平均风速

宿州市季风气候明显，风随季节的变化十分显著。各站累年平均风速 2.3～3.0 米/秒，灵璧县、泗县年平均风速相对较大，达到或接近 3.0 米/秒。月际分布为 3—4 月最大，9—10 月最小。

1957—2012 年宿州各站累年各月、年平均风速

表 2-11　　单位:米/秒

项目＼月、年	1	2	3	4	5	6	7	8	9	10	11	12	年
砀山	2.3	2.5	2.9	2.9	2.6	2.5	2.2	1.9	1.8	1.9	2.2	2.2	2.3
萧县	2.4	2.7	3.1	3.1	2.7	2.7	2.4	2.1	2.0	2.0	2.3	2.4	2.5
宿州	2.3	2.5	2.8	2.8	2.5	2.5	2.3	2.2	2.1	2.0	2.1	2.2	2.3
灵璧	2.9	3.2	3.5	3.5	3.1	3.2	2.9	2.6	2.6	2.6	2.9	2.8	3.0
泗县	2.8	3.1	3.5	3.4	3.0	3.0	2.7	2.6	2.5	2.5	2.7	2.7	2.9

(二)最大风速

最大风速在经济建设和城市建设中有着重要的应用，特别是各项重大工程和建筑物建设评估时，

就要考虑承受的最大风压。根据《宿州气候》一书著述，宿州市各站历年逐月最大风速大都在10米/秒以上。年极大风速32.7米/秒，出现在萧县，时间为2004年7月6日。

1957—2012年宿州各站历年逐月最大风速

表2－12 单位:米/秒

站名＼月	1	2	3	4	5	6	7	8	9	10	11	12
砀山	12.7	13.3	14.0	15.0	17.0	12.9	16.7	12.3	13.3	11.0	13.9	14.0
萧县	8.8	11.2	18.0	14.3	15.7	15.3	20.0	15.0	16.0	13.3	16.7	14.0
宿州	12.0	14.0	12.4	15.0	13.7	14.0	18.0	12.3	11.3	10.0	10.7	15.7
灵璧	13.0	19.7	19.0	15.0	16.0	18.0	14.0	15.3	12.0	14.3	21.3	17.0
泗县	13.3	14.3	15.7	15.0	15.3	16.3	20.0	12.0	11.7	11.7	15.0	12.7

（三）盛行风向及频率

宿州站全年有6个月的最多风向为东北风，其他6个月仍是偏东风，只是在6、7月份才偏南风明显一些。其他各站最多风向不尽相同，砀山冬季主导风向为北风，其他季节以东风和偏南风为主。萧县、灵璧全年主导风向为东风，泗县全年最多风向为东南偏东风。全年最多风向各地11月至次年2月相同或相近，4—9月也相近，3月和10月是过渡月份（其中静风未列入）。

1971—2000年宿州各站各月、年最多风向及频率

表2－13

站名、项目＼月、年		1	2	3	4	5	6	7	8	9	10	11	12	全年
砀山	最多风向	N	N E	E	S	S	SE	E	E	E	E	N	N	E S
	频率(%)	10	9	10	13	11	12	11	13	10	9	10	10	9
萧县	最多风向	N	E	E	SSW	SSW	E	E SSW	E	E	NE	NE	SSW	E
	频率(%)	9	9	10	12	12	12	13	14	10	8	8	8	9
宿州	最多风向	NE	NE	ENE	NE	E	SSE	E ESE S	NE	NE	ENE E	NE	NE	NE
	频率(%)	14	14	14	11	10	12	10	17	17	10	14	13	12
灵璧	最多风向	NE ENE	E	E	ESE	ESE	ESE	E	E	E	ENE	E	ENE	E
	频率(%)	11	13	13	12	13	16	13	16	14	10	10	10	12
泗县	最多风向	NE ENE	ENE E	E ESE	ESE	ESE	ESE	ESE	E	ENE	ENE E ESE	NNE ENE	NE ENE	ESE
	频率(%)	10	11	12	13	13	17	13	13	14	10	9	9	11

五、蒸发

宿州市各站累年年平均蒸发量1349～1645毫米，南北相差200毫米左右。4—8月各地蒸发量813～990毫米，占全年总蒸发量的60%～63%；6月蒸发量最大，达197～244毫米，1月最小为36～52毫米。

1957—2012 年宿州各站累年各月平均蒸发量

表 2－14

单位:毫米

站名 \ 月、年	1	2	3	4	5	6	7	8	9	10	11	12	年
砀山	36.0	54.7	107.7	151.9	196.6	223.9	168.4	151.4	122.4	101.2	63.3	40.5	1418.0
萧县	44.8	64.3	120.0	165.1	211.1	240.8	185.8	161.8	136.6	114.8	73.9	49.9	1568.9
宿州	38.9	56.2	101.0	132.3	172.2	197.5	158.2	153.2	124.3	105.0	65.8	44.3	1348.9
灵璧	51.7	69.9	121.7	1606	207.4	244.1	199.2	178.6	145.7	128.7	81.7	56.5	1645.8
泗县	51.8	68.5	121.3	158.4	202.9	231.3	198.3	183.0	146.6	125.9	81.5	56.5	1626.0

六、地温

(一)地面温度

宿州市各站累年平均地面温度 16.1～17.9℃,南北相差 1.8℃;夏季最高,月平均均在 30℃左右,1 月最低在 0.3～1.7℃,砀山偏低明显。

1958—2012 年宿州各站各月年平均地面温度

表 2－15

单位:℃

站名 \ 月、年	1	2	3	4	5	6	7	8	9	10	11	12	年
砀山	0.3	3.4	9.5	17.4	24.0	29.1	30.1	28.9	23.2	16.4	8.3	2.1	16.1
萧县	1.0	3.7	9.5	17.2	24.0	28.9	30.2	29.4	23.9	17.2	9.0	2.8	16.4
宿州	1.3	4.4	10.5	18.7	25.3	29.9	31.5	31.3	25.4	18.5	9.9	3.1	17.5
灵璧	1.5	4.6	10.7	18.7	25.4	29.9	31.4	31.1	25.4	18.7	10.3	3.5	17.6
泗县	1.7	4.8	10.9	19.0	25.7	30.1	31.7	31.4	25.9	19.0	10.6	3.7	17.9

全市年极端最高地面温度均在 68.6℃以上,大都出现在 7 月上旬;年极端最低地面温度都在 －22.8℃以下,2 月上旬居多。

宿州各站年极端最高(低)地面温度及出现日期

表 2－16

项目 \ 站名		砀山	萧县	宿州	灵璧	泗县
极端最高地面温度	地温(℃)	69.5	68.6	73.0	69.4	73.7
	年.月.日	1958.6.27	1960.7.21	1994.7.10	1994.7.3	1988.7.9
极端最低地面温度	地温(℃)	－22.8	－28.0	－25.9	－26.2	－28.0
	年.月.日	1967.1.3	1969.2.5	1969.2.5	1991.12.30	1969.2.6
记录年代		1958—2012	1958—2012	1956—2012	1957—2012	1957—2012

(二)地中温度

地中温度分为浅层地温(5～20厘米)和深层地温(40～320厘米)。宿州市年平均地中温度随深度变化很小。这是因为地面虽冬冷但夏热,而地中深层虽冬暖但夏凉的缘故,因此等温线与地面几乎垂直。

宿州各站地下不同土层深度累年平均温度

表2-17

单位:℃

站名 \ 深度(厘米)	5	10	15	20	40	80	160	320	记录年代
砀山	15.7	15.8	15.7	15.8	15.7	15.8	15.8	15.8	2001—2012
萧县	15.5	15.4	15.4	15.6	16.1	16.0	16.2	16.1	2003—2012
宿州	16.9	16.9	16.9	16.9	16.7	16.7	16.9	17.0	1981—2012
灵璧	17.3	17.0	16.8	16.8	16.5	16.7	16.7	16.6	1986—2012
泗县	17.4	17.2	17.0	17.0	16.5	16.6	16.6	16.9	1984—2012

说明:1.灵璧、泗县160厘米、320厘米数据从2005年1月开始有资料;

2.砀山、宿州40～320厘米,灵璧、泗县40～80厘米数据为1981—2012年资料;

3.记录年代为冬季地中温度不间断记录年代

宿州站数据显示,浅层地温7—8月最高,1月最低,与气温分布相同。深层地温最高值明显滞后,40～80厘米深出现在8月,160厘米深出现在9月,320厘米深出现在10月;最低值同样滞后,40厘米仍在1月,80～160厘米在2月,320厘米则在4月。

1981—2012年宿州站地下不同土层深度逐月平均温度

表2-18

单位:℃

深度(厘米) \ 月	1	2	3	4	5	6	7	8	9	10	11	12
5	2.5	5.1	10.0	17.5	23.5	27.4	29.5	29.3	24.6	18.3	10.6	4.4
10	3.1	5.3	9.8	16.9	22.8	26.7	29.0	29.0	24.6	18.7	11.3	5.2
15	3.7	5.5	9.8	16.5	22.2	26.2	28.5	28.8	24.7	19.1	12.0	5.9
20	4.3	5.8	9.7	16.2	21.8	25.7	28.1	28.5	24.7	19.3	12.6	6.6
40	5.7	6.3	9.4	14.5	19.5	23.6	26.4	27.3	24.5	19.9	14.1	8.5
80	8.2	7.7	9.6	13.4	17.7	21.4	24.4	25.8	24.3	20.9	16.3	11.3
160	11.8	10.3	10.4	12.1	14.8	17.6	20.3	22.2	23.1	21.6	18.8	15.3
320	16.0	14.4	13.4	13.1	13.8	15.0	16.7	18.2	19.9	20.2	19.7	18.4

七、冻土

宿州市冻土集中出现在11月至翌年3月。12月至次年2月是出现年最大冻土深度的时段。宿州、泗县年最大冻土深度在15厘米以下,其余各站均在20厘米以上。

宿州市各站月最大冻土深度及出现日期

表2-19

站名	项目 \ 月	10月	11月	12月	1月	2月	3月	4月
砀山	冻土深度(厘米)	—	5	19	28	20	8	2
	年.月.日		1960.11.27、1976.11.23、1979.11.29、1981.11.28、1986.11.29—30	1966.12.30	1967.1.6—7	1958.2.1—2	1958.3.3	2009.4.1
萧县	冻土深度(厘米)	—	9	11	20	22	8	—
	年.月.日		1978.11.29	1984.12.30、1991.12.30	1963.1.27—31	1963.2.4—14	1969.3.1	
宿州	冻土深度(厘米)	—	7	14	15	11	8	—
	年.月.日		1979.11.29、1986.11.30、1988.11.29、1989.11.29—30、1993.11.24	1973.12.26	1967.1.18—19、1970.1.18	1977.2.1—2	1958.3.3、1986.3.2、1988.3.7	
灵璧	冻土深度(厘米)	—	8	17	22	15	11	—
	年.月.日		1989.11.29	1967.12.31	1967.1.18—19	1963.2.5—7、1964.2.4—5	1969.3.2	
泗县	冻土深度(厘米)	1	7	12	13	10	6	3
	年.月.日	1966.10.29	1986.11.30	1973.12.26、1980.12.28、1983.12.31	1970.1.6—8、1970.1.17—18、1984.1.1	1963.2.5	1979.3.1、1988.3.7、2010.3.10	1962.4.3—4

说明:资料年代为砀山1955年—2012年、宿州1953年—2012年、其余各县1957年—2012年

八、气压

宿州市累年年平均气压1011.3~1014.3百帕(hpa),南北相差无几。月平均气压最低的是7月,各站在1000百帕左右,最高的11月至次年2月,各站大都在1020~1025百帕之间。

1953—2012年宿州站累年各月平均气压

表2-20 单位:百帕

项目 \ 月、年	1	2	3	4	5	6	7	8	9	10	11	12	年
平均气压	1024.5	1022.0	1017.8	1011.9	1007.3	1002.4	1000.3	1003.3	1010.7	1017.4	1021.5	1024.3	1013.6

九、空气湿度

空气湿度指空气中有多少水汽含量和空气的潮湿程度,常用水汽压和相对湿度来表示。

(一) 水汽压

宿州市水汽压分布为北小南大,与降水量的空间分布类似。各站累年年平均13.7~14.5百帕

(hpa)，泗县最大，其余各站均在14.0百帕左右；7月28.8～29.8百帕为最大，1月4.1～4.5百帕为最小。

1953—2012年宿州站累年各月年平均水汽压

表2－21

单位:百帕

项目 \ 月、年	1	2	3	4	5	6	7	8	9	10	11	12	年
平均气压	4.3	5.1	7.1	11.3	15.7	20.9	28.9	28.0	19.6	12.6	8.1	5.1	13.9

（二）相对湿度

宿州市累年平均相对湿度除泗县达到74%外，其余各站均在70%～71%之间，几乎无差别。相对湿度最大的月份是7—8月，80%～83%；最小为3—4月，64%～70%，南北空间分布相差稍大一些。

1953—2012年宿州站累年各月年平均相对湿度

表2－22

单位:%

项目 \ 月、年	1	2	3	4	5	6	7	8	9	10	11	12	年
平均	67	67	66	67	67	67	80	80	75	69	68	67	70

第四节　气象灾害

宿州市的气象灾害主要有干旱、洪涝、大风、连阴雨、低温霜冻等，夏季暴雨、龙卷、冰雹等强对流天气经常出现，给工农业生产、人们的日常生活带来较大影响。

一、干旱

干旱是宿州市自然灾害中范围最广、危害最大的灾害性天气之一。干旱在一年四季均可能发生，但以春、夏、秋三季的干旱对农业生产影响最大。根据有关资料，可将气象干旱确定为早春旱(2月—3月上旬)、春旱(4—5月)、初夏旱(6月—7月上旬)、夏旱(7—8月)、夹秋旱(8月下旬—9月中旬)、秋旱(10—11月)等六种类型。

宿州市降水量距平百分率干旱等级划分表

表2－23

等级	项目 \ 类型	降水量距平(Pa)百分率(%)		
		月尺度	季尺度	年尺度
1	无旱	－40＜Pa	－25＜Pa	－15＜Pa
2	轻旱	－60＜Pa≤－40	－50＜Pa≤－25	－30＜Pa≤－15
3	中旱	－80＜Pa≤－60	－70＜Pa≤－50	－40＜Pa≤－30
4	重旱	－95＜Pa≤－80	－80＜Pa≤－70	－45＜Pa≤－40
5	特旱	Pa≤－95	Pa≤－80	Pa≤－45

在1957—2010年期间，砀山出现各种类型的气象干旱达108次，萧县104次，埇桥区99次，灵璧109次，泗县100次，全市平均每年出现接近2次。按特旱和重旱统计，砀山、萧县最易出现，54年间均出现24次，约2.3年一遇；埇桥区、泗县约3年一遇；灵璧出现最少为3.4年一遇。

秋旱发生的频率最高，全市平均约2.2年一遇；其次是春旱，约2.6年一遇；夏旱发生频率最低，约4.7年一遇。干旱常常出现多季连旱，如冬春连旱、秋冬连旱，甚至四季连旱。秋冬连旱在宿州市中北部地区4.5～5.4年一遇，南部6.8～9.0年一遇。干旱还有多年连旱的严重情况，如1966—1967年、1987—1988年、1993—1994年，全市大部分地区连续2年出现严重干旱。

宿州市秋冬连旱灾害出现年份

表2-24

项目＼站名	砀山	萧县	宿州	灵璧	泗县
出现年份	1963、1969、1973、1976、1983、1991、1995、1998、2008、2010	1963、1966、1969、1973、1976、1980、1983、1991、1995、1998、2008、2010	1963、1969、1973、1976、1980、1983、1991、1995、1998、2008、2010	1963、1969、1973、1980、1983、1995、2008、2010	1963、1969、1973、1980、1983、2010

二、暴雨洪涝

日降水量达到50～99.9毫米称“暴雨”；100～249.9毫米为“大暴雨”；≥250毫米称“特大暴雨”。

宿州市各地96%以上的年份都会出现≥50毫米的暴雨，最多年份11次（宿州，1996年）；其余各地最多年份7～9次，除萧县出现在1963年外，均出现在2003年和2007年；年出现5次以上暴雨的年份占14.3%～23.2%，自北向南呈增加趋势；年平均暴雨日数3.0天左右。除冬季（12月—2月）外，春、夏、秋三个季节均有暴雨发生，最早出现在3月3日（宿州1966年、砀山2007年），最晚结束在11月19日（砀山1962年）；夏季暴雨占总暴雨日数的80%左右。≥100毫米的大暴雨日数除砀山24次（1955—2012年）、宿州37次（1953—2012年）外，其余均为31次（1957—2012年）；砀山2.4年一遇、其他各站1.6～1.8年一遇。≥200毫米的大暴雨宿州、泗县各3次，其余各站均1次；除萧县外，雨量均在216.9～239.8毫米之间。特大暴雨仅出现2次，萧县最大为374.6毫米，出现在1982年7月22日。

洪涝（涝渍）分为春涝（3—5月）、初夏涝（5月下旬—6月中旬）、夏涝（6—8月）、秋涝（9—10月）、晚秋涝（11月）等五种类型。

宿州市降水量距平百分率洪涝等级划分表

表2-25

等级	项目＼类型	降水量距平百分率（%）		
		月尺度	季尺度	年尺度
1	无涝	Pa＜40	Pa＜25	Pa＜15
2	轻涝	40≤Pa＜60	25≤Pa＜50	15≤Pa＜30
3	中涝	60≤Pa＜80	50≤Pa＜70	30≤Pa＜40

续表 2-25

等级	项目 类型	降水量距平百分率(%)		
		月尺度	季尺度	年尺度
4	重涝	80≤Pa<95	70≤Pa<80	40≤Pa<45
5	特涝	95≤Pa	80≤Pa	45≤Pa

54 年间(1957—2010 年),砀山出现各种类型涝渍 79 次,萧县 68 次,埇桥区 67 次,灵璧 64 次,泗县 69 次,全市平均每年出现 1.2~1.5 次。按特涝和重涝统计,砀山 35 次,萧县 27 次,埇桥区 32 次,灵璧 30 次,泗县 27 次,全市平均约 2 年一遇,砀山偏多一些。

宿州市秋涝和晚秋涝发生频率最高,主要是由于长时间的连阴雨造成的,影响秋季作物的后期生长、收获以及小麦的播种。秋涝和晚秋涝全市平均为 3.3 年一遇。夏涝是由于降水集中、强度大造成的,强降水持续时间愈长,复盖范围愈大,洪涝就愈严重。宿州市夏涝主要发生在 7—8 月,约为 3.9 年一遇。

三、风雹灾害

(一)大风

宿州大风主要有寒潮(强冷空气)、气旋、热带气旋(台风)、飑线等天气系统造成,破坏性较大。空间分布上为中北部年平均 4.1~6.7 天,南部是北部的 2~3 倍以上。一年中,大风分布呈“两多两少”特点,即每年的 3—4 月多,5 月少,6—7 月多,9—10 月少;砀山只有一年大风日数超过 20 天(1955 年),萧县 2 年(1965—1966 年),宿州 5 年(1962—1967 年),灵璧 15 年(1959—1976 年),泗县 19 年(1957—1975 年、1979 年、1990 年及 1994 年)。砀山 1966 年起、宿州 1968 年起没有出现超过 10 天的大风年份,萧县在 2004 年及 2005 年仍出现 11~12 天的大风年份。2010—2012 年,除灵璧出现 5 天大风、泗县、宿州出现 1 天大风外,砀山、萧县均没有出现大风现象。

宿州市各站大风日数

表 2-26

项目 站名	砀山	萧县	宿州	灵璧	泗县
平均日数(天)	4.1	6.7	5.3	14.7	16.5
最多日数(天)	23	25	36	64	60
出现年份(年)	1955	1966	1966	1966	1963
极大风速(米/秒)	25.4	32.7	26.6	20.5	20.6
出现时间(年.月.日)	1994.7.9、 1995.11.7	2004.7.6	2006.6.27	2006.6.29	2009.6.14
资料年代	1955—2012	1957—2012	1953—2012	1957—2012	1957—2012

（二）冰雹

冰雹是一种坚硬的球状、锥状或形状不规则的固态降水，大小差异大，常伴随雷暴、大风、暴雨及龙卷等恶劣天气出现。

冰雹有强烈的对流引起，出现的机会少、范围小，因而观测站少有记录。宿州市各地建站至2012年，砀山站记录到的冰雹天气6次为最少，南部最多为18次；砀山平均10年左右1次，宿州5~6年1次，其余各站3~4年1次。从观测站记录到的冰雹天气来看，北部冰雹主要出现在4—6月，中部3—7月，南部2—8月，以6月出现最多，分别占总冰雹次数的46.9%、36.4%、44.5%。

图2-4　宿州市冰雹路线图

宿州市各站冰雹次数

表2-27

项目＼站名	砀山	萧县	宿州	灵璧	泗县
次数(次)	6	16	11	18	18

说明：资料年代为砀山1955年—2012年、宿州1953年—2012年、其余各县1957年—2012年

（三）龙卷风

龙卷风是一种从强对流积雨云中伸向地面的小范围强烈旋风，其影响范围一般不大，持续时间较短，气象观测难以记录到。较强的龙卷风可产生旋转性狂风，狂风过境，对树木、建筑物、人畜等均可能造成严重破坏，危害极重。有依据显示，宿州市东部、北部的龙卷风偏多，危害也较重。

（四）飑线

飑线是指突然发生的强风，持续时间短促。出现时瞬间风速突增，风向突变，气象要素随之有剧烈变化，常伴有雷雨、冰雹、龙卷等剧变天气。

宿州市飑线分布为，宿州166次、泗县93次、砀山79次、灵璧62次、萧县53次。年飑线出现最多为14次（泗县，1985年），其次是11次（宿州，1974年），其余各站6~8次。从时间上看，飑线一般出现在4—9月，6—8月占66.7%~78.3%，其中又以7月最多，全市平均占总次数的27.5%，而宿州站最多占34.3%。飑线最早出现在2月11日（宿州，1970年；泗县，1987年），最迟出现在10月13日（砀山，1985年）。

（五）寒潮

寒潮的标准是根据冷空气活动达到一定的强度而定。根据GB/T 21987—2008寒潮等级，寒潮划分为三个等级：寒潮、强寒潮、特强寒潮。

寒潮：使某地的日最低（或日平均）气温24小时内降温幅度≥8℃，或48小时内降温幅度≥10℃，或72小时内降温幅度≥12℃，而且使该地日最低气温≤4℃的冷空气活动。

强寒潮：使某地的日最低（或日平均）气温24小时内降温幅度≥10℃，或48小时内降温幅≥12℃，或72小时内降温幅度≥14℃，而且使该地日最低气温≤2℃的冷空气活动。

特强寒潮：使某地的日最低（或日平均）气温24小时内降温幅度≥12℃，或48小时内降温幅度≥14℃，或72小时内降温幅度≥16℃，而且使该地日最低气温≤0℃的冷空气活动。

宿州市寒潮出现总次数347站次。其中强寒潮出现的次数自北向南依次为:9次、9次、18次、18次、19次,特强寒潮出现次数依次为4次、4次、6次、8次、7次。

全市范围同时出现强寒潮共6次,时间分别是:1968年11月7—10日(萧县、砀山,其余8—10日)、1970年1月2—5日、1970年11月13—15日、1982年11月8—10日、1990年1月29日—2月1日、1998年3月18—20日;全市范围同时出现特强寒潮共2次,时间分别是:1962年4月1—3日(48小时最低气温下降14.3~17.3℃)、1987年11月25—28日(72小时日平均气温下降16.4~18.2℃)。其余强寒潮及特强寒潮均为局部出现。

1957—2012年宿州市各站逐月、年寒潮总次数

表2-28

站名＼月、年	1月	2月	3月	4月	10月	11月	12	年合计
砀山	8	1	5	8	8	17	7	54
萧县	7	3	5	9	10	17	9	60
宿州	6	8	7	4	5	24	12	66
灵璧	10	7	7	9	8	23	15	79
泗县	9	8	5	11	12	26	17	88
合计	40	27	29	41	43	107	60	347

(六)雷电

雷电引起的灾害是世界上十大自然灾害之一,危害程度仅次于暴雨洪涝、滑坡塌方等气象灾害。宿州市雷暴一年四季都有可能发生,最早初雷出现在2000年1月4日(宿州、灵璧、泗县),最晚初雷日为1978年6月18日(萧县);最早终雷日为1988年7月25日(灵璧),最晚终雷出现在1979年12月21日(灵璧、泗县)。全市各地建站至2012年累年平均雷暴日数自北向南一次为24.9天、24.7天、29.5天、29.8天、31.4天。夏季雷暴日数占全年的四分之三以上,其次是春季占17%左右,秋季7%,冬季最少为1%上下。

四、高温

日最高气温达到或超过35℃时,称为高温日。宿州市进入盛夏,常出现高温炎热天气。

宿州市年最多高温日数52天(泗县),宿州、灵璧各45天,砀山县39天,萧县35天,均出现在1967年5月26日至9月9日之间。高温最长连续日数泗县14天(1966年7月27日至8月9日),其余15~17天(均出现在1961年7月12—29日之间)。高温出现时段主要集中在6月上旬至8月上旬,占总日数的88.1%,其中7月最多,全市平均日数占总平均日数的45.8%。

宿州市各站累年平均高温日数、极值及高温最早、最迟出现日期

表2-29

项目＼站名	砀山	萧县	宿州	灵璧	泗县
累年平均日数(天)	12.7	12.0	15.6	13.7	13.4

续表 2-29

项目＼站名	砀山	萧县	宿州	灵璧	泗县
历年高温极值(℃)	41.6	40.5	40.9	41.0	41.7
极值出现日期(年.月.日)	1966.7.19	1988.7.7	1994.7.10	1994.7.3	1988.7.9
最早出现日期(年.月.日)	1960.5.2	1960.5.2	2011.4.29	1981.5.8	2000.5.5
最迟出现日期(年.月.日)	1975.9.10	1987.9.20	1975.9.10,1999.9.10	2010.9.21	1975.9.11

五、干热风

干热风是农业生产上主要气象灾害之一,对农业生产危害很大,可直接影响作物的生育,以致造成农业严重减产。干热风主要危害小麦,有时还会危害玉米、棉花、水稻等作物。

宿州各站(砀山1955年、宿州1953年、其余各县1957年至2012年,下同),无干热风年份有9年,不足总年数的2成,出现干热风的年份占83%以上,其中出现重干热风14年,占总年数的四分之一强。年出现5天以上轻干热风日的几率砀山为5年一遇,泗县10年一遇,其他地区7年出现一次。泗县出现重干热风的几率为5年一遇,其他地区3年出现一次;萧县出现2天以上重干热风的几率为5年一遇,其余地区10年出现一次。年出现干热风日数最多的是1965年和1968年,全市各站均达9~11天,其中重干热风日2~3天。

宿州市各站平均干热风日多出现在5月的第六候和6月的第一候,在一天之内出现的时间以14时前后居多。

宿州站小麦灌浆关键期候平均干热风日出现几率

表 2-30

项目＼候次	5月第三候	5月第四候	5月第五候	5月第六候	6月第一候
出现干热风几率	20年一遇	5~6年一遇	3~4年一遇	2~3年一遇	1~2年一遇
干热风日≥2天的出现几率	极少出现	27年一遇	6年一遇	4~5年一遇	3年一遇
重干热风日出现几率	无	极少出现	20年一遇	10年一遇	5~6年一遇

六、连阴雨

连阴雨一般指连续3~5天以上的阴雨天气现象(中间可以有短暂的日照时间)。宿州市连阴雨天气一年四季都可能发生,但对农业生产影响最大的是春季和秋季≥5天的连阴雨以及≥3天的午收连阴雨(5月21日至6月10日)。可以看出,连阴雨天气自北向南呈增多趋势,春季连阴雨自北向南平均每年0.4~0.9次,午收连阴雨平均每年0.4~0.6次,秋季连阴雨平均每年1.0~1.4次。

宿州市各站连阴雨总次数

表 2-31

项目＼站名	砀山	萧县	宿州	灵璧	泗县
春季连阴雨≥5天(次)	25	34	43	42	50

续表 2-31

项目＼站名	砀山	萧县	宿州	灵璧	泗县
午收连阴雨≥3 天(次)	24	25	32	36	31
秋季连阴雨≥5 天(次)	59	67	66	65	76
资料年代	1955—2012	1957—2012	1953—2012	1957—2012	1957—2012

七、霜冻

当地面温度降到0℃或0℃以下时,空气中的水汽在地面及地面物体(或农作物)上凝华成白色的结晶物,即霜,俗称白霜。

霜冻是在冷暖过渡季节,农作物耐寒力已减弱的情况下,由于寒潮或强冷空气的侵袭所引起的近地面层空气温度迅速下降至足以使农作物遭受冻害或死亡的温度。霜冻一般发生在春、秋季,也可称为早霜冻、晚霜冻。初、终霜的出现,往往也是多数农作物霜冻的出现。

全市最早、最迟初霜日相差 36~42 天,最早、最迟终霜日相差 41~56 天,最多、最少无霜期相差 48~73 天。

1957—2012 年宿州市各站初终霜日期及无霜期

表 2-32

站名＼项目	初霜日(月.日及年.月.日)			终霜日(月.日及年.月.日)			无霜期(天及天/年)		
	平均	最早	最迟	平均	最早	最迟	平均	最多	最少
砀山	10.25	1968.9.29	1982.11.10	4.6	1968.3.12	2010.4.27	201	225/1967	176/1991
萧县	10.30	1962.10.15	1984.11.20	4.4	1981.3.16	1991.4.26	208	244/1984	175/1991
宿州	10.31	1981.10.10	1998.11.19	4.3	2008.3.9	1993.4.25	211	246/2008	179/1962
灵璧	10.29	1971.10.11	1961.11.22	4.2	1968.3.9	1961.5.4	210	237/1959	179/1962
泗县	10.29	10.15/1962、1965	1984.11.20	4.5	1992.3.9	1965.5.3	207	237/1983	164/1965

八、雪灾

雪只有在形成积雪并达到一定厚度时才能造成雪灾,积雪是指雪覆盖地面达到气象观测台站四周能见面积一半以上时形成的天气现象。积雪主要影响设施农业和交通运输。

宿州市累年平均积雪日数砀山最多 12.2 天,其余各地 9.9~10.6 天。连续积雪日数≥3 天以上的次数,砀山最多总计 71 次,其余各地 51~59 次,年平均 0.9~1.2 次;其中≥5 天以上的总次数,自南至北依次为 24~39 次,年平均 0.4~0.7 次;≥10 天以上的总次数,砀山 18 次,其余各地 10~12 次,砀山三年一遇,其余各地五年一遇。

宿州市累年平均最大雪深 7.5~8.0 厘米。北部雪深最大值 23~24 厘米,出现在 1964 年 2 月 15—18 日,中南部最大雪深 28~31 厘米,出现在 1989 年 2 月 23—24 日。年最大雪深≥5 厘米的年数砀山最多,为 42 年,其余各地 34~38 年,平均 1.5 年一遇;年最大雪深≥10 厘米的年数 17~22 年,中北部偏多,平均 2~3 年一遇。

九、大雾

近地面空气中的水汽凝结成大量悬浮在空气中的微小水滴或冰晶，导致水平能见度低于1000米的天气现象，称为大雾。

宿州市累年平均大雾23.0天，最多的66天（1989年泗县），最少的3天（1967年、2005年萧县）。年出现日数≥20天的萧县最少，占总年数的28.6%，灵璧最多为83.9%，其余各站50%～68%；萧县只有2年大雾日数≥30天，南部的灵璧、泗县20～22年，其余10～11年。雾主要出现在11月到次年2月，占总雾日的62.5%，呈明显的季节性；5—10月雾日较少，其中7月最少。50多年来，以泗县连续9天出现大雾为全市最长（1992年1月1日—1992年1月9日）；宿州最长连续雾日为6天，出现2008年10月30日至11月4日；一天中雾持续时间最长为22.4小时，出现在1994年11月19日。连续性雾月际分布很集中，主要集中出现在9月至次年3月，1月最高，占总数的三分之一。

1957—2012年宿州市各站累年平均大雾日数、极值及出现年份

表2－33

站名 项目	砀山	萧县	宿州	灵璧	泗县
年平均日数	23.5	15.4	21.3	28.3	26.6
最多（天/年）	46/2006	32/1992	40/1957	57/1993	66/1989
最少（天/年）	9/1967	3/1967、2005	8/2004	9/2005	6/2010

第二篇　机构沿革

第三章 组织机构

1952年8月宿县气象站建成后,宿县地区辖区内各县气象(候)站陆续开建,至1959年1月,全部建成并投入业务运行。宿县气象站于1965年11月扩建为宿县专区气象服务台,1975年1月扩建为宿县专区革命委员会气象局。1979年9月起,县级气象站一律改称气象局。

第一节 气象站

一、建站时间

新中国成立初期,气象工作服务于军事,气象台站隶属于中国人民解放军建制。华东军区司令部气象处于1952年8月调派赵之璧、邱振基两人到宿县建站。1952年8月16日安徽省军区司令部宿县气象站于宿县南关万里桥处建成,并开始地面气象观测测试工作。9月1日起正式进行观测、发报、报表编制三项业务。赵之璧是业务负责人,邱振基任地面气象观测员。

1953年6月,宿县军分区任命司瑞祥为宿县气象站站长。1954年1月1日更名安徽省宿县气象站(转建地方,属于地方建设科管理);设观测组,赵洪祥任组长。1962年增设农业气象组。

1954年6月,建立江苏省砀山县气象站,10月正式启用;1955年5月转属安徽省气象局和砀山县政府双重领导,更名为安徽省砀山县气象站。泗县气候站始建于1956年春天,8月开始地面气象观测;1956年11月,灵璧县、濉溪县、五河县气候站成立,1957年1月正式记录地面气象资料;1957年1月,郝庄(萧县)气候站建成;1959年1月,怀远县气象站建成,并正式启用。

二、站名变更

1952年8月16日—1953年12月31日,安徽省军区司令部宿县气象站

1954年1月1日—1959年8月31日,安徽省宿县气象站

1959年9月1日—1963年2月28日,安徽省宿县农业气象试验站

1963年3月1日—1965年11月23日,安徽省宿县专区气象服务站

三、站负责人更迭

业务负责人 赵之璧(1952年8月—1953年5月)

站　　长 司瑞祥(1953年6月—1954年5月)

吴洪钧(1954年7月—1954年10月;1955年9月—1956年5月)

胡允朋(1959年2月—1961年1月)

李志众(1961年2月—1965年11月)

副 站 长 赵洪祥(1954年6月;1954年11月—1955年8月,主持工作)

巫鸿韬(1956 年 6 月—1959 年 1 月,主持工作)

第二节 气象台

一、建制情况

经安徽省人委农办作字 1965 年第 0483 号文件批准,安徽省气象局调配人员和设备,宿县专区气象服务站于 1965 年 11 月 24 日扩建为宿县专区气象服务台。建台时的机构设置为地面气象测报、报务、填图、天气预报、农业气象、业务检查 6 个组;1968 年 7 月 1 日成立宿县专区气象台革命领导小组;1975 年 6 月更名为宿县地区气象台,第一次成为局属二级机构,下属机构为观测组、报务组、填图组、预报组、农气组、检查组、资料员;1999 年 5 月改为宿州市气象台。

2013 年 9 月 23 日,按照安徽省气象局县级气象机构设置和人员编制方案的通知(皖气办发〔2013〕69 号),成立砀山县、萧县、灵璧县、泗县气象台(县气象局直属事业单位)。11 月 7 日,各县气象台台长(副科级)任职到位(宿气党组发〔2013〕7 号)。

二、台负责人更迭

副台长(主持工作)	李志众(1965 年 11 月—1968 年 7 月)
副教导员	吴洪钧(1966 年 4 月—1968 年 7 月)
革命领导小组组长(军代表)	王开钱(1968 年 7 月—1969 年 9 月)
	贾士祥(1971 年 5 月—1973 年 4 月)
革命领导小组组长	吴广树(1970 年—1974 年 12 月)
革命领导小组副组长	李步斗(1973 年 9 月—1974 年 12 月)
革命领导小组成员	王承兴(1968 年 7 月—1974 年 12 月)
	孙凤先(1968 年 7 月—1974 年 12 月)

第三节 气象局

一、局名变更

经宿县地区革命委员会批准,1975 年 1 月宿县地区气象台扩建为宿县地区革命委员会气象局。1980 年 3 月,更名为安徽省宿县行政公署气象局。1996 年 8 月,经宿县地区机构编制委员会同意,成立宿县地区防雷减灾局,与行署气象局一个机构,两块牌子。1999 年 5 月,因撤地改市,宿县地区气象局改为宿州市气象局(宿州市防雷减灾局)。负有对全市各气象局的管理职能。

二、局负责人更替

1975 年建局,至 2012 年,历经 38 年,宿州地区(宿州市)气象局历任主要负责人有 8 人,成员 15 人。

1975—2012年宿州市气象局历任负责人名录表

表3-1

单位名称	起止时间	姓名	性别	职务	任期
宿县专区革命委员会气象局	1975.01—1980.03	吴广树	男	局长	1975.01—1976.01
		李步斗	男	副局长	1975.01—1976.06
宿县行政公署气象局	1980.03—1999.05	崔振华	男	局长	1976.02—1983.11
				党组书记	1977.02—1983.12
		高风振	男	副局长	1976.03—1979.12
				党组副书记	1977.02—1979.12
		藏庆治	男	副局长	1976.02—1978.01
				党组成员	1977.02—1978.01
		沈思镁	男	党组成员、副局长	1978.10—1983.11
		孟继方	男	党组成员、副局长	1980.05—1985.04
				党组副书记、副局长	1985.04—1990.05
				主持工作时段	1983.11—1986.12
		周鸿庆	男	副局长	1981.12—1983.11
				党组成员	1985.04—1992.01
		吴振湘	男	党组成员	1985.04—1985.12
		宋梓高	男	党组成员	1985.04—1985.12
		陈宜敬	男	副局长	1983.11—1985.04
		唐守顺	男	党组成员、副局长	1985.04—1989.12
		佘修平	男	局长	1986.12—1997.01
				党组书记	1986.12—1998.08
		史　旭	男	党组成员、副局长	1989.12—1992.01
宿州市气象局	1999.05—	王　侠	男	党组成员、副局长	1992.01—1997.01
				党组副书记、局长	1997.01—2001.12
		朱延文	男	党组成员、副局长	1994.06—2001.12
				党组书记、局长	2001.12—2009.12
		李红卫	男	党组成员、纪检组长	1997.01—2001.12
				党组成员、副局长	2001.12—2004.05
				党组书记、局长	2013.01—
		杨卫江	男	党组成员、副局长(挂职)	1998.04—1998.08
		郑良武	男	党组成员、副局长	2001.12—2011.12
		薛光侠	男	党组成员、纪检组长	2001.12—2012.12
		祁　宦	男	副局长	2008.12—2012.11
				党组成员、副局长	2012.11—

续表 3－1

单位名称	起止时间	姓名	性别	职务	任期
宿州市气象局	1999.05—	张学贤	男	党组副书记、副局长	2009.06—2011.01
				党组书记、局长	2011.01—2013.01
		孙惠合	男	党组成员、副局长	2012.11—
		陆太平	男	党组成员、纪检组长	2012.12—

宿县地区气象局（宿州市气象局）县处级非领导职务 8 人。

1977—2012 年县处级非领导人名录表

表 3－2

单位名称	起止时间	姓名	性别	职务	任期
宿县地区行政公署气象局	1980.03—1999.05	刘震坤	女	顾问	1977.12—1982.03
		周鸿庆	男	主任工程师	1983.11—1994.12
		吴振湘	男	督导员	1983.12—1990.02
		孟继方	男	督导员	1990.04—1994.05
		刘学香	男	总工程师	1996.04—2004.08
宿州市气象局	1999.05—	王　侠	男	调研员	2001.12—2005.01
		徐瑞侠	女	副调研员	2004.06—2009.08
		朱延文	男	调研员	2009.12—2012.10

三、机构设置

1975 年 1 月，宿县地区气象局下设办公室、政工科、业务科，临时增设人工降雨办公室；二级机构有气象台、农试站；科、室、站没有配备科长、站长或主任，直至进入 1978 年后才开始逐步配齐。

1978 年 1 月，改设政秘科、业务科、地区人工降雨办公室、地区气象台四个科、室。

1980 年，宿县地区气象局下设办公室、政工科（1984 年 2 月改为人秘科）、业务科（资料室）、气象台（观测组、报务组、填图组、预报组、雷达组）、人工降雨办公室（1981 年撤销，1997 年恢复）、农业气象试验站（1978 年前为农气组、业务组）。

1992 年 11 月，宿县地区气象局机构设置分为行政管理、基本业务、创收三大块；即原人秘科、办公室合并为人秘科，原农试站、业务科、服务科的雷达组及气象台合并为气象台，原劳动服务公司服务科及气象台的中长期预报组归并到综合服务中心。

1996 年 12 月，根据皖气人发〔1996〕324 号通知批准，宿县地区气象局机构设置为办公室（行政科）、人事劳动科、业务发展科、地区气象台、地区农试站、科技服务与产业科（地区防雷减灾局）。

2002 年根据皖气人发〔2001〕99 号通知批准，宿州市气象局机构设置为行政管理（办公室、业务科技科、人事教育科）、直属业务（气象台、防雷减灾中心、农村综合经济信息中心、科技服务中心）。气象台下辖：农试站、观测组、预报组、雷达组、网路管理。

2002 年 6 月 19 日，埇桥区人民政府和宿州市气象局联合下文（宿气发〔2002〕16 号）成立埇桥区气象局,与科技服务中心一个机构两块牌子。

2003年12月,宿州市气象局机构设置再次调整。局属职能机构3个:办公室(后勤中心、文秘中心、财务结算中心)、业务科、人事教育科。局属二级机构4个:气象台(观测组、预报组、雷达组、农业气象试验站)、气象科技服务中心(埇桥区气象局:科技服务部、业务一部、业务二部、影视制作中心、业务科技中心)、宿州市防雷减灾局(宿州市防雷中心:避雷装置检测所、防雷设施工程部、防雷图审办公室、庆典气球服务中心)、宿州市农网中心(信息台、影视部、信息站、网络部、农网信息编辑部、培训部、市场部),宿州市人工影响天气办公室挂靠在气象台。

2006年12月,根据皖气办发〔2006〕64号文件批准,宿州市气象局机构编制调整为机关内设机构3个:人事教育科(监察审计室)、业务科技科(政策法规科)、办公室(后勤中心、文秘中心、计划财务科)。市气象局直属事业单位4个:气象台(人工影响天气办公室)、宿州市国家气象观测站(国家农业气象试验站,农气和地面观测划入观测站)、气象科技服务中心(埇桥区气象局、防雷中心、专业气象台)、农村综合经济信息中心(气象信息中心)、撤销防雷减灾中心。

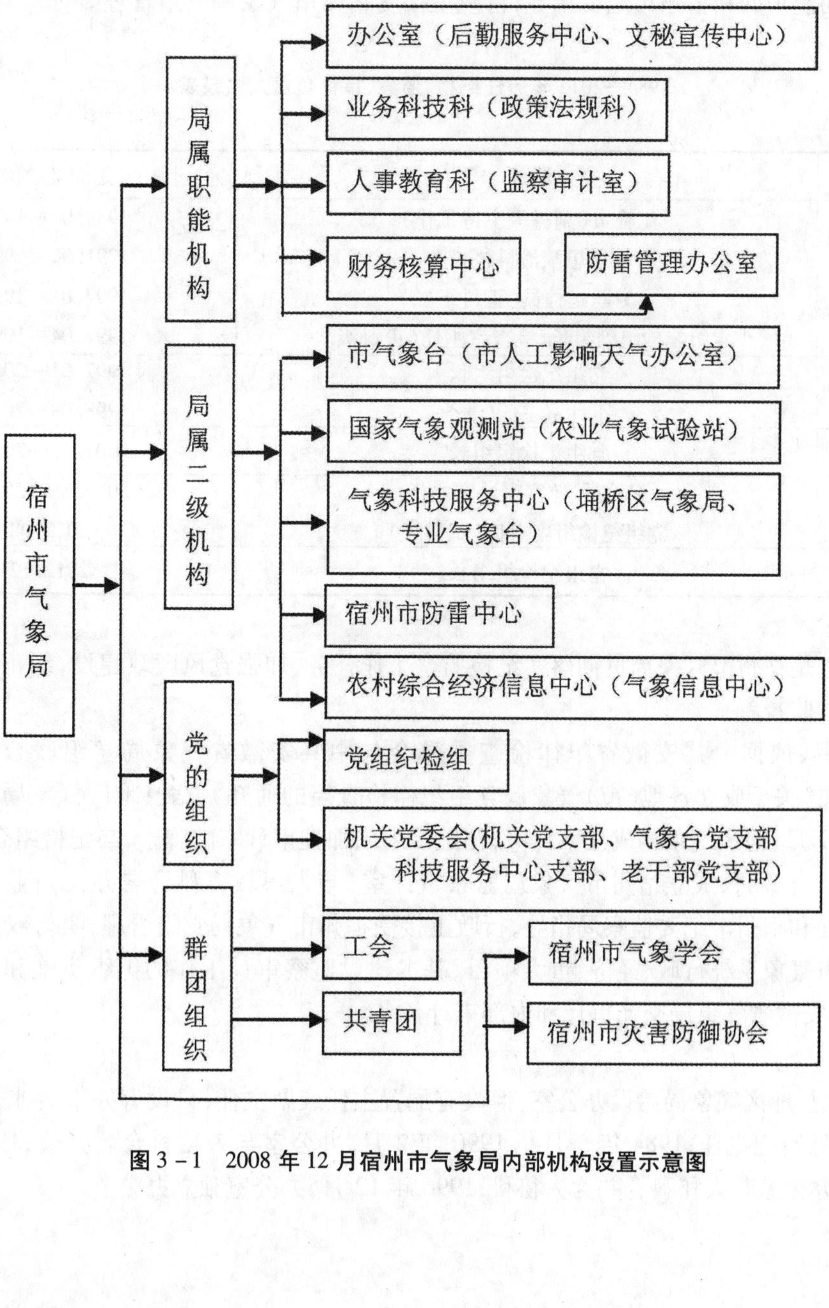

图3-1　2008年12月宿州市气象局内部机构设置示意图

2012年12月，宿州市气象局机构设置：办公室（后勤中心、文秘中心）、业务科技科（政策法规科）、人事教育科（监察审计室）、财务核算中心、气象台（人工影响天气办公室、专业气象台）、宿州市国家气象观测站、装备保障中心、气象科技服务中心（埇桥区气象局、防雷中心）、农村综合经济信息中心（农业气象试验站）。

四、内设机构

科级机构原则上只录入上级机关设置的科、室、台、站及中心的正科级或主持工作的副科级工作时段，以及有关部门的法人代表。

（一）行政机构

1. 纪律检查与监审

1984年2月，在宿县地区气象局人秘科设纪检员；1991年9月，设思政科；1997年1月设立党组纪检组，1998年9月，成立审计室；2005年3月，成立监察审计室（与人事教育科合署办公），业务上接受安徽省气象局监审处和宿州市纪委指导，行政上接受宿州市气象局党组管理。

1984—2012年历任纪检、监察、审计负责人名录表

表3-3

姓名	职务	任职起始时间
王承兴	纪检员（副科级主持工作）	1984.02—1991.09
	思想政治科科长	1991.09—1993.09
	专职纪检员（正科级）	1997.01—1997.04
	党组纪检组副组长、检查室主任（正科级）	1997.04—1999.09
李红卫	党组纪检组组长	1997.01—2001.12
	审计室主任（兼）	1998.09—2004.05
薛光侠	党组纪检组组长	2001.12—2012.12
娄成立	纪检员、监察审计室主任	2005.08—2012.08
	党组纪检组副组长（正科级）	2012.08—
陆太平	党组纪检组组长	2012.12—

纪检监察室是宿州市气象局贯彻落实纪检监察工作任务，加强党风廉政建设，纠正行业不正之风的具体组织者和监督者。

1997年1月，依据中共安徽省纪律检查委员会与中共安徽省气象局党组联合下发的（皖纪〔1996〕72号）文《关于成立各地（市）气象局党组纪律检查组的通知》，宿县地区气象局成立了党组纪检组。1998年9月，地区气象局成立审计室，在纪检组内加挂审计室的牌子，与纪检组合署办公，监察审计合一。2005年3月，成立宿州市气象局监察审计室（与人事教育科合署办公）；业务上接受安徽省气象局监审处和宿州市纪委监察局指导，行政上接受宿州市气象局党组管理，实行双重领导体制。

负责宿州市气象系统行政、经济、重大项目、基本建设监察审计工作的组织实施和对各县区气象局的指导，承担安徽省气象局交叉审计和内部审计任务。

2. 办公室

1975年，宿县地区气象局始设办公室，但没有配置主任或副主任，只设有办事员或行政秘书1~2人，1979年11月始配主任；1984年5月至1990年2月，办公室与人秘科合署办公；1992年12月至1996年11月，办公室与人秘科合并为人秘科；1996年12月，办公室独立办公。

1979—2012 年历任办公室负责人名录表

表 3-4

姓名	职务	任职起始时间
柏　祥	主任	1979.11—1984.04
陈令行	副主任(正科)	1990.02—1991.12
	主任	1991.12—1992.11
娄成立	主任	1997.01—2002.03
张长久	办公室(正科)	1999.03—2002.03
张明本	副主任(主持后勤服务中心工作)	2002.03—2005.12
	主任	2005.12—
张成兴	副主任(主持文秘宣传中心工作)	2002.03—2005.12

3. 业务科

1975 年 1 月，宿县地区气象局始设业务科，只配置业务副组长、组长；1978 年元月，开始配置科长；曾名为业务科、业务管理科、业务发展科、业务法规科、业务科技科等；2005 年，宿州市气象局业务科技科加挂政策法规科牌子。

1978—2012 年历任业务科负责人名录

表 3-5

姓名	职务	任职起始时间
郑庆善	科长	1978.01—1981.07
陈令行	副科长(主持工作)	1980.11—1987.08
刘学香	副科长(主持工作)	1987.08—1990.08
	科长	1990.09—1993.05
赵经昆	副科长(主持工作)	1993.05—1994.12
	科长	1995.01—1997.03
刘学香	科长	1997.04—1999.03
张丙振	副科长(主持工作)	1999.03—2002.03
	业务科技科科长	2002.03—
汪顺勤	法规科科长	2005.03—2011.01

4. 人事教育科

1975 年 1 月，宿县地区气象局设置政工科，只配有人秘干事或政工干事 1 人；1978 年 1 月改设政秘科；7 月，开始配置副科长。曾名为政工科、政秘科、人秘科、人事劳动科、人事教育科等。

1978—2012 年历任人事教育科负责人名录表

表 3-6

姓名	职务	任职起始时间
周知杰	政秘科副科长(主持工作)	1978.07—1980.08
孟令水	人秘科副科长(主持工作)	1980.09—1990.02
李朝忠	副科长(主持办公室工作)	1984.05—1991.09

续表 3-6

姓名	职务	任职起始时间
李红卫	副科长(主持工作)	1990.03—1992.08
	科长	1992.08—1997.06
娄成立	副科长(主持办公室工作)	1992.11—1997.01
戚尚恩	人事劳动科副科长(主持工作)	1997.06—2002.04
吴本勋	人事教育科副科长(主持工作)	2002.04—2005.06
	科长	2005.06—

1982 年,中共中央《关于建立老干部退休制度的决定》(中发〔1982〕13 号)下发后,宿县地区气象局虽没有成立老干部工作机构,但明确由政工科负责老干部工作。

1993 年,根据中共中央组织部《关于进一步加强老干部工作的通知》(中组发〔1990〕5 号)文件精神,宿县地区气象局成立老干部党支部,局党组成员、纪检组长分管老干部工作,人秘科负责离退休党员的组织学习。

2004 年 6 月,宿州市气象局专门成立了老干部办公室(正科级单位),加强了老干部工作,经常组织老同志到所属县级气象局和淮海战役纪念馆、周恩来纪念馆、台儿庄大战纪念馆等参观学习,了解气象现代化建设,缅怀革命先烈等。办公室主任由吴本勋兼任。2011 年 9 月,刘銮申调入市气象局后,任老干部办公室专职主任。

(二)事业机构

1. 气象台(人工影响天气办公室)

为一直存在的机构。1975 年,宿县地区气象局成立时变为局直二级机构。1992 年,宿县地区专业气象台成立后,气象台的职能有所减少;1994 年 5 月,专业气象台与气象台合并,职能全面升级。

1975—2012 年历任气象台负责人名录表

表 3-7

姓名	职务	任职起始时间
宋梓高	副台长(主持工作)	1975.01—1978.01
周鸿庆	副台长(主持工作)	1978.01—1980.03
	台长	1980.04—1986.06
王文礼	副台长(主持工作)	1986.06—1987.08
陈令行	台长	1987.08—1989.09
朱延文	台长	1989.09—1992.11
刘学香	台长	1992.11—1993.05
周倍顺	副台长(主持工作)	1993.05—1994.06
王德育	副台长(主持工作)	1994.06—1994.12
	台长	1995.01—2011.05
陈邦怀	台长	2011.05—

1975 年 1 月,宿县地区气象局临时增设人工降雨办公室;1975 年 4 月,正式成立宿县地区人工防雹(降雨)指挥部;1980 年 8 月,人工降雨工作结束,但办公室仍保留了一年多。1997 年 6 月,恢复宿

县地区人工增雨防雹减灾工作，再次成立人工增雨防雹办公室。

1975—2012 年历任人工影响天气办公室负责人名录表

表 3－8

姓名	职务	任职起始时间
闫春楼(行署)	主任	1975.04—1976
吴广树	副主任(主持工作)	1975.04—1976.01
李志坚(行署)	主任	1976—1977
高风震	副主任(主持工作)	1976—1977
崔振华	主任	1977—1979
高风震	主任	1979—1980
崔振华	主任	1980—1981.10
王侠	主任	1997.04—2001.12
王德育	人工影响天气办公室主任	2004.12—

2. 宿州国家基本气象观测站

2006 年年底成立，宿州国家基本气象观测站与宿州农业气象试验站合署办公，一个机构两块牌子；2010 年 1 月农试站与观测站分开，与宿州农网中心合并，观测站成为独立机构。

2006—2012 年历任气象观测站负责人名录表

表 3－9

姓名	职务	任职起始时间
祁　宦	站长	2006.12—2010.07
王　东	副站长(主持工作)	2009.04—
陈　庆	站长(挂职)	2010.07—2012.07

3. 科技服务中心(气象影视中心)

宿州市气象科技服务中心的前身是宿县地区气象局气象服务科，1981 年 10 月成立；1992 年起，隶属于宿县地区气象局综合服务中心；1994 年，划归宿县地区专业气象台管理；1995 年，重设科技服务科；1996 年，改称科技服务与产业科；2002 年，改称科技服务中心。

1992 年 3 月，宿县地区专业气象台成立，隶属综合服务中心；1994 年 5 月，并入气象台。1997 年 1 月，成立宿县地区气象局气象影视中心。

1981—2012 年历任科技服务中心负责人名录表

表 3－10

姓名	职务	任职起始时间
吴振湘	气象服务科科长	1981.10—1983.12
孙凤先	服务科副科长(正科级)	1987.05—1990.02

续表 3－10

姓名	职务	任职起始时间
王文礼	科长	1987.09—1990.02
史士芹	服务科科长	1990.02—1993.12
张成兴	科技服务科科长	1995.01—1996.03
汪顺勤	科技服务与产业科科长	1996.03—1999.03
孙厚选	科技服务与产业科(正科级待遇)	1997.01—1999.03
孙惠合	气象影视中心主任(副科级主持工作)	1997.01—2000.07
	气象影视中心主任	2000.07—2002.03
王　颖	科技服务科副科长(主持工作)	1999.03—2000.07
	科技服务科科长	2000.07—2002.03
	科技服务中心主任	2002.03—

4. 防雷中心

2002年3月，宿州市防雷减灾中心(又称防雷中心)成立；2004年9月起，宿州市气象局党组安排非防雷中心负责人做法人代表。

2002—2012年历任防雷中心负责人名录表

表 3－11

姓名	职务	任职起始时间
汪顺勤	防雷减灾中心主任	2002.03—2004.02
孙厚选	防雷减灾中心主任	2004.02—2005.03
娄成立	防雷中心主任(法人代表)	2004.09—2006.03
胡浪涛	主任	2005.03—2006.12
戚尚恩	防雷减灾中心主任(法人代表)	2006.04—
孙厚选	副主任(正科级主持工作)	2006.12—2010.12
孙录贵	副主任(主持工作)	2010.12—

5. 宿州市农村综合经济信息中心

1994年6月，宿县地区农村综合经济信息中心成立，宿县行署副专员王建兼任中心主任，宿县行署农经委、农业局、气象局主要负责人及各县(市)分管农业的副县(市)长担任副主任。1999年7月，在安徽省率先承建"信息入乡"工程，一般简称为"宿州农网中心"。2002年后，宿州农网中心主任由宿州市气象局派人担任。

1994—2013年历任农村综合经济信息中心负责人名录表

表 3－12

姓名	职务	任职起始时间
王　建(行署副专员)	信息中心主任(兼)	1994.06—2002.03

续表 3－12

姓名	职务	任职起始时间
刘敏录	信息科科长	1994.06—1997.08
孙凤先	信息科副科长（正科级）	1994.06—1997.08
孙惠合	信息中心主任 主任（2010.07—2012.02 在安徽省气象局挂职）	2002.03—2006.02 2006.07—2013.01
孟拥军	副主任（主持工作）	2006.02—2006.07
李　德	副主任（主持工作） 副主任（主持工作）	2011.09—2012.02 2013.01—

6. 宿州农业气象试验站

1959 年 9 月至 1963 年 3 月，安徽省宿县气象站曾更名为安徽省宿县农业气象试验站，其业务是全站业务，不是单纯的农业气象工作。

1978 年 11 月，宿县地区编制委员会发文成立"宿县地区农业气象试验站"，定事业编制 9 名。1992 年 11 月，农试站与气象台合署办公，1995 年 12 月独立办公；1999 年 5 月，更名为宿州农业气象试验站；2002 年 3 月，农试站再次与气象台合署办公；2006 年 12 月，农试站与宿州国家气象观测站合署办公；2010 年 1 月，农试站与宿州农网中心合署办公。

1979—2002 年历任农业气象试验站负责人名录表

表 3－13

姓名	职务	任职起始时间
孟继方	站长	1979.05—1981.12
张伯忍	副站长（主持工作）	1981.12—1984.02
唐守顺	站长	1984.02—1985.04
刘敏录	副站长（主持工作）	1985.04—1992.03
戚尚恩	副站长（主持工作） 站长	1992.03—1992.11 1995.12—1997.06
张明本	副站长（主持工作）	1997.01—2002.03

7. 财务核算中心

2001 年 8 月，宿州市气象局财务结算中心成立，与办公室合署办公；2007 年 5 月，改称为宿州市气象局财务核算中心。

2001—2012 年历任财务核算中心负责人名录表

表 3－14

姓名	职务	任职起始时间
娄成立	财务结算中心主任、财务核算中心主任	2001.08—2007.05、2007.05—2012.02
王夫北	财务核算中心副主任（主持工作）	2012.02—

第四节　县区气象局主要负责人

一、埇桥区气象局(原宿县气象站,2002年起与宿州市气象局气象科技服务中心合署办公)

闫恒诗(宿县气象服务站站长),1977年5月至1978年6月;

孙宝环(宿县气象局副局长主持工作,局长),1978年6月至1981年12月;

王文礼(副局长、局长),1980年11月至1984年3月,1984年3月宿县气象局终止工作。

孙凤先(宿县气象服务站站长),宿县气象服务站于1984年7月恢复设立,1985年3月终止工作。1984年12月至1985年3月,孙凤先任站长。

王　颖(埇桥区气象局局长),2002年9月—

二、砀山县气象局

陈文忠(站长),1954年6月—1954年10月

黄在瑞(站长),1954年11月—1957年8月

吴洪钧(站长),1957年9月—1965年5月

刘保绩(站长),1965年6月—1973年6月

陈声贵(局长),1973年7月—1983年5月

刘保绩(局长),1983年6月—1989年2月

张从银(局长),1989年3月—1996年10月

姜晓红(局长),1996年11月—1998年1月

薛光侠(局长),1998年2月—2004年1月

解文华(副局长主持工作),2004年1月—2005年4月

解文华(局长),2005年4月—2008年11月

常　松(局长),2008年12月—

三、萧县气象局

郑炳官(观测副组长、组长、副站长,主持工作),1956年12月—1965年7月

李凡玲(站长),1965年8月—1969年1月、1973年4月—1975年5月

李元香(组长,主持工作),1970年8月—1973年4月

方　新(站长),1975年5月—1979年1月

刘建业(局长),1979年1月—1980年3月

孙亚坤(局长),1980年11月—1982年3月

姜远思(副局长主持工作、站长、局长),1982年3月—1998年4月

王　森(局长),1998年4月—2001年12月

徐瑞侠(局长),2001年12月—2005年4月

孙惠合(局长),2005年4月—2006年5月

王　晶(局长),2006年7月—2010年11月

杨武斌(副局长主持工作),2010年11月—2012年2月

杨武斌(局长),2012 年 2 月—

四、灵璧县气象局

吕荣超(站长),1956 年 11 月—1965 年 9 月、1970 年 3 月—1973 年 5 月
王文礼(站长),1965 年 10 月—1970 年 2 月
潘佩琰(站长),1973 年 6 月—1975 年 8 月
李增文(局长),1975 年 9 月—1987 年 6 月
江春铭(局长),1987 年 7 月—1994 年 9 月
刘銮申(局长),1994 年 10 月—2010 年 12 月
潘明凤(副局长主持工作),2010 年 12 月—2011 年 3 月
张玉民(副局长主持工作),2011 年 3 月—2012 年 2 月
张玉民(局长),2012 年 2 月—

五、泗县气象局

王翠文(负责人主持工作),1956 年春—1957 年秋
贺正雲(副站长主持工作),1958 年 1 月—1968 年 5 月
金家智(负责人主持工作),1968 年 6 月—1971 年 9 月
宋德林(副站长主持工作),1971 年 10 月—1975 年 1 月
杭俊华(副站长主持工作),1975 年 2 月—1976 年 5 月
周　佐(局长),1976 年 6 月—1980 年 11 月
杭俊华(副局长主持工作),1980 年 12 月—1981 年 11 月
王承兴(副局长主持工作),1981 年 12 月—1984 年 2 月
张剑秋(副局长主持工作),1984 年 3 月—1985 年 9 月
卢山刚(局长),1985 年 10 月—1993 年 3 月
张剑秋(局长),1993 年 4 月—1995 年 5 月
常　松(局长),1995 年 5 月—1998 年 5 月
胡浪涛(局长),1998 年 5 月—(其中 2005 年 4 月—2006 年 9 月在宿州市气象局挂职)
祁　宦(副局长主持工作),2005 年 4 月—2006 年 9 月

第四章　党团、工会和社会组织

第一节　党团、工会

一、党组织

（一）党小组

1966 年，宿县气象站成立临时党小组，归属宿县地区农业科学研究所党支部。

（二）党支部

1970 年，宿县专区气象台党支部成立。

1986 年 4 月 22 日，宿县地区气象局党支部改选，孟继方任书记，孟令水、王文礼、朱延文、刘正军任委员。

1987 年 3 月 18 日，宿县地区气象局党支部改选：一支部孟令水任书记，王承兴、李瑞祥任委员；二支部李朝忠任书记，刘学香、石秀英任委员。

1987 年 3 月 20 日，宿县地区气象局成立三支部，王文礼任书记，朱延文任副书记，刘正军、胡晓东、崔家斌任委员。

（三）党总支

1987 年 3 月 24 日，宿县地区气象局党总支成立，孟令水任书记，佘修平、朱延文任委员。下设一支部、二支部、三支部。

1989 年 5 月 8 日，宿县地区气象局党总支改选，朱延文任副书记，佘修平任委员。

1991 年 4 月 13 日，宿县地区气象局党总支改选，王承兴任书记，胡晓东任副书记，段长林任委员。

1991 年 6 月 8 日，宿县地区气象局党支部改选：一支部娄成立任书记，刘学香、石秀英任委员；二支部胡晓东任书记、朱延文、李瑞祥任委员。

1993 年 7 月 5 日，宿县地区气象局气象台党支部成立，孙凤先任书记，戚尚恩、段长林任委员。宿县地区气象局综合服务中心党支部成立，胡晓东任书记，朱延文、王德育任委员。宿县地区气象局机关党支部成立，娄成立任书记，李红卫、许邦彦任委员。（1997 年 7 月 3 日机关党支部改选，娄成立任书记，戚尚恩、周明宗任委员）。

2000 年 6 月 2 日，宿州市气象局党总支换届，李红卫任书记，吴振湘任副书记，戚尚恩、汪顺勤、王德育任委员。共有党员 46 人，其中离退休党员 17 人。下设机关支部（6 月 23 日改选，张长久任书记，张丙振、娄成立任委员）、气象台支部（6 月 28 日改选，王德育任书记，陈邦怀、吴本勋任委员）、科技服务科支部（王颖任书记，宋云英、石秀英任委员）、产业科支部（汪顺勤任书记，杨武斌、孙惠合任委员）、老干部支部（吴振湘任书记）；6 月底完成各支部改选。

2000 年 6 月，宿州市气象局撤销综合服务中心党支部，设科技服务科党支部、产业科党支部。

2002 年 12 月，宿州市气象局撤销产业科党支部，设防雷中心党支部（书记汪顺勤），科技服务科党支部更名为科技服务中心党支部(书记王颖)。

2003年6月26日,市气象局机关党支部改选,张丙振任书记,娄成立、吴本勋任委员。

2004年8月19日,宿州市气象局党总支换届。薛光侠任总支书记、吴振湘任总支副书记、吴本勋任组织委员、王德育任宣传委员、汪顺勤任纪检委员、王颖任青年委员、张丙振任劳动委员。设机关党支部(书记张丙振)、气象台党支部(书记王德育)、科技服务中心党支部(书记王颖)、离退休党支部(书记吴振湘)。

(四)机关党委

根据《关于做好市直机关基层党组织机构改革调整工作的意见》(市直工发〔2006〕1号)等文件精神,在市直机关工委批准同意后,宿州市气象局于2006年4月8日,召开中共宿州市气象局机关党委成立暨党员大会,选举产生宿州市气象局党的机关委员会,王德育、王颖、吴本勋、吴振湘、薛光侠当选为第一届机关党委委员。共有党员50人,其中离退休24人。薛光侠任党委书记、吴本勋任副书记,并设组织、纪检、宣传委员。

下设机关党支部(书记张丙振)、气象台党支部(书记王德育)、科技服务中心党支部(书记王颖)、离退休党支部(书记吴振湘)。

2011年6月28日,宿县地区气象局气象台党支部改选,陈邦怀任书记,李德、王东任委员。

2011年12月14日,宿州市气象局机关党支部改选,王夫北任书记,潘明凤、孙学浩任委员。

2012年5月8日,宿州市气象局机关党委换届选举,第二届机关党委由5人组成,薛光侠任书记、吴本勋任副书记、王德育任宣传委员、王颖任纪检委员、陈邦怀组织委员。共有党员63人,其中离退休30人。设机关党支部(书记王夫北)、气象台党支部(书记陈邦怀)、科技服务中心党支部(书记王颖)、离退休党支部(书记李朝忠)。

二、共青团组织

(一)团支部

1972年成立,姜远思任宿县地区气象台团支部书记,柏琨、刘学香任团支部委员。

1973年2月20日前后,刘学香作为宿县地区气象台共青团代表参加中国共产主义青年团宿县地区第一次代表大会。

1980年改选,周建民任宿县地区气象局团支部书记;

1983年改选,刘正军任宿县地区气象局团支部书记;

1985年4月,宿县地区气象局共青团支部开展团日活动,组织团员义务劳动,治理地区气象局大院,赴泰山举行登山活动。

1986年改选,崔家斌任宿县地区气象局团支部书记;

1989年改选,陈邦怀任宿县地区气象局团支部书记。

(二)团总支

2008年4月21日,共青团宿州市气象局总支委员会成立,王夫北任总支书记,耿德祥任组织、宣传委员,陆琴琴任青年委员。

2011年4月改选,王夫北任总支书记,吴杰任组织委员、柏玉任宣传委员。

三、宿县地区气象局工会

1980年12月4日,经宿县地直工会批准,宿县地区气象局建立工会组织。孟继方任工会主席,吴清峰任副主席兼生产委员、焦燃任组宣委员、周忠祥任财务福利委员、谢金球任女工委员。

1983年4月25日,宿县地区气象局工会改选,孟继方任工会主席,焦燃任副主席兼组织委员,石秀英任宣传委员,沈利任财务委员,谢金球任女工委员。

1990年6月5日,宿县地区气象局工会改选,史旭任工会主席,沈利任副主席兼财务委员、段长林任组织宣传委员、王建荣任生活福利及女工委员、汪顺勤任文化体育委员。

1994年8月27日,宿县地区气象局工会改选,王侠任工会主席。

第二节 社会组织及社会兼职

一、宿州市气象学会

宿州市气象学会(原名宿县地区气象学会)成立于1962年9月("文化大革命"期间停止活动)。是气象科技工作者的学术性群众团体。业务活动接受宿州市科协和安徽省气象学会双重指导,挂靠宿州市气象局。接受宿州市社会团体登记管理机关的监督管理。1980—1984年成立的气象学会没有文件,没有设常务理事。50年来先后换届5次,学会会员主要为各县、市、区气象科技工作者和支持者。

(一)第一届理事会(1962年9月—1980年8月)

只查到了安徽省气象学会1991年11月提供的宿县地区气象学会成立日期证明,无理事长、秘书长、理事等相关人员的任职信息。

(二)第二届理事会(1980年8月—1984年11月)

理事长　孟继方

秘书长　张伯忍

理　事　孟继方　张伯忍　周鸿庆　郑庆善　陈宜敬　王文礼　孙凤先　胡晓东　崔玉岭　孙亚坤　张剑秋　李增文　李守荣　黄德宗　韩修家

(三)第三届理事会(1984年11月—1994年4月)

理事长　陈宜敬

副理事长　张伯忍

秘书长　张伯忍

理　事　孟继方　周鸿庆　陈宜敬　张伯忍　王文礼　孙凤先　胡晓东　唐守顺　刘学香　崔玉岭　姜远思　张剑秋　江春铭

1985年4月,陈宜敬调出后,1987年4月增补周鸿庆为理事长。

(四)第四届理事会(1994年4月—2002年6月)

理事长　佘修平　副理事长　王　侠

秘书长　周倍顺

常务理事　佘修平　王　侠　周鸿庆　朱延文　周倍顺

理　事　佘修平　王　侠　周鸿庆　朱延文　周倍顺　张从银　姜远思　刘銮申　张剑秋

专业委员会:(1)天气预报与大气探测专业委员会,主任委员王侠;(2)农业气象专业委员会,主任委员戚尚恩;(3)气象科学普及专业委员会,主任委员李红卫。

1994年6月,周倍顺调出;1994年12月,戚尚恩接任理事、常务理事、秘书长。

1997年1月,王侠任理事长;朱延文任副理事长。

（五）第五届理事会（2002 年 6 月—2009 年 3 月）

理事长　朱延文　副理事长　郑良武

秘书长　戚尚恩（正科级待遇）

常务理事　朱延文　李红卫　郑良武　薛光侠　戚尚恩

理　事　朱延文　李红卫　郑良武　薛光侠　王侠　刘学香　戚尚恩　王德育　徐瑞侠　刘銮申　胡浪涛　汪留湛

专业委员会：(1)天气预报与大气探测专业委员会，主任委员王德育；(2)应用气象专业委员会，主任委员祁宦；(3)科学普及专业委员会，主任委员张成兴；(4)气象学术委员会，主任委员戚尚恩。

2006 年 6 月，增补耿德祥为市气象学会理事，任副秘书长（兼职）。

（六）第六届理事会（2009 年 3 月—）

理事长　朱延文　副理事长　郑良武

秘书长　戚尚恩　副秘书长　耿德祥

常务理事　朱延文　郑良武　薛光侠　祁　宦　戚尚恩

理　事　朱延文　郑良武　薛光侠　祁　宦　徐瑞侠　戚尚恩　王德育　胡浪涛　刘銮申　王　晶　常　松　耿德祥

专业委员会：(1)天气气候专业委员会，主任委员王德育；(2)大气探测专业委员会，主任委员张丙振；(3)应用气象专业委员会，主任委员孙惠合；(4)气象电子专业委员会，主任委员汪顺勤；(5)气象科学普及专业委员会，主任委员张成兴；(6)气象学术专业委员会，主任委员戚尚恩。

2011 年 3 月，张学贤任理事、常务理事、理事长。

2012 年 2 月，郑良武调出，祁宦任副理事长；陈邦怀、张玉民、杨武斌任理事。

2012 年 9 月，戚尚恩退休后，张丙振接任理事、常务理事、秘书长。

二、宿州市灾害防御协会

1993 年 5 月，宿州市灾害防御协会（原名宿县地区灾害防御协会）成立，隶属于宿州市科学技术协会，挂靠宿州市气象局，2002 年 5 月起与宿州市气象学会合署办公。

（一）第一届理事会（1993 年 5 月—2005 年 3 月）

会　　长　武秀玲（副专员，1993 年 5 月—1998 年）、王建（副市长，1999 年—2005 年 3 月）

常务副会长　王建（宿县行署）、佘修平（气象局）、王静玉（地震局）、李逸平（保险公司）、马继东（科委）

副 会 长　余顺达（劳动）、王景彬（科协）、朱伯茂（财政）、徐仰宇（水利）、刘立峰（交通）、阮传业（民政）、艾兰岐（城建）、李心灵（公安）、陈明语（农委）、时学爱（经贸委）、范庆寿（粮食）、郜锦亭（农业）、欧兴安（计委）、高士宏（行署办公室）、崔萍（卫生）

秘 书 长　佘修平（兼）

副秘书长　（主持日常工作）　刘敏录

1997 年 1 月，王侠任秘书长；2002 年 1 月，朱延文任秘书长。

2000 年 1 月，刘学香任副秘书长；2004 年 9 月，戚尚恩任常务副秘书长。

（二）第二届理事会（2005 年 3 月—）

理　事　长　李令臣（宿州市政府副市长）

常务副理事长　耿世杰（市政府副秘书长）、朱延文（气象局局长）

副 理 事 长　（以姓氏笔画为序）　王克金（科技）、王兴武（地震）、王玉平（交通）、王旭东（城管)、王爱华(供电)、方鸿义(水利)、吴健(环保)、许严(人保财险)、欧亚东(财政)、陈杰(民政)、张林(林业)、陶建理(农委)、郝杰(安监)、徐殿强(广电)、徐敬武(科协)、梁琦(计委)、李再宽(区政府)、段梅英(砀山)、王广敏(萧县)、张贤科(灵璧)、杨维志(泗县)

秘书长 朱延文(兼)

副秘书长 苏亚(水利局)、郝杰(安监局)、陆成民(地震局)、戚尚恩(气象局,常务副秘书长)

专业委员会:灾害预测及减灾咨询委员会(挂靠市气象局),主任委员朱延文;灾害评估及救灾咨询委员会(挂靠市农委),主任委员陶建理;安全生产咨询委员会(挂靠市安监局),主任委员郝杰;科普宣传工作委员会(挂靠市科协),主任委员赵民强。

三、社会兼职

(一)中共宿州市党代会

2003年12月,萧县气象局徐瑞侠当选为中共宿州市第二届代表大会代表。

(二)政协宿州市委员会

1999年5月,祁宦、潘明凤、柏吉林当选为政协宿州市第一届委员会委员。

2004年2月,祁宦、胡浪涛当选为政协宿州市第二届委员会常务委员;韩枫、潘明凤当选为政协宿州市第二届委员会委员。

2009年2月,祁宦、胡浪涛当选为政协宿州市第三届委员会常务委员;韩枫当选为政协宿州市第三届委员会委员。祁宦任政协宿州市第三届委员会人口资源环境委员会副主任。

2013年3月,祁宦、胡浪涛当选为政协宿州市第四届委员会常务委员;韩枫当选为政协宿州市第三届委员会委员。祁宦任政协宿州市第四届委员会人口资源环境委员会副主任。

(三)民主党派

2006年8月,祁宦任农工民主党宿州委员会第二届副主委。

2011年11月,祁宦任农工民主党宿州委员会第三届副主委。

(四)宿州市科学技术协会

2000年5月31日,刘学香、戚尚恩当选为宿州市科学技术协会第一届委员会委员。

2007年5月24日,戚尚恩当选为宿州市科学技术协会第二届委员会委员。

2013年4月23日,戚尚恩退休后,张丙振继任宿州市科学技术协会第二届委员会委员。

(五)安徽省气象学会

1961年11月30日,安徽省气象学会第一届理事会理事成立(宿州无理事)。

1979年3月21日,周鸿庆当选为安徽省气象学会第二届理事会理事。

1984年3月20日,张伯忍当选为安徽省气象学会第三届理事会理事。

1990年1月9日,张伯忍当选为安徽省气象学会第四届理事会理事。

1993年9月17日,佘修平当选为安徽省气象学会第五届理事会理事。

1998年12月24日,王侠当选为安徽省气象学会第六届理事会理事。

2004年3月24日,朱延文当选为安徽省气象学会第七届理事会理事。

2008年5月12日,朱延文当选为安徽省气象学会第八届理事会理事。

2012年9月28日,李红卫、张学贤当选为安徽省气象学会第九届理事会理事。

2005年1月26日,安徽省气象学会会刊“气象与减灾”在各市气象学会成立通联部,戚尚恩任宿州通联部主任(气会发〔2005〕2号)。

（六）顾问、评委类等

张伯忍，宿县行政公署农业科学技术顾问，1981 年 3 月，宿县地区行政公署聘书。

张伯忍，宿县地区科学技术进步奖评审委员会农业评审组成员，1988 年 10 月，安徽省宿县地区科学技术进步奖评审委员会聘书。

张伯忍，安徽省农科教讲师团成员，1990 年 5 月，安徽省科学技术协会聘书。

周鸿庆，安徽省气象局气象专业中级技术职务评审委员会成员（1991—1993 年）。

戚尚恩，安徽省气象局气象专业中级技术职务评审委员会成员（1997—1999 年）。

张伯忍，宿县地区农科教讲师团成员，1997 年 11 月，安徽省宿县地区农科教统筹协调领导小组聘书。

朱延文、王德育、戚尚恩，宿州市农业事故鉴定委员会专家组成员，2005 年 8 月。

祁宦，安徽省气象局气象专业中级技术职务评审委员会成员（2006—2008 年）。

张伯忍，安徽省百名专家进乡村学堂讲科普活动成员，2007 年、2011 年两届，九三学社安徽省委、安徽省科学技术协会聘书。

汪顺勤，安徽省气象局气象专业中级技术职务评审委员会成员（2011—2013 年）。

（七）县（市）区

1993 年 3 月，宿县地区气象局刘敏录当选为政协宿州市委员会第五届委员。

1999 年 5 月，灵璧县气象局党修伍当选为中共灵璧县第十二届代表大会代表。

2002 年 12 月，泗县气象局胡浪涛当选为政协泗县委员会第七届常务委员。

2002 年 12 月，萧县气象局王晶当选为政协萧县委员会第七届常务委员。

2007 年 4 月，泗县气象局胡浪涛当选为政协泗县委员会第八届副主席。

2007 年 7 月，泗县气象局胡浪涛当选为工商联泗县委员会第九届主席。

2012 年 2 月，泗县气象局胡浪涛当选为政协泗县委员会第九届副主席。

第三篇　气象事业

第五章 大气探测

1952年8月16日,宿县地区正式开展地面气象观测业务。解放初期,设备简陋,业务单一;其后数十年,观测方法和项目不断得到规范,设备不断增加和更新,观测的自动化程度不断得到提高。到2012年年底,宿州地面观测使用最新型的自动站,7个要素实现自动观测,为下一步全面实现地面观测自动化奠定了基础。

第一节 地面气象观测

一、区站号变化

1952年8月16日到1957年5月31日,宿县气象站区站号为57907,1957年5月31日前,砀山县气象站区站号为57901;1957年6月1日起,宿县气象站区站号改为58122,砀山县气象站区站号改为58015;萧县、灵璧县、泗县气象站区站号从建站开始区站号就分别为58016、58125、58126。

二、站类变化

1952年8月16日到1953年12月31日,宿县气象站为甲种站;1954年1月1日到1962年12月31日为气象站;1963年1月1日到2006年12月31日为基本站;根据安徽省气象局业务技术体制改革2007年度地面气象观测业务调整操作指南的要求,从2007年1月1日起改称一级站;根据中国气象局文件"关于进一步规范地面气象观测站名称的通知"(气发〔2008〕434号)的要求,从2009年1月1日恢复为基本站。

三、站址迁移

宿县气象站建于1952年8月,站址位于宿城南关万里桥,环城河南侧20米,运粮河东10米,南门口桥西侧。根据华东军区司令部气象处(52)气政字230号通知的百万分之一地图数据,站点所在位置经纬度为:东经117°03′,北纬33°39′;海拔高度为28.0米。观测场大小为南北长9米,东西宽6米。

1955年8月1日,搬迁到原址东南(SE)方向距原址1201米位置(三里湾村附近),即现址。经前华东军区司令部气象处函告经度为116°58′,纬度为33°39′,观测场海拔高度为25.8米,水银气压表水银槽海拔高度30.5米(海拔1955年7月由中央军委测绘局测定,根据治淮委员会敷设之韩蒙线一等水准点第613号算起)。观测场为25米×25米,地理环境仍为宿城南关"郊外"。

1974年6月1日,观测场向东南方向移动30米,海拔高度改为25.9米(以黄海平面计水准测量)。1981年3月1日,根据南京军区司令部1967年11月航拍、1970年第一版1:5000地图,查出站点经度116°59′,纬度33°38′,并进行了更改。

1985年1月1日,观测场向南移19米。拔海高度、经度和纬度均未改变。

砀山县、灵璧县气象站均进行过一次迁移，萧县气象站站址迁移过两次；泗县气象站建站以来站址一直未迁移。

四、观测项目和任务的变化

1952年8月16日开始进行地面观测，观测时次分别是03、06、09、12、14、18、21、24时(03、24时次用自记记录代)，发报时次为06、08、10、12、14、16、18、20时。观测项目为：气温、气压、湿度、云量、能见度、天气现象、风向、风速、降水、蒸发、日照、地面状态、雪深。

1953年1月1日起，实行6次实际观测、8次记录和8次发报；不再观测露点温度，增加云向和雪压观测。1月7日起，增加02、04时观测并编发绘图报。

1954年1月1日，改成4次定时气候观测(1、7、13、19时)、10次绘图报和补充绘图报；开始计算并记录饱和差；停止云向观测；6月1日起增发危险天气通报。12月1日起增发航空报；编发绘图报的观测时次改为02、08、14、20，补充绘图报的观测时次改为05、11、17、23时。

1955年1月8日开始实测云高。6月11日起增发气候旬报。10月1日起开始地温(0厘米、地面最低)、浅层地温(5~20厘米)、深层地温(40~320厘米)观测。

1956年1月1日开始观测雪压。6月1日起取消气象电报加密。7月14日开始地面最高温度观测。11月17日起，开始电线结冰观测。

1957年5月1日起，停止使用毛发湿度表。8月13日起，停止实测云高。12月1日开始增加冻土项目观测。

1958年1月15日至1958年4月29日期间又开展了实测云高观测。

1961年1月1日起，停止地面状态观测。

1962年1月1日，定时观测实测更改为02、08、14、20时4次定时气候和天气观测及05、11、17、23时四次补充绘图天气观测。2月1日起停止160厘米、320厘米地温观测。

1964年5月1日起，每日20时向合肥、蚌埠发安徽省省内绘图报。

1965年2月1日又开始深层160厘米、320厘米地温观测。

1966年1月1日再次停止深层160厘米、320厘米地温观测。

1980年1月1日起，取消绝对湿度、饱和差观测，开始水汽压、露点温度、飞行云迹观测。

1981年9月1日再次开始160厘米、320厘米地温观测。

1982年1月1日起，改绘图报、辅助绘图报为天气报、补充天气报。

1986年4月1日起，停用手工编发报。5月1日开始进行《地面测报—月报表自动化系列技术》业务化的试验。

1987年1月1日开始《地面测报—月报表自动化系列技术》转入常规业务使用，即数据记带作为正式记录。

1988年3月1日起，停止手工做报表，上报省气象局资料为手抄的气表—1底本、气表—1封面、封底，各种自记纸、气簿—1及两盒录制数据的磁带。

1997年4月1日至8月31日20时始增发雨量重要天气报(14—20时的雨量)。

1998年4月1日起，20时增发雨量重要天气报(14—20时的雨量)。7月采用数据网上传地面天气报、旬月报、重要天气报；停止向省气象局报送《气象要素简表》。

1999年3月1日开始每天20时向ER合肥拍发8—20时雨量报，原20时拍发的雨量重要报停发。

2000年5月24日起，20时增发地面天气报，变为8、14、20时三次天气报和5、17时两次补充天气报;即日起,20 时雨量报停发。

2001 年 4 月 1 日起,增发 02 时天气报,变为 8、14、20、02 时四次天气报和 5、17 时两次补充天气报。

2002 年 1 月 1 日起,停止地温(0 厘米、地面最高、地面最低)、浅层地温(5 ~ 20 厘米)、深层地温(40 ~ 320 厘米)、干湿球温度、最高气温、最低气温及最低表酒精柱、风向、风速、气压等人工器测项目的观测,但保留设备,正常运行,作为自动仪器的备份;同时取消小型蒸发观测;2003 年 1 月 1 日起,停发 MH 合肥、PK 北京航危报。

2004 年 1 月 1 日起,停止飞行云迹观测,开始最小能见度观测(以米为单位);向省气象局上传 A、J、V 遥测数据文件。

2005 年 1 月 1 日起,停止手抄气表—1,开始 20 时的人工对比观测。

2007 年 1 月 1 日起,发报任务调整为 02、08、14、20 四次天气报和 05、11、17、23 四次补充天气报;恢复地温(0 厘米、地面最高、地面最低)、浅层地温(5 ~ 20 厘米)、深层地温(40 ~ 320 厘米)、干湿球温度、最高气温、最低气温及最低表酒精柱、风向、风速、气压人工器测项目。

2008 年 8 月 1 日起,增加雷暴、视程障碍现象(霾、浮尘、沙尘暴、雾)的常规发报任务以及按照加密报指令进行积雪、电线积冰的加密观测和发报。

2009 年 11 月 1 日起,开展降雪加密观测。

2010 年 1 月 1 日起,停止使用气压计、温度计、湿度计和 EL 型风向风速计记录器;同时从即日起冬季结冰后不再停用自动站雨量传感器。11 月 1 日起,开展综合气象观测系统运行监控业务工作。

2011 年 1 月 1 日起,调整积雪发报任务,增加混合降水、固态降水、雨凇雾凇、龙卷、冰雹等重要天气现象出现时间的发报任务;7 月 1 日开始使用省级自动站实时数据质量控制系统。

2012 年 1 月 1 日起,停止降水自记(虹吸式雨量计)观测;4 月 1 日开始调整地面气象观测业务:①夜间(20 时—次日 08 时)天气现象连续观测调整为 4 次定时观测(23、02、05、08 时),即夜间不守班,白天(08 时—20 时)天气现象仍连续观测;②取消天气报的编发报任务,报文内容并入地面气象要素数据文件(新长 Z 文件)上传;③增加每小时上传逐分钟数据文件任务。7 月 30 日起,开展业务系统统一校时。

五、观测技术规定的变更

1952 年 8 月 16 日建站时使用技术规定《气技 921》和华东军区司令部气象处的《测报简要》。

1954 年 1 月 1 日起,执行《气象观测暂行规范地面部分》;11 月 1 日开始使用航空天气暂行办法及电码(修订本);绘图报和补充绘图报改用气技 921(修订本)规定;执行拍发各类电报的规定及天气电报传递检查暂行规定。

1955 年 1 月 1 日起,执行气候旬报(气技 929)。

1956 年 4 月 10 日起,执行气象观测暂行规范(地面)第十章地面部分。6 月 1 日起,按中央气象局(56)天发字第 221 号通知规定,绘图报、补充绘图报、航空报、危险报、气候旬报的电码正文由每组 4 个字码改成 5 个字码。

1957 年 1 月 1 日起,执行新的危险天气通报组织办法。3 月 1 日起,执行陆地测站定时绘图天气观测电码报告(GD－01)、航空天气报电码(GD－21)、危险天气通报电码(GD－22);气技 921(修订本)、航空天气观测暂行办法及电码、危险天气报暂行规定及暂行五字电码和原中苏航空公司气象电码废止;同日起执行航空报组织办法和天气实况咨询办法,航空天气暂行办法及电码(修订本)废止。

1962 年 1 月 1 日,开始执行中国第一部《地面气象观测规范》(1960 年版)。

1980年1月1日起，执行《地面气象观测规范》(1979年版)。

1983年，执行国家气象局颁发的“重要天气报告电码”及有关规定，安徽省1982年制定的“安徽省重要天气报告电码”同时停止使用。陆地测站地面天气报告电码(GD-01Ⅱ)中的9SpSpSpSp也作了补充和修改，执行国家气象局1983年11月颁发的“气象台站地面气象观测工作规章制度”。

1984年1月1日起，使用新的《湿度查算表》甲种本。5月31日起，执行国家气象局下发的“质量考核办法补充说明”；据国家气象局(84)气业字第111号文，将较深层地温列入迁站对比观测的项目；使用安徽省新的《地面台站测报工作评分办法》。8月1日零时起，执行新的《天气电报处理办法》。

1986年1月1日02时起，执行新的气象更正报规定。4月30日为适应计算机程序中的数据输入，风、雨自记纸30日起，改为20时换纸(原8时换纸，压温湿自记纸仍8时换纸)。

1987年1月1日起，按规定计算记带错情。

1988年1月1日，开始使用“百班、二百五十班申报中以项数来算报表预审员的工作量的办法”。6月1日，更新PC-1500测报程序，由《AHDM-B2》升级为《AHDM-B4》。

1990年2月1日起，执行新的《地面测报工作考核奖惩办法》，同时执行《安徽省常规气象测报业务工作奖惩办法》(试行)。11月1日08时起，执行新的《陆地测站地面天气报告电码(GD—01III)》。

1991年6月1日02时起，使用新测报程序《AHDM-BK》。11月1日起，执行安徽省重要天气报补充规定。

1992年年初，安徽省气象局下发《安徽省地面气象测报技术手册》。

1994年9月1日，安徽省气象局下发《地面气象测报—报表微机处理系统》技术手册《AHDM-3.0》版，同时配备了386兼容微机一台。11月开始使用386微机进行数据采集、编发报和编制报表等，PC-1500作备份仪器。

1995年3月1日，省气象局下发执行《安徽省气象台站测报工作评分办法》，原办法停止使用。

1996年1月10日起，天气报的发报路径由原来的发往武汉气象中心，改为发到安徽省气象台，由省气象台集中转发。8月1日起，由《AHDM—3.0》改用《AHDM—4.0》。10月开始改变发报路由，报头的ER武汉改为ER合肥。

1998年7月下发《气象测报岗位考核管理办法》试行、《气象测报开展创优质量竞赛及奖励“全国优秀测报员”授奖办法》《各类气象探测环境的技术规定》(国家气象局)，《安徽省地面测报质量考核办法》《安徽省气象管理条例》(省局)。

1999年3月1日起，停止使用EL风向风速自记和遥测雨量计。11月1日起，使用《地面有线综合遥测气象仪(Ⅱ型)观测规范》和使用《AHDM—4.1》；12月1日开始正式使用遥测站，同时使用数据处理软件。

2000年1月1日起，使用《AHDM—4.11》；按照《关于地面有线遥测气象站(Ⅱ型)有关问题的通知》，2000年遥测观测数据不抄入气簿—1，也不手工抄入气表—1，以人工站为正式记录。

2002年1月1日起，使用《AHDM5.0》测报软件，3月20日开始使用《台风业务和服务规定》第三次修订版。

2003年1月20日开始使用《OSSMO-AH2002》版本。

2004年1月1日起，正式使用2003版《地面气象观测规范》和《地面气象观测数据文件和记录簿表格式》。

2005年1月1日起，使用《OSSMO-2004》地面气象测报业务系统软件。

2008年8月1日起，执行新的安徽省气象局重要天气报有关技术补充规定。

2011年1月1日起，执行《安徽省重要天气报电码规定》。

2012年4月1日，OSSMO 2004软件升级至V4.0.1版，执行地面气象观测质量考核办法(试行)》《地面观测业务调整业务技术问题解答(第1号)》。

六、观测仪器和方法的变更

1952年8月16日建站时使用微气压计(周转)观测气压；用干湿球温度表(自然通风)(高度1.5米)观测气温和湿度；使用丁字型风向风速器观测风向风速；口径20厘米、器口距地面70厘米的雨量器测量降水量；小型蒸发器器口距地30厘米观测蒸发量；暗筒(乔唐)式日照计(安装在观测场内)观测记录日照时数；使用量雪尺测量雪深。9月1日起，使用温湿自记(周转)。

1953年1月1日起，用动槽式水银气压表进行气压观测(水银槽海拔高度28.5米)，4月4日起，使用东德周转自记雨量器。

1954年1月1日，干湿表感应部分的高度由原来的1.5米提高到2.0米；小型蒸发器器口距地面高度由原来的0.3米提高到0.7米。9月1日开始使用苏联最高、最低温度表，原美式表停止使用。10月1日增加带风圈的雨量桶，器口高度为2.0米，增加蒸发校准雨量器。12月1日起，使用毛发湿度表进行湿度观测。

1955年1月1日，开始使用维尔达风压器(轻型)，停止使用丁字型风向风速器。1月8日安装使用测云器。8月1日动槽式气压表水银槽的海拔高度调整为30.5米。8月9日开始使用维尔达风压器(重型)，轻、重型同时使用。9月1日起，使用东德最高、最低温度表；开始使用虹吸式雨量计，停用雨量自记(东德周转型)。

1956年1月1日，开始使用称雪器。4月1日起，改变天气报和气候报的发报路由，由发往OBSER南京改为OBSER汉口。7月23日换用苏式百叶箱，原百叶箱作为备份。8月1日起，使用空盒气压计(日转)、双金属温度计(日转)和毛发湿度计(日转)，同时终止使用温湿度计(周转型)和微气压计(周转)。7月30日，日照计由观测场搬到值班小楼上。11月17日起，安装使用(电线结冰)雨凇架。

1959年1月1日，改用动槽(台站式)式水银气压表(水银槽的海拔高度为30.5米)进行气压观测。

1960年4月1日起，停止使用毛发湿度表，同时停止计算湿度计算值与毛发表差数。8月1日干湿表感应部分的高度恢复到1.5米的高度。

1961年4月1日，停用带风圈的雨量桶。

1963年10月1日起，浅层地温(5～20厘米)用的曲管地温表曲管表夹角改为45°。

1964年12月1日改用动槽式(福丁式)水银气压表(水银槽的海拔高度为30.5米)观测气压。

1967年12月6日开始安装使用EL电接风向风速计，停止使用维尔达轻、重型风压器。

1974年6月1日开始日照计搬到观测平台(测风小楼)上。气压表水银槽的海拔高度调整为30.1米；1974年7月17日改为定槽式水银气压表测量气压。

1976年8月23日开始定槽式水银气压表水银槽的海拔高度变更为26.3米。

1977年10月1日开始定槽式水银气压表水银槽的海拔高度变更为26.7米。

1979年7月1日起，使用电动通风干湿表(棒状)进行气温和湿度的测量。

1981年8月1日起，使用百叶箱通风干湿表(自然通风)进行气温和湿度的测量。

1982年4月1日开始使用翻斗式遥测雨量计，与虹吸雨量计同时使用并整理记录。

1984年5月25日改为动槽式水银气压表测量气压。

1985年1月1日起，启用百叶箱通风干湿表(电动通风)，通风速度3.5米/秒；1985年3月，陈邦怀、李建平、耿世超到安徽省气象局学习 PC－1500 程序和使用，于 4 月带回 2 台 PC－1500 袖珍计算机，并在宿县、砀山县两个基本气象站测报工作中试用，主要用于数据输入以及编报同手工编发报对比，这是计算机技术首次在宿县地区地面气象测报工作中应用。1985 年 5 月 1 日使用 E601 型大型蒸发器。

1986 年 4 月 1 日起，PC－1500 计算机正式在地面气象测报工作中应用，将输入的数据通过磁带机记入磁带中，邮寄到安徽省气象局进行数据处理并形成月报表。

1987 年 8 月 1 日起，日照计由观测平台（测风小楼）上迁至观测场内。

1989 年 11 月 1 日起，百叶箱通风干湿表因无新的仪器更换而停用，改为自然通风干湿表；动槽式水银气压表感应部分的海拔高度由 26.7 米变为 26.9 米。

1990 年 6 月 1 日开始使用长城 286 微机预审及打印地面测报报表。

1991 年 5 月 1 日起，试用 PC－1500 外卡，替代原来的磁带记录数据。

1993 年 5 月，安徽省气象局下发 EN 风记录仪，试用到 5 月底，6 月 1 日，使用 EN 型风记录仪，EL 型风自记做备份。1993 年测报年报表开始由微机试制作。

1995 年 4 月 1 日起，地面观测资料通过计算机网络传到省气象局。

1997 年 7 月 1 日起，使用 E601B 型蒸发器，原 E601 型停用。

1999 年 11 月 1 日，安装使用江苏无线电研究所生产的 ZQZ—II 型自动气象站，实现了气温、湿度、气压、降水、地温（地面、浅层、深层）和风向、风速 7 要素的自动观测。

2000 年 1 月 1 日起，实行自动站和人工站双轨运行，以人工站为主；10 月 17 日恢复使用 EL 电接风。

2001 年 1 月 1 日起，继续实行自动站和人工站双轨运行，以自动站为主。11 月 14 日置换温湿度传感器，换下 HFT－1 型电动通风温湿传感器，换上 HM P45D 型温湿传感器；调整正点采集时间，由 56 分开始采集调整为正点零分零秒采集。

2002 年实现自动站单轨运行；不再保留温度、气压、湿度、风和翻斗式雨量计等自记仪器，保留虹吸式雨量计，只换纸，自动站正常时不整理。

2003 年 5 月 19 日由于撤销自记仪器，百叶箱由 3 个减少为大小百叶箱各一只。12 月 31 日重新安装 E601B 蒸发校准雨量筒。

2004 年 6 月 28 日更换百叶箱，用 BB－1 型玻璃钢百叶箱替换老式木制百叶箱。11 月 6 日起，日照计由观测场迁到值班小楼一层顶部。

2005 年 9 月 1 日在观测场增加安装一个木制百叶箱，恢复温度、湿度和气压自记仪器的观测。10 月 9 日将唯一的木制百叶箱换成 BB－1 型玻璃钢百叶箱。

2007 年 5 月 17 日起，安装使用 GPRS 无线网卡，作为测报实时数据上传网络备份。

2008 年 2 月 15 日，开始选择有代表性的供电电缆进行实地估测电线积冰的数据，并进行调查评估。8 月 29 日起，将电接风 EL 记录器更换为 EN 型。

2009 年 5 月 12 日起，加密自动站观测资料传输，上传时间间隔由 10 分钟调整为 5 分钟。10 月 14 日起，自动站由遥测Ⅱ型改为遥测Ⅰ型。12 月 1 日起采用 LGJ－400/35 型输电线缆进行 220KVA 电力传输主干线电缆积冰观测，与 4 毫米的导线同时观测、记录，气簿—1 仍以 4 毫米导线的观测作记录。

2011 年 1 月 1 日起，将观测导线由直径为 4 毫米的导线更换为直径为 26.8 毫米的电缆，并正式观测、发报、存档。

2012 年 1 月 1 日，拆除虹吸式雨量计。

七、气表、气簿

1952 年 8 月 16 日起，使用气象观测簿（乙）（气 0002 乙）；9 月 1 日起，同时使用气象观测簿（丙），气象月总簿（气表 0102 乙）。

1953 年 1 月 1 日起，使用气象月总簿（乙）（气表 0102 甲），气象年总簿（甲）（气表 0152 甲）。

1954 年 1 月 1 日起，使用气簿—1，气簿—2 作为补充绘图报、航危报记录用；使用基本气象观测记录月报表（气表—1），日照记录月报表（气表—4），降水量记录月报表（气表—5）、地面观测记录年报表（气表—21）、气压自记记录年报表（气表—22）、日照日射记录年报表（气表—24）；停止使用气象观测簿（乙）、气象观测簿（丙）；停止使用气象月总簿（气表 0102 乙）和气象年总簿（甲）（气表 0152 甲）。4 月 1 日起，使用气压自记记录月报表（气表—2）、降水量记录月报表（气表—5）。12 月 1 日起，使用电线结冰观测记录月报表（气表—8）。

1955 年 1 月 8 日起，使用气簿—4，记录云向云速；9 月 22 日起，使用气簿—3，记录地温。4 月 1 日起，使用自记降水年报表（气表—25）。

1956 年 1 月 1 日起，使用地温记录年报表（气表—23）。

1957 年 11 月 1 日，使用冻土记录月报表（气表—7）。

1958 年 4 月 30 日，停止使用气簿—4。

1960 年 1 月 1 日起，停用气压自记记录年报表（气表—22）、日照日射记录年报表（气表—24）、温度湿度自记记录年报表（气表—22）。

1961 年 1 月 1 日，停止使用气簿—3、地温记录月报表（气表—3）、日照记录月报表（气表—4）、冻土记录月报表（气表—7）、地温记录年报表（气表—23）。

1966 年 1 月 1 日，停用气表—2、温度湿度自记记录年报表（气表—22）。

1970 年 1 月 1 日起，使用风向风速记录月报表（气表—6）。

1979 年 9 月 13 日起，停用风向风速记录月报表（气表—6）。12 月 1 日停用降水量记录月报表（气表—5）。

1980 年 1 月 1 日起，停用电线结冰观测记录月报表（气表—8）、自记降水年报表（气表—25）。

2004 年 1 月 1 日，停止上报基本气象观测记录月报表（气表—1）手抄本、地面观测记录年报表（气表—21）手抄本。

2005 年 1 月 1 日，开始使用新版气簿—1，气象表—1。

2007 年 1 月 1 日，停止上报基本气象观测记录月报表（气表—1）打印本、地面观测记录年报表（气表—21）打印本。

第二节　天气雷达探测

一、测雨雷达

1975 年 8 月，711 测雨天气雷达在宿县地区气象台投入业务使用。

1981 年，陈宜敬、薛克俊研制的“711 雷达照相记录参数自动电码显示装置”取得成功，实现了时间（时、分）、仰角、中频衰减量、回波高度等的自动数码显示。

1983 年 7 月,“LD—2”舰船导航雷达改装为测雨雷达,在砀山县气象局投入使用。1987 年 9 月停止使用。

2008 年 9 月,宿州市气象台 711 测雨天气雷达停止使用。

二、新一代数字化天气雷达

2010 年 7 月 13 日,宿州新一代“713”数字化天气雷达在宿州市气象局新办公楼完成吊装,7 月 23 日通过专家现场验收后正式启用。

三、小型雷达

2002 年 2 月 2 日,萧县气象局安装使用从安徽省气象局大探中心购置的 AH2000B 小型天气雷达,2007 年搬迁新楼后设备废弃。

2011 年 1 月,泗县安装陕西兴源电子设备有限公司生产的 TWR01C 固定型天气雷达。

第三节　区域气象观测网

2003 年 8 月,宿州市开始区域气象观测网建设,首先安装使用自动雨量站,全市共建 41 个雨量站(埇桥区 10 个、砀山县 8 个、萧县 10 个、灵璧县 9 个、泗县 4 个)。

2005 年,安徽省气象局以皖气办发〔2005〕40 号下发了《关于组织开展中尺度加密自动气象站网建设的通知》,要求进行四要素自动站(气温、降水、风向、风速)建设。2005 年安装 11 套四要素自动站;2006 年再安装 8 套四要素自动站,调整和增加了单雨量站,使四要素自动站达 19 个、自动雨量站总数达到 45 个。

按照皖气办发〔2007〕37 号《关于印发《安徽省区域气象观测网多要素自动气象站建设规划方案》的通知》的要求,在现有加密自动气象(雨量)站的基础上,升级布设六要素自动气象站(气压、温度、降水、风向、风速、相对湿度)。全市共将 6 个四要素站升级到六要素站,并新建一个四要素站。到 2012 年年底,全市自动雨量站数达 53 个,四要素站 15 个,六要素站 15 个,总共区域加密自动气象站 83 个。

第四节　其他观测

一、GPS/MET 水汽观测

2006 年 6 月 1 日,安装、使用 GPS/MET 水汽观测站。对垂直大气水汽含量进行观测,实时上传到安徽省气象局信息中心。至 2012 年年底,地方测绘部门与气象部门合作安装 4 个。

二、紫外线观测

2004 年 4 月 21 日,开始进行紫外线观测。2007 年 8 月 24 日,停止紫外线观测。

三、特种温度观测

2004年7月1日,增加最高裸露气温、最低裸露气温,最高、最低水泥地面温度,最高、最低草面温度的观测。2005年3月5日,开始上传特种温度的观测数据,即裸露空气最高、最低气温;水泥地面最高、最低温度;草面最高、最低温度。

2007年7月1日,停止最高裸露气温、最低裸露气温、最高水泥地面温度、最低水泥地面温度、最高草面温度、最低草面温度的观测。

第五节 气象装备和应急保障

1958年以前,气象仪器保障主要以省级保障为主;1958年后,宿县气象站被确立为中心气象站,由中心气象站进行保障,主要是检查员对气象仪器设备的维修、维护等保障,仪器、器材供应由安徽省气象局供给。

1975年1月,宿县地区气象局业务科成立,在地面测报气象仪器保障的基础上,在宿县地区气象台通讯组和雷达组增加了气象通讯、雷达等维修、维护人员,一般消耗器材由地区气象局业务科根据各县气象站的计划统一采购、供应。

2009年3月,随着地面测报业务现代化的进展,气象保障中心应运而生;2010年3月,安徽省气象局专门配备气象应急保障车一台,主要承担淮北、宿州两市区域自动气象站的维修、维护等保障。

2009年12月30日,由气象部门和地方政府共同投资采购的气象应急指挥车到位。并与省级卫星通信地面站进行联调,完成车辆改装、系统安装和省级卫星通信地面站建设。

移动气象台(气象应急指挥车)是在突发气象灾害和其他自然灾害或其他突发事件发生时,能够立即响应,并快速到达灾害发生地的救灾指挥部,能够立即开展现场气象监测、收集实时气象数据、分析加工实时气象预报服务产品,为救灾决策部门提供科学的气象预报和情报产品的移动平台;是一个集气象要素探测、信息传输和天气预报服务为一体的综合装备。

2010年6月30日,宿州市综合应急救援支队——气象救援专业队成立,气象应急指挥车正式投入(在遇有突发气象灾害和其他自然灾害或其他突发事件发生时)使用。

2011年1月,淮北市气象局成立气象保障中心后,宿州气象保障中心不再负责其区域自动气象站的维修、维护,只负责宿州本区域内所有的国家级自动气象站和区域站的维修、维护。

第六节 气象资料

一、气象资料站点

(一)新中国成立前的站点

1949年以前,宿县地区辖区内有气象资料的站点6个,其中宿县始设于1917年3月为最早,其次是泗县始于1921年10月。6个站点的气象资料均属降水资料,且大都连续性不强,对连续性较好及时间较长的宿县、泗县站做了平均降水量统计。

新中国成立前宿县地区气象站点

表 5－1

项目 站名	地点	经纬度	海拔高度	资料年代	资料项目	观测时次
宿县	沱河闸	北纬 33°41′东径 117°02′	—	1917.03—1938.04	月、年降水量	不详
泗县	城关镇	北纬 33°30′东径 117°57′	22 米	1921.10—1937.12	月、年降水量	不详
砀山	城关镇	北纬 34°24′东径 116°22′	44 米	1931.07—1936.12	月、年降水量	不详
萧县	龙城镇	北纬 34°12′东径 116°55′	37 米	1931.07—1936.12	月、年降水量	不详
灵璧	固镇	北纬 33°18′东径 117°19′	—	1948.1 建站	—	—
怀远	四湾村	北纬 32°59′东径 117°11′	—	1948.1 建站	—	—

说明：1. 宿县资料来自中国降水资料(1954 年 5 月)；

2. 砀山县、萧县、泗县资料来自安徽省历年水文统计(1972 年 7 月)；

3. 灵壁县、怀远县的资料来自安徽省水文手册(1958 年 10 月)

宿县、泗县月及年平均降水量

表 5－2　　单位：毫米

月、年 站名	1	2	3	4	5	6	7	8	9	10	11	12	年
宿县	13.3	13.9	24.1	37.3	15.8	69.8	98.8	90.7	57.6	26.1	23.4	27.6	498.4
泗县	26.5	38.3	24.2	51.1	50.4	80.0	135.2	107.2	39.5	28.7	20.0	22.3	623.5

说明：降水量平均值来自中国降水资料；资料年代：宿县降水量平均值 1917—1937 年，其中缺 1919 年、1932—1933 年；泗县降水量平均值 1922—1937 年，其中缺 1931 年 1—5 月

(二)水利部门站点

新中国成立后，宿县地区辖区内有气象资料的站点 47 个(已划出去的濉溪县、怀远县、五河县及固镇县的气象站点未统计在内)，除宿县沱河闸、泗县开始较早外，砀山县、萧县始于 1931 年 7 月，其余各站点均在新中国成立后设立。

宿县地区水利部门气象资料站点

表 5－3

项目 站名	地点	东径	北纬	高程(米)	设立年月	统计年份	统计年数
花庄集	宿县花庄集	117°10′	33°29′	—	1955.5	1955—1957、1966—1968	6
安集	宿县安集村	117°13′	33°16′	21.01	1952.6	1952—1957	6
砀山	砀山县城关镇	116°22′	34°24′	44.28	1931.7	1931—1934、1936、1951—1970	25
固口闸	砀山县固口闸	116°27′	34°17′	—	1961.1	1961、1966—1969	5
宿县沱河闸	宿县东关外	116°59′	33°38′	—	1916.11	1917—1923、1928—1931、1933—1938、1951—1959、1961—1970	36
小陈家	宿县塔桥陈家	117°06′	33°39′	—	1954.3	1954—1956、1966—1968	6

续表 5－3

项目 站名	地点	东径	北纬	高程(米)	设立年月	统计年份	统计年数
昌圩子	宿县昌圩子	117°15′	33°37′	—	1953.8	1953—1956、1967—1968	6
尹家	宿县尹家村	117°23′	33°36′	—	1954.1	1954—1956、1967—1968	5
大吴家	灵璧县大吴家	117°24′	33°33′	25.62	1953.6	1953—1959	7
大俞桥闸	灵璧大俞桥闸	117°27′	33°33′	27.0	1960.1	1960—1968	9
灵璧	灵璧县菜园村	117°34′	33°32′	24.73	1951.2	1951—1970	20
潘集闸	灵璧县潘集闸	117°35′	33°41′	22.0	1959.4	1959—1968	10
沱河集	灵璧县沱河集	117°25′	33°23′	22.55	1950.8	1950—1957	8
草沟	泗县草沟集	117°40′	33°19′	20.59	1951.3	1951—1958、1960	9
樊集	泗县樊集	117°45′	33°18′	19.0	1954.3	1960—1968	9
黄口	萧县黄口镇	116°40′	34°24′	—	1956.1	1956—1957、1959—1960、1963—1968	10
岱山口闸	萧县岱山口	116°53′	34°12′	36.0	1959.5	1959—1965	7
张庄寨	萧县张庄寨村	116°34′	34°10′	—	1954.6	1954—1968	15
萧县	萧县龙城镇	116°55′	34°12′	37.22	1931.7	1931—1936、1951—1970	26
夹山套	萧县永堌朱庄	117°00′	34°01′	—	1958.5	1959—1961、1965—1968	7
永堌	萧县二村	116°58′	34°03′	40.18	1955.6	1955—1957	3
符离集闸	宿县张树家村	116°59′	33°44′	29.98	1951.3	1951—1958、1960—1970	19
宿县闸	宿县灰古刘家	117°05′	33°39′	—	1969.7	1969—1970	2
小集	宿县蔡庄	117°12′	34°02′	29.27	1954.6	1954—1958、1960—1963	9
褚兰	宿县褚兰集	117°21′	34°01′	—	1954.6	1954—1957、1965—1968	8
栏杆集	宿县栏杆集	117°16′	33°55′	—	1963.7	1963—1968	6
时村(王寨)	宿县王寨	117°21′	33°46′	—	1952.5	1952—1957、1962—1968	13
唐家湖	宿县杨桥村	117°10′	33°55′	—	1954.5	1954—1959、1961—1962	8
小王家	宿县小王家村	116°55′	33°42′	—	1954.4	1954—1956	3
叶家庄	宿县叶家庄村	116°59′	33°42′	—	1954.4	1954—1956	3
前屯	宿县前屯村	117°01′	33°40′	—	1954.4	1954—1956	3
姚家庄村	宿县姚家庄村	117°04′	33°38′	—	1955.1	1955—1956	2
关家	宿县关家村	117°10′	33°37′	—	1953.8	1953—1956	4
大店	宿县小宋园村	117°15′	33°35′	—	1953.8	1953—1956	4
小薛家	宿县小薛家	117°18′	33°39′	—	1954.1	1954—1956	3
张庙	宿县张庙村	117°20′	33°36′	—	1953.8	1953—1956	4
马庙	宿县马庙村	117°24′	33°38′	—	1953.8	1953—1956	4
尤集	灵璧县尤集	117°29′	33°54′	—	1956.5	1956—1957、1966—1968	5
禅堂集	灵璧县禅堂集	117°55′	33°41′	—	1955.5	1955—1957	3

续表 5-3

项目 站名	地点	东经	北纬	高程(米)	设立年月	统计年份	统计年数
葛店子	灵璧县葛店村	117°19′	33°34′	—	1953.8	1953—1956	4
陆沟沿	灵璧陆沟沿村	117°25′	33°36′	—	1953.8	1953—1956	4
柏山桥	宿县柏山桥集	117°18′	33°52′	29.20	1951.7	1951、1953—1963	12
刘八集	灵璧县旗杆村	117°33′	33°56′	—	1954.6	1954—1956、1966—1968	6
尤集	灵璧县尤集	117°28′	33°50′	—	1956.5	1956—1957	2
浍塘沟闸	灵璧县浍塘沟	117°34′	33°45′	24.46	1951.3	1951—1970	20
大庄	泗县周庄闸	117°52′	33°42′	—	1956.5	1956—1957、1966—1968	5
泗县	泗县城关镇	117°52′	33°28′	22.39	1921.10	1921—1923、1926、1931—1937、1951—1970	31

说明:宿县气象站设立时间及站点位置:1916年11月来自安徽省水文手册,1917年3月来自中国降水资料

47个站点的气象资料均属降水资料,不足一半站点(21个)的资料有较好的连续性,表5-4统计了其月、年降水量平均值。

宿县地区水利部门气象资料站点月、年降水量平均值

表5-4　　单位:毫米

月、年 站点	1	2	3	4	5	6	7	8	9	10	11	12	年
砀山	14.4	18.6	33.4	47.6	56.1	92.8	204.3	146.2	83.8	38.8	29.7	16.4	782.0
固口闸	19.3	28.0	38.6	58.4	42.3	98.4	174.7	94.2	105.7	22.0	21.5	12.9	715.8
沱河闸	15.3	22.1	38.7	48.0	50.8	92.0	215.0	155.8	72.4	27.2	28.6	21.7	787.6
大俞桥闸	13.1	14.7	56.9	59.6	59.1	77.3	259.0	140.5	106.7	30.1	37.3	13.2	867.5
灵璧	20.3	25.6	49.3	59.4	62.0	108.8	235.5	154.6	89.3	30.3	32.1	17.9	884.9
潘集闸	12.1	15.0	48.5	57.8	70.0	84.2	250.3	157.4	114.1	28.0	34.3	14.5	886.2
沱河集	18.4	37.2	52.1	48.2	61.2	120.6	308.2	180.0	52.6	34.3	31.3	28.1	972.2
草沟	23.4	24.2	53.2	52.2	48.1	145.3	235.3	143.7	67.8	36.6	32.4	23.5	885.9
樊集	12.2	20.7	52.8	61.4	46.2	73.6	266.6	139.0	56.8	35.2	41.8	10.6	816.9
黄口	14.3	26.7	43.4	65.0	19.2	147.0	220.4	100.5	59.1	42.7	21.7	14.3	774.3
岱山口闸	11.8	12.0	28.4	59.1	115.6	84.1	266.4	230.0	91.4	40.3	39.7	11.0	989.8
张庄寨	11.6	15.9	34.0	52.6	74.8	68.6	284.8	179.1	71.7	37.5	31.8	11.9	874.2
萧县	14.0	18.2	34.8	45.3	74.5	99.4	230.0	156.8	78.9	35.8	40.8	14.7	843.3
夹山套	9.0	14.9	65.2	35.2	47.9	117.3	183.4	160.2	120.3	28.4	41.0	21.7	844.5
符离集闸	15.4	21.2	45.7	49.3	60.4	110.8	276.6	187.6	76.7	31.0	32.0	16.4	923.1
褚兰	8.8	11.7	69.4	46.2	35.1	156.4	239.8	155.0	69.5	24.5	19.6	15.8	851.9
栏杆集	16.2	27.5	42.8	65.3	36.5	86.3	236.0	131.5	77.8	42.5	22.0	14.6	799.1

续表 5－4

站点＼月、年	1	2	3	4	5	6	7	8	9	10	11	12	年
时村	17.7	22.5	48.8	61.3	73.9	104.2	296.7	198.6	56.8	32.7	21.3	19.9	954.2
柏山桥	24.2	14.3	39.7	41.2	52.9	160.1	219.0	152.8	73.1	36.6	55.5	21.2	890.6
浍塘沟闸	20.1	21.7	41.7	61.5	81.8	103.6	267.6	183.7	98.0	29.5	28.3	19.4	956.8
泗县	20.7	25.6	42.7	60.9	58.2	100.9	226.8	141.2	83.6	32.7	29.1	20.4	842.8

说明：各站点资料年代：详见表 5－3 中的统计年份

在这些站点中，有 13 个站点（安集、砀山、宿县、沱河集、关家、大吴家、大俞桥闸、灵璧、草沟、永堌、符离集闸、时村、浍塘沟）设置了水面蒸发观测，但资料连续性较好的只有 3 个（砀山、沱河集、符离集闸）。

宿县地区水利部门气象资料站点月、年蒸发量平均值

表 5－5　　单位：毫米

站点＼月、年	1	2	3	4	5	6	7	8	9	10	11	12	年
砀山	24.3	36.6	66.5	101.6	153.3	181.1	155.5	149.6	96.6	64.8	33.2	25.4	1088.4
沱河集闸	25.3	34.3	67.7	121.9	153.3	188.5	139.5	147.4	111.6	90.4	59.4	32.4	1171.5
符离集闸	37.0	32.2	64.7	115.4	137.5	162.8	120.0	119.0	96.1	72.2	48.0	30.2	1035.1

说明：1. 怀远、五河、濉溪及固镇县水利部门的气象资料站点未列入

2. 资料年代：砀山平均蒸发量 1959—1966 年；沱河集闸平均蒸发量 1951—1956 年；符离集闸平均蒸发量 1952—1956 年

（三）气象部门站点

1952 年 8 月，安徽省军区司令部宿县气象站于宿城南关万里桥处建成。1954 年 10 月在砀山火车站北一公里郊外成立江苏省砀山气象站；1956 年 8 月在泗县城关镇西关外成立泗县气候站；1957 年 1 月萧县在龙海铁路杨庄车站东北郝庄成立安徽省郝庄气候站、灵璧县在西北郊河洼子乡村成立灵璧县气候站、濉溪县在老城北关外建成濉溪县气候站（1977 年划归淮北市）；怀远县及五河县气候站建站时属蚌埠市，1961 年 3 月划回宿县专区；1966 年 8 月固镇县气象站建成；自此，全区 9 个国家级气象观测站点步入为国民经济、人民生产、生活服务的行列。1983 年 7 月，五河、怀远、固镇 3 县划归蚌埠市，宿县地区还剩 5 个县（5 个气象资料站点）。

随着时间的推移、经济的发展，5 个站点已远远不能满足社会发展的需求，从 2003 年 8 月开始，在全市范围安装区域自动气象站，首先安装使用的是自动雨量站，全市共建 41 个雨量站。2005 年安装 11 套四要素自动站，2006 年再安装 8 套四要素自动站，2007 年升级布设六要素自动气象站；到 2012 年年底，陆续在宿州市各县区乡镇、学校、厂矿等地安装了 53 个单雨量站、15 个四要素站、15 个六要素站，总共区域加密自动气象站 83 个；另有 5 个 GPS/MET 水汽站（均和气象局国家级观测站安装在一起，其中 4 个为地方测绘部门与气象部门合作安装），加上 5 个国家级气象观测站，宿州市总共有气象资料站点 93 个；极大地提高了当地的气象防灾减灾能力。

国家级地面气象观测站情况表

表5－6

项目 站名	地点	区站号	东径	北纬	高程（米）	设立年月	统计年份	统计年数
宿州国家基本气象站	宿城南关郊外	58122	11659	3338	25.9	1952.08	1952.8—2012.12	60
砀山国家基本气象站	砀山火车站北三公里郊外	58015	11620	3426	43.7	1954.10	1954.10—2012.12	58
萧县国家一般气象站	萧城东南五里郊外	58016	11658	3411	34.7	1957.01	1957.1—2012.12	46
灵璧国家一般气象站	灵璧县北关外十里乡庄陈村小李庄/郊外	58125	11733	3333	23.9	1957.01	1957.1—2012.12	46
泗县国家一般气象站	泗县城关镇西关外/郊外	58126	11752	3328	19.5	1956.08	1956.8—2012.12	47
濉溪国家一般气象站	濉溪县老城北关外	58113	11647	3356	31.4	1957.01	—	—
怀远国家一般气象站	怀远县城关镇老城内郊外	58127	11712	3257	18.6	1958.11	—	—
五河国家一般气象站	五河县杨庵国营五河县农场	58129	11757	3311	16.0	1956.11	—	—
固镇国家一般气象站	固镇县城关镇胜利北路19号	58128	11718	3319	19.3	1966.08	—	—

说明：五河、怀远、固镇及濉溪县已划归蚌埠市或淮北市，气象资料统计年份和统计年数不再列入

宿州市单雨量站（1）、四要素站（4）、六要素站（6）情况表

表5－7

项目 序号	县/区	站名	区站号	经度（度分秒）	纬度（度分秒）	观测场高度（米）	自动站型号	自动站生产厂	建站日期	要素数
1	砀山	曹庄	I1402	1161155	342538	42.0	DSD1	安徽华维	2006.11.15	1
2	砀山	葛集	I1406	1163000	343100	47.2	DSD1	安徽华维	2006.01.01	1
3	砀山	关帝庙	I1405	1162309	342121	47.0	DSD1	安徽华维	2006.11.15	1
4	砀山	官庄	I1451	1161435	343116	69.0	DYYZ－RT	长春气象仪器厂	2006.07.12	4
5	砀山	李庄	I1411	1162852	342327	46.0	DSD1	安徽华维	2006.11.15	1
6	砀山	刘暗楼	I1407	1162100	343300	49.0	DSD1	安徽华维	2006.11.15	1
7	砀山	麦种场	I1409	1162435	341811	56.0	DSD1	安徽华维	2006.11.15	1
8	砀山	农科所	I1413	1161848	342813	51.0	DSD1	安徽华维	2006.01.01	1
9	砀山	唐寨	I1412	1163500	342600	43.5	DSD1	安徽华维	2006.10.26	1
10	砀山	玄庙镇	I1457	1161735	343113	50.0	caws3000	中国华云	2012.01.01	6
11	砀山	园艺场	I1401	1162847	342822	54.0	DSD1	安徽华维	2006.11.15	1
12	砀山	周寨	I1453	1162607	343353	36.3	DYYZ－RT	长春气象仪器厂	2005.10.19	6
13	砀山	朱楼	I1452	1162950	341853	56.0	DYYZ－RT	长春气象仪器厂	2006.08.11	4
14	灵璧	禅堂	I1653	1173456	334054	44.0	DYYZ－RT	长春气象仪器厂	2006.07.13	4
15	灵璧	禅堂乡	I1657	1173440	334018	41.0	caws3000	中国华云	2011.12	6
16	灵璧	朝阳	I1607	1173518	335630	35.2	DSD1	安徽华维	2006.11.15	1
17	灵璧	冯庙	I1604	1173834	334247	30.1	DSD1	安徽华维	2006.11.15	1
18	灵璧	高楼	I1606	1174203	334951	30.0	DSD1	安徽华维	2006.11.15	1
19	灵璧	黄湾	I1609	1172526	332422	23.3	DSD1	安徽华维	2006.11.15	1
20	灵璧	浍沟	I1603	1173309	334528	30.4	DSD1	安徽华维	2006.11.15	1
21	灵璧	娄庄	I1601	1172342	333346	33.9	DSD1	安徽华维	2006.11.15	1
22	灵璧	韦集	I1651	1173309	332334	28.0	DYYZ－RT	长春气象仪器厂	2005.10.11	4

续表 5－7

项目 序号	县/区	站名	区站号	经度 （度分秒）	纬度 （度分秒）	观测场 高度（米）	自动站型号	自动站生产厂	建站日期	要素数
23	灵璧	下楼	I1652	1172845	340001	45.0	DYYZ－RT	长春气象仪器厂	2005.10.12	4
24	灵璧	项目区	I1658	1172423	334409	23.0	DYYZ－RT	长春气象仪器厂	2009.04.02	6
25	灵璧	杨疃	I1605	1173000	334200	29.7	DSD1	安徽华维	2006.11.15	1
26	灵璧	尹集	I1602	1172709	334616	34.9	DSD1	安徽华维	2006.11.15	1
27	灵璧	尹集镇	I1659	1172735	334611	23.0	caws3000	中国华云	2011.12	6
28	灵璧	尤集	I1608	1172843	335408	34.0	DSD1	安徽华维	2006.11.15	1
29	灵璧	渔沟	I1654	1173411	335118	25.6	DYYZ－RT	长春气象仪器厂	2007.11.02	6
30	泗县	草沟	I1701	1174248	332212	27.0	DSD1	安徽华维	2006.01.01	1
31	泗县	长沟	I1753	1174229	333040	33.0	DYYZ－RT	长春气象仪器厂	2005.10.13	4
32	泗县	大杨	I1751	1174720	333737	31.0	DYYZ－RT	长春气象仪器厂	2005.10.13	6
33	泗县	大庄	I1702	1175200	334200	23.0	DSD1	安徽华维	2006.10.26	1
34	泗县	丁湖	I1752	1174907	332159	34.0	DYYZ－RT	长春气象仪器厂	2006.07.13	4
35	泗县	墩集	I1706	1175810	332441	26.5	DSD1	安徽华维	2006.01.01	1
36	泗县	黄圩	I1708	1174500	334100	19.0	DSD1	安徽华维	2006.03.20	1
37	泗县	刘圩	I1754	1180454	333832	32.9	DYYZ－RT	长春气象仪器厂	2006.01.01	4
38	泗县	屏山镇	I1758	1175105	333619	20.0	caws3000	中国华云	2011.12.13	6
39	泗县	山头	I1707	1180600	334200	20.0	DSD1	安徽华维	2006.11.09	1
40	泗县	泗城镇	I1757	1175311	332840	20.0	caws3000	中国华云	2011.12	6
41	泗县	瓦坊	I1705	1175717	333945	27.5	DSD1	安徽华维	2006.01.01	1
42	宿州	北杨寨	I1306	1170006	333214	40.7	DSD1	安徽华维	2003.08.12	1
43	宿州	曹村	I1302	1170659	340016	41.8	DSD1	安徽华维	2003.08.08	1
44	宿州	褚兰	I1301	1171920	340120	44.0	DSD1	安徽华维	2006.11.15	1
45	宿州	大店	I1309	1171450	333533	28.6	DSD1	安徽华维	2003.08.12	1
46	宿州	大营	I1307	1165813	332015	31.2	DSD1	安徽华维	2003.08.12	1
47	宿州	符离	I1305	1165815	334510	48.0	DSD1	安徽华维	2006.11.15	1
48	宿州	蒿沟乡	I1313	1171215	334110	23.7	DSD1	安徽华维	2011.03.30	1
49	宿州	灰古	I1308	1170810	334424	38.0	DSD1	安徽华维	2003.08.12	1
50	宿州	夹沟	I1351	1170615	335319	28.0	DYYZ－RT	长春气象仪器厂	2005.10.17	6
51	宿州	解集	I1319	1171917	335435	44.2	DSD1	安徽华维	2011.03.30	1
52	宿州	栏杆	I1355	1171510	335549	50.2	DYYZ－RT	长春气象仪器厂	2006.07.14	4
53	宿州	芦岭	I1369	1171031	333122	42.0	DSD1	安徽华维	2011.03.30	1
54	宿州	苗安	I1303	1171726	334029	37.0	DSD1	安徽华维	2006.11.15	1
55	宿州	祁县	I1352	1170052	332553	29.0	DYYZ－RT	长春气象仪器厂	2005.10.10	6
56	宿州	时村	I1356	1171947	334652	42.0	DYYZ－RT	长春气象仪器厂	2006.07.14	4
57	宿州	示范园	I1366	1170032	333531	25.0	DYYZ－RT	长春气象仪器厂	2006.07.14	4
58	宿州	顺河	I1317	1170339	334524	36.0	DSD1	安徽华维	2011.03.30	1
59	宿州	桃沟	I1316	1171455	334457	43.0	DSD1	安徽华维	2011.03.30	1
60	宿州	五柳	I1311	1165942	335541	56.5	DSD1	安徽华维	2012.03.09	1

续表 5－7

序号	县/区	站名	区站号	经度（度分秒）	纬度（度分秒）	观测场高度（米）	自动站型号	自动站生产厂	建站日期	要素数
61	宿州	西寺坡	I1310	1170531	333054	28.2	DSD1	安徽华维	2003.08.12	1
62	宿州	杨庄	I1318	1171325	340109	42.6	DSD1	安徽华维	2011.04.01	1
63	宿州	永安	I1304	1171017	334720	28.0	DSD1	安徽华维	2006.11.15	1
64	宿州	永镇	I1315	1170223	332128	39.0	DSD1	安徽华维	2011.04.01	1
65	宿州	支河	I1312	1170948	335316	38.8	DSD1	安徽华维	2011.04.01	1
66	宿州	朱仙庄	I1353	1170542	333648	39.0	DYYZ－RT	长春气象仪器厂	2005.10.11	4
67	宿州	灰古镇	I1368	1170426	334150	35.0	caws3000	中国华云	2012.01.01	6
68	宿州	西二铺乡	I1367	1165241	333733	25.9	caws3000	中国华云	2012.01.01	6
69	萧县	白土	I1503	1170210	340542	60.0	DSD1	安徽华维	2006.01.01	1
70	萧县	大屯	I1554	1163650	341120	26.0	DYYZ－RT	长春气象仪器厂	2007.11.02	6
71	萧县	杜楼	I1510	1165039	341106	40.0	DSD1	安徽华维	2006.10.29	1
72	萧县	官桥	I1553	1170709	340517	51.0	DYYZ－RT	长春气象仪器厂	2006.07.11	4
73	萧县	酒店	I1506	1163839	341711	57.0	DSD1	安徽华维	2006.01.01	1
74	萧县	马井	I1501	1164838	341609	40.0	DSD1	安徽华维	2006.01.01	1
75	萧县	圣泉	I1509	1165540	341532	47.0	DSD1	安徽华维	2006.10.29	1
76	萧县	孙圩孜	I1507	1164654	340403	30.0	DSD1	安徽华维	2006.01.01	1
77	萧县	王寨	I1551	1164532	340751	47.0	DYYZ－RT	长春气象仪器厂	2005.10.18	4
78	萧县	新庄	I1504	1164353	342559	51.0	DSD1	安徽华维	2006.01.01	1
79	萧县	阎集	I1552	1164536	342047	49.0	DYYZ－RT	长春气象仪器厂	2005.10.18	4
80	萧县	杨楼镇	I1558	1165238	342141	47.2	caws3000	中国华云	2011.11.01	6
81	萧县	永堌	I1502	1165742	340333	36.5	DSD1	安徽华维	2006.01.01	1
82	萧县	张庄寨	I1508	1163602	340808	52.0	DSD1	安徽华维	2006.01.01	1
83	萧县	庄里	I1505	1170050	340012	72.0	DSD1	安徽华维	2006.01.01	1
	灵璧	磬云山	I1657	1173556	335157	60.0	caws3000	中国华云	2012.09.25	6
	萧县	皇藏峪	I1559	1170330	340138	124.3	caws3000	中国华云	2012.04.07	6
	泗县	农科所	I1757	1175344	332509	17.4	caws3000	中国华云	2012.04.07	6

说明：1. 序号15禅堂乡的自动站于2012年9月25日迁至灵璧县馨云山；序号27尹集镇的自动站于2012年4月7日迁至萧县皇藏峪。序号40泗城镇的自动站于2012年4月7日迁至泗县农科所

2. 序号22的韦集、序号23的下楼于2003年10月21日安装单雨量站，2005年改装4要素站；序号50的夹沟、序号55的祁县分别于2003年8月8日、8月12日安装单雨量站，2005年改为6要素站；序号52的栏杆、序号56的时村2003年8月8日安装单雨量站，2006年改为4要素站

二、资料收集与整理

气象资料是国家科技档案的主要组成部分之一。气象资料收集指各级气象主管机构组织收集并存档的各种气象观（探）测记录，以及由这些记录加工处理而成的各类气象数据、各种气候统计值、图像和数值分析资料等，具有长远的利用价值。

宿州市气象局气象资料工作起步较早，其发展经历可分为六个阶段：

自管自用阶段 在气象台建台前,没有专库专人管理,由观测组负责收集管理。1965年11月建台后,设置了12平方米一间的资料库房,隶属于气象台,主要任务是保管资料、统计整编阶段性资料。“文化大革命”期间,刚起步的资料工作一度陷入瘫痪。

摸底、整顿、统计阶段 1972年,主要工作是将有史以来的记录、档案(包括地面观测簿、各种自记纸、月报表、年报表、农业气象记录、自绘天气图等)全部进行登记造册,并开展日常统计及气候资料服务等工作。1980年3月后,资料室划归业务科。1987年3月,资料室由新成立的服务科管辖。

整顿、充实、提高阶段 1980年,安徽省气象局制定了统一规格的档案卷、盒。宿县地区气象局拿出两间会议室作为库房。同时订了英、日文气象杂志及多种科技图书、杂志。

1980—1982年,进行了较大规模的三十年资料整编(项目增加到100项),辖区所属8个台站的30年气象资料整编均在1982年3月出版。1983年开始指导全区所辖县站(砀山、萧县、灵璧、泗县、怀远、五河、固镇)资料室的资料及档案的收集、管理工作,制发各种表格进行摸底、登记;同时制定下发各种制度。

规范化、系统化阶段 1986年1月,按照国家气象局颁布的《气象科技档案分类法》,对新中国成立以来的气象科技档案进行大规模、全面地整理、归档。系统地分类、编目、登记、制作卡片等一系列工作。为保证质量,先后参加安徽省气象局举办的2期档案分类法学习班。地区气象局为县气象局办一期学习班。与此同时库房设施、装备也在不断完善(添置了铁皮柜、吸尘器等)。使档案、资料管理工作和管理水平逐步向系统化、规范化、科学化发展。

建立综合档案室,档案管理升级 原档案室是以气象科技档案为主。1989年年底,开始把文书、财会、声像等档案进行收集归档,整理分类,造册登记。按照集中统一管理的原则,建立综合档案室,为晋级做准备。

档案工作的系统化、规范化、科学化 通过几代资料员的共同努力,气象档案、资料管理操作规范。入库登记有记录、借阅手续齐全。材料整理上报及时无误。2000年1月,宿州市气象局成立阅览室,归资料室管理。市气象局在原有基础上又购买了大量的图书、科技杂志。2002年资料室划归专业气象台管理。

2009年8月,宿州市气象局搬迁至新区办公,新的库房设施按照标准库房要求置办,档案柜由原来的铁皮柜改换为密集架,符合“八防”(防火、防盗、防潮湿、防高温、防鼠、防虫、防水、防污染)要求。

2013年1月,资料室回归业务科技科管理。

档案管理是手段,利用是目的。为便于利用,宿州市气象局曾先后整编出版了1950—1960年十年气象资料整编;1951—1970年二十年气象资料整编和1951—1980年三十年气象资料整编;出版了《宿县地区天气谚语》《军事气候志》《县级农业气候资源分析及利用》《宿县地区农业气候资源分析及利用》《宿县地区气象志》《宿州气候》等。

1996年后,气象灾害频发,各单位在做好气象服务的同时积极进行灾情调查。收集了大量的与灾情相关的资料。按照安徽省气象局气科函(2007)6号文《全国气象灾害普查数据库建设的通知》的要求,对从建站到2006年的气象灾害进行了普查。完成了“全国气象灾害普查数据库”资料收集、整理、录入工作。按照省气象局《关于做好全省气象灾害声像档案收集报送工作的通知》的要求,对2006年以前收集的与灾情相关的图片等资料进行了一次全面、认真清查与整理。2008年,按照省气象局《关于做好全省气象灾害声像档案收集报送工作的通知》的要求,向省气象局档案科续报了2007年与灾情相关的图片等资料。按照省气象局每两年上报历史气象灾害普查工作的通知,分别在2010年、2012年完善了“全国气象灾害普查数据库”资料收集、整理和补录工作。

大力开展气象资料为民服务、为政府决策服务。在城市规划、厂址选择、财产保险、农作物品种引进、农作物产量分析、病虫测报、供电线路架设、法院审案等都把气象资料作为重要参考依据。大唐电力公司在宿州建设发电厂、京沪高铁宿州段的建设和规划、泗永铁路的建设、京台高速合徐段建设与规划等等,气象档案都在其中发挥着重要的基础支撑作用。

三、资料移交及销毁

(一)横向移交

1. 内部移交 由于地域行政区划重新划分,原归宿县地区气象局管理的固镇县气象局、怀远县气象局、五河县气象局划归蚌埠市气象局,1984 年 7 月 22 日,宿县地区气象局向蚌埠市气象局移交了三个县气象局的气象资料。固镇:月简表(1973—1983 年)11 本、累年簿(30 年,1966—1980 年)1 本、气表—5(1979 年)1 本、累年簿(20 年,1966—1970 年)1 本、台站档案(1966—1983 年)1 本。怀远:月简表(1973—1983 年)11 本、累年簿(1959—1982 年)2 本、气表—5(1979 年)1 本、台站档案(1959—1983 年)1 本;累年簿(20 年,1959—1970 年)1 本。五河:月简表(1973—1983 年)11 本、累年簿(1957—1980 年)1 本、气表—5(1979 年)1 本、台站档案(1957—1983 年)1 本;累年簿(20 年,1957—1970 年)1 本。另加蚌埠气象记录:气表—1、气表—5(1959 年)各一本。

2. 地方移交 根据宿县地区档案局文件要求,1989 年 8 月 26 日,宿县地区气象局将建站以来到 1985 年的文书档案 77 卷上交宿县地区档案馆。

(二)纵向移交

执行中国气象局气发〔2001〕132 号文件,安徽省气象记录档案保管业务体制进行调整,将原来省、地、县三级气象记录档案保管体制,调整为省一级管理体制,按照安徽省气象局气业函〔2002〕46 号关于印发《安徽省气象记录档案移交和管理工作实施细则》的通知要求,在 2002 年清点核查了库房内 1952 年 8 月 16 日到 2000 年 12 月 31 日所有气象记录档案(地面观测、农业气象),并在 2003 年 6 月 18 日向省气象局气象档案馆先期上交气象记录档案降水自记纸(包括所辖四个县气象站,本站上交年代从 1953 年 4 月 1 日到 1999 年 11 月 1 日)。

2008 年 8 月 19 日,全市所辖台站向安徽省气象局气象档案馆移交了自建站以来到 2006 年 12 月 31 日所有气象记录档案(地面观测、农业气象):气簿、气表、自记纸(其中本站上交的安徽大气探测拓展项目 1 期观测记录簿为 2004 年 7 月 1 日—2007 年 6 月 31 日)及台站历史沿革、观测工作大事记等。

按照以后每隔五年移交前五年的气象记录档案要求。2012 年 9 月 12 日,根据安徽省气象局气测函〔2012〕14 号《关于上收 2007—2011 年气象记录档案的通知》要求,全市所辖台站向省气象局档案馆移交了除日照自记纸以外的所有 2007 年 1 月 1 日—2011 年 12 月 31 日的气象记录档案(地面观测:自动观测、20 时人工对比观测、农业气象)及增补 2007—2011 年内容的台站历史沿革、观测工作大事记等。

(三)资料销毁

根据安徽省气象局皖气发〔1998〕39 号文要求,1998 年 7 月 6 日申报销毁了宿县气象站 1952 年 12 月—1992 年 12 月的日照自记纸;1980—1992 年的地面观测值班日记;1958—1959 年的危险报、1969—1970 年的危险报及 1960—1992 年 12 月的地面测报电码底本;1985—1992 年的传真天气图。

至此,宿州市气象局综合档案室现库存气象档案 3011 卷,资料 2303 卷,图书 400 本,照片 723 张;文书档案(1986—2012 年)663 卷;财会档案(1999—2012 年)432 卷。

第七节　测报管理

一、管理机构

1952年8月到1958年,建站初期台站较少,业务管理工作主要是站长配合中央和省级完成。时至1958年,气象台站发展迅速,业务项目与日俱增,为加强管理,在安徽省建立8个中心气象站。宿县是其中之一,主要管理测报,并配备专职测报管理人员,协助安徽省气象局进行业务技术指导、测报工作检查、报表审核等。主要管理砀山、郝庄(萧县)、濉溪、灵璧、泗县、五河和本站7个站点。

1965年,成立宿县专区气象服务台,气象业务管理的范围和职责更加明确,增加了农业气象、天气预报、通信等管理。1975年宿县专区革命委员会气象局成立,设置了业务科后,规范化的气象业务管理才正式开始。

二、管理依据、方法和成果

1952年建站后,主要是安徽省气象科按照1952年11月中央气象局颁发的《气象台站业务工作检查制度》进行。

1954年4月,中央气象局下发了《观测业务管理手册》,对检查办法进行了补充,详细的规定了检查的各个环节,规定了报告制度、报表审核办法等。

为了加强测报质量管理,1955年颁发执行《个人地面测报错情统计办法》,对观测基数的计算和错情的统计进行了详细的规定。

1956年9月1日,启用中央气象局制定的《观测员地面气象观测工作评分暂行办法》。到1958年,督促、检查管理是站长承担的主要任务。

1958年后,主要是检查员对全区的站点进行按照检查的制度和规定定期进行。1958年11月随着天气预报业务工作的开展,增加了预报管理任务。

1966—1973年,"文化大革命"期间业务管理有所松懈,取消了高空、地面错情统计办法和检查评分工作,取消了损坏仪器赔偿制度及改变责任性事故处理办法。

1973年,按照中央气象局下发的《地面气象观测检查手册》,恢复了台站的业务检查和管理工作。

1975年,随着宿县专区革命委员会气象局的成立,设立了"业务管理科",对全区的测报、预报、农业气象、通信和科研进行管理,测报管理功能得到加强、细化和规范。

1977年,全国气象系统开展创"百班无错情"活动,地面测报达到"百班无错情"的由地区气象局业务科组织验收,省气象局审批并奖励;"250班无错情"由省气象局业务处组织验收,报中央气象局审批,审核后授予"质量优秀测报员"称号并奖励。

1978年12月27日,安徽省首届测报竞赛在合肥举行,宿县地区代表队获得团体第一名,陈令行获总分第二名。

1980年元月,濉溪县气象局业务管理划归宿县行署气象局负责。

为了做好探测环境的保护工作,根据国家基本建设委员会和中央气象局1980年联合下发的《关于保护气象台站观测环境的通知》精神,于1980年11月促成宿县地区行政公署下发了《安徽省宿县地区关于保护和改善气象台站观测环境的通告》,明确了各种气象观测环境的技术要求。

1983年,为加强台站建设,全省在测报工作中开展"文明二室一场"活动,全区气象部门积极参与,在值班室、气压室的修饰、建设、改善观测场地等方面都取得一定成效。

1984年,安徽省气象系统开展创"最佳服务"竞赛。按照1月1日执行的国家气象局《气象台站地面气象观测工作规章制度》《地面气象测报质量考核办法》对全区气象台站进行监督和考核管理。

1987年,安徽省气象局下发《地市局气象业务常规管理考核办法》,对业务科的管理工作进行评价和考核。

1990年7月起,宿县地区气象局不再代管淮北市测报业务管理工作。

附:气象哨

1958年7月,在全国气象工作会议上,提出"专专有台、县县有站、社社有哨、队队有组"的建设规划。农村气象哨的组建贯彻"自建、自办、自用、自管"的四自原则。气象哨作为气象台站的补充,紧密结合当地生产需要,开展气象服务工作,在宣传普及气象科学知识上起到了一定作用。

初建 1958年9月20日,安徽省气象局下发"关于实现气象化问题的意见",全区迅速掀起大办气象哨的热潮。在地方政府的支持下,举办农村气象哨人员培训班,置办小型百叶箱、风向标、雨量器和各类温度表。气象哨人员由农村回乡知识青年担任,看天小组选择有看天经验的老农担任。气象哨工作除每日从事观测记录外,还开展天气预报服务。受通讯、广播条件的限制,主要是为当地领导服务,重要天气由气象哨人员及时进行口头或书面汇报,对公众服务采用挂预报牌、挂预报旗解决(如挂红旗示晴天、挂黄旗示阴天、挂绿旗示雨天)。1958年的建哨工作发展很快。有的县在一个夜间就建成了气象哨,并向上级机关报喜。灵璧县气象站"10月1日我县基本实现气象化,共建了17个气象哨,150个看天小组,气象员1414名"。宿县气象站经月余办哨实现全县气象化,建了24个气象哨,看天小组191个,哨组人员500余人,而仪器齐备的只有一个哨。实际上大多数气象哨有名无实。到1960年哨组已全无,1961年恢复哨组工作,不过半年又都成了有名无实的了。

1966年7月26日,安徽省农业厅气象局根据中央气象局1966年7月7日函(中气器字〔66〕214号):农业技术推广站开展气象服务哨的工作,所需气象仪器配备应做到根据生产实际需要,简单易行,就地取材,不设置固定观测场;因此,每哨配备棒状多用温度表2支、插入式地温表1支、雨量器1个,土壤墒情用目测或土法观测,不配仪器(器字第042号)等精神,在全区各地农业技术推广站建了一定数量的气象服务哨。

多渠道建哨 气象哨组建大起大落的原因,被认为是没有对气象哨人员实行定额补助所致。20世纪70年代初,鉴于气象部门没有这笔经费,气象哨建设放在农科站、农场、果园场,并结合开门办学在部分中学也建了气象哨。泗县城南中学气象哨、宿县曹村中学气象哨(专门修建了水池,饲养了一些水生动物)曾获得安徽省气象局的嘉奖。中学办哨到了1977年批判"朝农经验"后就基本停办。1977年起气象哨实行定额补贴,每哨2人,每人每月10元。1978年5月25日,安徽省革命委员会下发(革发〔78〕87号)文件,对农村办气象哨组的方针、办法、组织形式、哨组任务等各方面,都作了具体、明确的规定。为贯彻落实好(革发〔78〕87号)文件精神,宿县地区气象局于1978年6月26日专门向宿县行署写了"关于办好农村气象哨组、尽快建成全区气象服务网的请示报告"。1979年年底,全区(8个县)气象哨保有量42个,79名气象人员。

1979 年宿州县地区各县中心气象哨和气象哨人数统计表

表 5－8

县名 项目	砀山县	萧县	宿县	灵璧县	泗县	固镇县	怀远县	五河县	合计
哨数(个)	5	2	8	6	5	6	4	6	42
人数(人)	10	4	16	8	9	12	8	12	79

1980 年 8 月 21 日，宿县地区气象局向安徽省气象局申请调整、整顿全区各地中心气象哨（宿地气字〔1980〕65 号），调整方法为气象哨先全部停止工作，停发补贴，然后根据“四自”原则保留哨所（当地区社自筹资金、自建、自管、自用，气象部门负责业务指导）。第二步根据中心哨布局原则重新建立气象哨，全区规划建中心气象哨 23 个。

1981 年 3 月 2 日，宿县地区气象局再次向安徽省气象局申请“关于整顿中心气象哨意见的报告”，把建中心气象哨的数量增加到 25 个。

1981 年 8 月 19 日，安徽省气象局下发“关于下半年中心气象哨的调整及有关问题的通知”，宿县地区（8 个县）中心气象哨保留 25 个，每哨 2 人，平均每哨每月补助 30 元经费（含误工补贴、物价补贴、办公费、差旅费用等）。调整后的各县气象哨所在区社为：砀山县在梁寨区、大寨区、唐寨区，萧县在马井区、刘套区、王寨区、皇藏区，宿县在栏杆区、曹村区、祁县区、三铺区，灵璧县在尤集区、冯庙区、韦集区，泗县在大庄区、丁湖区、黑塔区，五河县在朱顶区、刘集区、新集区，固镇县在磨盘张区、湖沟区，怀远县在双桥区、鲍集区、常蚊区。

1981 年调整后宿县地区各县中心气象哨和气象哨人数统计表

表 5－9

县名 项目	砀山县	萧县	宿县	灵璧县	泗县	固镇县	怀远县	五河县	合计
哨数(个)	3	4	4	3	3	3	2	3	25
人数(人)	6	8	8	6	6	6	4	6	50

1983 年，安徽省气象局根据淮北平原气候差异不大的特点，撤销了对砀山县、萧县、灵璧县三县的气象哨定额补贴经费，仅泗县、宿县保留了山区气象哨。

1984 年 10 月，安徽省所有气象哨定额补贴经费不再拨给，原配发给各哨的仪器、物资、固定资产收回；至此，宿县地区气象哨已全部停办。如要建哨，经费由地方政府解决，气象部门进行业务指导。

科普读物 1977 年 9 月，宿县曹村中学气象哨编写了适合气象哨组人员用的科普读物“看天浅说”手册一本，内容涉及中短期及长期天气预报。中短期预报中涉及看天象（日、月、星辰的变化等）、看气象（如早霞不出门、晚霞行千里等）、看物像（泥鳅、蚂蝗、黄鳝、蛙、水蜗牛等水生动物，蚂蚁、鸡、麻雀、蝉、蠓虫、水缸、烟雾、声音传播的变化等）；长期预报中主要是谚语，如“冬三月无雨，春三月有雨”“重阳无雨看十三，十三无雨一冬干”“雨送九年年有，风送九扶墙走”等等。

第六章 天气预报

1958年7月23日,宿县气象站首次通过宿县有线广播站发布了第一份24小时天气预报,打开了气象为地方经济建设服务的新局面。1959年2月起,开展了中长期天气预报工作。天气预报开展初期,技术简陋,收听预报加看天。

20世纪60年代开始,采用"图、资、群"(点聚图、时间剖面图及简易天气图等、历史资料、群众经验)相结合,发挥本站资料优势,研制多种预报方法。包括抄收安徽省气象台及一个临近省气象台的天气形势广播和天气预报、省气象台的旬、月预报,简易天气图绘制和分析、时间剖面图制作并找相似、降水频率统计查算、群众经验运用。制作发布短期天气预报,遇有灾害性天气(如寒潮、大风、霜冻、暴雨等)发布天气警报,发布的中长期天气预报为旬、月预报。

1965年11月24日,宿县专区气象服务站扩建为宿县专区气象服务台,下设地面气象测报、报务(又称通信)、填图、天气预报、农业气象、业务检查6个组。1965年到1975年,由报务、填图、预报三个部分构成短期预报业务系统,各组的职能是报务组收集气象情报,填图组将报务组收集到的气象情报按填图规范用数码和天气符号填写在专用的地图上(天气图底图),每天500、700、850百帕,地面天气图(08、14时)等天气图。预报组在完成天气图分析工作之后,综合天气图实况、本地要素实况和上级指导预报,制作并发布全区的天气预报。短期天气预报时效为1~3天,预报方法主要有天气图方法、统计预报方法、模式输出统计预报方法。

"文化大革命"期间,天气预报实行了"以土为主""以群为主""以小为主"的技术原则,并把其上升为"指导思想""中国式的气象路子"。

1975年8月,配置的711测雨天气雷达投入业务使用,其波长为3厘米,探测有效距离为300千米,雷达分析人员和天气预报人员通过对回波的水平和垂直特征,发生发展情况,及时判别云雨的移向移速,以及所带来的某种性质的天气,为冰雹、龙卷等强对流天气的短时预报打下基础。2008年9月停用。

1977年,宿县地区气象台开始传真业务运行,可直接接收北京、上海、欧洲和日本传真资料。以时效分有实况资料和预报图,以内容分有高度、温度、风场等常规资料,还有雷达回波图、卫星云图、各种物理量诊断图。1996年停止使用。

1983年起,通过传真机接收北京气象中心、日本、欧洲数值预报产品,应用数值预报产品的模式输出统计方法,建立了一批晴雨、降水等要素的MOS预报方程,取得了一定的成效,预报准确率有了较大提高。

1985年秋,全区第一台微机投入业务使用。此后,随着预报经验的不断总结和引用国内外数值预报产品,短期预报质量有了较明显的提高。

1992年3月,建成省、地、县三级高频电话网,实现预报远程会商。

1992年以后,宿县地区气象专业预报服务从无到有,服务领域不断拓宽。1992年10月,宿州市专业气象台发布了一周天气预报,服务人员骑自行车送往政府和农业、水利相关部门以及乡村砖瓦窑厂等服务单位。产生了很好的经济效益和社会影响。其后,预报服务对象逐渐扩展到农业、林业、电力、工矿、建筑、仓储、纺织、交通运输等众多行业的企事业单位或个人,受到用户的充分肯定。

1995 年 10 月,筹建了宿州气象影视中心,自做电视天气预报带子,在宿县地区电视台播出,填补了本地电视天气预报的空白。

1998 年 11 月,气象卫星综合应用业务系统(9210 工程)正式投入业务运行。“9210 工程”使国家气象中心和省气象中心提供的大量预报信息快速下发到地区(市)、县气象台站,地区(市)气象台每天发布的各类预报通过卫星传向县站,县站几分钟后即可收到。实现了低速通信向高速通信的跨越,解决了长期困扰气象现代化发展的通讯瓶颈问题,提高了气象通信的能力和时效。预报员在鼠标点击之间,就可获得所需信息,改变了过去几十年沿袭下来的手工填图、纸质天气图分析的作业方式,使预报人员大量的时间和精力从过去简单重复的手工劳动中解脱出来,用以调阅分析大量的数值预报产品,使预报准确率和水平、预报时效和能力得到明显提高。

2003 年 3 月,宿州市实现了流媒体广播天气会商,全市气象台站可以直接与中央气象台、安徽省气象台及各市气象台进行天气预报会商,大大提高了各类天气预报的准确率。

2003 年 10 月 16 日,气象卫星中规模接收站在宿州市建成并运行,该系统具有自动接收处理风云-2和 GMS 系列卫星云图功能,可以每半小时接收一次云图,提高了对大尺度天气系统的监测能力。

2003 年 11 月,在宿州全市建成自动雨量站网,随时可以查询全市近 50 个乡镇的雨量情况,为中小尺度天气系统的分析预报提供了依据。

2004 年 8 月 1 日起,宿州气象网站正式运行,发布天气预报、天气警报、重要天气公报,成为全市民众获取气象信息的一个重要窗口。2005 年 2 月 5 日,首次通过宿州电视台和宿州人民广播电台发布了黄色雪灾预警信号。2012 年 1 月 1 日开始,宿州市电视天气预报在 CCTV-1、CCTV-新闻频道播出,播出时间为每天的 7 时 57 分。2012 年 7 月 27 日,宿州市气象台开通腾讯微博,发布早、中、晚短期天气预报,以及发布预警信号。天气预报的传播途径不断扩展。

在决策服务上,20 世纪 80 年代以前,主要为地方党委、政府做好重大灾害性天气预报警报服务,以书面文字发送为主。90 年代后由电话、信函等向电视、微机终端、互联网等发展。进入 21 世纪,先后完善和规范了决策服务产品,主要有重大灾害性天气预报预警、重要天气信息专报、重大活动气象服务专刊、重要农事季节天气专报等。如:《重大气象信息专报》《春运气象服务专报》《午收期天气专报》《秋收秋种气象服务专报》《重大节日气象服务专报》《气象保障服务专报》《雨量快报》《“两会”气象服务专刊》《“灵璧石文化节”气象服务专刊》《“农博会”气象服务专刊》《“五一”黄金周气象服务专刊》《“十一”黄金周气象服务专刊》《灾害监测评估报告》等,增强了服务的针对性、主动性和及时性。

在公众服务上,20 世纪 80 年代以前,在电台定时广播天气预报是公众气象服务的主要形式。1995 年起,公众气象服务开始向旅游、交通气象、气象与农情等精细化服务产品拓展;电视天气预报有气象小知识、气象与健康、气象与农业、上周天气回顾、下周天气展望、二十四节气、天气趋势分析、假日及节日天气等。服务形式由广播、报纸、电话、传真、信函等向甚高频无线气象警报网、互联网、121 声讯电话、电视天气预报等媒体发展。进入 21 世纪,提供本地 24、48、72 小时的风向风速、气温、降水预报,每周、每旬天气预报,短时临近预报,节日、重大活动专题天气预报。特种气象服务内容有紫外线强度、城市火险、人体舒适度、感冒气象指数等。通过广播、电视、报纸、网络、“96121”电话自动答询系统、手机短信、电子显示屏发布各类预报。

进入 21 世纪,多普勒雷达资料、卫星云图资料、遥测站资料、闪电定位仪资料等新型探测资料被广泛应用,灾害性天气的短时和临近预警得到了很大加强;宿州市气象台以及县气象局建立了以 Micaps 系统为主要工作平台,在上级提供指导产品的基础上,综合应用各种诊断分析、预报技术和方法以及预报人员的丰富经验,制作各种天气预报产品,预报质量进一步提高。

第一节 短时临近天气预报

短时预报是指未来0~12小时天气参量的描述,其中0~2小时预报为临近预报。

短时预报的内容为:台风、暴雨、飑线、冰雹、雷雨大风、龙卷、雷电、下击暴流、雪暴等灾害性天气种类、强度、落区、移动方向、可能的影响等。

宿州的短时预报方法可分为三个阶段,实时探测技术的进步是划分阶段的标志。1958年到1975年7月,各台站为解决现场服务的需要,以本站天气实况演变和预报员的经验相结合做短时预报;灾害性天气联防是解决单点资料不足的有用方法,由于经费、通信时效和行政区划条件的限制,只在1959年和1962年组织进行过。

1975年8月,配置711测雨天气雷达后,采用天气雷达作为监视强对流天气的主要工具,组成以宿县地区气象台为联防报警中心的短时预报,地区气象台雷达警戒的区域是砀山、萧县、淮北市、濉溪、灵璧、泗县、固镇、怀远、五河、蚌埠市,当雷达探测到有强对流天气活动并会影响所负责区域,当即用电话通知有关台站。

2005年始,气象台可以获得实时卫星云图、多普勒雷达、高密度自动观测站、自动雨量站、闪电定位等各种探测信息,通过会商系统与安徽省气象台及周边地市气象台进行天气会商,及时分析天气系统的性质、强度、未来影响范围及其可能造成灾害的程度,及时开展短时、临近预报服务。

到2012年年底,宿州市气象台制作短时、临近预报主要依靠天气雷达、卫星云图、地面加密观测资料。主要技术支撑平台有:安徽省气象台短时临近预报系统、高密度自动观测站网、省气象台中尺度数值模式预报网、省气象信息共享平台。

客观预报方法有,龙卷风临近预警指标、强对流天气预报指标等。

服务手段和频次:宿州气象网:短时每天3次,临近(复杂天气)1~3小时1次。

短时、临近预报的发布渠道为:手机短信、电子显示屏、"96121"咨询电话、气象网站等。"6小时预报"每天3次、"上下班时段预报"每天4次。

第二节 短期天气预报

短期天气预报是指对未来3天(即72小时内)的逐日天气预报,其预报内容是风向风速、天气现象、最高最低气温等。

天气预报开展初期,技术简陋,收听省气象台天气预报加看天。

20世纪60年代开始采用"图、资、群"相结合,通过简易天气图绘制分析、利用历史资料制作温、压、湿、风气象要素曲线、时间剖面图等并找相似、降水频率统计查算、运用群众经验等方法制作天气预报。

宿县地区气象台自建台以后,天气图是短期预报的主要工具。它是分析研究天气图上各种天气系统的历史演变规律,采用天气学原理和连续性预报方法,先预报影响本地区的天气系统,然后在预报影响天气系统的基础上做出云量、风向风速、气温、降水等气象要素预报。

70年代初,引进了统计预报方法,如分型统计、逐步回归、点聚图等建立短期预报方法。70年代后期，抓基本资料、基本图表、基本方法三项基本建设，“95”剖面图、单站要素曲线图成为常规工具。1978 年，宿县地区气象局开展预报会战，利用“六线图”寻找了一些暴雨、连阴雨、连晴天预报指标，如：宿县 7 月份中、短期暴雨和连阴雨预报指标等。

1983 年起，宿县地区气象台通过传真机接收北京气象中心、日本和欧洲气象中心的数值预报产品，研制了 MOS 预报方法并投入业务使用。如 B 模式 48 小时晴雨 MOS 预报方程、宿县地区分片分级降水 MOS 预报业务系统、短期 MOS 降水分级预报方法、日本传真图最低气温预报方法等。

进入 21 世纪后，宿州市气象台以数值预报产品的物理量诊断为重要依据，综合应用地面遥测、卫星、雷达、常规气象资料，提炼了一些预报指标和方法，研制了淮北地区冰雹等强对流天气综合预报方法、宿州市强对流天气预报指标体系、大雾预报方法、分县温度预报系统、基于多因变量回归方法的单站温度预报业务化系统、WRF 中尺度精细化预报系统、宿州市雨量图显示及打印系统、气象信息网络综合浏览系统、宿州市专业气象服务系统、经验预报指标（暴雨、高温、寒潮大风）等。

到 2012 年年底，宿州市气象台短期预报的技术支撑平台主要有：中国气象局气象数据卫星广播系统（CMACast 系统）、市级预报预警业务平台、安徽省气象信息共享平台。

短期预报种类有未来 1 ~ 3 天预报、灾害落区预报等。

短期预报的服务手段和频次为：宿州市电视台 5 个栏目的电视天气预报节目，每天播出 11 个时次、宿州市广播电台每日 3 次、宿州气象网站每日 3 次、《拂晓报》每日 1 次、中央电视台每日 1 次、腾讯微博每日 3 次、“96121”咨询电话及电子显示屏每日 4 次。

第三节　中期天气预报

中期天气预报为 4 ~ 10 天的预报。

1959 年 2 月，开始进行中期天气预报工作。最初试作了 3 ~ 5 天的预报，后逐渐改为旬报。

20 世纪 60—70 年代，旬报主要通过对历史资料的简单相关分析、自然天气周期法、环流型预报法来制作。

70 年代末至 80 年代前期，开始接收日本和欧洲气象中心中期数值预报产品。通过对形势预告场的人工订正，用来预报中期天气过程。研制了中期 Cs - PP 预报方法，1984 年投入使用（最长可预报 10 ~ 11 天）。1983—1985 年还研制了用径向指数作中期天气预报，取得较好效果。

80 年代前，主要是以书面形式向党政机关和有关部门定期提供每旬的天气预报或不定期提供重大转折性天气预报，农事季节关键性天气预报。

进入 21 世纪后，数值预报产品日益丰富，如欧洲气象中心（ECMWF）10 天预报、日本（JAPAN）9 天预报、美国（NCEP）16 天预报、北京 T639 的 10 天预报。包括海平面气压场，各层高度场、温度场、湿度场、风场的预报，有的还有物理量场、降水量的预报。中期天气预报的制作发生了根本性的改变，预报员做中期预报，转为以数值预报产品为主要依据，天气过程可以较准确的预报到某一天。

制作发布的中期天气预报产品有旬预报、五天滚动预报、天气周报等。

一、旬预报

旬预报从 20 世纪 50 年代后期开始发布，每月 10 日、20 日、月末制作发布。预报的项目为旬雨量、旬平均气温、旬最高（最低）气温、降水过程等。

二、五天滚动预报

五天滚动预报从20世纪90年代初开始发布,每天滚动制作发布,预报的项目为逐日天气状况、气象热点等。现在的主要发送途径为分布在城乡的气象电子显示屏、手机短信、“96121”咨询电话、乡村大喇叭、种粮大户、家庭农场、气象信息员等。

三、周报

天气周报从1992年10月开始制作发布,每周周日制作,周一早晨由预报服务人员骑自行车送到地委、行署、涉农相关部门,工矿企业、砖瓦窑厂等。

2000年后,周预报的项目扩展为天气形势分析、逐日天气状况、周最高气温、周最低气温、农业生产建议、周一至周三的晨练气象指数、紫外线气象指数、晾晒气象指数、城市火险气象指数、体感气象指数、润肤气象指数等。主要的发送途径为手机短信(彩信)、乡村大喇叭、传真、打印呈送等。

第四节 短期气候预测

短期气候预测(长期天气预报)是指1个月以上的旱涝、冷暖、雨量、气温等天气趋势的展望,形式上有月、季、汛期和年度预报等多种。

1959年2月,宿县开始做长期天气预报,由于当时积累的气象资料少、对省气象台的依赖大。20世纪60年代,主要是用搜集和验证的群众经验、天气谚语、天气韵律活动关系,制作长期天气预报。

70年代,应用多种统计学方法制作长期预报,主要有时间序列分析、统计相似分析、阴阳历迭加、周期分析、回归分析等方法。

80—90年代,通过接收的北半球、亚欧等传真图寻找环流相似,以及利用74项环流特征量资料进行统计分析。计算工具在1982年以前是由人工统计,1983年起地区气象台由计算机替代人工统计,建立了月、季的成套的预报方程,增加了制作长期预报的方法。

进入21世纪,更多的选取了物理意义明确的预测因子。宿州市气象台短期气候预测使用的资料为,气候背景、前期气候特征、大气环流、海温状况、青藏高原积雪、太阳活动、74项环流特征量等资料。主要的统计方法有回归分析、灰色系统、相似分析、时间序列分析、聚类分析、相关分析等。

主要产品为月预报、季预报、年预报、汛期(6—8月)预报等。服务对象为市委、市政府,防汛部门等,由于气候预测时间长,不确定因素多,仅供各级人民政府、防汛抗旱指挥部门以及有关单位内部参考,一般不对公众发布。

第五节 气象灾害预警

2004年8月16日,中国气象局下发《突发气象灾害预警信号发布试行办法》。2005年年初,宿州市气象台与宿州市电视台、宿州市广播电台签定气象灾害预警发布协议,建立了灾害性天气预警信号发布工作机制,健全了预警信号发布业务流程,使得气象公共服务能力和水平进一步提高。

2005年2月5日,宿州市气象台首次通过宿州电视台和宿州人民广播电台发布了黄色雪灾预警信号。按照《安徽省气象灾害预警信号发布管理办法(试行)》规定,当时的预警信号暂定为台风、暴雨、高温、寒潮、低温寒冷、雷雨大风、大风等7类。

2005年6月16日调整为台风、暴雨、高温、寒潮、低温寒冷、大雾、雷雨大风、大风、冰雹、雪灾、道路结冰11类。

2007年8月1日，正式实行新气象灾害预警信号的发布标准，调整为台风、暴雨、暴雪、寒潮、大风、沙尘暴、高温、干旱、雷电、冰雹、霜冻、大雾、霾、道路结冰14种。2008年7月29日，开始增加雷雨大风预警信号。

2009年3月5日后，调整为台风、暴雨、暴雪、寒潮、大风、高温、干旱、雷电、冰雹、霜冻、大雾、霾、道路结冰、雷雨大风14种。

至2012年，预警信号的技术支撑平台有，安徽省气象台短时临近预报系统、突发气象灾害预警信号发布监视平台、高密度自动观测站网、高速公路气象信息服务及预警平台。

气象灾害预警信号主要通过宿州市电视台、宿州市广播电台向社会发布，同时利用手机短信、宿州市政府网站、宿州气象网站、电子显示屏、“96121”咨询电话、传真、乡村广播系统发布。

第六节　天气预报管理

20世纪50年代末，安徽省气象局开始抓预报质量的管理，由于预报开展时间短，管理经验不足，没有形成一套稳定的预报质量评定标准和办法。1959年12月，省气象局颁发《单站补充预报评分试行办法》，评定项目有：灾害性天气（大风、暴雨、急速降温、早晚霜冻）、一般天气（只评降水）、有利天气（久晴转雨、久雨转晴）等。1963年11月，省气象局发布《补充预报准确率评定暂行办法》，评定24小时补充天气预报、两天趋势（48、72小时）补充天气预报及灾害性天气补充预报准确率。

1979年5月1日起，执行中央气象局颁发的《灾害性天气和降水预报质量考核办法》，安徽省气象局1978年7月1日颁发的《预报评分暂行办法》作废。

1985年10月，按照安徽省气象局下发的《气象台预报工作质量检查评比办法（试行）》和《灾害性天气预报质量考核办法》，对气象台预报业务进行检查考核，1986年进行了修订。

1987年12月，国家气象局颁发《重要天气预报质量评定办法》，该办法采取“技巧水平”的评分体系，1988年正式在地区（市）、县气象局试行。1990年5月，国家气象局又颁布新的《重要天气预报质量评定办法（试行）（第一次修订）》。2005年6月，中国气象局颁发《中短期天气预报质量检验办法（试行）》，1990年下发的《重要天气预报质量评定办法》同时废止，该办法适用于检验单站和区域中短期天气预报质量，包括指导预报和公众预报。

在日常预报服务的规范化管理上，1963年6月，安徽省气象局颁发了《单站补充预报试行办法》，规范了值班员守则、补充预报操作规程、补充预报服务等。为了促进补充预报工作走向正规，1963年省气象局又发布了《单站补充预报业务工作错情统计评分试行办法》，评定的范围有：制度制定（包括值班交接班、天气会商、预报及业务工作成绩评定，设备维护等各项制度的执行情况），预报制作（包括收听预报、简易天气图绘制分析、实况观测、时间剖面图制作运用、降水频率统计查算、群众经验运用等），预报服务（包括预报订正及发布、各时效预报的制作供应、灾害性天气小结、调查报告等）。1966年2月，省气象局颁发实施《气象站天气预报暂行规定》；1966年10月26日，省气象局又发文取消《县站短期预报准确率评定办法》和《气象站天气预报暂行规定》。

1979年4月，按照安徽省气象局下发的《县气象站短期预报值班基本工作规定（试行）》，对县气象站的短期短时预报工作进行检查考核评定。1987年6月，按照省气象局下发的《县气象站预报服务检查评比办法(试行)》,对县气象局预报进行检查考核。

1989年,对《气象台预报服务工作质量检查评比办法》《县站预报服务检查评比办法》进行重新补充修订下发,从预报质量、预报服务制度执行、图表质量及业务指导和新技术应用(地市台)的部分方面进行评价考核。

1991年9月,安徽省气象局下发了《气象台天气预报服务工作制度(试行)》和《县气象局天气预报服务工作制度(试行)》,规定了岗位职责、预报制作和发布制度、预报会商制度、预警报签发制度、服务工作制度、交接班制度、质量考核制度和技术总结学习制度。

1992年1月,宿县行署气象局颁发《宿县地区气象台(站)天气预报服务工作考核办法》,并由业务科检查评定,加强了对全区天气预报工作的科学管理。1994年1月,对该办法进行了修订,并由地区气象台进行检查评定。

进入21世纪后,宿州市气象台在原有制度建设的基础上,制订了一系列的预报管理的规章制度,使得各项工作有章可循。如2002年3月制订了《考勤考核奖惩实施细则》。2002年5月,制订了《宿州市气象台预报服务手册》,该手册包括:常规天气预报发布办法、重大灾害性天气报告(警报)发布办法、决策预报服务办法、灾情及重要天气情报收集上报办法、预报值班工作流程、预报会商制度、预报警报签发制度、预报服务制度、交接班制度、质量考核制度、预报技术研究制度、岗位学习制度、情报服务制度、系统运行维护制度、预报达标保障暂行办法等。以后又对上述规章制度进行了多次修改完善。

为了做好预报服务工作,科学规范突发事件的应对处置,宿州市气象台先后制订了《冰雹等强对流天气预报服务预案》(2000年4月)、《汛期气象服务预案》(2002年2月)、《气象服务紧急响应预案》(2003年5月)、《突发性地质灾害应急预案》(2004年7月)、《灾害性天气预警信息发布预案》(2004年7月)、《防御台风应急预案》(2006年3月)、《短时预报服务预案》及《重大气象灾害预警应急预案》(2008年4月)、《龙卷风灾害应急预案》(2009年10月)、《汛期气象服务应急预案》(2009年6月)等。

宿州市气象台制订的各类业务流程主要有:《人体舒适度、城市火险、感冒指数预报流程》(2000年12月)、《灾害性天气监测预警流程》(2005年10月)、《预警信号的发布流程》(2005年10月)、《短时临近预报业务流程》(2005年10月)、《灾害性天气(落区)预报业务流程》(2005年10月)、《灾害性天气收集上报流程》(2005年10月)、《应对灾害性天气工作流程》(2006年5月)、《专业预报业务流程》(2006年12月)、《天气预报业务订正流程》(2007年3月)、《气象应急信息报送规程》(2007年6月)、《重要天气过程监测预警服务流程》(2009年6月)等。

第七章　农业气象

宿州农业气象工作始于20世纪50年代中期,1955年开始起步,观测作物物候期等;80年代得到加强,农业气象观测、农业气象试验研究、农业气象服务步入全面健康发展时期;进入21世纪,气象为"三农"(农民、农业、农村)服务的形式不断创新,服务的能力和水平显著提高。

第一节　农业气象观测

农业气象观测主要有农作物发育期观测、主要农业气象灾害和病虫害观测、自然物候观测、田间土壤湿度观测、天气现象观测和地下水位观测等。

一、农业气象站网

宿州市各地的农业气象工作开始于20世纪50年代,80年代初达到鼎盛期,全区8个台站都开展了农业气象观测等工作(1984年1月,固镇、五河、怀远气象站划归蚌埠市;至此,本区还剩5个台站);至2012年年底,农业气象观测站点保留2个:宿州农业气象试验站和砀山县气象局农业气象观测组。

1955年9月,宿县气象站开始冬小麦发育期观测;1959年9月1日,宿县气象站改为宿县农业气象试验站;1962年增设农业气象观测组;1963年3月1日改为宿县专区气象服务站,下设农业气象观测组;1965年11月更名为宿县专区气象台,台属农业气象组负责农业气象工作。1978年11月,经安徽省气象局、宿县地区编制委员会批准,宿县地区农业气象试验站(编制国家二级农试站)恢复建立,定事业编制9名,成为独立科级机构,隶属宿县地区气象局;1980年年底有8名工作人员。1985年3月,按照省气象局《关于调整农业气象观测站网及其任务的通知》要求,宿县地区农试站观测作物调整为冬小麦、夏大豆、夏玉米,自然物侯调整为家燕、青蛙、刺槐、楝树、枣树、法梧,土壤湿度测定冬小麦、夏大豆地段。1992年开始机构改革,科级机构减少,1993年5月至1994年12月,农试站并入气象台,业务独立,农试站印章仍可使用;1995年元月,农试站再次独立;2006年12月,农试站与观测组合并,成立宿州国家基本气象观测站,对外仍保留农业气象试验站牌子;2010年1月,农试站脱离观测站,与宿州市农村综合经济信息中心合并,一个机构,两块牌子。

1955年6月开始器测土壤湿度,同年9月开始冬小麦物候观测。1966年4月,宿县、砀山县气象站开始试用开口取土钻。1966年夏,"文化大革命"开始,农业气象工作随之基本中断(只保留了固定地段0~50厘米土壤湿度测定)。1977年春季,恢复农业气象情报服务及器测土壤湿度工作。1978年年底,农业气象试验站恢复建立后,农业气象人员不断增加,农业气象业务逐渐恢复开展,至1980年春季,已全面展开农业气象观测、试验研究、情报服务和农业气候区划等工作。

砀山县农业气象观测始于1958年,主要业务:冬小麦、棉花、山芋、大豆作物观测、物候观测(刺槐、楝树、枣树、青蛙、家燕、气象水文现象等)和土壤墒情测定并制作报表上报。1962年观测冬小麦、棉花、山芋和土壤湿度。1966—1978年农业气象业务基本中断,1975年由地面观测人员测定土壤墒情、拍发农业气象旬月报。1979年年初成立农气组,农业气象工作恢复,观测冬小麦、棉花和油菜,业务增加了农业气象旬月报,定位安徽省级农业气象观测点。1982年9月参加安徽省淮北地区油菜安全越冬试验研究。1983年观测作物增加夏大豆,10月开展农业气象业务“四基本”(基本档案、基本资料、基本指标、基本方法)建设。1985年12月作为全国大网络冬小麦遥感综合监测点,观测并发报。1987—1988年开展安徽省“短、平、快”项目——塑料温室大棚蔬菜小气候观测研究。1996年1月调整冬小麦、棉花、大豆作物观测为冬小麦、梨树观测。2004年6月开始土壤湿度加测,定为每月3日、13日、23日取土,5日、15日、25日发报。2013年10月1日起,砀山农业气象取消自然物候观测任务,同时停止2013年自然物候年报表的制作。

萧县农业气象观测有两个时段:分别于1957年3月—1958年12月、1965年4月1日—1984年11月4日开展农业气象业务;观测作物有冬小麦、玉米、棉花、大豆等,并进行自然物候观测、土壤湿度测定等。1979年年初成立农业气象组,观测冬小麦和棉花,1983年增加夏大豆,1985年3月撤销农业气象工作(皖气业字〔85〕056号)。

泗县的农业气象业务主要有:1958—1984年开展农业气象观测(主要观测冬小麦发育期)。1962年观测冬小麦、大豆和土壤湿度;1964年增加了高粱;1958—2008年开展器测土壤湿度;1985—2008年设为全省冬小麦卫星遥感测产地面监测点。

灵璧县农业气象工作始于1958年,开始时只是从事简单的农气观测(作物生育期、目测土壤湿度、编发农气旬月报等)。1979年年初成立农业气象组,1985年3月撤销。

二、农业气象业务规章

1978年,农业气象工作恢复后,1981年3月中央气象局印发了“农业气象工作规章制度”,其中包含四个文件,即“农业气象工作岗位责任制度”“农业气象观测质量考核办法”“农业气象观测记录报表审核办法”及“农业气象基本建设要求”。1981年4月7日,安徽省气象局下文(皖气业〔81〕079号),从1981年7月1日起执行。

(一)农业气象观测方法(规范)

20世纪50—60年代,执行1956年12月中央气象局编印的《农业气象观测方法》,1958年5月中央气象局农业气象研究室编印的《农业气象观测技术问题解答汇编》,1960年4月中央气象局农业气象研究室编印的《农业气象年报编制方法》,1963年12月中央气象局编印的《农业气象观测暂行规范》。

“文化大革命”后农业气象工作恢复,执行1979年6月中央气象局编印的《农业气象观测方法》。

1994年3月起,执行国家气象局1993年6月新编定的《农业气象观测规范》上卷,宿县地区各农气站点执行上卷中的作物分册、土壤水分分册、自然物候分册,以及1999年6月安徽省气象局业务发展处编印的《安徽省农业气象测报技术指导手册》。

(二)农业气象旬(月)报电码

1962年元月起,执行中央气象局下发的“全国农业气象旬(月)报电码农气—04”;1966年3月10日起执行中央气象局下发的“气象旬(月)报暂行电码”中的第7段(农情和灾情)及第8段(器测土壤湿度),农气—04电码停止使用。1977年6月11日起,执行1977年2月中央气象局编制的“气象旬(月)报电码(HD—01)”中的农情和灾情组、器测土壤湿度组;原“农业气象旬(月)报暂行电码”作废。1983年1月11日开始,执行1982年5月中央气象局编制的“气象旬(月)报电码(HD—02)”中的农业气象段、灾情段、地方补充段;HD—01作废。1991年7月1日始,执行国家气象局1990年12月发布的“气象旬(月)报电码(HD—03)”中的农业气象段、灾情段、产量段和地方补充段;HD—02作废。

（三）农业气象质量考核

1965年起执行1964年12月安徽省气象局下发的“农业气象观测工作质量评定暂行办法”；1981年7月1日起执行中央气象局下发的“农业气象观测质量考核办法（试行）”；1997年7月1日起，执行中国气象局1997年5月公布的“农业气象观测质量考核办法（试行）”“农业气象产量预报质量”及“农业气象情报质量”考核办法；执行1996年1月印发的“安徽省农业气象业务质量考核办法（修订）”的通知文件。

三、作物观测

（一）作物种类

20世纪50年代中期，宿县气象站观测作物为冬小麦、大豆、水稻等；1962年观测冬小麦、棉花、山芋、大豆和土壤湿度，1963年增加了高粱，1964年观测冬小麦、山芋、大豆、高粱及土壤湿度。1980年始，逐步开展或调整观测的作物有：冬小麦、油菜、春玉米、棉花、夏甘薯、夏大豆、夏玉米。2012年观测作物：冬小麦、夏大豆、夏玉米。其中，水稻、棉花、山芋、高粱等作物只作了短暂的观测。

（二）观测时段

冬小麦（1955年10月—1965年5月、1979年10—），大豆（1956年—1965年），夏大豆（1980年6月—），春玉米（1962年、1980年4月—1981年8月），夏玉米（1985年6月—1987年9月，2010年6月—），夏甘薯（1980年6月—1981年10月、1988年7月—2009年10月），油菜（1980年9月—1981年5月、1983年9月—1985年5月）。

（三）观测项目

冬小麦（播种、出苗、三叶、分蘖、越冬开始、返青、起身、拔节、孕穗、抽穗、开花、乳熟、成熟）；玉米（播种、出苗、三叶、七叶、拔节、抽雄、开花、吐丝、乳熟、成熟）；夏大豆（播种、出苗、三真叶、分枝、开花、结荚、鼓粒、成熟）；夏甘薯（移栽、成活、蔓伸长、薯块形成、可收）；油菜（播种、出苗、五真叶、移栽、成活、现蕾、抽苔、开花、绿熟、成熟）。

（四）生长量测定

1994年秋季开始，增加作物生长量测定。在冬小麦三叶、分蘖或三叶后20天、越冬开始、返青、拔节、抽穗、乳熟、成熟期测定叶面积和干物质，开花后10天进行第一次灌浆速度测定，以后每隔5天测定一次，直至成熟。在夏大豆三真叶、分枝或三真叶后20天、开花、鼓粒、成熟期测定叶面积和干物质。2010年夏季增加夏玉米生长量测定，在玉米三叶、七叶、拔节、抽雄、乳熟、成熟期测定叶面积和干物质。

（五）观测地点

冬小麦、夏大豆、油菜、玉米观测在宿县地区农业科学研究所生产大田（现宿州市农科路南段两侧），2010年10月改在宿州市农业委员会农场生产大田。夏甘薯（山芋）观测1994年前在宿州市农业科学研究所生产大田，1994年6月—2000年10月在埇桥区北杨寨乡黄寨村或刘合东村，2001年6月—2009年10月在宿州市农业委员会农场生产大田。

（六）大田生育状况观测调查

在宿县（埇桥区）范围内，作物高、中、低产量水平的地区选择三类有代表性的地块（以观测地段代表一种产量水平，另选两种产量水平地块）上进行。

1994年秋季开始，在小麦越冬开始、返青、抽穗期观测调查小麦的发育期、高度、茎蘖数、有效茎数、大蘖数、小穗数等。在大豆鼓粒期观测调查夏大豆的发育期、株数、一次分枝数及荚果数等。

(七)作物物候多年平均日期

根据宿州、砀山两地30多年对几种主要农作物生育期的观测,表7-1至表7-6列出了冬小麦、夏大豆、夏玉米、棉花、夏甘薯、砀山梨等作物生育期的平均日期。因观测业务的调整,各主要作物的观测时段不尽相同。

1980—2012年宿州、砀山冬小麦历年各生育期平均日期

表7-1　　单位:月.日

生育期发育程度 / 站名	播种	出苗	三叶		分蘖		越冬	返青	起身	拔节	
	普遍期	普遍期	始期	普遍期	始期	普遍期	普遍期	普遍期	普遍期	始期	普遍期
宿州站	10.22	11.1	11.12	11.15	11.27	12.10	12.31	2.14	3.2	3.22	3.26
砀山站	10.14	10.21	11.3	11.5	11.11	11.16	12.20	2.16	3.9	3.27	3.29
宿州站	4.12	4.16	4.20	4.22	4.27	4.29	5.19	6.1			
砀山站	4.11	4.15	4.21	4.23	4.28	4.29	5.17	6.1			

宿州、砀山夏大豆历年各生育期平均日期

表7-2　　单位:月.日

生育期发育程度 / 站名	播种	出苗	三真叶		分枝		开花		结荚		鼓粒	成熟
	普遍期	普遍期	始期	普遍期	始期	普遍期	始期	普遍期	始期	普遍期	普遍期	普遍期
宿州站	6.20	6.27	7.3	7.5	7.24	7.29	8.1	8.3	8.11	8.14	8.31	9.26
砀山站	6.13	6.18	6.25	6.27	7.23	7.25	7.29	7.31	8.10	8.12	—	9.24

说明:1. 宿州夏大豆观测年度1980—2012年32年资料(其中缺1981年资料);

2. 砀山县夏大豆观测年度1983—1995年13年资料;

3. 鼓粒期为1994年执行新的《农业气象观测规范》时增加的项目

宿州站夏玉米历年各生育期平均日期

表7-3　　单位:月.日

发育期	播种	出苗	三叶	七叶	拔节	抽雄	开花	吐丝	乳熟	成熟
始期	—	—	6.27	7.7	7.19	8.5	8.8	8.10	—	—
普遍期	6.18	6.24	6.27	7.8	7.21	8.7	8.10	8.12	9.3	9.25

说明:夏玉米观测资料只有1985—1987年、2010—2012年6年资料,中间因业务调整被取消

1980—1995年砀山站棉花各生育期平均日期

表7-4　　单位:月.日

发育期	播种	出苗	三叶	五叶	现蕾	开花	盛花	裂铃	吐絮	盛絮	停止生长
始期	—	—	5.25	6.4	6.16	7.9	—	8.26	8.31	—	—
普遍期	4.20	5.2	5.31	6.9	6.22	7.16	7.26	9.5	9.9	9.21	10.21

说明:其中缺1981年资料

1980—2009 年宿州站夏甘薯各生育期平均日期

表 7－5　　单位：月. 日

发育期	移栽	成活	蔓伸长始期	蔓伸长普遍期	薯块形成	可收
月. 日	6.26	7.2	7.17	7.20	8.15	10.24

1996—2012 年砀山站砀山酥梨各生育期平均日期

表 7－6　　单位：月. 日

生育期发育程度	芽膨大期	牙开放期	展叶期		开花期			抽梢	新稍停止生长	可采成熟	叶变色期		落叶期	
			始期	盛期	始期	盛期	末期				始期	全变	始期	末期
月. 日	3.11	3.25	3.31	4.4	4.1	4.3	4.11	4.2	5.14	9.15	10.14	10.31	10.21	10.10

四、自然物候

宿州、砀山开展自然物候观测始于 20 世纪 50 年代中期，逐步开展观测的主要物候观测内容为：刺槐、楝树、枣树、青蛙、家燕、气象水文现象等。1966—1978 年农业气象业务基本中断，1979 年开始恢复农业气象工作，自然物侯观测逐步重新开展起来。

(一) 观测种类

1964 年 2 月 21 日起，宿县气象站开始自然物侯观测，木本植物有小叶杨、苦楝、杏树、毛桃和槐树，动物观测有蜜蜂、家燕、布谷鸟、蚱蝉和蟋蟀；1965 年 7 月停止观测。1983 年重启自然物侯观测，观测的草本植物有：樱花、车前、苍耳；动物有蚱蝉、豆雁、家燕、青蛙；木本植物有楝树、枣树、法梧；1984 年增加刺槐、天气现象等。其中樱花、车前、苍耳、蚱蝉、豆雁等只作了短暂的观测。2012 年观测的自然物侯：家燕，楝树、刺槐、加拿大杨，霜及雷等天气现象。

(二) 观测时段

樱花(1983 年 3 月—11 月)，车前(1983 年 3 月—6 月)，苍耳(1983 年 3 月—10 月)；蚱蝉(1983 年 6 月—7 月)，豆雁(1983 年 3 月—1984 年)，家燕(1983 年 4 月—)，青蛙(1982 年 4 月—2009 年 10 月)；枣树(1983 年 4 月—1993 年 10 月)，枣(1994 年 4 月—2009 年 11 月)，法梧(1983 年 3 月—1993 年 11 月)，悬铃木(1994 年 4 月—2009 年 12 月)，楝树(1983 年 4 月—)，刺槐(1984 年 4 月—)，加拿大杨(2011 年 3 月—)。

(三) 观测项目

家燕(始见、绝见)，青蛙(始鸣、终鸣)；楝树、刺槐、枣、悬铃木等木本植物(芽膨大期、芽开放期、展叶期、花蕾或花序出现期、开花期、第二次开花期、果实或种子成熟期、果实或种子脱落期、叶变色期、落叶期)。

(四) 观测地点

楝树、枣、悬铃木一直在气象苑小区(原宿州市气象局大院内，宿州市浍水东路 509 号)，刺槐(1984 年 4 月—11 月、1994 年 3 月—1999 年 11 月在宿县地区农业科学研究所 4 区大田西 30 米处“运粮河岸”；1985 年 4 月—1993 年 11 月、2000 年 3 月起在气象苑小区)。

(五) 物候观测多年平均日期

1. **枣树**　从砀山、宿州野外物候观测资料统计可知，枣树芽膨大期出现在 4 月上旬，4 月中旬初为芽开放期，展叶在 4 月 20 日前后，开花期出现在 5 月下旬；8 月底 9 月初果实成熟，年际间最多相差 20

天左右;9 月 27 日前后叶开始变色,10 月上、中旬开始落叶,平均叶尽期出现在 11 月上旬,因年因树落叶早晚最多相差近 1 个月。

1983—2012 年宿州、砀山枣树历年各生育期平均日期

表 7-7

单位:月. 日

生育期 站名	芽膨大期	牙开放期	展叶期		花絮出现期	开花期			果实成熟期	果实脱落		叶变色期		落叶期	
			始期	盛期		始期	盛期	末期		始期	末期	始期	全变	始期	末期
宿州站	4.5	4.12	4.19	4.24	5.7	5.23	5.31	6.16	9.7	9.11	9.21	9.28	10.21	10.5	11.10
砀山站	4.4	4.11	4.19	4.23	4.30	5.22	5.29	6.9	8.27	—	9.3	9.27	10.8	10.17	11.2

2. 楝树 楝树平均芽膨大期出现在 3 月底,芽开放期在 4 月上旬,5 月上旬进入开花期,10 月中下旬种子成熟,9 月下旬叶开始变色,9 月下旬至 10 月中旬开始落叶,11 月上旬叶落尽,但因树因年叶尽期最多相差近 1 个月。

1983—2012 年宿州、砀山楝树历年各生育期平均日期

表 7-8

单位:月. 日

生育期 站名	芽膨大期	牙开放期	展叶期		花蕾出现期	开花期			种子成熟期	果实脱落		叶变色期		落叶期	
			始期	盛期		始期	盛期	末期		始期	末期	始期	全变	始期	末期
宿州站	3.30	4.10	4.16	4.21	4.19	5.3	5.7	5.18	11.1	11.10	宿存	9.23	10.21	9.29	11.9
砀山站	3.30	4.8	4.16	4.21	4.16	5.6	5.9	5.17	10.15	—	宿存	9.23	10.8	10.20	11.8

3. 刺槐 刺槐在 3 月下旬中期芽开始膨大,4 月初芽开放,4 月 10 日前后进入展叶期,4 月底 5 月初开花,7 月中旬种子成熟,9 月底 10 月初叶片开始变色,10 月有落叶出现,11 月落叶结束,叶尽期最多相差 20 天左右。

1984—2012 年宿州、砀山刺槐历年各生育期平均日期

表 7-9

单位月. 日

生育期 站名	芽膨大期	牙开放期	展叶期		花絮出现期	开花期			种子成熟期	果实脱落		叶变色期		落叶期	
			始期	盛期		始期	盛期	末期		始期	末期	始期	全变	始期	末期
宿州站	3.23	4.2	4.8	4.13	4.11	4.26	4.29	5.5	7.10	8.10	宿存	10.2	11.10	10.7	11.27
砀山站	3.23	4.1	4.7	4.11	4.7	4.28	5.1	5.5	7.15	—	宿存	9.30	10.15	10.25	11.10

4. 悬铃木 悬铃木(法国梧桐)在 3 月下旬芽膨大,4 月初芽开放,4 月 10 日前后进入展叶期,4 月下旬开花,11 月中旬种子成熟,10 月上旬至中旬叶片开始变色、脱落。

1983—2009 年宿州站悬铃木历年各生育期平均日期

表 7-10

单位:月. 日

生育期 发育程度	芽膨大期	牙开放期	展叶期		花蕾出现期	开花期			种子成熟期	果实脱落		叶变色期		落叶期	
			始期	盛期		始期	盛期	末期		始期	末期	始期	全变	始期	末期
月. 日	3.25	4.4	4.10	4.13	4.12	4.25	4.29	5.8	11.15	12.7	宿存	10.6	11.7	10.10	11.26

说明:1. 悬铃木的开花期、种子成熟期从 1987 年开始观测;

2. 宿州的枣树观测到 2009 年;

3. 枣树、楝树、刺槐及悬铃木的芽膨大期、果实或种子脱落期从 1994 年开始观测

5. **青蛙、家燕**　砀山、宿州青蛙始鸣时间出现在3月下旬至4月上旬，终鸣（冬眠）出现在10月中旬。家燕始见在4月初，终见在9月底。因春、秋天气冷暖的早晚不同，青蛙的始鸣最多相差20天左右、终鸣相差一个多月；家燕出现相差一个月左右，家燕绝见相差近40天。

五、农业气象灾害及病虫害观测

（一）主要农业气象灾害

观测的主要农业气象灾害有：干旱、洪涝、渍害（湿害）、连阴雨、风灾、雹灾、低温冷害、霜冻、冻害、雪灾、高温热害、干热风等。在灾害发生后及时进行观测，从作物受害开始至受害症状不再加重为止。记载农业气象灾害名称、受害期、天气气候情况、受害症状及程度、灾前灾后采取的主要措施、受害面积和比例、预计对产量的影响等等。

（二）主要病虫害观测

结合作物生育状况观测进行，如有病虫害发生即进行观测记载，直至该病虫害不再蔓延或加重为止。遇有病虫害大发生时，在全县范围内进行调查。记载病虫害名称、受害期及症状、植株及器官受害程度、灾前及灾后采取的主要措施、预计对产量的影响等等。

六、土壤湿度

农业气象工作起步时，目测土壤湿度，随后逐步用土钻法取土、煤炭火炉烘干，1992年10月配备恒温干燥箱烘干，2000年3月配电子天平1台、2002年11月配天津气象仪器厂生产的干燥箱1台、2004年2月配备新型土壤干燥箱、天平称重，手工计算土壤湿度，一直沿用至2010年年底，2011年1月自动土壤水分观测站（全市8个）逐步投入正式运行后，仍有部分业务沿用土钻法取土。

（一）测定地段

1. 作物地段：冬小麦、油菜、夏大豆、夏玉米、夏甘薯等。

2. 固定地段：多在无农作物的裸地上；中子仪观测在地面观测场。

3. 加测地段：在冬小麦、夏大豆作物地段上进行。

（二）观测时间

固定地段：每月的8日、18日、28日下午测定；作物地段：每月的8日、18日、28日上午测定；加测地段：每月的3日、13日、23日上午测定。

（三）测定深度

宿州站固定地段分三种类型：0～100厘米，11个层次（0～5、5～10、10～20……90～100厘米）；0～50厘米，5个层次（0～10、10～20……40～50厘米）；中子仪观测0～200厘米，20个层次。作物地段：0～50厘米，5个层次。加测地段两种类型：临时加测点0～20厘米（耕作层），2个层次；固定加测点0～50厘米，5个层次。

（四）测定时段

固定地段0～100厘米（1955年6月—1966年1月上旬、1979年10月—1993年12月），固定地段0～50厘米（1966年1月中旬—1979年9月、1997年1月—）；中子仪观测0～200厘米（1993年元月—1997年8月；因仪器探头经常损坏，故呈间断性观测）；作物地段0～50厘米（1980年—）；固定加测点0～50厘米（1996年3月—2004年2月为3—6月、9—11月测定，2004年3月—2011年1月全年测定，2011年2月停测）。

（五）测定地点

固定地段、固定加测点、作物地段均在宿州市农业科学研究所生产大田内，2010年10月改在宿州市农业委员会农场生产大田。中子仪观测在地面观测场内。

（六）土壤水文常数

1964年8月24日，合肥农业气象试验站为宿县气象站测定了农业水文常数（土壤容重、凋萎湿度和土壤质地）。1979年12月底至1980年元月初，在宿县地区农业科学研究所生产大田测定农业水文常数（土壤容重、比重、总孔隙度、毛管孔隙度、非毛管孔隙度、毛管持水量、饱和持水量和田间持水量）。1994年6月，在地区农科所生产大田再次测定农业土壤水文常数（土壤容重、凋萎湿度、田间持水量和土壤质地）；2005年8月，在地面观测场外裸露大田测定农业土壤水文常数（测定项目同1994年）。2010年4月，在宿州市农业委员会农场再次测定农业土壤水文常数（测定项目同1994年）。2010年10月下旬—11月上旬，在宿州市气象局（新区）大院东侧测定农业土壤水文常数（测定项目同1994年，土壤水分自动观测站用）。

图7－1 田间持水量测定

图7－2 凋萎湿度测定

（七）土壤水分观测试验

1. 中子水分测湿仪 1992年10月，中国气象局配给宿县地区气象局一台中子水分测湿仪器（江苏省农科院原子能所生产，型号LNW—50C）。1993年1月7日在宿县气象站大气观测场内四角安装测定用套管（测定深度2米），作测定前的准备工作，1—2月试测定，进行误差标定，同时配备一间专用库房。10—11月上报宿县地区公安局、宿县地区卫生局防疫站注册登记备案，办理中子仪使用许可证；1996年7月试运行，1997年1月正式使用，1997年9月3日观测时，探头再次损坏；仅1996年7月4日至9月3日、1997年1月3日及5月8日到8月28日的观测记录做了报表上报；因仪器探头经常损坏，故呈间断性观测。2002年8月，经安徽省气象局同意，仪器送合肥，与合肥农试站的中子仪一起保管。

2. 土壤墒情遥测试验 1998年3月至2000年1月，宿州农业气象试研站和砀山气象局参加安徽省气象局组织的沿淮淮北“土壤墒情遥感监测试验”工作，每个站点取土地段5个，地段之间间隔不少于5千米；每月取土3～6次，资料上传至安徽省气象台和中国气象局。

3. 土壤水份自动测定试验 2005年11月28日，在宿州地面观测场内安装中国气象局配置的自动土壤水分观测站1个，开始监测5～180厘米深土壤体积含水量等，实时上传观测资料，对仪器进行考核评估。2007年7月，土壤水分数据采集仪器移到观测场外5米处，进行1米深土壤水分自动测定试验，仪器均为无锡生产的ZQZ－DS1型，2011年8月15日停止使用。

七、地下水位观测

1956年2月中旬，宿县气象站开始测定地下水位（地点在宿县地区农业科学研究所老菜园内），用测量绳测定土井中水位深度。1997年2月下旬停止测定，其中1966年1月至1979年12月中断。

八、土壤水分自动观测

图7－3 土壤水分自动观测仪

2009年11—12月，在全市5个县区开始安装河南省气象科学研究所与27所联合生产的土壤水分自动观测仪（Gstar－Ⅰ

型)，分10、20、30、40、50、60、80、100厘米8个层次；2010年1月起，每个站点都进行了为期1年以上的对比观测；2010年11月上旬，在埇桥区、砀山、泗县安装第二批土壤水分自动观测仪(型号同上)，2011年4月起开展对比观测。2011年1月起陆续正式启用。

宿州自动土壤水分观测站情况

表7-11

项目 序号	县区	站名	区站号	经度 (度分秒)	纬度 (度分秒)	拔海高度 (米)	地段类型	安装时间	启用时间
1	宿州	宿州	I1354	1165848	333733	23.0	作物地段	2009.11.18	2011.01.01
2	宿州	宿州西	I1357	1165944	333550	22.8	固定地段	2010.11.09	2012.10.01
3	砀山县	砀山	58015	1161934	342651	43.6	固定地段	2009.11.02	2011.01.01
4	砀山县	砀山西	I1408	1161805	343010	30.1	作物地段	2010.11.02	2012.01.01
5	萧县	萧县	58016	1165746	341049	34.7	固定地段	2009.12.23	2011.07.01
6	灵璧县	灵璧	I1655	1173318	333322	23.9	作物地段	2009.11.20	2011.01.01
7	泗县	泗县	I1755	1175224	332815	19.5	作物地段	2009.11.27	2011.07.01
8	泗县	泗县北	I1756	1175115	333533	21.0	固定地段	2010.11.08	2012.10.01

九、小气候观测

1996年年底之前，进行小气候观测时使用自制小气候观测架(木质或铝质杆，有2～3层支架或挂钩放置温度表)、阿斯曼通风干湿表、手持式日照计、手持式轻便三杯风向风速仪、曲管地温表、插入式地温表等。

1996年12月，安徽省气象局配发给宿县地区农业气象试验站一台由长春气象仪器研究所生产的"农林小气候综合观测仪"(型号：NZY－Ⅱ)。1997—1998年，先后在宿县地区农业科学研究所生产大田进行小气候观测试验。

图7－4　农林小气候综合观测仪

2001年3月，宿州市农业科技示范园农业气象试验室正式挂牌成立。同时，宿州市气象局将安徽省气象局配发的"农林小气候综合观测仪"安装在市农业科技示范园大型钢构连栋大棚温室内，开始小气候实时监测和研究。2002年5月，由省气象局业务处从宣城农试站调配一套同型号的小气候综合观测仪(型号：NZY－Ⅱ)，安装在宿州市农业科技示范园葡萄日光温室大棚内。

图7－5　农田综合小气候自动观测站

监测项目包括不同设施内不同梯度的太阳总辐射、光合有效辐射、风速、温度、湿度以及不同深度的地温，开展的研究内容主要有日光温室葡萄栽培的小气候效应、连栋大棚辣椒制种小气候实用技术研究、花卉引进、利用及开发的小气候研究等。同时，宿州农业气象试验站制订了一整套的农业气象观测制度、小气候观测仪器维护制度、小气候手动观测流程图、主机操作流程图等，并在温室大棚内的值班室上墙。

2010—2011 年,在宿州市埇桥区范围内安装农田综合小气候自动观测站 7 个(4 个安装在日光温室大棚内、3 个安装在农田),有 3 个在日光温室外安装了大型液晶显示屏,可实时显示小气候观测仪观测到的各种气象要素,供当地农村设施农业种植户进行设施农业管理时参考。到 2012 年年底,全市已安装 8 个小气候观测仪。

宿州农田综合小气候自动观测站情况表

表 7-12

序号＼项目	安装地点	安装时间	经度(度分秒)	纬度(度分秒)	下垫面类型	显示屏
1	宿州市农业科技示范园	2010.11.5	117°04′26″	33°42′26″	日光温室内(蔬菜)	无
2	宿州市农业科技示范园	2011.6.13	117°04′26″	33°42′26″	旱地(空地)	无
3	埇桥区西二铺乡沟西村	2011.5.4	116°52′43″	33°37′31″	日光温室内(菊花)	已安装
4	埇桥区桃园镇光明村	2011.5	117°00′59″	33°28′53″	日光温室内(西红柿)	已安装
5	埇桥区灰古镇八张村	2011.5	117°06′21″	33°45′37″	日光温室内(葡萄)	已安装
6	埇桥区夹沟镇夏刘寨村	2011.5	117°03′09″	33°49′15″	旱地(玉米)	无
7	埇桥区大店镇三里村	2011.3.24	117°13′	33°35′	旱地(小麦)	无
8	泗县农业科技示范园	2012.10	117°52′	33°28′	钢构塑料大棚内(桃树)	已安装

说明:表中序号 1 的仪器型号为 QS-3000,生产厂家是上海雨研信息科技公司;其余的仪器型号为 RR1008,生产厂家是北京雨根科技有限公司。其中,序号 7 的仪器由安徽省气象科学研究所安装

图 7-6 农作物实景观测系统

十、农作物实景观测

2012 年 8 月 27 日,宿州农试站和埇桥区气象局在全国种粮大户、全国人大代表王化东所在的埇桥区夹沟镇夏刘寨村夏玉米高产攻关田安装了农作物实景观测系统,农气人员可远程实时监测大田苗情,随时了解农作物的生长进程和生长环境,科学指导农业生产。

十一、植物生理监测

2012 年 10 月 18 日,宿州市气象局引进一套植物生理监测仪,安装在宿州农业气象试验基地。该仪器可实时测定蔬菜生长生理 5 项参数,为分析蔬菜生长和小气候环境要素之间的关系,开发设施蔬菜高效栽培农业气象适用技术提供基础数据。

图 7-7 植物生理监测仪

十二、遥感地面监测

1985 年 4 月始,在宿县(埇桥区)、砀山县、泗县开展冬小麦卫星遥感估产地面监测工作,每县区选 3 个点(高、中、低产),每点 3 块麦田(一、二、三类苗)进行监测。

表1至表8分别对地段的基本情况、播种收获期、各时段苗期、灾害情况等60余项进行监测上报至安徽省气象科学研究所。2012年停止观测、上报。

十三、其他观测

1957—1961年，宿县气象站先后对土壤蒸发、农田小气候进行了观测，1965年全部停止。

十四、其他业务

（一）旬月电报

农业气象旬月电报在每月的10日、20日及月末的20时至次日的03时编发，编发时采用2人值班制度，1人编发，1人校对；2002年3月开始，增加编发固定加测点土壤湿度报，每月的5日、15日、25日编发。

（二）农保试验观测

2011年3月24日，在宿州市埇桥区大店镇三里村"小麦天气指数保险"万亩试验示范区安装农田小气候自动观测站1个。同时，还进行了农田地物光谱和经纬度（117°13′，33°35′）、海拔高度（24米）等方面的测定工作。

图7-8　农田小气候自动观测站

（三）"四基本"建设

1981年秋季，开展"农业气象业务基本建设"，简称"四基本"建设，主要内容包括：基本档案（自然地理概况、农林牧业生产情况、自然灾害情况、农业气候手册、历年各种农业气象试验研究技术总结成果报告、历年各类农业气象分析服务材料、农业气象群众经验、谚语的收集、整理、分析总结材料、农业气象工作的历史沿革情况和大事记等10大项35小项）、基本资料（各级界限温度的初终日、间隔日数、积温等、各级极端气温、大风日数、二十四节气平均气温、活动积温、降水量、降水日数、当地主要农作物发育期、土壤水分状况、地下水位、动植物物候期等等18大项50多小项）、基本指标（当地主要农作物播种至成熟各主要发育期的农业气象指标、农业气象灾害指标、影响作物产量的关键期、农业气象预报指标等8大项）、基本方法（农业气象观测、试验研究、情报、预报、调查、分析、区划、统计等5大项）。1983年完成。

第二节　农业气象科研

宿州的农业气象研究始于20世纪50年代中期，主要开展小麦冻害及观测试验。20世纪70年代末期，主要是参与国家级、省级的研究项目。80年代初期开始有自立项目，并承担安徽省气象局下达的部分科研任务。

一、初期的农业气象研究

20世纪70年代末期至80年代初期，开展了小麦喷撒石油助长剂增产效应研究、土面增温剂增产效应研究、烟雾防霜的技术研究、夏玉米分期播种试验等试验研究 10 项左右。其中几个较大的试验研究如下：

（一）小麦干热风协作试验

1979—1981 年，试验田设在宿县地区农业科学研究所大田，三年的试验研究基本上摸清了宿县地区小麦干热风发生的气候背景、干热风的类型和指标、干热风发生的气候规律、干热风发生的气候特征、干热风的气候区划，提出了防御措施。

（二）杂交稻秋季低温冷害指标地理变化规律研究

试验田设在宿县地区农业科学研究所大田，面积 3 亩；供试品种为籼优 6 号、泗优 2 号；5 月 10 日开始，分 5 期播种，间隔 10 天。1979—1980 年，两年的试验研究结果显示，杂交稻抽穗开花期冷害问题是多种气象因子综合影响的结果，但温度条件是主要的。一般来说，6 月底之前载完，大都能避开 9 月上旬后期的低温冷害。

（三）淮北地区油菜安全越冬协作试验

试验地设在宿县地区农业科学研究所大田，采用分期播种和移栽方法，共分 7 期；1981 年 9 月 1 日开始，每 7 天一期。1982 年秋重复试验研究。参加试验的还有砀山、灵璧、五河气象站。根据试验结果，利用平行观测的气象资料，结合大田调查，找出了油菜冻害指标、冬前壮苗的标准，明确了安全越冬的气象条件，提出了安全越冬的农业技术措施，为全区油菜生产提供了科学依据。

（四）几种主要农作物凋萎湿度试验

1981—1982 年，在冬小麦（马场 2 号）、夏大豆（徐豆 2 号）、春玉米（丹玉 6 号）等主要农作物生长发育的关键生育期（小麦灌浆期、大豆花荚期、玉米抽雄期）测定土壤凋萎湿度。土壤采用砂姜黑土、两合土、沙土三种土壤进行凋萎湿度试验，试验研究方法采用缸栽试验，4 次重复，人工控制，预定生育期凋萎。

（五）春花生地膜覆盖栽培试验

设盖膜、不盖膜（对照）两种处理，四次重复，采取简单对比法排列；4 月初播种；每小区 0.05 亩，行距 1.7 尺，穴距 0.6 尺，每亩 5880 穴，每穴播种 2 粒。1980—1983 年试验结果表明，平均增产效果高达 69.6%。增产主要原因是早期增温作用显著、能较持久的保持土壤水分、改善了土壤理化性状等。

二、农业气象科研基地建设

2004 年 10 月，在宿州市农委"紫芦湖农场"建设占地 1 万平方米的"设施农业小气候科研示范基地"，自建日光温室大棚一栋，面积 500 平方米，配套六要素自动气象站的标准大气观测场 1 个；观测试验用房 1 套，面积 200 平方米。2004 年 11 月，将原在市农业科技示范园葡萄日光温室大棚内的小气候综合观测仪（型号：NZY－Ⅱ）迁入"基地"内自建的日光温室大棚里安装，用于农业气象科研项目的数据采集，2007 年年底停止使用；2010 年 11 月，安装由上海雨研信息科技公司生产的农田综合小气候自动观测仪（型号：

图 7－9　设施农业小气候科研示范基地展示牌

QS－3000)1 套,2011 年 5 月在大棚外农田配套安装 8 要素“农田综合小气候自动观测仪”1 套;2009 年 11 月在“基地”内安装河南省气象科学研究所生产的自动土壤水分观测仪 1 套;2012 年 10 月安装 1 套植物生理监测仪。

图 7－10 以色列专家在市农业科技示范园考察宿州设施农业

图 7－11 农田综合小气候自动观测仪

2005—2012 年,在基地内开展了“淮北地区主要蔬菜品种设施栽培的小气候指标与控制模型研究”“番茄设施栽培小气候指标与服务系统研制”“淮河流域主要农作物旱涝损失精细化评估技术——冬小麦田间干旱试验”及夏玉米田间干旱试验、夏玉米田间渍涝试验和温室气温预报等多项农业气象试验研究,取得了大量观测资料和依据以及研究成果。

2005 年起,每年付用地租金 1.2 万元(每亩 800 元)。

三、获省部级奖的农业气象科研成果

改革开放以后,宿州市农业气象科技工作者主持完成的安徽省气象局、宿州市科技局、宿州市气象局等部门资助的农业气候、生态与农业气象等科研成果 25 项,其中获安徽省科技进步四等奖 3 项、宿州市或安徽省气象局科技进步三、四等奖 9 项。

(一)安徽省土壤湿度测站合理布局研究

1985 年 3 月至 1987 年 10 月,戚尚恩、唐守顺、蒋跃林合作研究的《安徽省土壤湿度测站合理布局研究》,利用全省 69 个站的气象资料,22 个站的土壤湿度资料,对全省土壤水分进行分析和论证,在定性定量相结合分析的基础上,找出土壤水分变化的关键层次和影响土壤水分变化的气候因素,在此基础上进行聚类分析,提出了作物生育期及播种期的土壤湿度测站布局的意见。该项目在 1989 年度获安徽省科技进步四等奖。

(二)淮北地区夏播期间灾害天气对策试验研究

1989 年 1 月至 1990 年 12 月,唐守顺、戚尚恩、李瑞祥合作研究的《淮北地区夏播期间灾害天气对策试验研究》,从淮北农业生产实际出发,针对夏播期间旱涝灾害频繁,影响适时播种的特点,探索充分利用气候资源,运用相应的农业生产对策,为抗灾救灾服务。研究中对淮北 5 种主要夏播作物进行分期播种,平行观测,结合大田生产调查,对资料进行数理统计与对比分析,得出了对不同灾害天气应采取的不同对策。为领导和生产部门作出最佳生产和抗灾救灾决策,提供了可靠的科学依据。该项目在 1992 年获安徽省科技进步四等奖。

(三)玉米夏播制种高产稳产的农业气象条件研究

1989 年 5 月至 1990 年 12 月,张伯忍、戚尚恩、陈洪俭、王化理合作研究的《玉米夏播制种高产稳产的农业气象条件研究》,研究了淮北地区玉米夏播制种亩产 200 公斤的农业气象条件,综合农艺措施的气象效应,为建立其高产栽培技术体系,研究论证了淮北地区玉米夏播制种高产稳产的农业气象条件,探讨了综合农业措施的农田小气候效应。提出了充分利用当地气候资源,扬长避短的玉米夏播制种技术措施,为促进安徽省杂交玉米制种和玉米生产发展提供了理论依据。该项目在 1992 年获安徽省科技进步四等奖。

图7-12 张伯忍(右)戚尚恩在试验田测玉米田间小气候

图7-13 张伯忍在玉米试验田观测小气候

图7-14 张伯忍(右)、戚尚恩在玉米试验田取样

四、参加本系统及外部门的农业气象科研项目

宿州农业气象科技工作者参与本系统或外部门的科技成果有23项。其中《小麦干热风研究及其推广应用研究》《全国杂交稻气象条件的试验研究》《黄淮平原农田节水灌溉决策服务系统研究》《黄淮平原农业干旱与综合防御技术研究》《全国土壤湿度测站合理布局和若干观测方法业务试验》《玉米夏播制种高产栽培技术体系研究》等11个项目获省、部级科技进步二、三、四等奖;《宿县农业气候资源分析及利用》等10个项目获市、厅级科技进步一至四等奖(含4项省、厅级双重奖)。

部分获省部级奖证书:

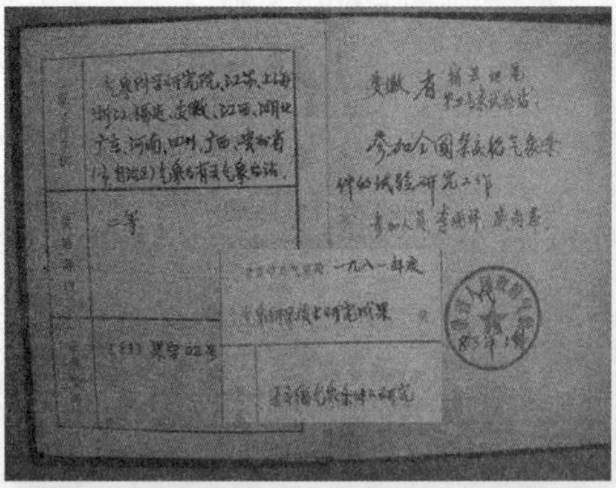

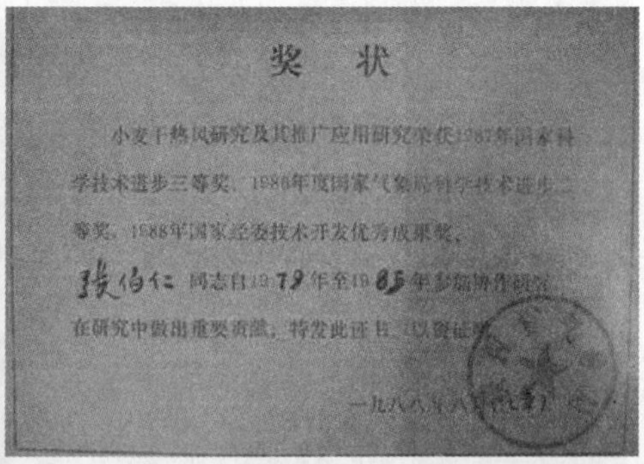

奖 状

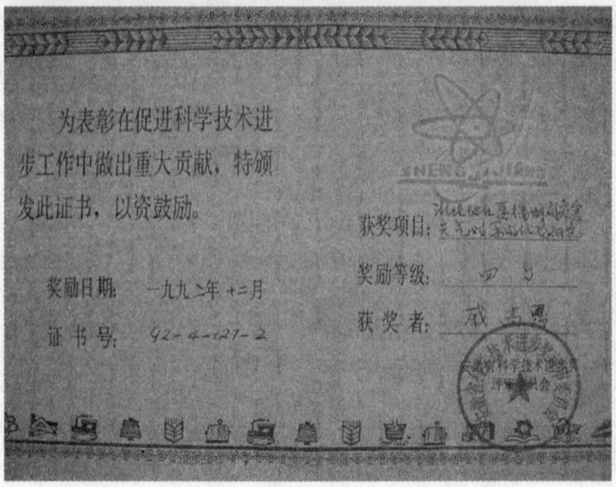

为表彰在促进科学技术进步工作中做出重大贡献，特颁发此证书，以资鼓励。

奖励日期：一九九二年十二月

证书号：92-4-127-2

获奖项目：

奖励等级：四等

河南省科学技术进步奖

证 书

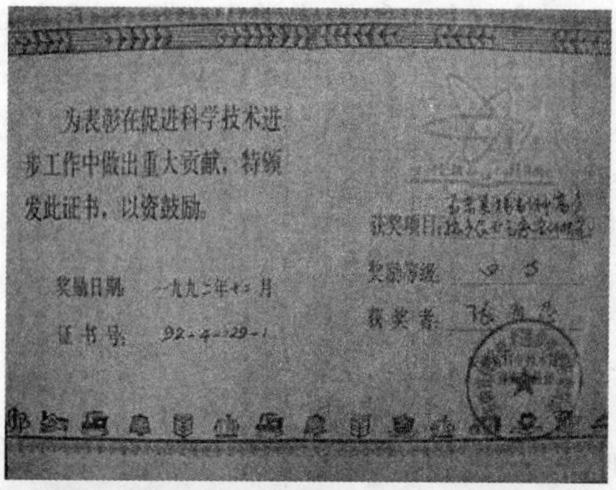

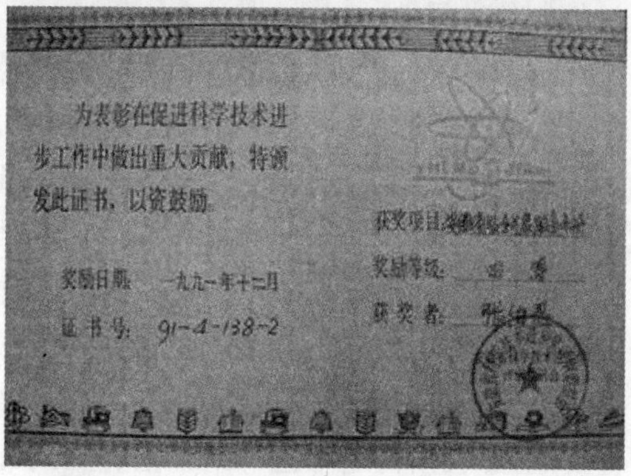

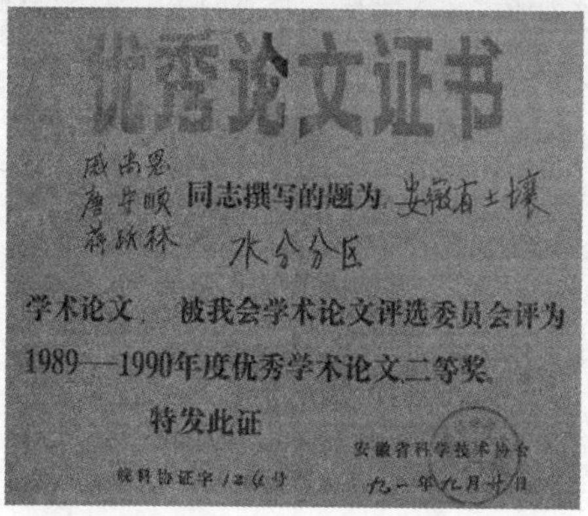

五、农业气象论文发表

据不完全统计，改革开放至2012年年底，宿州市农业气象科技工作者共发表农业气象科技论文179篇（次）。其中核心刊物上发表科技论文38篇，主要分布在《气象》《中国农业气象》《气象科技》《中国农学通报》《安徽农业科学》等刊物上，《安徽农学通报》等非核心刊物11篇，《气象与减灾》等内刊63篇，参加中国气象学会年会等国家级各类学术交流的论文42篇，参加区域、省级各类学术交流的论文25篇。

第三节　农业气象服务

农业气象服务是农业气象工作的重要内容。宿州市农业气象工作从其开创之日起，就一直把服务放在重要位置。宿州市开展的气象为农服务工作主要包括农业气象情报、预报服务，农业气象专题分析、农作物生育期气象条件评价、重大农业气象灾害监测评估，农业气候区划及其他科研成果应用服务等。

一、农业气象情报服务

20世纪50年代中期至70年代末，根据农业生产需要，不定期编发雨情、墒情、温情、灾情及农情为主的“五情”农业气象情报；农业气象旬报服务，主要内容是本旬的气象条件、作物生长状况、田间工作、土壤湿度、灾害与病虫、天气对作物的影响情况评述、当前农业生产措施、建议等。1966—1977年，“文化大革命”中这项工作基本中断。

1979年,宿县、砀山恢复编发农业气象旬报,主要内容包括气象条件、作物发育期、生长状况、土壤湿度、天气灾害和病虫害等。宿县地区农业气象试验站还编发了农业气象月报,以及主要农作物生育期气象条件评价等,送宿县地区行署、宿县县政府及有关农业科研和生产部门参考。另外,根据当时当地的情况,积极开展查墒、查苗工作,及时进行不定期的专题服务。

2012年开展的气象为农服务情报主要有:农业气象旬报、农业气象专题分析、农作物生育期气象条件评价、重大农业气象灾害监测评估、设施农业气象服务专刊、重要农业气象信息专报等。

二、农业气象预报服务

农业气象预报是针对农业生产的具体要求,以农业气候条件为背景、农业气象观测为基础、农业气象指标为依据,结合天气预报,运用一定的分析方法编制的专门性预报。

早在20世纪50年代,宿县地区气象部门就进行了霜冻等灾害性天气预报,以及简单的作物播种期、收获期预报等;60年代中期,从调查干热风危害的前期物候征兆入手,进行过干热风发生情况的预测;80年代以后,广大农业气象工作者围绕农业生产和气象条件的关系,陆续开展了小麦干热风预报,主要农作物播种期预报,冬小麦、夏大豆、夏玉米、夏甘薯等主要农作物和粮食总产的年景及产量预报等。这些预报在农业生产中起到一定的作用,收到了一定的效益。如灵璧县气象局1985年根据各关键农事季节积极做好各种情报、预报服务,为该县农业增产增收创经济效益80多万元,受到灵璧县有关部门的好评。

2012年开展的农业气象预报:主要农作物产量预报、主要农作物适宜播种期预报、主要农作物成熟期预报、农事活动气象适宜等级等农用天气预报等。

三、农业气候区划成果应用

农业气候区划工作从开始之日起,就本着边分析研究、边认真服务的精神,在区划中注重科学性和实用性,因此服务针对性强,收效大。宿县、泗县根据当地的农业气候区划成果在作物布局和耕作制度上都进行了调整,根据热量条件限制了一些不宜发展的作物,依据气候规律及当年天气情况,安排作物适宜的播种期等等。如1982年泗县气象局依据区划成果、结合长期天气预报,提出来抓住前期墒情、适期早播棉花,以充分利用早春热量资源的建议,县政府及时采纳,使当年该县棉花播期提前10天左右。结果每亩单产比上一年增加了15.8公斤,全县8万多亩棉花共增收125万公斤。

农业气候区划成果为当地的综合农业区划,以及其他部门的各种专业区划提供了可靠的气候依据,显示了农业气候服务的社会效益。

四、农业气象服务主要产品

(一)农业气象旬报

主要内容为本旬天气条件评述、结合农作物生长及土壤水分状况,分析旬内农业气象条件对在地农作物的影响,根据气象台下一旬天气趋势预测信息和主要农作物生育进程,分析未来天气对农作物可能产生的影响,提出应对措施等。每旬1次,下旬初发布。

(二)农业气象专题分析

有多种形式,主要是在关键季节、转折性天气、农作物生长关键期等,分析主要农作物生长发育进程、生育期内天气条件评述、土壤墒情监测与分析、农田土壤干旱监测公报、农作物病虫害的发生趋势等,提出农事建议、防治措施等。不定期发布。

(三)农作物生育期气象条件评价

分析主要农作物全生育期气象条件、生育进程,通过对比分析,评述气象条件的优劣,给出该作物全生育期的气候生产年型。作物收获后半个月内发布。

(四)重大农业气象灾害监测评估

2004年开始进行调查评估服务。主要内容为重大农业气象灾害(干旱、暴雨洪涝、连阴雨、风雹、大风等)灾情分析,土壤墒情、主要农作物生育进程、灾害对农业生产的影响分析,未来天气趋势、农业生产对策及建议等。灾前24小时或灾后48小时内评估发布。

(五)农用天气预报

农用天气预报服务体系以天气预报、气候预测、农业气象预报技术为支撑,结合农业气象指标制作的农用天气预报业务服务产品。2011年开始制作,不定期发布。

三种类型:农事活动、作物生育关键期和重大农业气象灾害农用天气预报。

农事活动　根据某项农事活动的适宜气象指标、该农事活动的进度,结合当前气象条件及未来天气条件的预报,给出该农事活动适宜区和非适宜区在未来一段时间的空间分布,提出相关建议。

作物生育关键期　根据作物各发育阶段适宜和不适宜气象指标、作物生长状况,结合当前气象条件和未来天气条件的预报,给出作物生长气象条件适宜区和不适宜区的空间分布,并提出对策与建议。

重大农业气象灾害　根据当前作物发育期、天气条件,结合可能发生的某种气象灾害指标和未来天气趋势,给出当前农作物可能受害区域的空间分布,并提出防御对策与建议。

(六)主要农作物产量预报

1994年开始制作。在主要农作物(冬小麦、夏大豆、夏玉米、夏甘薯等)生长期中,根据有关农作物产量预报模式和前期农业气象条件分析,得出有关农作物的单产、总产趋势或定量预报结论;给出预报依据(作物生育状况、生长量测定、农业气象条件分析等),提出农事建议。作物收获前分时段定期发布。

(七)设施农业气象服务专刊

2010年10月开始制作。主要内容包括重大灾害性天气预报(大风、大风降温、寒潮、霜冻、连阴雨雪等),针对不同的灾情,提出相应的应对措施及建议。不定期发布。

(八)夏、秋气象服务专报

在午季、秋季制作的夏收夏种、秋收秋种气象服务专报。一般在夏收夏种或秋收秋种刚开始时制作,直至夏收夏种、秋收秋种全部结束。主要内容有作物生长发育进程及夏、秋收或种进度,近期天气对收、种的影响,农事建议与对策等。2010年午收时开始制作。

(九)重要农业气象信息专报

2011年1月开始制作。主要内容包括重大农业气象灾害(干旱、涝渍、连阴雨雪、风雹、大风、干热风等)灾情分析,土壤墒情、农田旱情、植被遥感监测简报等。不定期上报。

(十)农业保险气象服务专刊

主要编写小麦干旱指数保险时段降水特征、阴雨日数指数保险时段降水特征及其管理建议,2011年3月开始制作。

(十一)农事活动气象适宜等级预报

利用安徽省气象局新技术集成项目"冬小麦生产期间农用天气预报服务系统",制作施肥、喷药等多项麦田秋、冬、春田管气象适宜等级农用天气预报产品,产品内容包括各主要生育期间追肥、灌水、喷药防病治虫和喷洒药剂控制旺长苗的气象适宜等级和全市小麦面上的分布情况,助力麦农由过去的“靠天管理”向“看天管理”转变。2012 年秋季开始制作。

(十二)呈阅材料

服务于市、县(区)及各有关部门领导。主要内容为当地主要农作物前期生长状况、雨情、土壤墒情、灾情及未来天气趋势、农事建议等等。不定期呈送。

(十三)农业气候生态环境质量分析报告

2007 年开始制作,每季度一期。主要内容有季度内温度、降水、日照、土壤湿度、作物生育进程等,各环境因子对农业生产影响,主要农业气象灾害及综述。2011 年 1 月停。

五、农业气象服务范围

气象为农服务对象主要分为三大类:

(一)市、县(区)等各级政府分管农业的负责人,乡、镇、村两委主要负责人;

(二)农业生产决策部门或决策者、运输和销售行业的管理者;

(三)种植、养殖大户(含设施农业种养殖)和部分有条件的农村居民。

六、乡村气象服务专项建设

2011 年 3 月 2 日,宿州市气象局召开由中国财政部、中国气象局支持的“三农气象服务专项”建设领导小组第三次会议,正式启动埇桥区该专项的建设任务。按照“边服务、边建设”要求,会议讨论修改了项目实施方案,细化了工作目标、要求、责任人和实施进度,研究部署了需要落实的各项工作。截至 2013 年 4 月,已在宿州市 3 县(区)取得了“三农气象服务专项”建设任务,每县建设任务为期 3 年。

2011 年,首先在埇桥区启动了“三农气象服务专项”建设任务,2012 年增加泗县;具体建设任务为“农业气象服务体系”“农村气象灾害防御体系”。2013 年,埇桥区、泗县、灵璧县的“三农气象服务专项”建设任务依次为“设施蔬菜农业气象服务”“夏玉米农业气象服务”和“冬小麦农业气象服务”。

(一)农业气象服务体系

2011 年,完善了现代农业气象研究试验示范基地、建设了 6 个农业气象服务试点村和 9 块农业气象服务示范田。在“三农气象服务专项”的支持下,在埇桥区示范建设了 4 座设施农业小气候自动站、1 套农田土壤水分自动站和 3 套农田小气候自动站,构成了设施农业和粮食安全保障气象服务监测网。

完善和新增了农业气象情报、预报、农业气象专题服务、农业气象灾害评估等 7 大类 12 种气象为农服务产品。组建了由涉农专家组成的农业气象专家联盟组织,并深入乡村农户、田间地头宣传农业与气象知识、技术 12 次,开展“面对面”的现场指导农民科学种田 17 次;每月 2 ~ 3 次定期到宿州电视台《农情》和《气象与农情》栏目开展服务等。埇桥区二铺村建成 1 个农村信息化示范点。

(二)农村气象灾害防御体系

2011 年,在埇桥区 6 个村镇示范建设了“点到点”乡村气象大喇叭工程;在全市 13 个村镇示范建设了乡村气象服务自助触摸屏和多媒体显示屏;建立了乡村气象手机短信服务平台,在第一时间内把风雹、雷电等重大气象灾害等气象信息传递给埇桥区的 282 个专业合作社、170 个种粮大户、159 个养殖大户、339 个瓜菜种植能手以及村两委负责人、村镇防汛责任人和农村中小学校长等。发布预警信号 139 次,向乡镇村主任、书记,中小学校长 7000 多手机用户发布各类灾害性天气信息 500 余条。2012 年在埇桥区安装完成 20 套气象预警大喇叭。

七、农业气象服务网络

通过对当地主要农作物物候期的观测、土壤水分测定、自动气象站、农田综合小气候观测仪等多种渠道获取农作物关键期农事资料以及各种气象资料，制作多种服务产品；针对不同产品、不同的服务对象，采取不同的信息发布渠道；如手机短信、电视、广播、网络、电话、电子显示屏、农村大喇叭等等，面向服务对象发布。

（一）电子显示屏

全市各地布有气象信息发布和气象灾害预警电子显示屏245台。其中砀山县2个、灵璧县40个、泗县68个；埇桥区四大班子及区直有关机关15个、乡镇50个、中小学校59个、矿区6个、示范村5个（含种粮大户）。

LED（多媒体）显示屏27个，其中埇桥区9个、砀山县2个、灵璧县10个、泗县6个。

（二）无线大喇叭

截至2012年年底，全市布有气象灾害预警无线大喇叭2216只，其中泗县500个点2000个大喇叭、埇桥区56个、灵璧县160个。

图7-15 气象灾害预警无线大喇叭

（三）灾害防御责任人

截至2012年年底，全市各县（区）直与公共安全有关单位、涉农单位以及各乡镇主要负责人都已被明确列为气象灾害防御责任人，仅埇桥区就有45人。各乡镇党、政主要负责人，气象信息员，村两委主要负责人均列为防汛责任人，仅埇桥区就有601人，埇桥区农村中小学气象灾害防御责任人769人。气象灾害防御责任人负责气象灾害预警信息的传播、组织有关人员加强防御，尽力减轻气象灾害造成的损失。

至2012年年底，全市有乡镇（村）气象信息员425人，每个乡镇1~2人；其中埇桥区28人、砀山县29人、灵璧县23人、泗县32人；萧县除乡镇有23人外，村级气象信息员有290人。气象信息员负责发布气象信息及气象灾害预警信息，收集上报气象灾害信息。

（四）为农培训

每年春季，县、区气象局都联合县、区政府应急办、组织部电教中心，举办1~2次乡村信息员综合知识培训。

（五）信息发布

2011年，埇桥区向60个示范村发放气象灾害防御明白卡和工作卡。2011年起，全市每年发送各类气象服务短信2000条左右，发布各类预警信息300次左右；通过气象微博累计发送各类预报、预警等气象服务信息590条左右。

第四节 农业气候区划

1980年6—12月，安徽省农业气候资源分析及区划在宿县进行试点，初步完成“宿县农业气候资源分析及利用”；其余各县“农业气候资源分析及利用”分别在1981年年初—1982年11月完成。“宿县地区农业气候资源分析及利用”于1983年年初完成初稿；1983年7月宿县地区行政区划调整，怀远、固镇、五河三县划给蚌埠市后，1985年9月完成调整后的“宿县地区农业气候资源分析及利用”。

一、宿县地区农业气候区划

本区划根据相似理论，采用模糊聚类分析方法，对选定的多种有明显农业意义的气候因子进行综合分析,以多因子总体相似关系入手,按样本属性或特征的亲疏程度进行分型划类。

通过对农业气候分析,选定的区划因子共9个。其中有代表热量条件的年平均气温、气温稳定通过0℃以上的积温、稳定通过10℃以上的积温、最冷月(1月)平均气温、最热月(7月)平均气温;表示降水条件的年平均降水量和秋季(9—11月)降水量;表示光能资源的年平均辐射量;表示湿润状况的年伊万诺夫湿润度。

对上述因子进行标准化处理后,采用(最大最小)法进行标定,经对相似矩阵进行模糊变换后,取不同的信度,得到聚类树。再计算出本区周围县、站与本区各站的相似程度,采用内插法,并考虑到不同土壤类型、地形地貌特征等,将全区划分为三个农业气候区。

(一)黄泛平原农业气候区

砀山县全部、萧县北部。农业气候特点:本区年平均气温14.0℃左右,最热月平均气温27.2℃,最冷月平均气温-0.6℃,年极端最低气温-19.9~-23.6℃,日最低气温≤0℃日数77~83天;无霜期201天,≥0℃积温80%保证率5020℃·日,≥10℃积温80%保证率4440℃·日;年降水量770~850毫米,年平均日照时数2410~2470小时。该区气候温和,热量资源较为丰富,光照条件优越,适宜种植冬小麦、大豆、玉米、棉花、甘薯等多种农作物,能满足一年两熟或二年三熟的热量要求,午收后可种夏大豆、夏玉米等多种农作物,复种指数较高。区域内多为黄泛冲积潮土类的沙质、壤质土壤,地势平坦,土层深厚,土质较好,肥力较高,然而保肥性能偏差,易旱易涝面积在30%以下。

该区自然降水不均,年际差异大,干旱几率较高,午收后干旱影响秋作物的适时播种,7—8月降水集中易造成局部涝渍;9—10月降水偏少,秋高气爽利于光合产物的制造和积累。本区气候条件适宜喜凉喜温等多种作物种植,尤其是砀山酥梨等多种果树及棉花的生长,光照充足,昼夜温差大,有利于浆果发育,产量高、品质好。因此,本区除粮食作物外,水果、棉花有很大的增产潜力。

主要气候灾害:冬春干旱频率大,夏涝机会少,春旱4~5年一遇,夏收夏种期干旱3~4年一遇,而夏涝约10年一遇。5月中下旬常有干热风危害,造成小麦籽粒干瘪,本区年平均轻干热风日2~4天,重干热风日0.6天左右。初夏出现冰雹几率较大,年平均雹日0.7天,全区最少。夏季暴雨多集中于7—8月,年平均暴雨日数2.7天左右。

(二)黄泛低山残丘农业气候区

萧县南部、宿城至灵璧(城)一线以北地区及泗县北部。农业气候特点:本区年平均气温14.1~14.3℃,最热月平均气温27.3℃,最冷月平均气温-0.2℃,年极端最低气温-23.2℃左右,日最低气温≤0℃日数70~83天;无霜期205天,≥0℃积温80%保证率5096℃·日,≥10℃积温80%保证率4520℃·日;年降水量850毫米左右,年平均日照时数2410小时上下。该区土质较为复杂,土壤类型较多,主要为黄泛冲积潮土类,山间盆谷中的山淤土、山黄土及山红土等,土壤肥力较高,增产潜力较大;热量资源丰富,光照充足,雨量丰沛,农作物生长期长,能满足一年两熟(小麦——夏玉米、夏大豆等)的热量条件,适宜冬小麦、大豆、玉米、甘薯、棉花、芝麻等多种农作物的种植。

区域内低山残丘、山间平原,对发展林、牧、杂果生产十分有利。山间平原利于农作物种植,低山则宜林、宜牧。本区应因地制宜发展生产,在保证粮食生产的同时,积极开展植树造林,发展干鲜果、特种经济林;加强水土保持,保护生态平衡,农林牧协调发展。由于地形的作用,易旱易涝面积占34%~40%以上,高于黄泛平原地区,降水利用率较低,影响了充分发挥光热资源的潜力,因而必须搞好水利设施建设,库、塘、井、沟、渠配套,改善灌溉条件(以喷灌为主),适应土地不平的特点,提高抗旱能力。

主要气候灾害:春旱约5年一遇,秋旱3年一遇,夏涝7~8年一遇。干热风日数与Ⅰ区基本持平。年平均冰雹日数1.0~2.7天,其中灵璧北部和宿县东北部出现冰雹次数为全区最多,是本区的多雹区。夏季暴雨次数多，强度大，年平均暴雨日数2.7～3.3天。

（三）河间平原农业气候区

宿城至灵城一线以南及泗县南部地区。农业气候特点：本区年平均气温14.3～14.5℃，最热月平均气温27.4～27.6℃，最冷月平均气温0℃左右，年极端最低气温－23.2～－23.9℃，日最低气温≤0℃日数70～78天；无霜期202～210天，≥0℃积温80%保证率5120～5170℃·日，≥10℃积温80%保证率4540～4590℃·日；年降水量855～895毫米，年平均日照时数2320～2440小时。该区多为砂姜黑土，土壤瘠薄，热量资源优于Ⅰ区，光、热、水气候条件配合较好，除适宜冬小麦、大豆、玉米种植外，还适宜棉花、花生、油菜等经济价值较高的农作物生长。适合一年两熟的种植制度（小麦——夏玉米、夏大豆等），主要气候问题是自然降水不均，易旱易涝，涝渍危害偏重。应充分利用气候资源，以粮食和油料作物为发展方向，在稳定粮食作物生产的基础上，注意油料（如花生、芝麻、油菜）生产，在沿河两岸及水源较好的地方还可以发展部分水稻生产；同时可以利用地域性的气候特点，适当发展烤烟、蚕桑及渔业生产。

主要气候灾害：旱涝灾害重于Ⅱ区，旱的几率比Ⅰ区少，涝渍面积大于Ⅰ、Ⅱ区，春旱4～7年一遇，夏收夏种时干旱3～4年一遇，此期及夏季（7月中旬至8月中旬）水涝均约为6年一遇，但常有玉米卡脖子旱等伏旱发生。干热风危害较Ⅰ、Ⅱ区为少。冰雹大多出现在初夏，年平均冰雹日数1.0～1.3天。年平均暴雨日2.7～3.2天，秋季连阴雨5年三遇。

二、县级农业气候区划

宿县是全省自然资源调查和农业区划试点县。宿县农业气候资源分析组由省、地、县三级气象工作者组成。主要分析了宿县的农业气候资源光、热、水的时空分布，旱涝、霜冻、连阴雨、干热风、冰雹、暴雨等主要农业气候灾害的出现机率及分布特点，对主要作物冬小麦、油菜、麦茬稻、春玉米、夏山芋、棉花等进行了农业气候分析，另外还分析了宿县的农作制气候。将全县分为山区、北部平原、南部平原、城镇郊区四个区，并对各区的地理分布、耕地面积、土壤性质、农业生产的突出特点、生产水平、适宜采取的农作制等进行了简要的评述。

“砀山县农业气候资源分析及利用”主要分析了砀山的农业气候资源、农业气象灾害以及几种主要农作物生育期间的农业气候条件，并对当地种植制度的农业气候进行了分析。

“萧县农业气候资源分析及利用”主要分析了萧县的农业气候资源、农业气象灾害以及主要农作物和果树的农业气候条件。根据当地种植制度、地形特点等将萧县划分为东南丘陵农林牧区、黄河故堤棉果区、沙河沿岸油果区和西南平原粮棉区四个农业分区，并对各分区的气候特点、地理位置、土壤类型、种植制度、适宜发展的作物、主要气候灾害等进行了评述。

“灵璧县农业气候资源分析及利用”主要分析了灵璧县的气候资源、农业气象灾害以及农作物生育期间与气候的关系，并对当地的农作制气候进行了分析。

“泗县农业气候资源分析及利用”主要分析了泗县的农业气候资源、农业气象灾害以及农作物生育期间的农业气候条件，并对当地的特种种植及养殖种类养鱼和蚕桑的气候条件进行了分析。

第五节　农业气象管理

一、农业气象业务管理

1965年10月之前，农业气象业务管理由本站站长负责管理，报表由安徽省气象局业务科（农气科)进行审核。1965年11月,宿县专区气象服务台成立,气象业务管理的范围和职责更加明确,增加了农业气象业务管理。1975年1月,宿县专区革命委员会气象局成立,设置了业务科后,农业气象规范化的业务管理才正式开始。

1978年11月,"宿县地区农业气象试验站"建立后,农业气象业务工作仍由宿县地区气象局业务科管理,其农气报表上报安徽省气象局业务处审核,后交给安徽省气候中心档案科审核,省气象局信息中心成立后,交给信息中心信息档案科审核;宿州市气象局业务科负责砀山县等县级气象局的农业气象报表审核,2012年交给安徽省气象局信息中心审核。

二、业务现代化建设

(一)电脑配置

1999年8月,安徽省气象局业务处配备1台农业气象专用微机(联想PⅢ430)和彩色打印机1台,用于"安徽省农业气象综合业务系统"和遥感应用服务系统的试运行;完成从农气测报—报表制作—编报—数据处理、农气情报、产量预报等业务任务。

2002年10月,宿州市气象局配给农业气象试验站组装电脑1台。

2004年10月,宿州市气象局配给多用途多功能汉字打印机1台(得实DS-3200)。

2006年3月,宿州市气象局配给农业气象试验站清华同方电脑1台(超扬V260)。

2009年4月,从宿州市气象台调剂2台微机给农业气象试验站(部分旧电脑淘汰),至此,达到人手1台计算机。

2009年7月,安徽省气象科学研究所以"安徽省精细化农业气候区划"项目参加单位名义,从课题经费中配给宿州农业气象试验站12寸联想笔记本电脑2台(其中1台交给宿州市气象局里使用)。

2011年8月,宿州市气象局配置联想一体机电脑4台给农业气象试验站,更新清华同方等原有旧电脑。

(二)数据处理

农业气象工作起步时,用手工或算盘进行计算相关数据。1984年起,陆续配备小型计算器,用来计算有关数据,1992年前后时达到人手1个。2004年2月起,在台式计算机上计算土壤湿度等相关数据。

(三)报表制作

2002年8月,开始用计算机制作冬小麦农业气象报表上报,2002年12月用计算机制作夏大豆农业气象报表上报,2003年1月用计算机制作夏甘薯报表上报,2003年3月用计算机制作自然物侯报表上报;2009年开始上传农业气象报表电子版。2002年8月之前所有的农业气象报表均为手工抄报的纸质报表。

(四)农业气象测报软件

2000年8月,祁宦研制的"宿州市农业气象业务服务系统"试运行,在微机上统算宿州本站的旬、月气象资料常年平均值等等,用于农业气象服务。

2004年2月,开始使用祁宦开发的"土壤湿度计算软件系统"计算土壤湿度。

2009年10月,安装中国气象局开发的农业气象测报软件(名称AgMODOS),并开始试运行;2011年1月1日开始正式运行,上传农作物发育期、农业气象灾害调查及土壤水分测定数据、编发农业气象旬、月报等。

2013年10月1日起,取消农业气象测报软件中基本气象段的编发。

第八章　气象通信

气象信息网络系统是气象业务系统现代化建设的基础,是沟通气象业务体系四大功能的中枢,通过信息网络实现各种气象资料的逐级上传和国家级、省级预报产品的接收和各类气象信息的共享。随着宿州气象现代化水平的提高,市、县分别建立了不同规模的计算机通信网络系统,相继建成基于因特网的省、市、县三级 VPN 宽带网络,基于 SDH 的网络气象宽带通信骨干网络,建成了以卫星通信技术为基础的 CMA—CAST 气象卫星专用网。

第一节　无线通信

一、早期有线电传电路

气象业务中应用最早最广泛的就是有线电话,成为早期气象电报传输的主要方式,宿县地区各气象台站观测组与电信报房之间均有专线连接。1952 年 8 月至 20 世纪 60 年代中期,宿县地区气象通信为同城电传电路,即宿县气象站观测组到宿县地区邮电局机房电传电路。

二、无线莫尔斯报

1965 年 11 月,宿县地区气象台建立时就设立了无线莫尔斯收讯台。无线莫尔斯通信是利用点、划、间隔的不同组合进行信息传递的电报通信。气象情报是通过无线莫尔斯通信取得的,这种通信方式的通报速率低,以每分钟 120 ~ 130 个字码传输,由报务员人工抄收。

三、无线电传通信单边带

1974 年 7 月底,宿县地区气象台架设 4E 有源环型天线,为全区开展无线移频电传、单边带、无线电传真等通信工作打下良好的基础。1975 年,地区气象台配置了电传打字电报机,电传机的通报速率可达每分钟 400 字码,可将字符自动的打印在卷纸上,电传通信提高了工作效率,减轻了报务人员的劳动强度。1977 年,建立起省内无线电传接收网,用 50 波特的工作速率接收汉口无线电传气象广播台编发的 08 时、14 时华中、华东、华南、西南、华北、西北、新疆以及部分国外报,同时接收北京无线电传广播台播发的气象资料作为补充。

四、无线定频接收机

宿县地区气象台使用的传真收片机有 117、123、123BE 型、CZ－80 型四种。1977 年开始传真业务运行,1979 年配备 117 型传真收片机,117 型传真收片机于 1983 年后期停用;自 1979 年开始,地区气象台、县气象站陆续配备了 123 型和 CZ－80 型普通纸传真机,1990 年 11 月购置 123BE 型传真收片机 1 台,123 型和 CZ－80 型传真收片机采用滚桶式扫描方式,接收设备更新为 79 型定频接收机。县站传真设备配备标准为:环形天线、79 型定频接收机、传真机、电子稳压器、调压器各一部;地区气象台增加传真机一部。至 1984 年 11 月(灵璧县 1982 年 6 月),全区气象台、站全部完成了传真设备的布点。自此,全区气象通信县站以接收传真为主,地区台以接收电传(移频报)、传真并存。地区气象台、站在装备传真收片机后,可直接接收北京、上海、欧洲和日本传真资料。以时效分有实况资料和预报图,以内容分有高度、温度、风场等常规资料,还有雷达回波图、卫星云图、各种物理量诊断图。传真种类和时次主要有:日本的 20 时地面实况、20 时地面预报、08 时地面实况、08 时地面预报、02 时地面实况、14 时地面实况、850 流场预报等资料和欧洲 24、48、72 数值预报及地面高空报、雨量图等。由于业务发展,CZ-80 型传真收片机于 1996 年正式停止使用。

五、甚高频无线电话

安徽省气象局超短波通信网从 1984 年开始建设,1986 年完成安徽省气象台到地区气象台的组网布点,1988 年年底,宿县地区气象局与所辖县气象局建成小网,1991 年完成省到地区高频电话网升级建设,用于省、地级气象台间预报会商。

1992 年 3 月,完成全区四县一市高频电话网,全区共建成 50 米高的通信中转铁塔 5 座。主要设备采用天气警报发射机、日本健伍 TKR720 中继台、T231 车载台和手持对讲机等无线通信设备。全区 105 个乡镇和市辖办事处中有 87 个组建了农村气象科技网,该系统通信性能稳定,话音质量良好,通过无线广播把天气预报公报、气象简报、农业气象情报等气象信息,传送到广大农村。

六、气象警报接收机

气象警报接收机是 20 世纪 90 年代初期开展有偿服务使用的专用通信设备,主要针对专业有偿服务用户。宿县地区气象局在正常的天气状况下一天四次定时,通过广播设备对用户进行广播服务,在汛期和多变天气,增加播出的时次。

警报接收机历经型号为上海科学仪器厂、江苏如东无线电厂、江苏仪征无线电厂等 SQJ88A、QJ1S 和 YD-925,工作频率 148.825MHZ,开启频率为 1050 MHZ,气象警报发射接收系统采用的也是甚高频无线通信技术。最辉煌的时期全区气象警报接收机数量达 100 多台,90 年代后期气象警报接收机逐渐被淘汰,2003 年停止使用。

七、专用无线数据通信网

1994 年 10 月,宿县地区气象台到县站通信采用以计算机技术、无线通信技术为支撑的 150M 甚高频无线数传方式。传输的主要内容:地区气象台指导预报、省气象台的天气信息等,实现地区气象局、县气象局气象资料、卫星云图资料传输和共享,对防灾减灾和行业服务有很好的作用。

八、3G 数据传输

随着信息网络技术发展,原有的 GPRS 应急传输系统已难以满足业务需求,2012 年 10 月,宿州市气象局完成 3G 数据传输程序安装业务运行,该系统包含联通 WCDMA 无线数据传输终端和 3G 数据传输程序。

九、卫星云图接收系统

1994 年 7 月,宿县地区气象局安装卫星云图处理系统,接收日本 gms5 同步卫星信号的数字化云图,直到 1999 年,因日本葵花卫星不能正常播发,该卫星云图接收处理系统停止使用。

2003 年 6 月，宿州市气象局完成了风云 2C 号气象卫星中规模接收站天线选址，8 月 20 日启动了天线的安装，9 月初完成计算机、接收器、分频器及 UPS 电源设备安装，10 月 16 日进行全面调试，收图正常，风云二号—中规模站率先在全国市级台站投入业务运行。该系统自动接收处理 FY－2 和 GMS 系列卫星云图，具有显示云温、云高、云团面积、降水估计等功能，为宿州市灾害性天气监测和预报服务，发挥重要作用。

2005 年 5 月，宿州市气象局对原有的风云—2C 气象卫星中规模接收站设备进行改造，系统升级，实现双机运行模式。

2007 年 6 月 1 日，宿州市气象局 FY－2C/2D 双星业务系统正式投入业务运行，实现了双星资料接收，用较小的成本投入，最大限度地获得多颗遥感卫星的资料，充分发挥卫星资料在天气预报、气候预测和灾害监测方面的作用，是宿州市气象卫星遥感应用发展的重要里程碑。

2012 年 6 月，宿州市气象局完成风云二号 03 批静止气象卫星地面应用系统——中规模站升级改造，系统升级后接收资料的气象卫星云图产品大大丰富，提高对台风、暴雨等中尺度灾害性天气的监测能力。

第二节　卫星通信 9210 工程

"气象卫星综合应用业务系统"工程被列入国家"八五"国民经济建设规划的大中型建设项目，代号"9210 工程"。该项目建设目标：在地市以上气象局采用卫星通信计算机网络 sybase 数据库和人机交互处理系统，建设以卫星通信和地面通信相结合，以卫星通信为主的现代化信息网络和计算机系统，实现资源共享，从整体上提高气象业务现代化水平。

1996 年下半年，宿县地区气象局启动"9210 工程"建设。1996—1998 年，地区气象局先后有多人多次参加国家气象局业务培训；1997 年 10 月，按安徽省气象局业务处要求顺利完成了本市计算机网络（vsat 定标和入网调试，计算机设备、节点机、备用机以及人机交互系统软件安装）安装和调试，TES 实现和全国各省、地市气象局双向通话，PES 实现与北京主站双向数据通信，10 月底完成程控交换机安装，并通过省气象局组织的验收。

1998 年年底，宿县地区气象局各科室及科以上干部家中均开通程控电话，可用内部电话经卫星网与气象部门内用户通话，节省电话费；"9210 工程"初步投入业务试运行。1998 年 11 月完成 Sybase 分布式数据库和业务应用软件安装，建立实时气象资料数据库系统，并实现对实时气象资料有效存储和快速检索，气象信息传输和计算机数据处理、加工能力、大大提高。1998 年年底，"9210 工程"正式投入业务运行，设备资料接收正常、状态良好，通过安徽省气象局现代化办公室验收，并顺利通过中国气象局目标考核。

1999 年 6 月，根据安徽省气象局县站单收站（PC－VAST）目标考核进度，全年完成萧县、砀山、灵璧、泗县台站单收站安装。PC－VAST 广播速率达 2 兆比特/秒，每天接收 500 兆字节以上的气象信息。1999 年 6 月 1 日，宿州市气象局地面观测天气报实现以卫星方式上传，并正式业务运行。

2000 年 5 月 29 日，宿州市气象局安装"9210 工程"PCVSct 多媒体播放卡，实现接收多媒体信息，实现网上会议、业务培训等功能。

2001 年 1 月，宿州市气象局"9210 工程"正式通过验收，投入业务运行。通过"9210 工程"，市气象局建成了以卫星为主、地面通信为辅的新一代气象通信系统和计算机网络系统。"9210 工程"使用前，市气象局计算机网络结构为总线方式，网络可靠性差。而"9210 工程"建成后，采用以卫星通信为主,地面以 X. 25 为辅助通信模式。以 unix 操作系统、sybase 数据库为平台,TCP/IP 为数据通信协议,每天接收主站广播信息达几百兆,并改造了 ftp 服务器,实现了卫星广播下发资料共享。信息量远远超过原安徽省气象台资料接收量。初步建立地市级 micaps 人机交互平台,micaps 可以对每天下发近百兆资料定时处理。

2007 年 6 月 1 日起,宿州市气象局完成新一代卫星数据广播接收(DVB - S)系统安装调试,DVB - S 系统波段为 C 波段为主,广播带宽为 36Mbps,广播能力将进一步大幅度提高。并安装风云二号卫星资料接收终端,具备两颗星同时接收、处理、分发、存档的业务运行能力。2007 年 6 月完成 DVB - S 系统升级改造工程,该系统采用数字视频广播(DVB - S)技术,广播带宽 8. 5Mbps,具有 255 个数据广播通道和 2 个视频广播通道,通过“气象灾害监测与预警工程”的实施。7 月实现中国气象频道落地接收,8 月完成了风云 C 星和 D 星安装调试,实现了双星资料接收。

2010 年,中国气象局卫星数据广播系统(CMA - Cast)启动建设,CMA - Cast 卫星数据广播系统由卫星转发器、广播主站及应用小站组成。采用 DVB - S2 卫星数据广播标准和 1 个完整的 C 波段通信卫星转发器,新一代气象数据卫星广播系统(CMA - Cast)替代了原有的 PCVSAT、FENGYUNCast、DVB—S 三套广播系统,地市级站由卫星接收天线、卫星接收机、二台接收服务器,及地级站原有的终端组成。

2011 年 5 月,宿州市气象局率先完成全市各台站卫星地面站土建安装和场地环境的建设,7 月,市气象局及各县气象局 CMA - Cast 系统投入业务试运行。2012 年 2 月底,宿州市 cmacast 正式投入业务运行,卫星数据广播系统建成后大幅度增加气象资料广播的种类和数量,提高数据分发的时效性和可靠性。宿州市气象台 MICAPS3. 2 投入运行,并对县气象局实现资料远程共享,为汛期气象应急服务提供了有力保证。

第三节 计算机网络

1993 年 11 月,省、地(市)气象局通信方式采用单机 x. 25 卡拨号调用,实现了远程资料的调用,网络速度慢、性能不稳定。

1994 年,建设安徽省气象台到宿县地区气象局的公用分组交换数据网,通信方式采用实现 486 单机和 x. 25 卡拨号调用,地区气象局以同步拨号(161)方式接入分组网和分组网通信工作站连接,实现与省气象台点到点远程资料的调用,网络通信速率 9600 比特/秒,系统比较稳定。

1994 年 7 月,宿县地区气象局初步建立了以 Netware386 为服务器的局域网,实现了气象业务资料共享。1995—1996 年,县气象局到省气象局的分组网建设完成并投入使用,省、地级传输主要内容:各种天气预报、旬月天气实况、雷达回波图、卫星云图、实况天气图、欧洲中心数值预报天气图。

1995 年 4 月,宿县地面观测资料通过计算机网络上传到安徽省气象局。

1996 年,宿县地区完成四县网络升级改造,通信方式采用 x. 28 拨号方式,提高数据传输质量。地区气象台采用异步拨号(162)方式,以 TCP/IP 协议和 x. 25 协议实现与安徽省气象局文件服务器的互联上传。

1997 年,宿县地区气象台开始安装博达路由器,建设分组交换网 64 千比特/秒专线,实现与安徽省气象局 24 小时无间断网络通信。

2000 年 12 月底,宿州市气象局对原有地面分组网进行网络改造,配备 100M 交换机和路由器,网络带宽达 100M;局域网任何一台机器,都能以 TCP/Ip 协议经 X. 25 与远程机器通信,有效解决卫星通信网备份和省、市、县气象局之间网络互通问题，使观测发报成功率大幅度提高。

2001年6—7月，宿州市气象局对原有的Netware局域网改造，更换服务器、通信机，配置新的FTP服务器，开通了气象办公网和宿州农网。

2002年10月，宿州市气象局网络全面改造，接入10M宽带互联网。

2003年，宿州市气象部门开通了VPN宽带通信网，市气象局开通10M因特网光纤，大大提高了全市地面气象通信网的传输能力。6月，宿州市气象台安装了华为8020视频会商系统，实现省、市间视频会商，在非典和汛期服务中发挥了巨大作用。

2006年10月，宿州市、县各级观测站安装观测实景监控系统，2010年7月31日实景观测系统监控平台软件进行升级。

2006年11月，宿州市四县一市气象局安装了支持VPN功能的华为2611路由器，建成了基于INTERNET的连接省、市、县三级VPN网络，使系统速度和网络的可靠性有了显著提高。市气象局安装了安博士杀毒服务器，有效解决了VPN宽带网络市县互通、网络安全、病毒防护等问题，使网络速度和可靠性有了显著提高，保证了VP报等气象信息正常传输。

2007年，宿州市各观测台站配置GPRS通信传输设备（Q2403A USB GPRS无线上网Modem）和GSM值班手机，开通了GPRS应急传输系统。

随着多媒体通信技术的发展和软件视频会议系统逐渐成熟，2008年实施了V2软件电视会商系统工程的建设，使得天气会商业务能力得到了较大的提高，为预报人员提供更加灵活、自主的视频交流平台。

2009年8月，宿州市气象局新业务平面和计算机房启用，新业务平面安装了视频会商系统。气象台预报业务配备了4台DELL precision T3500工作站、H3C MSR 30－20高性能路由器、联想网御Power V－324防火墙、浪潮NF380DPR服务器和及其三层骨干网络交换机等网络接入设备，20KVA大功率UPS不间断电源和100KW大功率柴油发电机，以上设备大大提高了宿州气象现代化水平，信息传输的时效性和稳定性得到了保障。

2009年11月13日，宿州市、县气象局相继完成联通SDH专线建设，四县一市观测站和气象台的气象电报传输、预报可视会商、办公自动化等大部分系统依托此通信链路，线路稳定性得到大幅度提高。

2009年12月底，安徽省气象局建成全省气象应急通信指挥系统，宿州市气象局配备了气象应急通信指挥车。气象应急通信指挥车由车辆系统、卫星通信系统、气象综合观测系统、视频会商系统、供电系统、计算机通信网络及基础保障系统等组成。该车具有先进的通信、完善的视频采集处理、信息加工处理等功能。可以在没有任何公共通信手段的情况下，通过应急移动卫星通信系统，构建基于IP的宽带通信专网，实现市移动应急指挥车与上级决策部门之间实时的各类气象信息交互、资料信息共享，可有效对重大天气过程进行现场应急气象服务，进一步提高应对气象灾害和突发公共事件的快速反应能力。

2010年12月，建成以安徽省气象局、安徽省气象台为中心，连接市、县气象局的天气预报视频会商高清系统。视频会商系统能够提供语音、图像和演示的交互，从而实现省－地市－县之间的远程会商、远程培训、应急指挥等多种应用。

2011年3月底，宿州市气象局完成市级天融信防火墙的配置与建设，并投入业务运行，提高了市气象局的信息网络安全防护能力。

2012年10月31日—11月1日，宿州市气象局完成了全市3G应急传输系统；11月29日—12月4日，完成原有的办公网段路由器和交换机改造优化和参数调整，正式启用中国气象局新推广的“安徽省气象局综合管理信息系统”。

2013 年 8 月 15 日，宿州市气象局联通 2MSDH 链路升级到 4M MSTP 链路，保障数据传输和高清视频业务的畅通。

2013 年 10 月 18 日，宿州市气象局安装完成国家突发公共事件预警信息发布系统项目建设，该系统依托中国气象局业务系统和气象预报信息发布系统，承担对自然灾害、事故灾难、公共卫生事件、社会安全事件四大类突发公共事件信息的接收、处理、及时发布能力，通过电子政务网实现了与国土、环保、农业、地震、水利等部门对接。其中，面向公众的预警信息发布通过专用网站：(http://www. 12379. cn/)实现；面向应急责任人的预警信息发布通过 12379 手机短信实现，系统建成后可实现公众在 10 分钟之内接收到预警信息。

第四节　计算机应用

一、气象数据资料采集

1984 年 4 月，宿县地区气象台配置 PC－1500 袖珍计算机用于预报；1985 年秋，苹果Ⅱ微机投入业务使用，并先后添置长城 286B 和 386 计算机，天气预测预报质量有了较明显的提高。

1985 年，宿县地区首先在宿县、砀山两个国家基本气象站使用 PC－1500 袖珍计算机，主要用于数据输入以及编报同手工编发报对比。这是计算机技术首次在本区测报工作中应用。

1986 年 4 月，PC－1500 计算机正式在宿县站测报工作中应用，将输入的数据通过磁带机记入磁带中，邮寄到安徽省气象局进行数据处理并形成月报表，同时停用手工编发报。

1991 年 5 月 1 日起，宿县气象站试用 PC－1500 外卡，替代原来的磁带记录数据；6 月 1 日起使用外卡，原数据记带停止使用。1991 年宿县地区各台站实现了地面气象观测报表，计算机自动填图自动化。

1993 年，测报年报表开始由微机试制作，1994 年 11 月使用 386 微机进行数据采集、编发报和编制报表等，PC－1500 作备份仪器。

2003 年 8 月开始，宿州市启动单要素加密自动气象站网建设，至 10 月，全市共建 41 个雨量站(埇桥区 10 个、砀山 8 个、萧县 10 个、灵璧 9 个、泗县 4 个)。2005 年，全市启动四要素加密自动气象站网建设，通过无线数据网络的支持，实时采集遍布全市的四要素加密自动气象站的温度、降水、风向、风速的监测结果，直接应用到气象预报和服务。2005 年安装 11 套四要素自动站，2006 年再安装 8 套四要素自动站，调整和增加了单雨量站，使四要素自动站达 19 个、雨量站总数达 45 个。2007 年，6 个四要素站升级到六要素站。截至 2012 年年底，宿州市辖区内已安装各类区域加密自动站 83 个(自动雨量站数达 53 个、四要素站 15 个、六要素站 15 个)，可实时自动采集和显示气温、气压、风向风速、降水、空气湿度等主要气象要素。共安装自动土壤水分观测站 8 个，可实时自动采集和显示 0～100 厘米深各土层土壤相对湿度、显示多层逐时土壤水分曲线。农田综合小气候自动站 8 个，可实时自动采集和显示气温、相对湿度、太阳辐射(日光温室内)、风向风速、降水、土壤耕作层地温(日光温室内)等；安装 5 个 GPS/MET 系统。初步建成多种渠道获取包含气压、湿度、能见度传感器在内的多要素加密自动站、土壤水分测定自动站、农田综合小气候观测仪等各种气象要素监测网络体系。

二、气象资料加工传输处理

宿州市在原有 5 个自动站的基础上(其中国家基本气象观测一级站 2 个、二级站 3 个)。到 2012

年年底，全市建成83个高时空分辨率监测气象要素的区域加密自动站，实时上传各种实时气象要素资料。

初步建成由静止卫星、气象通信卫星等组成的气象资料接收处理系统，建成风云中规模卫星数据图像处理系统一套和Cma－cast卫星广播系统各五套，每天实时接收卫星云图和各类下发的气象预报数值产品。

1998年，MICAPS综合处理系统投入业务运行，改变了手工填图，分析纸质天气图表的作业方式，预报的准确率，预报时效和能力得到显著提高。进入21世纪，宿州市气象台预报预警业务系统：如SWAN系统、PUP系统、短时临近天气预报系统、中小河流精细化预报系统和micaps3.2等系统相继投入业务，每天实时运行显示处理各类高时空分辨率的气象预报产品，气象资料综合加工、分析、处理能力得到很大提高，天气预报准确率、防灾减灾的气象服务能力得到明显增强。

第九章 人工影响天气

人工影响天气，是指为避免或者减轻气象灾害，合理利用气候资源，在适当条件下通过科技手段对局部大气的物理、化学过程进行人工影响，实现增雨雪、防雹、消雨、消雾、防霜等目的的活动。例如，利用飞机或高炮、火箭等运载工具向云中播撒碘化银、干冰等催化剂进行的人工增雨、防雹作业；以及人工消雨、人工消雾等。

宿州是安徽省旱灾和雹灾最为严重的区域之一，也是安徽省最早开展人工影响天气的地区之一。1974 年，灵璧县遭到了 11 次冰雹袭击，部分地区雹灾损失严重。1975 年春，安徽省革命委员会批准宿县地区革命委员会的要求，决定同年 4—6 月在宿县地区首次用“三七”高炮开展人工防雹工作。从 1975 年至 1980 年，宿县地区进行了 6 年人工防雹工作，结合旱象开展了人工增雨。1981 年，根据国民经济“调整、改革、整顿、提高”的八字方针，宿县地区人工防雹、增雨试验结束。1997 年 3 月恢复。

第一节 组织机构

实施人工防雹、增雨作业，要保障空中安全、地面安全和操作安全，同时要能够抓住作业时机。因此，必须在各级政府的统一领导下，组织有关部门大力协作才能做好。为此，1975 年 4 月，宿县地区成立了人工防雹(降雨)指挥部，各县成立了人工防雹(降雨)指挥所，地、县两级相应成立了办事机构，即人工防雹(降雨)办公室。

1975—1980 年宿县地区人工防雹(降雨)指挥部人员名单

表 9－1

年份	指挥	副指挥	成员
1975	韩九如	周祖昌、巩本廉	闫春楼、吴广树、王积安、马登云、彭金裕、胡玉飞
1976	韩九如	孙大模、李志坚	高风震、臧庆志、李连发、田玉龙、沈道平、稽培武、李传径、吴本瑞、袁大政
1977	韩九如	孙大模、李志坚	宿县军分区、气象局、邮电局、水利局、农业局、粮食局、商业局等单位负责人
1978	马　建	孙大模、周祖昌、孙福亭、崔振华	宿县地区农业局、水利局、科技局、财政局、粮食局、商业局、交通局、邮电局等单位负责人
1979	陈振亚	钱亦山、孙福亭、崔振华	宿县地区农业局、科技局、水利局、商业局、财政局等单位负责人
1980	陈海楼	李良宽、李娣凯、崔振华	宿县地区科技局、邮电局、水电局、农业局、财政局、商业局等单位负责人

1975—1980 年宿县地区人工防雹(降雨)办公室人员名单

表 9－2

年份	1975	1976	1977	1978	1979	1980
主任	闫春楼	李志坚	崔振华	崔振华	高风震	崔振华
副主任	吴广树	高风震、臧庆志		吴振湘	吴振湘	吴振湘、陈宜敬

1997 年 3 月,宿县地区行署向各县、市人民政府、行署有关部门发文(行办〔1997〕14 号),同意宿县地区气象局《关于恢复我区人工增雨防雹工作的意见》。1997 年 4 月,成立宿县地区人工增雨防雹减灾工作领导小组(行办秘〔1997〕14 号),宿县地区行署常务副专员武秀玲任组长,行署分管副专员王建、宿县军分区参谋长祝家华、宿县地区气象局局长佘修平任副组长。成员为耿世杰、李开明、朱柏茂、吴汝麒、周恩永、张瑞华、郑光、胡业奎、陶建理、孙家庭、张森、李静、王侠。领导小组办公室设在地区气象局,王侠兼任办公室主任,刘学香兼副主任。

其后,由于人事变动,市、县(区)人工增雨防雹减灾工作领导小组及领导小组办公室分别进行了多次调整。

2012 年 8 月,宿州市人民政府为了加强对人工影响天气工作的领导,决定调整宿州市人工影响天气领导小组,市政府副市长李令臣任组长,市政府副秘书长张德平、宿州市军分区参谋长汝刘、宿州市气象局局长张学贤任副组长。成员为杜青、郭华东、王海燕、欧亚东、陈西林、赵晓春、苏亚、侯朝玲、王耿、李玉清、祁宦、吴绪峰、陈晓强、李红权、张珂、郭金玲。领导小组办公室设在市气象局,祁宦兼任办公室主任,王德育任副主任。

第二节　作业装备

一、高炮

1975—1980 年,由安徽省革命委员会调配 83202 等部队的高炮以及省军区的民兵高炮。

图 9－1　灵璧县气象局高炮作业现场

1997 年 6 月,由各县市政府出资购买双管 37 毫米高炮 11 门,其中宿州市 3 门、砀山县 2 门、萧县 2 门、灵璧县 2 门、泗县 2 门。由各县市自己保管。安徽省军区军械所进行年检。

2000 年 5 月,泗县购买双管 37 毫米高炮 2 门。

图 9－2　宿州市气象局维护保养火箭架

2002 年 3 月,砀山县购买双管 37 毫米高炮 1 门、灵璧县购买 2 门。

二、火箭

1974—1977 年,萧县气象站、灵璧县气象站试制土火箭,由于射程不高、飞行方向不稳,1978 年停止试制。

2002 年 1 月,萧县购买 BL－1 型火箭 1 套(江西国营九三九四厂生产),2006 年 7 月停用。

2010 年 1 月,购买 WR-98/1D 型火箭 5 套(陕西中天火箭技术有限责任公司生产),宿州市、砀山县、萧县、灵璧县、泗县各 1 套。

2011 年 12 月,购买 WR-98/1D 型火箭 6 套,宿州市 2 套、砀山县、萧县、灵璧县、泗县各 1 套。

2013 年 3 月,购买 WR 型火箭弹防爆箱 10 个(陕西中天火箭技术有限责任公司生产),宿州市、砀山县、萧县、灵璧县、泗县各 2 个。

火箭及火箭弹防爆箱均由中央(省级)投资和市、县(区)自筹 1:1 匹配的方式购买。火箭及火箭弹防爆箱均由生产厂家负责年检。

截至 2012 年年底,宿州市共拥有 16 门双管 37 毫米高炮和 11 套 WR-98/1D 型火箭,历年的年检合格率均达 100%。

第三节 作业人员

1975—1980 年,人工防雹是在安徽省革委会、安徽省军区、安徽省人工降雨办公室、安徽省气象局领导下进行的,参加人工防雹工作的除宿县地区有关部门外,还调集和邀请了外地区和外省的有关部门来宿县地区开展人工防雹工作。参加宿县地区人工防雹的高炮部队有 83202、83214、83567 高炮部队。高炮民兵来自淮北市、淮南市、蚌埠市,以及宿县地区宿州市。参加宿县地区人工防雹的气象技术人员有来自安徽省气象台、安徽省气象科学研究所、南京气象学院、蚌埠市气象台、芜湖市气象台、安徽大学数学系、安徽农学院。1978—1980 年气象技术人员由宿县地区自行解决。

1997 年,经过宿县军分区、武装部在所辖范围内按照政治素质高,业务技术好,热爱此项工作为条件,在社会上严格挑选从高炮部队转业到地方上的高炮炮手 30 名。气象员以参加过人工影响天气的老观测员为主体,以年轻观测员为辅参与作业指挥。

2000 年,经几年工作的筛选,宿州市确定 20 名高炮炮手,4 名机动炮手。大部分炮手在部队担任过炮班长,有一定的使用、维护高炮的经验。每次作业每个炮点至少配备 1 名从事过地面观测的气象员参与炮点作业指挥。

2005—2008 年,宿州市人影指挥人员共 19 人,高炮炮手 26 人,形成了稳定的指挥和作业团队。

2009 年 5 月,宿州市有 9 人参加了全省人影火箭技能培训,获得作业资格,成为火箭作业人员。

2010 年 6 月,宿州市又有 7 人参加了全省人影火箭技能培训,获得作业资格。

2011 年 7 月,宿州市 12 人经过全省人影火箭技能培训,获得作业资格。

2012 年,宿州市有 7 人获得火箭作业资格。

截至到 2012 年年底,宿州市有人影作业资格的人员 51 人,其中具有高炮作业上岗证的人员 39 人、火箭作业上岗证的人员 35 人,其中 23 人既具有高炮作业资格又具有火箭作业资格。在选拔作业人员上,重点选拔学识高、年纪轻、能吃苦的人员。全市系统内的作业人员具有硕士学历的占 4%,具有本科学历的占 40%。系统外的高炮炮手基本为“三七”高炮部队转业人员,并且多为炮班长。使得人影队伍素质有了很大的提高。

宿州市共组建了 10 个人工影响天气作业分队,分队长均为各县(区)人影技术骨干担任,大幅提高了人影队伍的组织能力和快速反映能力,关键时刻拉得出,打得响,在人工增雨防雹中发挥了重要作用。

第四节　作业网点

一、1975—1980 年的网点布局

(一)防雹作业点布局

首先是以冰雹路径作为依据,在雹云活动路径上再以交通条件、通信条件、生活条件选择位置,再报请南京军区批准后布点。

1975—1980 年宿县地区防雹作业点布局

表 9-3

站点 年份	进点时间	撤点时间	砀山	萧县	宿县	灵璧	泗县	固镇	五河	怀远
1975	4 月 16 日	6 月 28 日		黄口、马井、岱山口	褚兰、栏杆、时村	尤集、尹集、浍沟	小徐、东方红		东刘集、申集	鲍集、梅桥
1976	4 月 20 日	6 月 20 日	唐寨	黄口、马井	褚兰、栏杆、时村	尤集、尹集	大庄		东刘集	鲍集、河溜
1977	4 月 15 日—4 月 28 日	9 月 6 日	官庄、果园场、陇海	白土、马井、黄口、萧城	曹村、栏杆、褚兰、永安、符离	尤集、浍沟、尹集	大庄、屏山、瓦坊	任桥、石湖	东刘集、双庙	鲍集、河溜、刘圩
1978	4 月 20 日	7 月 10 日	果园场、陇海	黄口、马井、白土	褚兰、栏杆、曹村、符离	尤集、尹集	屏山、大庄	任桥、石湖	东刘集、双庙	鲍集、河溜、刘圩
1979	4 月下旬	8 月 18 日	果园场、陇海	马井、梅村	褚兰、栏杆、曹村	尤集、尹集	屏山		双庙	鲍集、河溜
1980	5 月 31 日	7 月下旬	果园场、陇海	马井、黄口、白土	褚兰、栏杆、曹村	尤集、尹集、高楼	大庄、屏山		东刘集、临北	鲍集、河溜、东庙

1975—1978 年宿县地区防雹土火箭作业点布局

表 9-4

站点 年份	萧县	宿县	灵璧	五河
1975	岱山口、城郊			
1976	岱山口	曹村		
1977	王寨、郭庄、刘套、郑腰庄		界沟	三铺
1978			界沟、浍沟	

(二)人工增雨作业点布局

人工防雹阶段如有旱情,防雹作业点开展人工降雨。在防雹工作结束后,如有旱情再申报设点。1975—1977 年是在防雹结束后有旱象再申报建点。1978—1980 年改变前三年的做法,根据旱情适当延长防雹作业点的时间开展人工降雨。

1975—1977 年宿县地区增雨作业点布局

表 9－5

站点 年份	进点月.日	撤点月.日	砀山	萧县	宿县	灵璧	泗县	固镇	五河	怀远
1975	7.10	9.6	关帝庙、大徐庄	黄口、城郊、王寨	褚兰、栏杆、时村	尤集、尹集、浍沟	小徐、东方红		东刘集、申集	鲍集、梅桥
1976	7.12	9.6	唐寨	黄口、马井	褚兰、栏杆、时村	尤集、尹集	大庄		东刘集	鲍集、河溜
1977	8.6	9.6	官庄、果园场、陇海	白土、马井、黄口、萧城	曹村、栏杆、褚兰、永安、符离	尤集、浍沟、尹集	大庄、屏山、瓦坊	任桥、石湖	东刘集、双庙	鲍集、河溜、刘圩

说明：1. 萧县郭庄、宿县曹村为土火箭点；

2. 五河武桥、小溪两点共用一门炮，视旱情迁移

二、1997—2012 年的网点布局

宿州市的人工增雨防雹作业点布局是在摸清雹灾、旱灾历史规律、天气气候特征、降雹地理分布的基础上，根据当地防雹减灾、抗旱增雨和经济发展的需求，严格遵守《中华人民共和国民用航空法》和《人工影响天气管理条例》的有关规定，进行科学论证和设计，并经安徽省人工影响天气办公室审核后报空域管制部门审查批准确定的。

1997—2012 年宿州市人工增雨防雹作业点布局

表 9－6

站点 年份	宿州市 （宿县、埇桥区）	砀山	萧县	灵璧	泗县
1997	夹沟镇、三八乡	玄庙乡、陇海乡	龙城乡、王寨乡	尤集乡、灵城镇	大庄乡、三湾乡
1998	符离镇、夹沟镇、永安镇	关帝庙镇、园艺场	龙城镇、白土镇	浍沟、灵西乡	大庄镇、三湾乡
1999—2003	曹村镇、夹沟镇、符离镇、祁县镇	关帝庙镇、园艺场、赵楼镇	龙城镇、张庄寨镇、杨楼镇	尤集镇、浍沟镇、灵西乡	大庄镇、三湾乡、草沟镇
2004	曹村镇、夹沟镇、灰古镇、北杨寨乡、祁县镇	陇海乡、关帝庙镇、园艺场、赵楼镇	龙城镇、黄口镇、王寨镇、永固镇	尤集镇、尹集镇、灵西乡、娄庄镇	大庄镇、三湾乡、长沟镇、草沟镇
2005	曹村镇、夹沟镇、灰古镇、北杨寨乡、祁县镇、示范园	陇海乡、关帝庙镇、园艺场、赵楼镇	龙城镇、黄口镇、王寨镇、永固镇	尤集镇、尹集镇、灵西乡、娄庄镇	大庄镇、三湾乡、长沟镇、草沟镇
2006—2009	曹村镇、夹沟镇、灰古镇、北杨寨乡、祁县镇、示范园	陇海乡、关帝庙镇、园艺场、赵楼镇、官庄坝镇	龙城镇、黄口镇、王寨镇、永固镇	尤集镇、尹集镇、灵西乡、娄庄镇	大庄镇、三湾乡、长沟镇、草沟镇
2010	曹村镇、夹沟镇、灰古镇、北杨寨乡、祁县镇、示范园	陇海乡、关帝庙镇、园艺场、赵楼镇、官庄坝镇、果园场	龙城镇、黄口镇、王寨镇、永固镇	尤集镇、尹集镇、灵西乡、娄庄镇	大庄镇、三湾乡、长沟镇、草沟镇
2011—2012	曹村镇、夹沟镇、灰古镇、北杨寨乡、祁县镇、示范园	陇海乡、关帝庙镇、园艺场、赵楼镇、官庄坝镇、砀山果园场	龙城镇、黄口镇、王寨镇、永固镇	尤集镇、尹集镇、灵西乡、娄庄镇	大庄镇、三湾乡、长沟镇、草沟镇、屏山镇

第五节　业务发展

1975—1980年，宿县地区人工增雨防雹作业通讯，主要采用固定电话。

1975—1980、1997—2009年，宿县地区（宿州市）主要利用"三七"高炮进行人工增雨防雹作业。

2009—2012年，宿州市利用高炮、火箭进行人工增雨防雹作业。

1997—2012年，宿州市人工增雨防雹作业通讯，主要采用直拨电话、甚高频电话、手机、互联网等。

2001年1月10日，举行宿州市人工影响天气高炮炮手技术比赛。集体第一名为埇桥区代表队；个人前5名为第一名萧县李启民、第二名泗县李同富、第三名灵璧潘永、第四名萧县晁阳、第五名泗县秦永祥。

2003年3月20日，举行宿州市第二届高炮操作人员比赛（右图），全市25名炮手参加，达到了团结协作、互相学习、共同提高的目的。埇桥区代表队获团体第一名、泗县代表队获团体第二名，砀山代表队获优秀组织奖。姜磊获个人第一名，陈浩、王敏获个人第二名，张健、孔建、李新华获个人第三名。

图9-3　宿州市第二届人工降雨高炮技术操作比赛

2003年，经各单位推荐，宿州市人工影响天气办公室研究决定：砀山县贡金亮、张甫合；萧县李启民、陈浩；埇桥区赵宁、王振峰；灵璧县何成林、潘永；泗县秦永祥、王敏被评为"优秀炮手"。

2003年，宿州市及各县按照《安徽省市级人影业务系统建设指导性意见》《安徽省县级人影业务系统建设指导性意见》《安徽省市、县人工影响天气作业效果评估指导性意见》《安全射界图（示意）》，规范人影业务系统建设。设置了作业指挥室，安全射界图、作业流程图、作业点分布图、气候背景图、冰雹路径图、有关管理规章制度上墙显示。

2003年起，为加强人工影响天气的管理工作，宿州在全省率先对县级人工影响天气工作进行目标管理。

2003年5月，为了加强和完善宿州市人工影响天气管理工作，制定下发了《宿州市人工影响天气作业组织管理规定》《宿州市人工影响天气作业指挥管理规定》《宿州市人工影响天气作业装备管理规定》《宿州市人工影响天气作业弹药管理规定》《宿州市人工影响天气作业资料档案建设管理规定》。

2003年6月，安徽省气象局推广"安徽省高炮火箭人工影响天气作业指挥系统"，该系统发挥多普勒雷达探测范围广、精度高的特点，通过图像投影、坐标转换、无极缩放等处理技术，将雷达回波产品定点到以17个市63个县、202个作业点为中心，不同半径进行显示，使得全省各级指挥中心和作业点可共享多普勒雷达资料，实时指挥人工增雨防雹作业。6月，宿州市安装了该系统软件，并参加了推广应用培训。

2003年10—11月，宿州市人影管理、指挥人员26人参加了中国气象局"人工影响天气岗位培训课程"培训，经考试全部获得合格证书。

2005年5月，开始使用安徽省人工影响天气办公室开发的"人工影响天气综合管理信息系统"，在每次作业后12小时内，向省人影办上传"人工影响天气作业登记表"。

2005年，根据安徽省气象局在全省建设4个人工影响天气示范基地（淮北地区人工增雨防雹示范基地，指挥中心设在宿州；江淮分水岭人工增雨示范基地，指挥中心设在滁州；大别山库区水库蓄水人工增雨示范基地，指挥中心设在六安；皖南山区森林防火灭火示范基地，指挥中心设在宣城）的部署，宿州市人影办开始编制建设方案、研发“淮北地区人工增雨防雹业务系统”。

2005 年 9 月，在南昌召开的“全国人工影响天气业务系统演示交流会”上，“淮北地区人工增雨防雹业务系统”进行了演示交流，宿州市人影办主任王德育与会。

2006 年 10 月，“安徽省人工影响天气高炮安全作业知识竞赛初赛”在安庆、宿州两考点举行，埇桥区炮手孔建获宿州考点第一名，并作为安徽的 2 名选手之一，参加了在昆明举行的“全国人工影响天气高炮安全作业知识竞赛”。

2007 年 3 月，宿州市“人工消雹全程自动决策系统的研究应用”项目成果通过鉴定，由中国气象科学研究院人工影响天气研究所所长王广河、安徽省气象科学研究所所长张爱民、山东省气象台总工程师朱君鉴等组成的鉴定委员会一致认为“成果填补了安徽省空白，总体达到国内先进水平，在人工消雹业务流程、全程自动化方面处于国内领先水平。”

2008 年 3 月，宿州市“人工消雹全程自动决策系统的研究应用”成果，获 2007 年度宿州市科学技术进步三等奖。由王德育、张丙振、朱延文、陈邦怀等研发。

2010 年，“安徽省人工影响天气办公室信息共享与作业指挥平台”投入业务使用。宿州市人影作业人员信息、弹药信息、装备信息等实现了信息共享和规范化管理；实现了从作业申请、作业审批、发射申请、发射审批直到信息上报的整个作业流程的规范化管理。

2011 年 6 月，根据《安徽省人工影响天气作业能力建设方案》的要求，完成宿州市 5 个人影标准化作业点的建设任务，分别为砀山县果园场标准化作业点、灵璧县灵西乡标准化作业点、泗县屏山镇标准化作业点、萧县杨楼镇标准化作业点、埇桥区示范园标准化作业点。全市标准化作业点建筑面积 562. 3 平方米，提升了全市人影作业能力。

第六节　业务服务及典型个例

一、业务服务概况

1975—1980 年，宿县地区实施人工防雹作业 110 次，发射碘化银炮弹 5891 发，土火箭 209 枚。实施人工增雨作业 256 次，发射碘化银炮弹 7945 发，土火箭 45 枚。两项合计作业 366 次，发射碘化银炮弹 13836 发，土火箭 254 枚。

1997—2012 年，宿州市组织人工增雨防雹作业 286 次，发射人雨弹（火箭弹）1 万余发（枚）；防雹保护面积 200 万亩次；产生了显著的社会效益和经济效益。

二、业务服务个例

1975 年 6 月 20 日，萧县发射带催化剂的土火箭进行人工增雨，获得成功，降雨量 20 ~ 50 毫米。这是宿县地区进行的首次人工增雨服务。

2001 年，萧县出现大范围、持续性干旱，致使夏种、秋种期间大部分农田难以播种。县气象局抓住有利时机，积极实施人工增雨作业 10 次，发射炮弹千余发，参加人数 116 人次。其中 5 次作业缓解或解除旱情，累计受益农田 300 万亩，节约抗旱经费 3000 多万元。县政府对县气象局给予通报表彰。

2004 年 7 月 8 日，砀山县出现强对流天气，宿州市人工影响天气办公室通过实时雷达资料准确识别出正在发展的冰雹云，并立即组织和指挥砀山县人影作业分队实施了防雹作业，使得十多平方公里的砀山酥梨梨园免遭冰雹袭击，保护了广大人民群众的财产安全。11 月 9—13 日，全市再次抓住有利时机，积极实施人工增雨作业，解除了近一个月的干旱，产生了巨大的社会效益和经济效益。为此，宿州市政府特发嘉奖令予以通令嘉奖。

2005 年 6 月 18 日 20 时 55 分，冰雹云移入萧县（宿州 711 天气雷达探测的回波强度已达 60dbZ，高度为 14 公里，高显呈冰雹云特征），宿州市人工影响天气办公室及时指挥萧县气象局实施人工防雹作业，经从 20 时 59 分到 21 时 04 分的连续作业，回波强度迅速减弱，雨势明显加大，有效的化雹为雨，避免了冰雹灾害。萧县县政府特发文对萧县气象局进行通报表彰。

2005 年 6 月 20 日傍晚，山东南部的对流云带迅速发展并向宿州市压来，各县、区在市人影办的统一指挥下，迅速将高炮部署在北部乡镇，随时准备消雹作业。21 时 56 分，泗县大庄镇作业点首先开始人工消雹作业，经过持续 8 分钟的较量，回波强度 65dbZ，回波顶高 17 公里的雹云最终被击败。泗县三湾乡作业点选择最佳时机，瞄准目标最佳部位，从 22 时 18 分到 22 时 43 分，对雹云实施高密度的消雹作业，作业后，雨势加大，出现了直径 3 ~4 毫米落地即化的软雹，取得了大雹化小，小雹化雨的作业效果。

2010 年秋种到 2011 年 2 月中旬，宿州市降雨量比历年同期偏少九成，气象干旱十分严重。各县区分别于 2010 年 11 月 14 日、12 月 12—13 日、2011 年 1 月 27 日、2 月 7 日、2 月 9—10 日，组织实施了 5 次人工增雨作业，缓解了部分地区的旱情。2011 年 2 月 26—28 日，全市组织 19 支作业分队，参加作业和指挥的人员 78 人，出动作业车辆 26 台，投入高炮、火箭 19 套，采取固定加机动的作业方式，从 26 日 1 时 26 分至 27 日 18 时 30 分，在砀山县、萧县、埇桥区、灵璧县、泗县实施了大规模的高炮、火箭人工增雨作业。在自然降水和人工增雨的双重作用下，全市降雨量普遍在 30 毫米左右，部分地区超过 40 毫米，全市旱情解除。

2012 年 3 月 21—22 日，全国春季农业生产工作会议在徐州召开，其中 22 日上午，中央领导及与会代表将现场考察徐州市铜山县农业生产情况。由于 22 日上午的室外活动将受明显降水影响，全国春季农业生产工作会议人工消（减）雨安徽人影作业指挥部要求宿州市的 4 个作业点参加人工消（减）雨作业。宿州市人影办及时制订了《宿州市人工消减雨作业预案》，并组建了 4 支作业分队和 1 支预备分队，于 3 月 22 日早晨 7—9 时，在萧县境内进行了两轮消（减）雨作业。作业后萧县境内降水明显加大，有效减少了下游徐州境内的降水量，消（减）雨效果明显，圆满完成了这次重大活动的保障任务。

第十章 防雷减灾

第一节 发展历程

宿县地区气象局开展防雷装置检测服务始于1989年。1989—1991年由宿县地区气象台雷达组技术人员利用接地电阻测试仪进行有偿检测服务。

1992—1994年,由宿县地区气象局综合服务中心有组织地正式对外开展防雷服务;1995—2001年,由地区(市)气象局产业发展科开展防雷服务;2002—2005年,由宿州市防雷减灾中心开展防雷技术服务工作。1996—2005年,以宿县地区(宿州市)防雷减灾局的名义对外开展防雷减灾工作。

1995年,宿县地区防雷减灾局开始与宿县地区建筑质量监督站联合进行建筑物防雷验收工作(后因某些原因终止)并与宿县地区消防支队联合进行易燃易爆场所防雷检测工作(后因某些原因终止)。

1997年,宿县地区防雷减灾局首次承接防雷工程工作。

2001年,宿州市政府成立行政服务中心,宿州市防雷装置设计审核和竣工验收等行政审批项目首批进入行政服务中心。

2004年,宿州市防雷减灾局再度与宿州市消防支队联合进行防雷工程验收工作,防雷装置竣工验收作为消防支队消防验收的前置条件延续至今。2004年首次进行防雷图纸审核工作。

2005年,宿州市开始防雷装置设计审核行政许可项目,此项目渐渐成为宿州市规划局发放规划许可证的前置条件(2010年终止)。

2006年,防雷减灾工作实行政、事、企分开,由宿州市气象局防雷管理办公室(行政单位)负责防雷管理,包括防雷装置设计审核和竣工验收行政许可项目的审批;由宿州市防雷中心(事业单位)开展防雷技术服务工作,包括常规防雷安全检测、防雷图纸技术审查、防雷工程跟踪检测;由宿州市气象综合服务中心(企业单位)承接防雷工程,包括防雷工程的设计和施工。

2011年,宿州市政府办公室下文,宿州市实施行政服务"四个一工程"(一门进、一费清、一章结、一人包),防雷装置设计审核作为宿州市住房和城乡建设委员会发放"建设工程施工许可证"的前置条件延续至今。

第二节 队伍建设

经过20多年的发展,宿州市雷电灾害防御工作已成为全市气象部门新的业务服务内容和市、县地方气象事业的有机组成部分。全市已经初步形成了雷电灾害防御的组织管理(依法履行政府赋予的行政管理职能)、防雷技术服务(防雷检测、设计审核、竣工验收、防雷工程设计与施工、雷击风险评估等)并进的格局,建立了防雷减灾管理机构、业务运行机构、技术服务机构和专业队伍,从事防雷管理和技术服务工作的队伍逐渐扩大。

2012年年底，宿州市从事雷电灾害防御与技术服务的工作人员总数约18人，占全市气象职工总数的15%以上。人员的年龄结构和知识结构也有了很大的变化，由原来的仅仅从事一般检测的服务人员，扩展到防雷、电子、计算机等专业的本科毕业生，职工素质有了较大提高，从业人员工程师以上职称占一半以上，并且具有了防雷专业高级工程师职称人员。通过参加不同类型的防雷管理和技术培训班，全部从业人员取得防雷专业检测、工程、图审、评估等资格证书。

第三节　防雷检测

宿州市气象局最早从事的防雷减灾工作即防雷检测。

1991年，安徽省安全生产委员会、中国人民保险公司安徽省分公司、安徽省气象局联合下发《关于对全省避雷装置进行安全检测的通知》，安徽省第一次规范防雷检测工作。为贯彻执行上级文件精神，1992年，宿县地区气象局开始有组织地开展防雷检测工作，重点在每年汛期前对工矿企业、高层建筑物、易燃易爆场所等进行防雷接地电阻检测。

1992年至1995年，防雷检测工作由宿州市专业气象台负责；1996年至1999年，防雷检测工作由宿县地区气象局产业发展科（宿县地区防雷减灾局）负责；2000年、2001年，由宿州市气象局项目开发办公室负责；2002年至2013年，由宿州市防雷中心（防雷减灾中心）负责。2004年，宿州市防雷中心向宿州市事业单位登记管理局申领了“事业单位法人证书”，向宿州市质量技术监督管理局申领了“组织机构代码证”，取得了安徽省气象局颁发的“安徽省防雷装置检测资质证”。

随着防雷检测工作的发展，检测范围逐步扩大，涉及到高层建筑、易燃易爆场所、电力、通信、广播电视、电子信息系统、工厂、学校、物资仓库、住宅小区等可能造成雷电灾害的场所和设施。

第四节　防雷工程

随着防雷检测业务的发展，以及与其他单位的业务技术交流，宿县地区气象局于1996年首次开展了防雷工程设计与施工。第一个防雷工程是1996年与桃园煤矿签订的工程协议并实施。之后，为政府部门、教育系统、广播电视、工厂矿山、输电配电、交通运输、易燃易爆场所、住宅小区等系统或场所设计安装雷电防护工程项目数百家。其中，涉及高山、煤矿、高压供电等高危险、高难度场所。

2005年，宿州市气象综合服务中心取得防雷工程专业设计丙级资质和防雷工程专业施工丙级资质。2010年，宿州市气象综合服务中心取得防雷工程专业设计乙级资质和防雷工程专业施工乙级资质。

第五节　防雷设计审核与竣工验收

2004年3月，宿州市气象局、宿州市公安消防支队联合行文《关于加强全市防雷防静电装置安全检测工作的通知》后，开始启动本市防雷装置设计审核和竣工验收工作。之后，市气象局防雷装置竣工验收始终作为市消防支队消防安全验收的前置条件。

2005年11月,宿州市人民政府发文《关于加强防雷减灾管理工作的通知》,明确规定:将防雷装置设计审核、竣工验收作为建设行政主管部门发放"规划许可证""施工许可证"的前置条件,且防雷装置审核验收资料纳入建设行政主管部门工程备案的必备项目。之后,经与宿州市建设委员会规划局协调,防雷装置设计审核作为建设工程规划许可证的前置条件。

2011年,宿州市人民政府办公室下文,宿州市实施行政服务"四个一工程",防雷装置设计审核作为宿州市住房和城乡建设委员会发放"建设工程施工许可证"的前置条件延续至今。

2011年8月起,宿州市防雷设计图纸审核在宿州市政务服务中心进行;防雷装置设计技术审查报告、防雷装置设计核准书、防雷装置检测报告、防雷装置验收合格证等,都在政务服务中心气象局窗口发放;其相关的防雷技术服务收费也都移至气象局窗口办理。

第六节 雷击风险评估

2007年11月,《安徽省气象灾害防御条例》发布实施;2010年1月,国务院发布国家《气象灾害防御条例》。其中规定:国家重大建设工程、重大区域性经济开发项目和大型太阳能、风能等气候资源开发利用项目以及城乡规划编制中,应当统筹考虑气候可行性和气象灾害的风险性,避免、减轻气象灾害的影响。

基于上述有关规定,宿州市防雷中心于2010年5月开始雷击风险评估技术服务工作。2011年7月,《宿州市雷击风险评估管理办法》正式发布实施。按照有关规定,宿州市气象局逐步将雷击风险评估作为发放建设项目"防雷装置设计核准书"的前置条件。2010年至2013年,宿州市防雷中心对宿州市117个建设项目进行雷击风险评估,作出雷击风险评估报告117份。

第七节 防雷管理

1996年8月,为贯彻落实安徽省人民政府办公厅皖政办〔1996〕12号文件精神,宿县地区机构编制委员会行文(地编字〔1996〕013号)批复成立宿县地区防雷减灾局(宿县地区成立省辖市后,宿县地区防雷减灾局更名为宿州市防雷减灾局),负责管理全区(全市)的防雷减灾管理工作。

1998年起,宿州市气象局、宿州市防雷减灾局与宿州市人民政府办公室、宿州市安全生产监督管理委员会办公室、宿州市公安消防支队、宿州市安全生产监督管理局、宿州市教育局等有关单位联合行文《关于加强防雷安全管理工作的通知》《关于加强全市防雷防静电装置安全检测工作的通知》《关于做好学校防雷安全工作的紧急通知》《关于加强雷电天气计算机信息系统安全防护的紧急通知》《关于进一步加强农村学校雷电灾害防御工作的通知》《宿州市雷击灾害风险评估管理办法》等10多个文件(具体文件目录详见附录二文件题录)。规范了本市学校、高层建筑、加油站及易燃易爆场所等有关地方的雷电灾害防御、防雷安全检查工作,防雷防静电设计审核、施工、检测和竣工验收工作。

2005年11月,宿州市人民政府印发《关于加强防雷减灾管理工作的通知》,明确规定:将防雷装置设计审核、竣工验收作为建设行政主管部门发放"规划许可证""施工许可证"的前置条件,且防雷装置审核验收资料纳入建设行政主管部门工程备案的必备项目。

第十一章　农村综合经济信息网

第一节　发展历程

宿州农网中心(全称宿州市农村综合经济信息中心)的前身是在1994年6月8日经宿县地区行署批准成立的“宿县地区农村经济信息中心”,分管农业的副专员王建兼任主任,副主任由宿县行署农经委、宿县行署农业局、宿县行署气象局主要负责人及各县(市)分管农业的副县(市)长兼任;办公地点设在宿县地区气象局,气象局局长兼任办公室主任。

1998年3月10日,安徽省气象局印发“关于做好组建全省农村综合经济信息网先期工作的通知”。1998年12月7日,经安徽省政府同意,安徽省农村工作领导小组正式行文转发“关于建立全省农村综合经济信息网的实施意见”。1999年7月,按照省气象局部署,宿州市气象局依托宿州农村综合经济信息中心成立宿州农网中心。在2000年年初的宿州市政府常务会议上,市政府把农网“信息入乡”工程列为年度内要抓好的12件实事之一,并成立了以分管农业的副市长为组长的领导小组,以加强对这项工作的领导。3月中旬,副市长王建主持召开各县(区)分管农业副县(区)长、农委主任及全市气象局长参加的农网工作会议,宿州市“安徽农网信息入乡工程”得以全面启动。采取“政府主管,农委牵头,气象部门主办”的形式,按照“九个一”工程标准,即:一间工作室、一套设备、一根电话线、一个信息站标识牌、一个规章制度框、一个网络拓扑图、一位专兼职信息员、一村一个信息联络员、一村一个致富信息栏,在全市建成111个乡镇信息服务站。

2001年5月,作为安徽省农网工作的先进典型,全省农业信息化工作会议在宿州市召开,有力推动了全省农网信息入乡工作的开展。

第二节　培训及服务

一、农网培训

为了普及农业信息化技术,1999年年底,宿州市依托“安徽农网信息入乡工程”,在宿州市气象局建设宿州农业信息化培训基地。截至2005年,建成拥有教室3间,宿舍20间,机房4间,计算机60余台的现代化培训基地。

1999年至2008年,宿州农网先后与宿州市农委、宿州市委组织部合作,对宿州市111个乡镇信息员、小康示范村的村支书、安徽省选派到村任职干部、宿州市选派到村任职干部、选聘大学生、农村致富带头人、先锋在线工作站工作人员等,进行农业信息技术知识培训,前后共举办50余期,2600余人参加培训(宿州市气象局先后参与主讲的技术人员:孙惠合、杨志猛、李良武、柏枫、卢俞、耿德祥、戚尚恩、王德育、钱平海等)。

二、农网服务

2000 年 7 月，宿州农网创办《宿州农经信息报》。《宿州农经信息报》由宿州市气象部门与组织部选派办联合经营承办，设有农村政策、农业科技、农民信箱、选派干部专栏、会员园地等版块，为农民、会员提供针对性的信息服务。每期 5000 份，一月两期，全部免费赠送给全市 111 个乡镇、3000 多个行政村和种养大户等（创办实施人：孙惠合、卢俞、张可）。

2001 年 3 月，宿州市浍水路农资市场信息服务站建立。4 月 6 日，宿州市委副书记、市长陈树德视察信息服务站；信息站遵循“免费为农民服务”的宗旨，实施“以网养网”策略。（信息站创办实施人：孙惠合、卢俞）。

2003 年 9 月，借助宿州市教育电视台平台，开播《宿州农网信息联播》，时长 15 分钟，每天三次播出，设立了“全国部分城市蔬菜行情”“牵线搭桥”“农业科技”“综合信息”“气象天地”等栏目；同时与埇桥区六个乡镇电视插转台联合开播《埇桥区农网信息联播》电视节目，时长 10 分钟；节目覆盖埇桥区全部 29 个乡镇，辐射固镇北部、濉溪东部、灵璧西部、江苏省徐州市铜山县南部等周边地区，成为解决农网信息进村入户“最后一公里”的有效手段。（实施负责人：孙惠合、耿德祥、卢俞）。

2004 年 11 月，宿州农网与安徽省电信公司宿州分公司联合开通“农网 1606110”电话语音信息服务平台，咨询系统共设置 10 个主信箱和 55 个分信箱，内容以产业结构调整和农产品为主，主要提供农产品市场信息、价格行情以及与农业相关的农事气象、种植技术、养殖技术等科技知识（设计管理和维护人员：孙惠合、耿德祥、卢俞）。

2006 年 9 月，启动宿州市“百镇千村农信通工程”，与安徽移动宿州分公司联合开通“农信通”一键式服务热线平台，宿州市副市长李令臣参加 9 月 23 日在埇桥区祁县镇举行的启动仪式。通过“农信通”专用终端，以电话语音方式向农民提供政策法规、农业科技、市场供求、价格行情及气象灾害预警等信息（具体实施人：孙惠合、耿德祥、钱平海、卢俞）。

2009 年 11 月，创办宿州市气象信息员专报，即“三农信息导报”，每周一期，依托安徽省乡镇综合信息服务平台供全市气象信息员和选派干部下载、浏览和打印，通过他们打印转呈乡镇分管领导、张贴或分发给相关有需要的种养大户和群众手中（具体负责管理人：孙惠合、卢俞、张可）。

第三节 网站建设

一、宿州农网

2000 年 8 月 1 日，宿州农网网站设计完成，并开通上网试运行；10 月，宿州市农网信息港正式上网运行（2005 年 9 月，宿州农网网站申请独立域名：http://www.sznw.cn）；宿州农网以“服务三农，聚汇特色，突出宿州”为宗旨，全力推进宿州市农业信息化建设为目标，努力做好“为农服务”工作。农网主要服务对象是：各级政府、农口及市直有关涉农单位、乡镇企业和广大农民；网络传输服务的主要内容包括：农业生产、

图 11－1 宿州农网（2012 年版）网站首页截图

农业科技、气象防灾减灾信息、农产品供求、农业生产资料需求及市场价格信息、劳务信息等。

2004 年 8 月改版，宿州农网设立城市天气预报、气象灾害、防雷减灾、决策服务、专业服务、气象科普、人工影响天气、农业气象、气象现代化、生日天气查询等 19 个版块，发布天气预报、天气警报、天气公告、气象灾害、生活气象指数、农业气象情报预报、旅游气象预报等气象信息和防灾减灾信息，提供生活气象服务、政府决策服务、工商企业生产专业服务等气象服务。

2012 年 9 月改版后，设立资讯、市场、科技、综合、专题 5 个主栏目 20 个子栏目（宿州天气、气象新闻、时政要闻、农业资讯、市场信息、南关菜市场、市场预测、供求信息、专家在线、种植养殖、农资农机、果蔬花卉、贮藏加工、特色旅游、本地特产、三农信息导报、埇桥区乡村气象服务专项、设施农业气象服务专刊、农网信息联播、农经信息报）；四县一区均以安徽农网管理平台为依托，建成 5 个县级农网网站。

设计人员：孙惠合、耿德祥、卢俞。日常维护：卢俞、张可。

二、宿州气象网

2004 年 6 月，由宿州农网主创人员设计建立的宿州气象网（http://www.szqx.cn）上线试运行，8 月 1 日正式开通，主要提供本市辖区的气象信息和农业气象信息等。

图 11－2 宿州气象网（2012 年版）网站首页截图

宿州气象网立足宿州、面向黄淮，包括城市天气预报、气象灾害、防雷减灾、决策服务、专业服务、气象科普、人工影响天气、农业气象、气象现代化、生日天气查询等 19 个板块，发布天气预报、天气警报、天气公报、气象灾害、生活气象指数、农业气象情报预报、旅游气象预报等气象信息和防灾减灾信息，提供生活气象服务、政府决策服务、涉农企业生产专业服务等气象服务。宿州市气象局各部门以及各县（区）气象局都有自己的信息更新和管理入口。

经过几次改版后（2007 年 7 月第一次改版、2012 年 9 月第二次改版），2012 年版设置有政务信息、气象预报、农业气象、人影天气、政策法规、气象灾害、科普信息、雷电防御、服务专题等 9 个主栏目 20 个子栏目（文明创建、党风廉政、本市天气、全省天气、雨量实时数据监控、设施农业、人影作业公告、人影快报、气象灾害信息、灾防信息、气象科普、工作动态、气象标准、部门规章、规范性文件、生活气象、气象知识、防灾减灾、三农信息导报、乡村服务专题）。

设计负责人：钱平海、卢俞、孙惠合、张丙振；网站日常维护：卢俞、张可。

三、淮海农资网

2003 年 10 月 1 日，宿州农网以“促进黄淮海地区经济繁荣，搭建皖北农资信息交流平台”为宗旨，创办开通淮海农资网（http://www.hhnz.com），设立 5 个中心即商务中心，科技中心（最新推荐、最新公告、土壤肥料、农药农膜、种植技术、养殖技术、新品推介、植物保护、农业机械、贮藏加工 10 个子栏目），资讯中心，展会中心，搜索中心（企业、商机、产

图 11－3 淮海农资网（2013 年版）网站首页截图

品、资讯、科技、展会），1 个市场（即各地的农资大市场信息），1 个行情（即全国各地的农资价格行情）。

2013 年 6 月改版，删去了 1 个市场、1 个行情、2 个中心（商务中心、展会中心），保留 3 个中心（科技中心、资讯中心、搜索中心）。改版后栏目新增市场中心（南关菜市行情、市场预测、供求信息、信息咨询）、视频中心、专题中心、帮助中心（商务助手指南、搜索指南、产品展示指南、商业机会指南、会员注册、企业网店指南）、会员中心（网站地图、电子邮件、农业科技、供求信息、交流论坛）等频道。

设计负责人有钱平海、卢俞、孙惠合。日常维护：卢俞、张可。

四、宿州先锋网

2004 年 6 月，宿州市气象局受宿州市委组织部委托，承建宿州先锋网（http://sz. ahxf. gov. cn）。各县区气象部门先后完成对应先锋网是组织系统面向公众的党建宣传与党员教育门户网站，县区先锋网和乡镇先锋在线工作站建设。也是党员干部现代远程教育辅助教学网站。

具体设计负责人：耿德祥、卢俞。2011 年 4 月以后，交给安徽省农网中心托管。

图 11－4　宿州先锋网（2012 年版）网站首页截图

五、淮北地区设施农业气象网

2010 年 12 月，宿州市气象局设计开通"淮北地区设施农业气象网"，挂靠宿州气象网，设置有设施农业气象灾害预警、设施气象要素预报、设施农业实用技术、设施农业气象专刊、设施简汛、观测站点、小气候数据监控等栏目。设计负责人：祁宦、柏吉林、卢俞。

图 11－5　淮北地区设施农业气象网网站首页截图

2011 年 5 月，宿州市气象局依托财政部"乡村气象服务专项"支持，以"扩大农业农村公共气象服务覆盖面，提高农业气象服务和农村气象灾害防御科技水平"为重点，以完善气象为农服务"两个体系"为目标，建立"埇桥区乡村气象服务专项"专题网页，并在埇桥区夏刘寨村、光明村、沟西村、八张村等 10 多个社会主义新农村和美好乡村示范村布设农业小气候服务站、"直通三农"乡村综合信息服务触摸屏自助终端、多媒体气象显示屏、气象预警电子显示屏和预警大喇叭等多种信息服务设备，实施"气象为农服务工程"。

具体实施和管理人：祁宦、孙惠合、王颖、李德、卢俞。日常维护：卢俞、张可。

六、三农网络电视台

2012 年 9 月，与宿州市农业科学研究院、宿州市农业委员会等涉农部门联动，开通"三农网络电视台"（http://www. snqx. tv）专业视频网站，设立了三农直播间、聚焦三农（农业要闻、三农人物、新农合、领导讲坛、政策解读、农机补贴、良种补贴、新农村）、防灾减灾、气象农业（天气预报、天气公报、一周天气、农业气象、气象新闻、防灾减灾、气象科普、旅游气象）、农村经济（致富经、一村一品、特色农业、农民培训、品牌农业、循环经济、世界农业、耕耘）、农业科教（粮食、畜牧、果树、食用菌、农资、蔬菜、农机、田管植保）、专家访谈、致富经验、文艺娱乐（电影、电视、豫剧、泗州戏、小品、相声、黄梅戏、京剧）、生活服务（教育、饮食、保健、旅游、礼仪、网络、食品安全、民生）等10个主栏目48个子栏目。

具体设计管理人：孙惠合、卢俞。日常维护：卢俞、张可。

图11－6　宿州三农网络电视台网站首页截图

第十二章　气象服务

依据《气象服务分类术语》标准（GB/T 27961—2011），气象服务通常分为公共气象服务和专业有偿服务，其中公共气象服务占主导地位，包括决策气象服务、公众气象服务、专业和专项气象服务。绝大多数公共气象服务是基于公益性气象无偿服务的，只是在专业和专项气象服务中，根据用户的特殊需求，需组织相关单位共同协作，通过多渠道、多方式合理合法地开展部分有偿服务，以保证相应的气象服务高质量、高标准完成。

宿州气象事业发展的61年间，气象服务从无到有，从小到大，从简单到专业，从粗放到精细，逐步发展壮大。建站伊始，气象服务主要为国防建设和军队服务；1953年8月，贯彻既为国防建设服务，又为经济建设服务的方针；1958年以后，贯彻以生产服务为纲，以农业服务为重点的气象工作方针；改革开放后，宿县地区气象服务进入全面发展的阶段，在重点做好为农业生产服务的同时，气象服务领域也逐渐涉及工矿企业、学校、工业生产、砖瓦窑厂等各个方面，为工商业和人们的生产生活提供专业专项服务。进入21世纪，随着服务手段不断提升和改进，服务领域得到了进一步拓展，服务形式更加多样化，服务内容更加专业化、精细化、规范化、科学化，基本满足了不同服务对象的需求。

专业有偿气象服务的发展始于20世纪80年代中期。1985年年初，以国务院正式批准气象部门开展专业有偿气象服务为起点，到90年代中期，宿县地区专业有偿气象服务经历了艰难创业的发展阶段，服务内容以单一的中短期天气预报为主，服务手段只有上门送服务材料和电话传真等简单的手段，服务对象仅是一些厂矿、学校和乡镇企业，收入也仅有几千元、几万元至十几万元。直到90年代后期，随着服务手段不断更新，服务领域不断拓宽，服务信息不断丰富，专业有偿气象服务步入了快速发展的轨道，至2012年年底，已开展生活气象指数预报、空气质量气象条件等级预报、森林火险气象等级预报、交通气象服务、电力气象服务、仓储气象服务、医疗气象服务、建筑气象服务等多个领域专业专项气象服务；服务形式包括气象周报、气象服务专刊（报）、农网信息导报、农业气象专刊等形式，服务手段有电话、传真、手机短信、彩信、广播电视、报纸、“96121”自动答询电话、电视天气预报、电子显示屏、多媒体显示屏、触摸屏、预警大喇叭等多种手段；专业有偿气象服务的经济效益和社会效益也有了很大提高。

第一节　公共气象服务

一、决策气象服务

1952年8月建站起，宿县气象站始终把决策气象服务作为气象服务的中心，坚持为各级党委、政府等重点服务对象提供准确、及时的气象预测预报和情报服务。决策气象服务重点主要体现在四个方面，一是重大灾害性天气预报预警服务，二是关键性、转折性、突发性天气服务，三是重要农事季节和汛期气象服务，四是经济社会发展和城乡规划气象咨询服务。决策气象服务产品主要有重要气象信息专报、气象预警信息快报、雨(墒)情快报、人影快报、农业气象专刊、呈阅材料、天气气候专题分析等,是各级领导决策的重要依据,特别是防汛抗旱决策服务,气象部门发挥了参谋助手的作用。

2013年4月上旬,宿州市遭受春季寒潮、低温和晚霜冻、午收前暴雨、7—8月持续高温天气,先后遭受五次雷雨大风等强对流天气袭击,全市气象部门上下联动,科学预测,提前预警,及时服务,为减少灾害损失发挥了应有的作用。特别是在8月9日,砀山县、萧县遭遇雷雨大风袭击的气象服务过程中,市、县气象局主动服务,当好参谋,积极向市委市政府、县委县政府和有关部门负责人及时发送气象预警信息,主动呈送气象服务材料,为政府指挥抗灾救灾提供了科学的决策依据。

二、公众气象服务

从1956年开始以后的40年里,宿县地区气象部门主要通过地方广播电台为社会公众公开播发天气预报,直到20世纪90年代中后期,随着气象科技的进步和服务手段的更新,宿州气象部门为社会公众提供的气象服务信息越来越丰富,服务手段越来越多,准确性、及时性、针对性、专业性也越来越高,较好地满足了广大人民群众生产生活的需要。

2010年前后,宿州市气象部门为社会公众提供的气象服务信息已发展到包括天气预报预警信息、农业气象信息、生活气象信息、医疗气象信息、交通气象信息、旅游气象信息服务等诸多内容,服务信息主要是通过广播、电视、报纸、气象微博、宿州气象网等多种手段向社会公众免费发布,同时设立"96121"电话自动答询系统,由用户根据需求,拨打特别服务电话不同信箱,及时获取最新的气象服务信息。随着手机的发展和普及,气象部门根据手机用户的服务需求,每天至少2次定时为他们推送公共气象服务信息和不定时的天气预警信息。据统计,宿州市(含四县一区)平均每年发送各类气象服务短信2000余条,发布各类天气预警信息约300次,赢得了社会公众的普遍赞誉。

三、专业和专项气象服务

(一)气象为农服务

宿州市气象部门始终坚持抓好气象为农服务工作,通过多年的努力,先后搭建五大网络服务平台、构建了市、县、乡、村四级服务网络,建立2个试验示范基地(宿州市农业示范园气象为农服务试验示范基地、泗县屏山镇气象为农服务综合示范基地)。至2012年,宿州市气象为"三农"服务更具针对性、实用性和精细化,服务产品多达8类10多项,主要有《宿州农业气象》《重要农业气象专报》《设施农业气象服务专刊》《政策性农业保险气象服务专刊》《农业气象专题分析》《农用天气预报》《农业气候生态环境评估》《农业气象灾害评估》等,服务领域包括粮食作物及油料作物大田生产、水果生产、设施农业种植、禽畜养殖,以及农业气候生态环境等各个方面。

2010年7月,宿州市气象局与南京信息工程大学应用气象学院建立了局院合作科研机制,宿州市农业气象试验示范基地被南京信息工程大学应用气象学院选为教学实践基地,极大地增强了气象为农服务的科技支撑能力。2011—2013年,宿州市埇桥区、泗县(2012年)、灵璧县(2013年)先后被中国气象局·财政部列为"三农"气象服务专项试点县,分别建立了农业气象服务指标库,成立了涉农气象服务专家联盟,建立了"直通式"服务点,开发了多套农业气象服务系统。现已形成具有宿州特色的气象为农服务模式,并获得安徽省气象部门2011年度创新项目奖,成为全省气象为农服务的一大亮点。

(二)气象保障服务

做好各类重大活动和重要节日气象保障服务是气象部门重要职责之一。2005年以前,气象保障服务主要应地方政府和有关部门的要求,提供简单的气象预测预报服务。2005年后,随着气象服务能力的逐步提升，宿州市的气象保障服务也逐渐规范。每年的春节春运、“五一”“十一”黄金周、重要节假日、人大及政协“两会”、高考、中考、黄淮海农资博览会、灵璧石国际文化节、砀山梨花旅游暨民俗文化节、泗州戏文化节、萧县伏羊节、大型项目奠基开工、领导人视察等重大活动，气象部门都主动、及时提供滚动气象保障服务，受到组织方和社会各界的高度评价，宿州市气象局和各县气象局也多次受到当地政府的表彰。

第二节 专业有偿服务

一、专业有偿服务发展历程

自 1952 年 8 月建站起，宿县地区气象部门就从气象观测资料、天气预报等方面，为经济社会建设、国防建设、农业生产和人们的生产生活开展气象预报服务。1959 年 5 月 23 日，泗县气候站在屏山乡召开全县各乡镇气象哨参加的气象服务现场会，交流总结基层气象哨服务工作开展情况。1977 年，安徽省气象局下发《关于加强气象情报服务的通知》和《关于建立“气象灾害资料卡”的通知》，宿县地区下发《关于全区开展气候普查的通知》，专业气象服务开始逐步拓展和规范。

改革开放以后，宿县地区专业气象服务得到了长足发展，服务内容从简单的气象预测预报服务、气象观测资料服务逐步拓展到农业气候区划、气象灾害评估、气候分析评价、工程建设、电力专项服务等诸多领域。1985 年以前，专业气象服务主要为公益服务和免费的专业专项服务。1985 年 3 月 29 日，国办发〔1985〕25 号文，批复了国家气象局《关于气象部门开展有偿专业服务和综合经营的报告》；同期，宿县地区气象局制定了《关于开展有偿气象服务的暂行办法》，明确了本地区气象部门开展专业有偿气象服务的收费标准，标志着宿县地区有偿专业气象服务的正式开始。此期气象科技服务主要是简单的气象预报、农气情报、观测资料、气象科技成果等方面的有偿专业气象服务。

1985 年 11 月 10 日，宿县地区气象局依据国务院办公厅国办发〔1985〕25 号、国家气象局及财政部国气计字〔85〕135 号和安徽省财政厅、安徽省气象局皖气计字〔85〕153 号等文件精神，向宿县地区行署上报《关于气象部门开展有偿专业服务的报告》，阐明了发展气象事业对于促进四化建设的重要意义，开展有偿专业服务是气象部门改革的重要内容，明确了有偿专业服务的范围、服务项目和收费原则，以及有偿专业服务收入的使用等，行署批复同意。至此，宿县地区气象部门发展有偿专业服务有了充足的政策依据。

1988 年 5 月，首次引进第一部定时开关警报接收机，其发射机覆盖范围约 25 公里。1991 年，气象警报接收机功能逐渐增多，发射距离逐渐增强，气象警报接收机可实现随时接收气象信息。在其后的几年时间里，气象警报接收机服务逐渐发展起来，服务对象逐步扩展到窑厂、轧花厂、村以及厂矿与驻军部队。服务方式，由定时改为定时与不定时服务，服务内容包括突发性灾害性天气预报、短时天气预报、24 小时与 48 小时天气预报、天气周报以及农村经济信息、歌曲、小品欣赏等。

1993 年年初，为了更好、更及时、更有效地开展专业气象服务，宿县地区气象部门投资 10 万元资金，为重点服务对象和各乡镇安装气象警报接收机。1994 年 3 月 13 日，宿县地区乡镇企业局、宿县地区气象局联合发文《关于在全区轮窑厂建立气象防灾警报网的通知》，4 月 7 日，召开了全地区乡镇企业局、气象局局长会议，就贯彻落实乡企生字〔1994〕18 号文件进行了热烈讨论，并下发了会议纪要，当年地区及县两级气象部门主动及时地为所有轮窑厂安装了近百部警报接收机。至此全区布设警报接收机已近 300 台，城市服务用户配备了语音 BP 机，组建成覆盖众多服务对象的专业气象警报网。

地区气象局每天5～6次广播，遇有突发灾害性天气，随时广播。气象警报网为防灾减灾、趋利避害发挥了重要作用。

进入21世纪，宿州市专业气象服务得到了快速发展。服务领域不断拓宽，不仅仅为工农业生产服务，还在生活气象、医疗气象、大型工程建设、电力气象服务等进行了积极探索。2010年，为宿州供电公司建立了电力负荷自动化预报服务系统。服务方式也由以警报接收机、语音BP机、电话传真、上门送纸质材料等传统方法为主逐步转变为以电子显示屏、触摸屏、手机短信、预警大喇叭、互联网等新媒体为主。

二、气候资料应用服务

在解放初期，气象资料属国家"秘密"资料。1952年8月宿县建站之初，执行中央军委气象局制定的《保守气象业务机密及气象情报、记录资料供应办法暂行细则》，细则规定各种气象观测记录资料、原始报表等均属"机密"范围，气象资料仅为国防建设和军队服务。1954年8月，中央气象局颁发《气象资料供应保密暂行规定》，9月起，试行中央气象局颁发的《气象资料供应保密暂行细则》，将气象资料分为"秘密"和"非秘密"两个等级，"非秘密"资料的管理逐步放宽，可按使用部门的要求开展社会服务。20世纪50—80年代，气象资料服务需求较少，仅为一些政府部门、科研部门和农业生产需求提供资料服务。进入90年代，随着经济社会的快速发展，气象资料的服务需求也来越来多，特别是工矿企业、环境评价、保险理赔等领域对气象资料的服务需求量较大。

至2012年，宿州市气象部门主要为政府部门决策、大型工程建设、环境评价、保险理赔、气象灾害评估、气候可行性论证、司法活动中气象资料证明、科研活动、天气指数保险等提供准确的气候观测资料服务。其中为政府决策、科研活动、公益事业提供免费的气候观测资料分析服务，如重要天气的实况资料、科研时段的气象观测数据、保险理赔、部分司法活动中的气象证明等；对工农业生产、商业活动，环境影响评价及其他生产生活活动提供有偿气象资料分析与服务，如大型工程气候分析与论证、环境评价使用的大气资料等。市气象局平均每年提供气候资料类服务达30多份。如2005年，为华电宿州电厂提供工程建设气候论证服务；2013年，为国电宿州汇源电厂提供气候论证服务；从2009年起，每年为国元农业保险宿州中支公司提供气象灾害认证服务，年平均近10次（份）。

三、生活气象指数和专业气象预报

宿州生活气象指数预报服务起步于1999年，由宿州市专业气象台制作发布，主要有体感温度、舒适度指数、穿衣指数、感冒指数、润肤指数、晨练指数、紫外线指数、晾晒指数等。2000年，开展了森林火险气象条件等级、麦场火险气象条件等级预报，医疗气象预报，仓储、运输、砖瓦生产、建筑、供电、邮电、纺织、商业等工商业气象服务和蔬菜生产、销售的专项气象预报服务。

为了提升专业气象预报服务能力，宿州市专业气象台成功研制了专业气象预报服务自动化系统（ZYFWS）。该系统包括服务用户档案管理和各项专业预报的自动生成、存档、输出、打印等功能，极大地方便了专业气象服务技术人员，节省了大量人力、物力。

2003年，宿州市专业气象台与宿州市环保局联合，制作发布宿城空气质量等级预报，并在气象影视节目中播出。2005年终止合作。

四、典型服务事例

（一）为农业生产服务。1981年3月，天气多阴雨，土壤潮湿，全地区770万亩小麦中有三分之一以上受到麦蜘蛛危害，宿县地区气象台预报4月份仍然阴雨日数偏多、光照偏少，相对湿度大，利于麦蜘蛛的蔓延,宿县地区气象局及时向各级领导汇报,地委、行署高度重视,及时采取防治措施,降低了病虫危害造成的小麦损失。1991 年春季,由于冬暖春雨多,全地区小麦病虫害大爆发,地区及县两级气象部门主动服务,准确预报 4 月 18 日以后转入少雨时段,对小麦病虫害防治极为有利,并向广大农民发布天气公报和服务信息,向各级领导报送专题呈阅材料,为全区集中时间进行大面积防治提供了准确及时的气象保障服务。据统计,4 月 18—28 日的 10 天时间里,全区防治小麦纹枯病 142.1 万亩,白粉病 224.2 万亩,吸浆虫 156.2 万亩,蚜虫 39.4 万亩。宿县行署副专员高明德对泗县县委书记说"你们县不仅预报准确,服务工作做得也好",其他各市、县政府也对此次专业气象服务给予了高度评价。1993 年 11 月下旬强寒潮天气,地区气象局分别在 11 月 15 日、17 日、20 日提前发布专题预报,气象局主要负责人第一时间向行署专员、县级宿州市负责人作了汇报,并通过气象警报网反复播出,提醒农民采取措施,建议菜农提前收获蔬菜。据不完全统计,全地区减少损失 2000 多万元。气象局先后在市科技工作会议、市"菜篮子"工程会议上被表扬,此次气象服务事例被编入宿州市"两高一优"农业的教材中。

(二)为工业生产服务。1981 年 10 月下旬,朱仙庄煤矿计划平移预制井塔 35 米距离,架设在井口上,该塔高 62 米,建筑面积 1581 平方米,重 4000 多吨,施工气象条件要求天气晴好、地面风力不大于 3 级,且为平移方向的顶头风。宿县地区气象台根据服务需求,派 6 名人员去现场勘测,实地测量地面和井塔各高度的风速,并计算历年 10 月下旬各日 14 时各风向每隔 1 米/秒的出现机率,结合天气预报,确定 26 日和 30 日为最佳平移日。该矿根据气象服务建议,决定 26 日平移,并顺利完成。气象台准确可靠的气象服务受到了工程指挥部和广大工人、技术人员的赞扬和感谢。

(三)为交通运输服务。1985 年 10 月,萧县棉麻公司大批调运棉花,需晴好天气,萧县气象站为他们提供了准确的气象预报,建议该公司缓运 4 天,避免损失 5 万多元。

(四)为工程建设服务。1990—1991 年冬春,灵璧县投入 10 万民工,进行环城河的挖深和拓宽治理工程。3 月 6 日下午,灵璧县气象局预报未来 24 小时有中到大雨,第一时间向工程指挥部进行了汇报,并派服务人员赶赴现场服务。指挥部听取气象局预报意见后,立即采取措施,组织民工将堆放在工地上的 100 多吨水泥盖好。指挥部在工程简报上通报表扬气象局服务准确、及时、主动、周到。

第三节　气象服务手段

一、电话自动答询("96121"系统)

1997 年,安徽省气象局和安徽省邮电局联合发文《关于做好"121"特服气象信息电话答询服务的通知》,省气象局决定 7 月份开展"121"开通月活动。宿县地区气象部门与邮电部门联合,萧县、灵璧县、泗县分别于 1997 年 5 月 15 日、6 月 10 日和 6 月 20 日及时开通了"121"气象信息电话答询服务业务。随后砀山县开通"121"电话服务,1998 年 6 月,宿县地区气象局开通"121"气象信息特服电话业务。主要服务内容为短期天气预报和简单的气象资讯信息。开通之初,"121"平台设在电信局,由气象局把 24、48 小时天气预报,通过电话传送到电信局"168"平台工作组,再转换到"121"电话信箱中,1999 年 2 月,地区气象局购置了数字"121"自动答询系统,"121"服务平台随之迁至地区气象局,各县"121"平台也随后迁至县气象局。

通过 1 年多的发展,"121"服务电话内容逐步完善。1999 年,宿州市"121"电话设置了 8 个主信箱,分别是本地短期预报、天气实况与上下班预报、节假日与双休日预报、医疗气象预报、铁路沿线及旅游城市天气预报、周边城市天气预报、各县天气预报、全年天气趋势预报。同时推出100个分信箱，内容涉及气象情报、天气与健康、气象万千、气象与各行业、农业气象服务、气象与日常生活、气象知识等。为广大人民群众提供了较为丰富的气象信息服务。2001年，开通中国联通手机拨打“121”气象服务电话业务。

2004年7月1日零时，宿州市“121”气象信息服务电话号码升位为“12121”，2007年8月5日，“12121”电话由原来的天通一号信令数字机升级为7号信令（无延迟现象），通讯线路也由原来的电信30条线路扩展到电信、移到、联通、铁通、网通共300条线路；2007年10月30日16时，全市“12121”服务平台整体切换至“96121”平台，但仍保留“12121”平台作为公共气象服务平台。气象信息自动答询电话开通16年间，服务信箱和内容也得到了丰富和拓展。至2012年，全市“96121”气象信息服务电话设置本地短期（24～72小时）天气预报、短时（6小时）天气预报、各县短期天气预报、5天滚动天气预报、6～8天天气趋势预报、天气实况与上下班预报、旅游城市预报、全省天气预报、气象热点与近期天气形势分析、气象与农业等10个主信箱，以及开心一刻、生日天气查询、气象知识宝库、气象大观园、气象科普等近300个分信箱，基本满足了不同服务对象的需求。

二、气象短信

2003年，安徽省气象局决定建立“安徽省气象防灾减灾短信息服务系统”，即“气象短信”服务系统，服务宗旨是“立足个性化服务，兼顾公益服务，加强决策服务”。通过与电信运营商密切合作，以短信方式将天气预报信息传递到社会公众手中，从而走出一条全民防灾减灾的新路子。

2003年6月18日9时18分，全省移动气象短信平台开通；2004年7月29日，联通气象短信业务开通；2004年8月，电信公司“小灵通”短信业务开通。2008年，电信公司开展移动通讯业务后，气象短信平台也同步开通。全省气象部门采取上下联动的方式，地市气象局与地市通信运营商共同推广气象短信业务。经过10年的持续发展，截止到2013年9月，宿州移动气象短信用户数达到44900户，其中收费用户38737户；宿州联通气象短信用户数达到90852户，其中收费用户25564户；宿州电信气象短信业务经过5年的发展，用户数已达11316户，其中收费用户10097户。

为了更好地发挥“安徽省气象防灾减灾短信息服务系统”的功能和效益，2004年7月，安徽省气象局为市、县两级气象局相继开通气象短信虚拟服务平台。虚拟平台主要承担市、县天气预报、雨情、灾害天气预警信息发布服务。宿州市气象局发布对象主要为党委、政府领导、部门负责人，以及埇桥区乡镇领导班子、村两委负责人、中小学校长、重点服务对象、气象灾害防御责任人等6000多人，其他四个县虚拟平台包括决策领导和气象灾害防御责任人4000～5000人。该项服务快速高效便捷，及时向市、县区四大班子领导和有关部门负责人、气象灾害防御责任人发布气象预警信息、雨情信息、气象灾害防御建议及其他有关信息，受到了各级党委、政府的充分肯定和表扬，也受到了社会公众的高度关注和赞扬。

2011年10月，宿州市埇桥区作为安徽省第一批“三农”气象服务专项试点县，开通“三农”气象服务专项虚拟短信平台，该平台主要服务对象为家庭农场主、专业合作社负责人、种粮大户、养殖大户、蔬菜能手、示范村负责人等近万人。提供的服务内容包括天气预警信息、农业防灾减灾、农业气象、专业气象、设施（农田）小气候、农业保险、小麦天气指数保险等丰富的气象为农服务产品。2012年泗县、2013年灵璧县也分别开通“三农”气象服务专项虚拟短信平台。

三、电视天气预报

宿县地区气象局于1995年开通电视天气预报节目，当年9月从巢湖引进第一套天气预报字幕系统,从12月份开始自行制作天气预报节目,送往地区电视台播出。1998年10月,从北京引进并组装品尼高非线性编辑系统;1998年12月,从天津市气象局引进SY2000字幕系统;2000年,从北京微智达公司引进DVSTORM非线性编辑系统、摄录设备、图形制作软件、编辑软件DVSTORM等,节目的制作水平和质量有了很大的提高。

2004年6月,宿州市气象局又投入10多万元,改造装修了面积为25平方米的气象影视演播室,购置了演播室制作外围设备,招聘了节目主持人,7月1日,带有主持人的生动活泼的新版气象影视节目上线播出。主要制作5套节目:常规《天气预报》《气象与农情》《气象资讯》《旅游气象》《交通气象》等。2009年,市气象局投入70多万元,在新办公区新建了100平方米演播室,搭建了2个演播间(1个蓝箱、1个访谈演播间),购置了外围设备,更新了气象影视制作系统,9月份新演播室正式投入使用。2013年年底,制作播出的节目有:宿州电视台一套的《天气预报》《晚间气象》,宿州电视台二套的《气象与农情》《旅游气象》,宿州电视台三套的《天气资讯》《交通气象》等节目。

2002年,开通埇桥区6个乡镇插转台和皖北煤电矿区电视台电视天气预报节目;2005年,开通宿州市科技文化广场大显示屏循环播放《早间气象》节目。2009年,皖北矿区电视台天气预报节目停播。

1998年、2002年、2004年,宿州市气象局选送的《天气预报》参赛节目三次获全省天气预报节目观摩比赛三等奖。2006年,宿州市《气象与农情》参赛节目获全省天气预报节目观摩比赛综合二等奖,入围全国赛。2007年,宿州市《气象资讯》参赛节目获全省创意类天气预报节目比赛综合三等奖,最佳评述奖。2013年9月,在全省气象影视服务业务竞赛中,宿州市气象局报送的《天气预报》《气象与农情》气象影视节目获团体三等奖、综合三等奖,其中《气象与农情—沃野绽放气象喇叭花》节目还获大赛最佳创意奖。

四、电子显示屏

2005年,宿州市气象局首次引进气象电子显示屏,主要为各级党委、政府和有关部门以及部分重点企业安装。2007年7月16日,市气象局、市教育局联合发文《关于在全市中学内安装气象预警信息电子显示屏的通知》,要求宿州市直学校全部安装,每县区各安装6~8块。2011年,埇桥区气象局为全区25个乡镇广播站安装语音电子显示屏,并与村村通广播联网。2012年,区气象局在4个村和6个乡镇气象综合信息示范站安装了10套多媒体显示屏和触摸屏,其他4个县分别安装1套多媒体显示屏和触摸屏。到2012年年底,全市安装气象电子显示屏245块,多媒体显示屏和触摸屏27套。

电子显示屏与多媒体显示屏主要发布灾害性天气预警信息、短时突发性天气预报信息、每天四次的短期天气预报信息、5天滚动预报信息、气象为农服务信息、雨情信息等。

五、气象预警大喇叭

为了进一步落实国办〔2012〕33号和皖政办〔2011〕69号文件精神,按照宿州市政府办公室《转发市气象局关于加强气象灾害监测预警及信息发布工作实施意见的通知》要求,泗县气象局先行先试,秉承“政府主导、部门联动、资源共享”的工作思路,联合县政府应急办、扶贫办、广播电视台,在全县范围内建设政府应急(气象灾害预警)广播系统工程。

该工程主要建设县政府应急(气象灾害预警)广播系统控制中心一个,500个大喇叭网点接受系统,每个网点采用15米高塔杆,设置4个高音喇叭。500个网点遍布全县区划调整前的所有行政村、种粮大户、专业合作社和人口密集场所。日常情况下系统正常广播,向农民播发本县新闻、专题、民生工程宣传以及“三农”政策与科技知识,遇有应急广播时,县政府应急办、气象局等相关单位使用指定的电话或手机，经过密码授权验证后强制启动应急广播系统，可以对全县或分乡镇、分区域进行应急广播，应急广播具有最高优先权，确保气象灾害预警等应急信息第一时间播发。此外，乡镇政府也可以利用该系统召开本乡镇的广播会，实现一个平台多种功能。

政府应急（气象灾害预警）工程是一项惠及老百姓的平安工程，对此，泗县县委、县政府高度重视。2012 年 3 月，县政府办公室出台了《关于印发政府应急（气象灾害预警）广播工程建设实施方案的通知》，成立了由分管副县长为组长，广电、气象等单位为成员的工程建设领导小组，工程建设 4 月正式启动建设。8 月建成投入使用。

政府应急（气象灾害预警）工程在预警信息发布和指导防御方面发挥了重要作用。2012 年 6 月 24 日，泗县气象局与泗县农委进行夏种天气和播种建议等方面会商后，针对 6 月 27 日后将出现连续的强降水天气，开启应急广播，要求农民朋友迅速行动，及时干耩播种，播后等雨。6 月 30 日针对旱涝急转的形势，泗县气象局开启大喇叭，向群众通报雨量雨情以及强降水将持续的信息，关注田间积水，及时清沟沥水。

该工程技术先进、设备一流、安全可靠、使用便捷，效益明显，引起了有关媒体和上级部门的高度关注。2012—2013 年，先后有中国气象频道、安徽电视台《第一时间》栏目、宿州电视台进行了跟踪报道；2012 年 8 月建成以来，安徽省、宿州市气象局和其他兄弟市县气象局多次到泗县调研、指导；2013 年 8 月，国家广电总局也到泗县进行专题调研，都给予了充分的肯定和高度评价。

第四篇　行政管理

第十三章 职工队伍

第一节 队伍构成

一、职工人数

(一)在职人员

1952年8月,宿县气象站建立后,调入调出宿县气象站、宿县地区气象台、宿县地区气象局(宿州市气象局)的人员有234人次,其中在职正式职工203人次,军代表2人,挂职锻炼、工作交流或借调职工6人,临时工23人。

1952年8月,宿县气象站建站时只有2名人员,1名业务负责人,1名观测员。1955年6人,副站长1人,观测员4人,炊事员1人;其中正副组长各1人。1954—1956年,每年调进4~6人,调出4~5人,人员变动较大。1957—1960年,每年进出1~2人,人员变化相对平稳。

20世纪60年代,1966—1967年及1969年没有进人,除1963年、1965年各调进5人外,其余5年进1~2人。10年中有3年没有人员调出,其余每年1人;人员变化较为平稳。

70年代是气象部门进人高潮,10年中调进68人。1972年,宿县地区气象台总人数24人;1975年一年进15人,是历年来进人最多的一年,其中多数是退伍军人,宿县地区气象局总人数达到38人;1976年总人数46人;1978年进14人,总人数达到53人(含宿县气象局人数,下同)。1980年进13人,年底职工人数达到61人。10年中有4年无人调出,1980年调出5人,其余5年每年调出1~3人。

80年代进39人,初期是进人小高峰期,其中1982—1983年进人17人,同时也是职工离退休开始期;至1983年年底,宿县地区气象局离退休4人,在职职工总人数达69人;1987年年底66人;1990年年底,在职职工65人。10年中调出29人,其中1981年、1988年各调出1人;1983—1985年共调出14人,是人员调出的高峰期,其余5年各调出2~3人。

90年代进17人,其中1991年进6人,1994年进4人,有3年没有进人,其余各年进1~2人。2000年年底,在职职工56人。10年中调出5人,有5年无人调出。

21世纪初进21人,只有2003年没有进人,除2010年进4人外,其余每年进1~3人。2010年年底,在职职工54人,其中12人参照公务员法管理(2002年,宿州市气象局机关实行参照公务员法管理),42人为事业编制。编制外聘用12人(2003年起使用编制外员工)。10年中只调出5人,有5年无人调出。

2011—2012年,2年中进7人,调出5人,增减较多。2012年年底,在职职工54人,其中13人参照公务员法管理,41人为事业编制。编制外聘用12人。

(二)离退休人员

孙宝环1981年12月离休,是宿县地区气象局离休最早的1人;李本仁1983年4月退休,是地区气象局退休最早的1人。1981—2012年,32年间宿州市气象局离休7人,退休43人。

1981—2012 年宿州市气象局离退休人数表

表 13 - 1　　单位:人

年份	总数	男	女	离休(提前离休)	退休(提前退休)
1981—1990	9	8	1	7(4)	2(1)
1991—2000	22	19	3	0(0)	22(2)
2001—2012	19	11	8	0(0)	19(2)
合计	50	38	12	7(4)	43(5)

20 世纪 90 年代中后期,迎来了职工退休的高峰时期。1996—1998 年间,每年都有 3 ~ 5 人退休,三年退休 12 人,占 90 年代退休人数的 54.5%。2000 年年底,宿州市气象局健在的离退休人员 25 人,占在职职工人数的 44.6%。2012 年年底,宿州市气象局健在离退休人员共 42 人,占在职在编职工人数的 77.8%。

1990 年 2 月,孟令水在岗病故后,至 2013 年年底,24 年间共病故 10 人,平均病故年龄 73 岁。

县气象局离休最早的是泗县气象局的杭俊华(1981 年 12 月),退休最早的是泗县局的单钦桂(1989 年 6 月)。到 2012 年年底,县气象局离休 4 人、退休 16 人;病故或意外死亡 11 人(含在职死亡 3 人)。

二、学历构成

宿州气象事业的发展,得益于气象人才的培养和使用。20 世纪 50 年代,新中国培养了一批一年制气象中专生,还有一批农校三年制的中专毕业生分配到气象部门。

1961 年 11 月,宿县农业气象试验站调来第一位大学生——李志众;1963 年 5 月,调来第一位大专生崔玉玲。20 世纪 60 年代末,宿县气象站只有大学生 1 人,中专生 3 人。

进入 70 年代,陆续从南京气象学院、安徽农学院、中国科学院大气所、合肥工业大学等院校和单位分配及调配来 14 名大学生,从安徽省气象学校、兄弟台站等学校和单位分配及调来中专生 24 人,学历构成发生较大变化。至 1980 年年底,宿县地区气象局中专生比例占 39.3%,大学生(含大专生)占 23.0%。

80 年代,从学校分配和外单位引进大学生 10 人、中专生 18 人,在职培训大专毕业 4 人、中专毕业 9 人;至 1990 年年底;宿县地区气象局在职职工 65 人,其中大学本科 6 人,大专 9 人;中专 34 人,高中及以下 16 人。

90 年代,学校分配和引进大学生 6 人,中专生 5 人,在职培训毕业的大学生 5 人、中专毕业 3 人;至 2000 年年底,宿州市气象局在职职工 56 人,其中大学本科学历 10 人,大学专科 9 人,中专毕业 28 人,高中及以下 9 人。

21 世纪初,学校分配和引进大学生 16 人,中专生 4 人,在职培训毕业的大学生 23 人;2007 年 7 月,从安徽农业大学分配来第一位农业气象专业毕业的硕士研究生孙有丰;至 2010 年年底,宿州市气象局在职职工 54 人,其中硕士研究生学历 2 人,大学本科学历 37 人,大学专科 5 人,中专学历 9 人,高中毕业 1 人。

2011—2012 年,从学校毕业分配、外单位调入 7 人,其中研究生 1 人,大学本科生 3 人;在职培训毕业的大学生 12 人,研究生 2 人;2012 年年底,宿州市气象局在职职工 54 人,其中硕士研究生学历占

3.7%,大学本科学历占66.7%、大学专科学历7.4%、中专学历20.4%、高中毕业1.9%。

三、职称结构

1978年,全国科学大会召开后,宿县地区分别在工程、农业、卫生、科研等各个系统开展职称评定工作。1980年,宿县地区气象局技术职称评定委员会(临时)成立,孟继方任主任。负责对本地区气象系统初、中级技术职务的评定和推荐工作。

1981年,根据中央气象局和国务院科学技术干部局联合制定下发的"气象技术干部技术职称实施办法"和"技术干部技术考核暂(试)行标准",开展评定初级职称和推荐晋升中级职称工作,安徽省气象局对所属气象部门技术干部进行了技术职称评定。宿县地区气象部门的陈宜敬、周鸿庆、郑庆善、张伯忍、陈令行、李凡玲、刘保绩晋升为工程师;孟继方、刘敏录晋升为农艺师;这是宿州气象史上经评定晋升的第一批工程师(农艺师)。1982年,首批工程师(农艺师)均荣获"中华人民共和国工程师证书",授予单位为安徽省气象局。

1985年12月16日,成立宿县地区气象局技术职务聘任领导小组和技术职务聘任评审委员会,分别由唐守顺和周鸿庆担任主任,负责对全区技术人员进行摸底、测算及对照条件对所有技术人员进行职称评审,划分等级。其测算结果是有20人可晋升工程师、33人可晋升助理工程师、9人可晋升技术员。

1987年7月3日,经安徽省气象局同意,宿县地区气象局成立初级技术职务评审委员会,周鸿庆任主任委员、唐守顺任副主任委员。8月,开展首次专业技术职务评聘工作,全区推荐上报中级职称27人、初级职称58人。时隔6年,1987年11—12月,省气象局再次开展技术职称评审工作,地区气象部门先后有28人晋升为工程师(会计师),其中县气象局11人。1987年12月,周鸿庆第一个被晋升为高级工程师。

至1990年年底,宿县地区气象局在职职工65人,其中高级工程师2人,工程师20人,助理工程师29人,技术员1人,无职称14人。县气象局在职工程师12人。

1992年起,技术职称评审每年进行一次,正式走向常态化。

2000年年底,宿州市气象局在职职工56人,其中高级工程师3人,工程师17人,助理工程师28人,无职称8人。县气象局在职工程师6人。

2008年6月,根据《安徽省事业单位岗位设置管理实施细则(试行)》,宿州市气象部门首次实行事业单位岗位设置。其中职称结构设置如下:专业技术五级岗(高级工程师)1人(戚尚恩)、六级岗1人(祁宦)、七级岗2人(陈邦怀、汪留湛);八级岗(工程师)8人、九级岗10人、十级岗19人;十一级岗(助理工程师)16人、十二级岗4人;十三级岗(技术员)5人。

2010年年底,宿州市气象局在职职工54人,其中高级工程师9人,工程师27人,助理工程师10人,技术员2人,无职称6人。县气象局在职高级工程师1人,工程师19人。

第二节 干部管理

一、管理制度

解放初期,出于军事上的需要,安徽省气象台站隶属于军队建制。随着经济建设日趋扩大,安徽省陆续建成一批气象台站。迫切需要设置一个管理机构,以便于开展业务。1954年,气象部门转隶地方，安徽省成立省一级的气象管理机构。至20世纪50年代末期，各地、市、县均建立气象台站，为便于管理，气象管理体制由中央气象局、省气象局二级管理，发展为中央气象局、省气象局、地区气象局三级管理。之后，受历次政治运动影响，气象部门管理体制反复多变，时而地方，时而军管，机构设置变动频繁，“人、财、物”管理三下三上，影响气象事业的正常发展。1980年后，气象系统恢复实行垂直管理制度，稳定了管理体制，加强管理措施，气象事业才得到迅速发展。

1983年，安徽省气象部门实行自上而下的双重领导，以气象部门领导为主的管理体制，明确本部门既是上级业务部门的下属单位，又是同级人民政府的工作部门。

1987年12月，安徽省气象局制订了专业技术职务聘任办法，地（市）、县气象局的各类专业技术职务一般实行任命制。任命按照确定的岗位、职数，在下达指标限额内由行政领导代表单位在经过相应的专业技术职务评审委员会审议通过的人员中进行任命，单位直接颁发聘任书。高级工程师（副研究员级）由地区气象局提名，省气象局任命；中级、初级技术职务由所在地区气象局直接任命，报省气象局人事处备案。

1988年5月，安徽省气象部门进行干部人事制度改革，进一步下放干部管理权限，实行省气象局对地（市）气象局的科级干部任免的宏观管理，宿县地区气象局根据省气象局下达的科级机构及科级干部职数，自行任免科级干部，报省气象局人事处备案。严格控制人员编制，调进调出人员时要以年末编制数为依据，做到有计划、合理的调配气象人员，提高气象干部队伍的素质，使人员的结构更趋合理。

1988年5月，驻在乡镇的基层台站具有大中专学历或技术员以上职称的气象科技人员实行浮动1级工资（4个县局均开始实施）。浮动满8年的，可将向上浮动工资转为固定工资，并在其基础上再向上浮动1级，在8年内离开基层气象台站的，取消这1级浮动工资。

1989年9月起，根据安徽省气象局制定的考核办法，对具有高、中级专业技术职务的专业技术人员进行考核。

1991年9月起，执行安徽省气象局制定的职工年休假暂行办法。10月，执行省气象局制定的工资基金管理实施暂行细则。12月，执行省气象局制定的专业技术人员考核暂行办法。

1995年2月起，执行安徽省气象局制定的机关工作人员考核暂行办法、事业单位工作人员考核暂行办法。

1996年12月，皖气人发〔1996〕324号文《关于下发宿县地区气象局机构编制方案的通知》指出，宿县地区各级气象机构既是上级气象部门的下属单位，又是同级人民政府主管气象工作的部门，继续实行以气象部门为主与地方政府双重领导的管理体制。

2000年4月，安徽省气象部门制定了强化领导干部监督管理的若干措施。宿州市、县气象部门成立了以主要负责人为第一责任人的党风廉政建设领导小组，建立了由纪检、人事和本单位党组织三家联手的工作班子，对县科（局）级以上领导干部，管钱、管物、管人、管项目的干部进行全程监督。

2001年7月9日，安徽省气象部门制定了专业技术人员业务轮岗暂行办法。10月16日，印发《安徽省国家气象系统机构改革方案》。新方案明确安徽省国家气象系统各级管理机构实行上级气象主管机构与本级人民政府双重领导，以上级气象主管机构领导为主的管理体制。在上级气象主管机构和同级地方人民政府领导下，根据授权承担本行政区域内气象工作的政府行政管理职能，依法履行气象主管机构的各项职责。宿州市气象局机构规格为正处级；2002年年初，执行皖气人发〔2001〕99号文通知批准的机构设置：内设办公室、业务科技科、人事教育科3个职能科室，气象台、防雷减灾中心、农村综合经济信息中心、科技服务中心4个直属事业单位；下属4个县气象局，机构规格为正科级。

2002 年 4 月起，执行《安徽省气象事业单位聘用合同制实施办法（试行）》《安徽省气象部门待岗人员管理暂行办法》《安徽省气象部门分流人员安置暂行办法》，全市气象事业单位推行全员聘用合同制。依照安徽省人事厅、安徽省气象局印发的《安徽省气象管理机构依照国家公务员制度管理实施方案》，宿州市气象局机关工作人员依照国家公务员制度管理。10 月起，依照《安徽省、市气象局机关非领导职务设置实施意见》设置非领导职务。

2003 年 4 月，安徽省气象局制定下发了《安徽省气象部门试行内部分配制度改革的实施意见》；5 月，制定下发了《安徽省气象科技服务与产业人事管理的若干规定》；7 月，制定下发了《安徽省气象部门在职职工教育管理办法》《安徽省气象局编制外用工管理办法》《安徽省气象系统退役士兵安置工作的意见》；8 月，制定下发了《安徽省气象部门优秀科技人才选拔管理暂行办法》；12 月，制定下发了《安徽省气象系统干部交流暂行规定》。

2005 年 5 月，安徽省气象局制定下发了《安徽省气象部门在职教育培训管理办法》《安徽省气象系统干部短期交流工作管理暂行规定》。

2008 年 6 月，根据安徽省气象局关于《宿州市气象事业单位岗位设置方案的批复》，宿州市气象部门首次实行事业单位岗位设置，29 人参加竞聘 3 个级别的管理岗位、5 个级别的技术岗位。管理岗设置如下：七级岗（正科级）5 人、八级岗（副科级）2 人、九级岗（科员）1 人。12 月，根据省气象局干部交流工作的有关规定，对 4 个县气象局的领导进行了交流、调配。

对于安徽省气象局的上述规定，宿州市气象部门均遵照执行。

二、管理机构

1958 年起，气象台站发展迅速，业务项目与日俱增，为加强管理，是年安徽省建立 8 个中心气象站，宿县气象站是其中一个中心站。当时，主要管理测报，并配备专职测报管理人员，协助安徽省气象局进行业务技术指导，测报工作检查，报表审核等。宿县中心气象站管理砀山、郝庄（萧县）、濉溪、灵璧、泗县、五河 6 个气象站。

1965 年后，宿县成立专区气象台，按行政区划管理所属县站。

1975 年，宿县专区气象台扩为宿县地区气象局，下设办公室、政工科、业务科，临时增设人工降雨办公室，二级机构有气象台、农业气象试验站；下辖 8 个气象站：宿县、砀山、萧县、泗县、灵璧、怀远、固镇和五河。

1984 年 1 月，怀远县、固镇县和五河县划归蚌埠市，其各县气象局的人事管理权也随之转移。

1992 年，开始进行机构改革，宿县地区气象局分为行政管理、基本业务、创收三大块。

1996 年 5 月，根据皖气〔1996〕324 号文通知批准，宿县地区气象局机构设置如下：行政管理（办公室、人事劳动科、业务发展科）、基本业务（气象台、农业气象试验站）、科技服务与产业科。

2002 年，宿州市气象局改设行政管理（办公室、业务科技科、人事教育科）和直属业务（气象台、防雷减灾中心、农村综合经济信息中心、科技服务中心）两大块。

2006 年 12 月，宿州市气象局机关设人事教育科、业务科技科、办公室 3 个。市气象局直属事业单位设气象台、国家气象观测站、气象科技服务中心、农村综合经济信息中心 4 个。

2012 年 12 月，宿州市气象局机构设置改为办公室、业务科技科、人事教育科、财务核算中心、气象台、国家气象观测站、装备保障中心、气象科技服务中心、农村综合经济信息中心。

三、管理权限

1958年,成立中心气象站前后,中心气象站、各气象站负责人及专职管理员均由安徽省气象局直接任命。

1984年10月起,安徽省气象系统采取分级管理、层层负责的办法进行干部管理。宿县地区气象局党组协助省气象局党组与地委,管理市气象局正、副局长,党组正、副书记、成员,督导员、主任工程师及总工程师,机关党委书记,纪律检查组组长。

宿县地区气象局党组管理局机关科级干部;二级机构科级干部、股级干部;县气象局科级干部、纪检员及股级干部。

(一)干部调配

1984年9月起,宿县地区气象局根据安徽省气象局制定的《干部调配暂行规定》,对要求调出气象部门的,由地区气象局根据本人要求、工作需要、业务水平提出具体意见,报省气象局人事处审查办理。业务骨干,大、中专毕业生,经省气象局领导批准才能办理手续。地(市)气象局间的人员调整,由双方协商同意后,报省气象局人事处办理调动手续。调整不合理的,人事处有权否定。在本地区范围内的人员调配,由地区气象局自己办理,报省气象局人事处备案。

(二)干部考核

1984年9月,宿县地区气象局根据安徽省气象局制定的《干部考核的暂行意见》,主要从贯彻党的路线、方针、政策、领导水平,业务能力,工作成绩以及干部作风等5个方面来考核。采用民主评议,测评打分的办法,定期对所管理的干部进行考核,加强群众对干部的民主监督。

(三)干部任期制

1986年3月起,安徽省气象系统推行各级领导干部任期制。范围为全省气象系统新任命的处级、科级干部;已经任命的处、科级干部也要逐步实行任职期限。处级干部每届任期为3年,科级干部每届任期为2年。任期满后,均可连任。处级干部连任3届,科级干部连任4届。在工作中做出显著成绩者,可保留原待遇。在任职期内,被任命的干部可以提出辞职,按干部调配的规定实行正向流动。经组织考察确实不称职的或本人身体不能适应的干部,可以由本人提出辞职或免职。

第三节　科技人才

“十五”至“十一五”期间,安徽省气象局为全面贯彻实施人才强局和科技兴气象战略,根据《安徽省气象部门优秀科技人才选拔管理暂行办法》,在全省气象系统内选拔科技带头人、中青年科技骨干、基层台站青年技术骨干,并实行优秀人才特殊津贴及科技带头人和中青年科技骨干工作经费制度。2004年、2010年被选中的人才如下:

2004年9月,祁宦获得安徽省气象局中青年科技骨干称号;孙惠合获得安徽省气象局基层台站青年业务技术骨干称号。

2010年1月,孙惠合、张玉民、王东、李德获得安徽省气象局中青年科技骨干称号;卢俞获得安徽省气象局基层台站青年业务技术骨干称号。

1993年,经人事部批准,周鸿庆享受政府特殊津贴。

第四节　高级技术人员

1987 年至 2012 年，华东区气象高级技术职务评审委员会、安徽省气象局高级技术职务评审委员会共批准宿县地区（宿州市）气象系统晋升高级技术职务（高级工程师）16 人，年平均 0.6 人；全部被聘任高级技术职务。

1987—2012 年宿州市气象系统高级工程师评定时间一览表

表 13－2

姓　名	评定时间	评定时所在单位	所属高级职称评委会	备　注
周鸿庆	1987.12.07	宿县地区气象局	华东区高级气象专业技术职务评审委员会	退休后去世
张伯忍	1988.03.07	宿县地区气象局	华东区高级气象专业技术职务评审委员会	退休
臧尚恩	1994.12.31	宿县地区气象局	华东区高级气象专业技术职务评审委员会	退休
刘学香	1994.12.31	淮北市气象局	华东区高级气象专业技术职务评审委员会	退休
宋云英	1995.11.01	宿县地区气象局	华东区高级气象专业技术职务评审委员会	退休
祁　宧	2002.10.24	宿州市气象局	省气象局高级专业技术职务评审委员会	调任公务员
汪留湛	2003.11.16	砀山县气象局	省气象局高级专业技术职务评审委员会	退休
陈邦怀	2005.12.22	宿州市气象局	省气象局高级专业技术职务评审委员会	—
孙惠合	2008.12.28	宿州市气象局	省气象局高级专业技术职务评审委员会	调任公务员
张丙振	2008.12.28	宿州市气象局	省气象局高级专业技术职务评审委员会	调任公务员
王德育	2009.11.17	宿州市气象局	省气象局高级专业技术职务评审委员会	—
李　德	2009.11.17	宿州市气象局	省气象局高级专业技术职务评审委员会	—
汪顺勤	2010.12.20	宿州市气象局	省气象局高级专业技术职务评审委员会	—
王　东	2010.12.20	宿州市气象局	省气象局高级专业技术职务评审委员会	—
柏　枫	2011.12.01	宿州市气象局	省气象局高级专业技术职务评审委员会	—
卢　俞	2012.12.14	宿州市气象局	省气象局高级专业技术职务评审委员会	—

第五节　中级技术人员

1981—2012 年，宿州市气象系统共晋升中级技术人员 106 人，其中县气象局 39 人；平均每年 3～4 人。年代分布为 20 世纪 80 年代 37 人（其中县气象局 13 人），90 年代 21 人（县气象局 5 人）；2001—2012 年 48 人（县气象局 21 人）。

1981 年 3 月，安徽省气象局开始进行中级技术职务评审工作，至 10 月底，分四批评审，宿县地区气象系统先后有 9 人晋升为气象工程师，其中地区气象局有 2 人晋升为农艺师，县气象局有 2 人晋升为工程师。

此后,安徽省气象局中级技术职务评审工作中断5年。1987年11月、12月,省气象局分两批再次进行中级技术职务评审工作,宿县地区气象系统先后有27人晋升为气象工程师,其中有11人为县气象局技术骨干人员。

1988—1991年,安徽省气象局中级技术职务评审工作再次中断。1992年11月开始,省气象局中级技术职务评审工作走向常态化。

1992—2012年宿州市气象系统工程师评定时间一览表

表13-3

评审时间	评审(确认)通过任职资格人数
1992.11.11	评审通过2人,其中泗县气象局1人
1993.11.27	评审通过6人,其中萧县、灵璧县气象局各1人
1994.12.02	评审通过5人,其中灵璧县气象局1人
1995.11.25	评审通过2人
1996.11.15	评审通过2人
1997.11.07	评审通过3人,其中萧县气象局1人
1998.11.04	评审通过1人
2002.10.24	评审通过9人,其中萧县、泗县气象局各1人,砀山、灵璧县气象局各2人
2003.11.19	评审通过15人,其中砀山县气象局3人、萧县气象局2人、灵璧及泗县气象局各1人
2004.12.09	评审通过2人
2005.12.23	评审通过4人,其中有1人为确认通过
2006.11.18	评审通过2人,其中砀山县气象局1人;确认通过1人
2007.11.29	评审通过2人,其中泗县气象局1人;确认通过1人
2008.12.29	评审通过1人,确认通过1人
2009.08.31	认定通过1人
2009.11.17	确认通过4人,其中泗县、灵璧县气象局各1人
2010.12.20	评审通过1人
2011.12.02	灵璧县气象局评审通过1人
2012.12.14	评审通过3人,其中萧县气象局2人、泗县气象局1人

第十四章　科研、教育

第一节　科研活动

一、科研成果总量

20世纪50—60年代，宿县气象站工作人员经常深入到乡下农田，开展主要农作物小气候观测，摸清小麦等主要农作物不同种植密度的小气候效应，找出不同产量水平下和病虫害发生发展与气象条件的密切关系，为当地政府指导农业生产提供科学依据。同时开展了春季低温冻害及小麦防霜冻的技术研究、冰雹及暴雨气候分析，并应用于气象业务及服务中去。

1959年，宿县气象站配合中国科学院工作组、淮北农区试验站开展了不同密度的高额丰产田及小麦锈病发生发展与农田小气候关系的气象观测。冬小麦分期播种试验研究；山芋收获期、窖藏期适宜农业气象条件试验。

1961—1962年，宿县气象站与宿县专区农业科学研究所、安徽省农业科学研究院作物栽培研究所联合开展了小麦干旱风、干旱、霜冻等自然灾害试验、调查研究。

1964年，宿县气象站开展了夏山芋分期栽插、分批收获储藏发病情况的试验研究。

1977年，为贯彻落实安徽省人工抗灾工作会议精神，宿县地区气象局与宿县地区科技局、农林局、供销社（商务局）和宿县地区棉花办公室在全区8个县联合开展地面增温剂、石油助长剂试验研究。

1978年11月，宿县地区农业气象试验站恢复建立后，先后自主开展或参加了国家气象局及安徽省气象局的多项科研课题。如“小麦干热风协作试验”“淮北地区油菜安全越冬协作试验”“几种作物凋萎湿度试验”“花生地膜覆盖栽培试验”“杂交稻秋季低温冷害指标地理变化规律研究”“杂交稻籼优6号秋季低温冷害结实率的试验研究”等。

宿县地区气象台主持研究的“1979年6月7—9日宿县地区冰雹天气过程预报”获1979—1980年度安徽省气象科技成果三等奖，这是全区气象科研工作获奖的第一个科研项目。1980年6—12月，安徽省县级农业气候区划在宿县试点，安徽省气象局专家王善型、王相文、刘文俊、萧增末等到宿县驻点或亲临指导，宿县地区气象系统抽调全区农业气候专家等精兵强将10人参加“宿县农业气候资源分析及利用”的编写。1981年元月，全区各县农业气候资源分析及利用全面展开，并于1982年8月底前全部完成任务，9月在萧县召开全区县级（7个县）农业气候区划成果验收会。

随着农业气象工作的恢复，各项科研活动逐步展开，其中20世纪80年代最为辉煌。宿县地区气象科技工作者主持完成的安徽省气象局、宿县地区科技局、宿县地区气象局等部门资助的各类科技成果31项，其中天气预报10项、农业气象10项、气候9项、其他2项。参与本系统或外部门的科研项目11个，主要分布在气候资源分析、农业气象和灾害性天气分析上。1986年8月，第一次制定“宿县行署气象局气象科学技术进步奖励试行办法”，并对1983—1985年的科研成果进行评奖，其中12项获奖。1989年，戚尚恩、唐守顺、蒋跃林合作完成的“安徽省土壤湿度测站合理布局研究”科研项目，获安徽省科技进步四等奖，这是全区气象科研工作获得的第一个省部级奖励的科研项目。

20世纪90年代16项，主要分布在农业气象(6项)、天气预报(4项)、农业气候(3项)、综合气象业务管理及数据库服务等方面。参与本系统或外部门的科研项目12个，其中农业气象科研项目占据10项。

2001年至2012年22项，特别是2010—2012年共完成15项；完成最多的是2011年8项。主要分布在信息与网络技术(12项)、农业气象(5项)、天气预报(3项)及人工影响天气等方面。参与本系统或外部门的科研项目10个，主要分布在农业气象、气候、人工影响天气、雷达探测、探测环境评估、气象台站监测网络管理上。

在参与本系统或外部门的33项科技成果中。其中《杂交稻气象条件的研究》《北方小麦干热风气候分析及区划》《黄淮平原农业干旱与综合防御技术研究》《全国土壤湿度测站合理布局和若干观测方法业务试验》《玉米夏播制种高产栽培技术体系研究》等11个项目获省、部级科技进步二、三、四等奖；《宿县农业气候资源分析及利用》等12个项目获市、厅级科技进步一至四等奖(含4项省、厅级双重奖)。

二、研究方向分布

在自主开发和承担安徽省气象局、地方政府的科研项目中，科技成果主要分布在天气预报、气候、生态与农业气象、信息网络技术等方面，其中在生态与农业气象方向的最多，有22项科技成果，占全部成果的31.9%；其次为天气预报18项，占26.1%；信息网络技术方面的科技成果15项，占21.7%。

三、业务人员情况分布

改革开放以后，宿州市气象科技工作者主持完成的科技成果69项，宿州市气象局60项，占全部科技成果的87.0%；县气象局9项，占全部科技成果的13.0%。农业气象科技人员主持完成的最多为32项，占全部科技成果的46.4%；天气预报人员主持完成的26项，占全部科技成果的37.7%；其他人员主持完成的11项，占15.9%。

第二节 科研成果

1978年，全国科学大会以后，气象科学研究逐渐转入正常。1979年，安徽省气象局开始设立科技成果奖；1980年，省气象局第一次组织专家和行政领导进行两级评定，在公布的科技成果中，“1979年6月7—9日宿县地区冰雹天气过程预报”研究名列其中。

改革开放以后，宿州市气象科技工作者主持完成的安徽省气象局、宿州市科技局、宿州市气象局等部门资助的各类科技成果共有69项，其中获奖科研项目46项(3项省部级奖)。

一、宿州气象科技工作者主持完成并获奖的科研成果

1980—2012年宿州气象科技工作者主持完成并获奖的科研成果情况表

表14－1

序号	获奖年度	项目名称	课题来源	主要完成人	奖励类别	等级
1	1980	1979年6月7—9日宿县地区冰雹天气过程预报	省气象局	宿县地区气象局	安徽省气象科技成果奖	3

续表 14－1

序号	获奖年度	项目名称	课题来源	主要完成人	奖励类别	等级
2	1982	小麦干热风轻重年型的预报	省气象局	唐守顺	安徽省气象科技成果奖	4
3	1982	B 模式 48 小时晴雨 MOS 预报方程	省气象局	周鸿庆	安徽省气象科技成果奖	4
4	1982	宿县地区暴雨的气候分析	省气象局	陈宜敬	安徽省气象科技成果奖	4
5	1982	711 雷达照相记录参数自动电码显示装置	省气象局	陈宜敬 薛克俊	安徽省气象局科技成果奖	4
6	1986	宿县地区农业气候资源分析与区划	地区气象局	戚尚恩 唐守顺 蒋跃林 崔玉岭	安徽省气象局农业气候区划成果奖	3
7	1986	安徽省小麦干热风气候分析及区划研究	地区科技局	张伯忍	宿县地区科技进步奖	3
8	1986	淮北平原大豆气候生态条件的分析	地区气象局	唐守顺	宿县地区气象科技进步奖	2
9	1986	皖秋连阴雨	地区气象局	周鸿庆	宿县地区气象科技进步奖	2
10	1986	宿县地区汛期地方 MOS 暴雨预报	地区气象局	胡晓东	宿县地区气象科技进步奖	3
11	1986	淮北东部砂姜黑土水分动态规律初探	地区气象局	张伯忍	宿县地区气象科技进步奖	3
12	1986	淮北冬小麦灌浆速度与气象条件关系的研究	地区气象局	唐守顺	宿县地区气象科技进步奖	3
13	1986	PC—1500 机 SI 指数测站图形分布输出	地区气象局	周倍顺	宿县地区气象科技进步奖	3
14	1986	用径向指数作中期天气预报	地区气象局	王文礼	宿县地区气象科技进步奖	3
15	1986	地区内一次龙卷及成因分析	地区气象局	宋子忠	宿县地区气象科技进步奖	3
16	1986	B 模式数值预报产品误差订正图制作	地区气象局	刘学香	宿县地区气象科技进步奖	3
17	1986	萧县葡萄栽培气候条件探讨	地区气象局	张伯忍	宿县地区气象科技进步奖	3
18	1986	日本十月份短期降水预报检验	地区气象局	金石言	宿县地区气象科技进步奖	3
19	1986	砀山暴雨	地区气象局	砀山预报组	宿县地区气象科技进步奖	3
20	1989	宿县地区分片分级降水 MOS 预报业务系统	地区科技局	周倍顺	宿县地区科技进步奖	4
21	1989	黄河故道水果生产气候影响评价模式的研究	省气象局	唐守顺 王小云	安徽省气象局科技进步奖	4
22	1988 1989 1988	安徽省土壤湿度测站合理布局研究	省气象局	戚尚恩 唐守顺 蒋跃林	宿县地区气象科技进步奖 安徽省科技进步奖 安徽省气象局科技进步奖	1 4 4
23	1990	天气预报服务经济效益客观评定方法研究	省气象局	刘学香 卢山刚 张剑秋	安徽省气象局科技进步奖	4
24	1991 1992 1992	玉米夏播制种高产稳产的农业气象条件研究	省气象局	气象局主要完成人:张伯忍 戚尚恩	宿县地区气象科技进步奖 安徽省科技进步奖 安徽省气象局科技进步奖	1 4 3

续表 14－1

序号	获奖年度	项目名称	课题来源	主要完成人	奖励类别	等级
25	1991 1992 1992	淮北地区夏播期间灾害天气对策试验研究	省气象局	唐守顺 戚尚恩 李瑞祥	宿县地区气象科技进步奖 安徽省科技进步奖 安徽省气象局科技进步奖	1 4 4
26	1992	地代县天气预报可行性分析	省气象局	宋云英 刘学香	安徽省气象局科技进步奖	4
27	1993	安徽省霜冻气候分析及区划的研究	省气象局	张伯忍 戚尚恩	宿县地区科技进步奖	4
28	1993	宿县地区小麦接茬棉优质高产栽培试验研究	地区科技局	气象局主要完成人:孟继方 张伯忍 戚尚恩	宿县地区科技进步奖	4
29	2002	宿州市雨量图显示及打印系统	市气象局	陈邦怀 王德育 韩 枫 柏 枫	宿州市气象局科技进步奖	2
30	2002	地面资料处理应用系统	市气象局	张丙振 王 东 王 昉	宿州市气象局科技进步奖	2
31	2002	面向基层台站的专业气象服务自动化系统	市气象局	祁 宧 王 颖	宿州市气象局科技进步奖	2
32	2002	面向基层台站的农业气象信息综合服务系统	市气象局	祁 宧	宿州市气象局科技进步奖	3
33	2002	砀山酥梨盛花期预报方法的研究	市气象局	吴秀芝 李瑞林 范孝玲	宿州市气象局科技进步奖	3
34	2002	利用农网开展网上气象服务	市气象局	刘銮申 党修伍 张永芹 王学华 李 光	宿州市气象局科技进步奖	3
35	2008	人工消雹全程自动决策系统的研究应用	省气象局	王德育 张丙振 朱延文 陈邦怀 耿德祥 甄文芳 韩 枫 杨志猛 李良武 钱平海 祁 宧 戚尚恩 柏 枫 卢 俞	宿州市科技进步奖	3
36	2010	基于A文件的自动站资料处理系统	市气象局	张丙振 汪顺勤 柏 枫	宿州市气象局科技进步奖	1
37	2010	互联网气象信息服务平台	市气象局	李良武	宿州市气象局科技进步奖	2
38	2010	宿州农业气象指标服务系统	市气象局	李 德 张丙振 戚尚恩 王德育 耿德祥 孙有丰	宿州市气象局科技进步奖	3
39	2011	气象要素可视化自动显示绘图系统	市气象局	柏 枫 李 德 王 颖 韩 枫 孙有丰 甄文芳	宿州市气象局科技进步奖	3
40	2011	自动气象站辅助系统	市气象局	赵雪松 王 东 张丙振 周贵宾	宿州市气象局科技进步奖	3

续表 14－1

序号	获奖年度	项目名称	课题来源	主要完成人	奖励类别	等级
41	2011	宿州市电网电力负荷与气象条件关系研究及预测系统平台开发设计	市气象局	张玉民　钱平海　王　颖　甄文芳　王德育	宿州市气象局科技进步奖	3
42	2011	宿州市强对流天气预报指标体系的建设与业务化应用	市气象局	陈邦怀　王德育　张玉民　李良武　韩　枫　吴飞乐　柏　玉	宿州市气象局科技进步奖	1
43	2011	宿州市龙卷风概念模型及临近预警指标研究	市气象局	王德育　陈邦怀　张玉民　韩　枫　李良武　吴飞乐　杨志猛　洪　敏　柏　玉　柏　枫	宿州市气象局科技进步奖	2
44	2011	冬小麦播种期天气预报方法与业务化应用研究	市气象局	李　德　张丙振　戚尚恩　张玉民　钱平海　孙有丰	宿州市气象局科技进步奖	2
45	2012	宿州气候	市气象局	张学贤　戚尚恩　朱延文　郑良武　薛光侠　祁　宦　张丙振　王德育　孙惠合　李　德　汪顺勤　陈邦怀　张玉民　王东　柏　枫　韩　枫	宿州市气象局科技进步奖	1
46	2012	宿州市冬小麦气象产量预报模式及应用研究	市气象局	孙有丰　戚尚恩　李　德　孙　义	宿州市气象局科技进步奖	2

二、宿州气象科技工作者参与完成并获奖的科研成果

20 世纪 80 年代至 2012 年，宿州气象科技工作者参与本系统或外部门的科研项目有 33 项，其中获奖项目 19 项（11 项获省部级奖）。

1980—2012 年宿州气象科技工作者参与本系统或外部门获奖的科研成果情况表

表 14－2

序号	获奖年度	项目名称	主持单位	主要参加人	奖励类别	等级
1	1981	杂交稻气象条件的研究	南京气象学院	李瑞祥　戚尚恩	中央气象局气象科学技术研究成果	2
2	1983	怀远县农业气候资源分析及利用	怀远县气象局	刘敏录　朱秀丽	安徽省气象局农业气候区划成果奖	4
3	1983	北方小麦干热风气候分析及区划	陕西省气象局	张伯忍　戚尚恩等	国家气象局科技进步奖	2
4	1983	安徽省农业气候资源分析与区划	安徽省气象局	刘敏录　崔玉岭	安徽省气象局农业气候区划成果奖	3

表 14－2

序号	获奖年度	项目名称	主持单位	主要参加人	奖励类别	等级
5	1983 1986	宿县农业气候资源分析及利用	安徽省气象局	孟继方 张伯忍 刘敏录 李瑞祥 朱秀丽 丁桂欣 李凡玲 崔玉岭 戚尚恩 汪留湛	安徽省气象局农业气候区划成果奖 宿县地区农业区划成果奖	3 1
6	1986	安徽省淮北平原冬小麦产量预报预报预测研究	安徽省气科所	唐守顺	安徽省气象局科技进步奖	2
7	1986 1987 1988	小麦干热风研究及其推广应用研究	陕西省气象局	张伯忍等	国家气象局科技进步奖 国家科学技术进步奖 国家经委技术开发成果奖	2 3 优秀
8	1991 1990	安徽省农业气象服务手册	安徽省气科所	张伯忍 唐守顺 戚尚恩	安徽省科技进步奖 安徽省气象局科技进步奖	4 2
9	1990	地市气象台短时预报业务化试验	安徽省气象局	宋子忠	安徽省气象局科技进步奖	4
10	1991	全国土壤湿度测站合理布局和若干观测方法业务试验	国家气象局气象科学研究院	戚尚恩 唐守顺	国家气象局科技进步奖	3
11	1991 1991	小麦新品种“宿育1号”的选育	宿县地区农科所	刘敏录	安徽省科技进步奖 宿县地区科技进步奖	41
12	1992 1993	缩节胺在棉花生产上的推广应用	宿县地区棉办室	孟继方	安徽省星火奖 宿县地区科技进步奖	3 2
13	1993 1993	玉米夏播制种高产栽培技术体系研究	宿县地区农科所	张伯忍 戚尚恩	安徽省科技进步奖 宿县地区科技进步奖	4 1
14	1993	安徽省淮北地区中低产田增产潜力的气象论证	安徽省气象局	张伯忍	安徽省气象局科技进步奖	4
15	1994	淮北地区根层土壤水分变化对农作物产量构成影响及对策研究	安徽省气科所	戚尚恩	安徽省气象局科技进步奖	3
16	1996	淮北地区午收期连阴雨的规律、指标及防御对策研究	阜阳市气象局	段长林	安徽省气象局科技进步奖	4
17	1996	高产、优质棉花良种苏棉2号(徐州553)引进、配套技术研究与推广	宿县地区棉办室	孟继方	安徽省星火奖	2
18	2005	黄淮平原农业干旱与综合防御技术研究	河南省气科所	祁宦 戚尚恩	河南省科技进步奖	2
19	2006	黄淮平原农田节水灌溉决策服务系统研究	河南省气科所	祁宦 戚尚恩	河南省科技进步奖	2

三、宿州气象科技工作者主编或参与编写的科技图书

(一)宿州气象科技工作者主编的科技图书

1. 张伯忍编,《安徽的霜冻》,安徽人民出版社,1959 年 9 月出版

2. 张伯忍编,《气候与农业》,安徽科学技术出版社,1979 年 10 月出版

3. 李德、陈明良编著,《农业气象灾害防御问答》,气象出版社,2007 年 3 月出版

4. 孙惠合、程海松主编,《实用信息技术与农产品网络营销》,安徽科学技术出版社,2007 年 9 月出版

5. 李德编著,《温棚蔬菜栽培实用气象技术》,气象出版社,2008 年 1 月出版

6. 李德编著,《漫话节气民俗与气象》,气象出版社,2008 年 1 月出版

7. 李德编写,《气候与农事》,气象出版社,2008 年 11 月出版

8. 李德编写,《节气与农事》,气象出版社,2008 年 11 月出版

9. 李德、陈明良编写,《农村生产气象灾害应急避险常识》,气象出版社,2008 年 11 月出版

10. 李德编写,《农村生活气象灾害应急避险常识》,气象出版社,2008 年 11 月出版

11. 李德编写,《家禽家畜养殖与气象》,气象出版社,2009 年 12 月出版

12. 张学贤、戚尚恩主编,《宿州气候》,气象出版社,2012 年 9 月出版

(二)宿州气象科技工作者参与编写的科技图书

1. 安徽省气象学会科普委员会编,《安徽气候漫话》,安徽科学技术出版社,1984 年 4 月出版。张伯忍为编委之一

2. 李国师、刘兴华主编,《淮北平原气候与小麦气象灾害》,中国农业科技出版社,1999 年 6 月出版。戚尚恩为编委之一

3. 刘兴华、李国师主编,《农用气象问答》,中国农业科技出版社,2000 年 7 月出版。戚尚恩为编委之一

4. 刘兴华、安俊峰主编,《皖西北旱涝灾害研究》,中国农业科技出版社,2001 年 6 月出版。戚尚恩为编委之一

5. 安徽省气象局编,《安徽省基层气象台站简史》,气象出版社,2010 年 3 月出版。李德、戚尚恩为编写组成员之一

6. 于波主编,《安徽省农业气象服务手册》,气象出版社,2013 年 4 月出版。李德、戚尚恩为编写组成员之一

第三节 科研管理

现代气象业务离不开科技创新的有力支撑。宿县地区(宿州市)气象局历任领导均十分重视科研工作,积极鼓励科研人员申报国家气象局和安徽省气象局以及地方科研项目,同时还同相关部门、院校合作,解决科研工作中的问题。申报项目的数量和质量在全省地市级气象局中处于前列,科研成果在业务服务工作中也发挥了重要的作用,科研工作一直处于良好的发展态势中。

1986 年 8 月,宿县地区行署气象局下发了"宿县行署气象局气象科学技术进步奖励试行办法",这是气象局成立后的第一个科技奖励办法,为大力实施"科技兴气象"战略,完善科技创新体系,形成开放、互动、共享科研体制,提升宿县地区气象的创新能力奠定了基础。由于正确的引导和良好的激励政策,为气象干部职工提供了良好的科研环境,特别是 2006 年"宿州市气象局科研管理办法"和"宿州市气象局科技奖励办法"出台后,更加促进了业务科研人员进行学习研究的积极性和主动性的提高。而且科研工作一直坚持解决实际工作中存在的效率低下、方法陈旧、指标过时的急需解决的问题原则,使科研工作有针对性的开展。科技奖励办法经多次修改,2010 年形成新的"科研管理和科技奖励办法"。

由于气象部门定性为科技型的事业单位,因此气象科研就成为气象工作的重要组成部分,在气象事业发展中有着及其重要的作用。建立和完善气象科研管理,健全科研投入机制是做好气象科研工作的关键。

一、管理机构

1980年之前,气象科研工作由局、台、站领导直接负责。1980年8月,第二届气象学会成立后,宿县地区气象局将气象科研的管理工作交由宿县地区气象学会管理,主要负责气象局科研课题的立项和验收、评审工作,以及上级部门和地方课题的督促管理等事宜,其间完成了较多的科研项目,取得了多项省部级和厅局级奖励的科技成果。

2002年,随着新一轮机构改革,完善管理机构,并且根据人才培养、科研管理和学术交流等方面的实际需要,宿州市气象局将科研管理工作划归业务科技科,由业务科技科全面负责科研管理的日常事务,包括项目指南制定、项目经费的管理、项目的验收和成果推广,以及管理和奖励办法的制定和修改等。气象学会的学术委员会配合完成课题的筛选和验收等。为了鼓励业务人员搞科研,加大人才培养力度,使业务骨干成为研究型人才,2006年在全省率先制定了具有较大促进作用的"宿州市气象局科研管理办法"和"宿州市气象局科技奖励办法",使科技骨干的科研积极性得到大幅提升,科研能力和水平也得到显著提高。

二、科研投入

20世纪80—90年代,多数科研项目无物质奖励,有奖励的科研项目每项的奖金也只有二三十元到一二百元;进入21世纪初期,科研投入也较少,每项科研课题支持经费200~500元不等;2006年后,为了保证气象科研工作的正常开展,宿州市气象局除积极争取上级气象部门和地方科技主管机构的支持外,还以横向联合的方式争取其他部门的资金资助。与此同时,宿州市气象局还积极筹措科研资金,从科技服务收入中提取一定比例的资金用于支持科研开发和科研奖励。每年的科研经费都大于3万元。一部分用于课题启动经费,另一部分用于奖励(奖励获奖科研项目和公开发表、学术交流及评选出的优秀论文)。市气象局课题主要是用"以奖代补"的形式给予资金支持。

第四节 科研协作

1979年以后,宿县地区(市)气象局先后参加了全国、省级、市厅级科研协作项目33项,取得省部级科技进步奖11项,市厅级科技进步奖12项。

一、全国性科研协作

宿县地区(宿州市)气象局先后参加或承担了全国气象部门的"杂交稻气象条件的研究""北方小麦干热风气候分析及区划""小麦干热风研究及其推广应用研究""全国土壤湿度测站合理布局和若干观测方法业务试验",中国科学院自然资源研究所的"淮北砂浆黑土自然降水入渗试验研究"等5项科研项目的试验研究任务。

二、内部科研协作

30多年间,前后参加或承担了安徽省气象部门的"安徽省农业气候资源分析与区划""灾害性天气分析与预报”“宿县农业气候资源分析及利用”“安徽省淮北平原冬小麦产量预报预测研究”“安徽省农业气象服务手册”“地市气象台短时预报业务化试验”“安徽省淮北地区中低产田增产潜力的气象论证”“淮北地区根层土壤水分变化对农作物产量构成影响及对策研究”“用不稳定能量触发机制来探讨突发性灾害”“淮北地区午收期连阴雨的规律、指标及防御对策研究”“宿县烟草优质丰产农业气象适用技术试验研究”“省级高炮火箭人工影响天气作业指挥系统的研究”“基于新一代天气雷达的省级人影业务系统”“设施农业小气候调控技术应用与推广”“安徽省探测环境评估和站址勘察系统”“气象台站监测网络管理平台推广应用”“安徽省精细化农业气候区划”“农业气象业务服务手册”;河南省气象科学研究所的“黄淮平原农业干旱与综合防御技术研究”“黄淮平原农田节水灌溉决策服务系统研究”等20多项试验研究任务。

三、外部科研协作

先后参加了宿县地区农业科学研究所及宿县地区棉花生产办公室主持的“小麦新品种‘宿育1号’的选育”“缩节胺在棉花生产上的推广应用”“玉米夏播制种高产栽培技术体系研究”“高产、优质棉花良种苏棉2号(徐州553)引进、配套技术研究与推广”等4项科研项目的试验研究应用。

第五节 教育培训

1952年8月至1974年,气象站长、台长直接负责继续教育工作。1975年,气象局成立后,由主管人事的政秘科(先后更名为政工科、人秘科、人事科、人事劳动科、人事教育科等)负责具体办理,气象局领导(局党组)负领导责任。

一、短期培训

1952年8月至1980年的培训,培训班以零星的少数人员为主,多为半年以内的培训。如1963年10—12月,安徽省气象局举办的地面观测轮训班;1972年南京气象学院的天气预报培训班;1973年安徽省气象学校的地面观测培训班;1978年10—12月,安徽省气象学校的雷达气象培训班等等。

20世纪90年代后期起,随着计算机技术的普及、网络教育的兴起等,职工在职培训名目繁多,特别是短期培训、网络培训等更多,气象系统每年都有多次培训班开班。

二、长期培训

职工在职教育培训始于20世纪80年代初期。

1981年5月至1982年7月,宿县地区气象局开办职工业余学校,先后有20多名在职职工参加数学、语文等基础教育。

1980—2012年,宿县地区(宿州市)气象系统在职职工先后有23人次参加了在安徽省气象学校、南京气象学院、空军气象学院等院校举办的地面测报、农业气象、气象学、电子应用、预报分析、雷达机务、财会、计算机应用、档案管理等较长时间的培训学习,培训时间多为3个月至1年,均为全日制培训。

三、学历教育

1981年9月,国家气象局在湖北省武汉市召开了全国气象部门职工教育工作会议,同年10月,安徽省在合肥召开全省地市气象局长会议,部署在职职工学历教育工作。1982年9月,安徽省气象学校开始招收第一批在职中专生,44人入学,宿县地区气象系统就有11人考入。

1984年4月,安徽省气象局下发"安徽省气象系统有关职工教育暂行规定",对在职技术人员和职工进行全员培训,并根据在职人员的不同情况,分类(在职中专、高等教育、新技术、深造等)进行培训。

1982—2012年,宿县地区(宿州市)气象系统职工有110人次参加成人教育、自学考试和高等院校函授、面授深造等职工学历教育,年平均3.4人次。其中中专20人次,县气象局占7人;大专42人次,县气象局占45.2%;本科41人次,县气象局占39%;硕士研究生7人次,砀山县、萧县气象局各1人。

中专学历教育主要集中在20世纪80年代初期至90年代中期,其中1984年毕业11人、1988年2人、1991年2人,其余5人较为分散。

大专学历教育开始于20世纪80年代中后期,1987—2005年期间毕业17人,其中有7年没有人员毕业,有4年每年毕业2~3人,其余每年1人。2006年、2008年每年毕业4~5人;2009年毕业人数最多,达到14人,其中县气象局占一半。

本科学历教育开始于20世纪90年代中期,1997年有2人毕业于中央党校函授,2003—2004年1~2人,2005年7人,2010年8人,2012年6人,最多的2011年有11人毕业。

2004年,有2人参加硕士研修班教育,截至2012年年底,有7人毕(结)业,其中2人取得硕士学位。2006年、2009年、2011年各毕业2人,2012年毕业1人。

第六节 局校合作

1980年2月下旬至3月中旬,宿县地区气象局举办全区农业气象工作人员"土壤水"培训班,学习土壤肥料知识及土壤水文常数测定方法等,邀请宿县地区农业科学研究所土壤肥料室张语真主任讲授。

1980年,特别邀请南京气象学院冯秀藻教授、中央气象局气象科学研究院雷雨顺到宿县讲学,并邀请宿县地区农学会、林学会等兄弟学会的人员参加听讲。

1981年4月—1982年7月,宿县地区气象局与大专院校合作,开办文化业余学校。聘请宿州师范专科学校及宿城一中四位老师为全区气象系统职工上文化补习课,每周一、三、五晚上和周日下午,每周10个学时,复习迎考时,每周增加到14个学时;20名职工参加了学习,其中有11名职工集中学习50多天,11人全部考上了在职中专。

1985年4月25日至5月13日,宿县地区气象局邀请安徽省气象学校张金翰到宿县,举办微机培训班,进行PC—1500微机使用、FPBASIC语言、APPLE－Ⅰ机DOS系统的学习,地区气象局局属单位及各县气象局的领导和业务骨干30多人参加学习。

1985年8月9—17日,宿县地区气象局邀请南京气象学院讲师朱家善到宿县,在萧县气象局举办暴雨预报讲习班,全区的预报员参加了学习。

图14－1 南京信息工程大学景元书等参观宿州农气科研基地

2006年11月17—18日,南京信息工程大学应用气象学院景元书博士一行2人,到宿州参观宿州农业气象试验站及农业气象科研基地，双方就农业气象科研合作与基地共建进行了广泛交流。

2008 年 3 月，南京信息工程大学应用气象学院王晓东博士到宿州农业气象试验站作为期 2 周的学习考察。

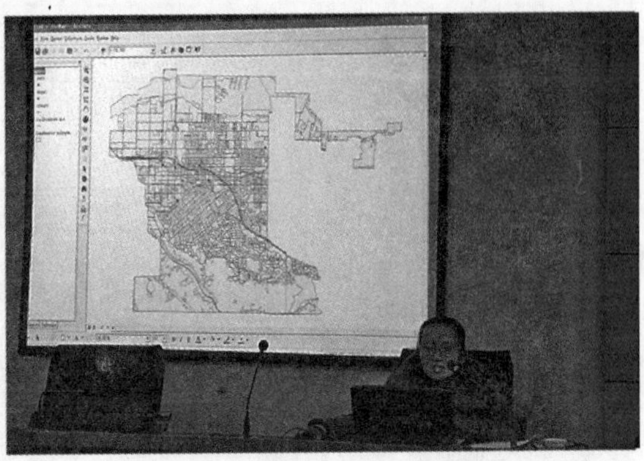

图 14－2 宿州学院杨红英授课

2010 年 12 月，为进一步做好气象人才队伍建设，提高职工科学技术水平，宿州市气象局充分利用当地高校的教育资源，与宿州学院积极开展局校合作，紧密结合气象业务科技需要，邀请宿州学院副教授杨红英就“地理信息系统（ArcGIS）及应用”进行授课，实现人才共享、信息共享、资源共享。市、县气象局参加培训的人员有 34 人，市气象局拿出专项资金，给职工配发教材和相关设备。

图 14－3 宿州市气象局与南京信息工程大学共建产学研基地

2011 年 7 月 12 日，宿州市气象局与南京信息工程大学应用气象学院签订协议，开展局校合作，共建农业气象产学研基地，双方就气象为农服务、人才培养、科研开发等方面开展广泛合作。

2011 年，《淮北平原冬小麦灌浆期连阴雨评估技术》在南京信息工程大学江苏省农业气象重点实验室正式立项。

第十五章 财务与资产

第一节 财务管理

宿县气象站1952年8月建站时属军管，经费由宿县军分区拨付。1954年1月起，气象部门经费由中央气象局向财政部提出建议指标，通过各级财政部门下达当地财政部门后再拨给。1959年1月，气象部门“人、财”权下放给台站所在地政府领导；1964年1月，气象台站的“人、财”权收回安徽省气象局管理，党政领导归地方政府；1970年，气象部门实行军事管制，人事和财权下放到地方。1979年2月起，财务管理体制再次收回国家气象局，经费由安徽省气象局拨到宿县地区气象局，再由地区气象局拨到所属各县气象局(站)。根据省气象局《关于财政授权支付“零余额账户”开户账户的通知》，2004年7月1日起，宿州市气象局实行财政授权支付，彻底改变了预算经费层层划拨的管理办法。

一、会计制度改革

1985年1月，第六届全国人大常务委员会第九次会议审议通过了《中华人民共和国会计法》；1988年9月，财政部制定了《事业单位预算会计制度》；1996年6月，财政部制定了《会计基础工作规范》；1997年5月、7月，财政部分别制定了《事业单位会计准则》《事业单位会计制度》，同时下发《关于事业单位新会计制度衔接问题的通知》文件等。

二、规范事业单位银行账户

2001年起，中国气象局根据财政部、中国人民银行、监察部、审计署《关于清理整顿行政事业单位银行账户的意见的通知》文件精神，开展全国气象部门的银行账号清理工作。2002年9月，根据《中央预算单位银行账户管理暂行办法》的要求，再次开展气象部门事业单位银行账户清理工作。2003年年底，经财政部驻安徽省财政专员办审批，宿州市气象部门各单位只保留一个基本账户，用于管理各项资金(包括事业、经营及其他自有资金等)。截至2013年年底，全市各单位所开设的银行账户均经过财政部驻安徽省财政监察专员办事处审批，并按要求在每年年底进行账户年检。

三、全面推行部门预算

2002年，中国气象局下达了《中国气象局部门预算管理实施办法》，新的部门预算管理办法是按照财政部的要求，各单位的预算收入和预算支出应包括单位全部的预算收支。预算收入包括财政补助收入、上级补助收入、事业收入、经营收入、附属单位上缴收入和其他收入，预算支出包括：基本支出、项目支出、上缴上级支出、经营支出和对附属单位补助支出，项目支出又包括基本建设项目和行政事业类项目支出。

部门预算实行“两上两下”的预算编制程序，一律贯彻从基层预算单位编起，逐级编制、逐级汇总的预算编制过程。对基本支出预算实行定员定额管理，即确定各项基本支出的定额标准；对项目支出预算实行项目库管理,即中国气象局对各单位申请投资项目进行规范化、程序化管理的数据库系统,各单位在申报年度预算时的项目,必须事先将项目录入"项目库",中国气象局和安徽省气象局在选定单位项目时也一律从"项目库"中进行择优,这样使预算的编制更加科学、合理、规范,为预算执行和预算监督检查提供依据。

四、政府采购

《中华人民共和国政府采购法》于2003年6月29日颁布,2003年1月1日起实施。2002年10月7日,国务院办公厅印发《中央国家机关全面推行政府采购制度实施方案的通知》,明确了中央国家机关政府采购制度改革的目标、原则、管理与组织实施、采购方式、采购工作程序、监督检查、实施步骤等。宿州市气象部门的政府采购工作于2003年正式启动,一开始全部委托地方政府采购中心进行政府采购;2008年12月,首次使用网络通过"中央政府采购网"进行网上竞价政府采购,此后,宿州市气象部门实行的是县气象局采购、市气象局代办,以"中央政府采购网"为主,地方采购中心为辅的政府采购模式。

五、国库集中支付

根据国务院办公厅《关于财政国库管理制度改革方案有关问题的通知》和《财政部、中国人民银行关于印发〈财政国库管理制度改革试点方案〉的通知》精神,2001年起,进入财政国库管理制度改革试点工作。2002年,中国气象局被列入到财政部国库集中支付改革试点单位,全国气象部门从2002年6月起国库集中支付推行到二级预算单位。根据安徽省气象局《关于财政授权支付"零余额账户"开户账户的通知》,宿州市气象局从2004年7月1日起,实行财政授权国库集中支付。根据省气象局部署,宿州市气象局所辖县气象局从2007年7月1日起,实行国库集中支付,彻底改变了预算经费层层划拨的管理办法。

国库集中支付是财政部在预算管理中对支出预算的一种管理形式,财政部将各单位的预算资金直接下拨到由财政部为各预算单位开设的"零余额"账户。它改变了过去多层次的拨款形式(即从财政部下拨到部门,再由各部门层层下拨到所属各省、市、县预算单位)。"零余额"账户是财政部为各预算单位在当地指定的商业银行(气象部门为建设银行)开设的专门用于财政预算拨款的银行账户。财政部每月根据预算单位上报的用款计划,将各项经费计划数下达到预算单位的的商业银行"零余额"账户,银行根据单位在计划数内每天实际使用的资金数,当日与财政部在人民银行开设的国库单一账户进行清算。

六、财务电算化

1999年,宿州市气象局开始使用单机版安易软件开展会计电算化工作,进行账务处理和编制财务报表。经过5年多的手工记账和计算机记账并行,2004年经宿州市财政部门的检查验收,市气象局向安徽省气象局提交了《请求使用安易软件记账的函》,2005年经省气象局检查组复查,认为市气象局财务电算化基本符合要求,于是下达了《关于对黄山等12个市气象局正式实行财务电算化的批复》,市气象局开始甩掉手工记账,正式实行财务电算化。

七、集中财务平台

2006年,根据中国气象局《关于推进气象部门财务计算机联网、进一步加强财务监督的通知》和安徽省气象局的统一部署,2007年4月1起,宿州市气象部门开始使用全省气象部门联网的"GRP－A

＋＋集中财务平台”，并和2004年1月开始使用的“用友安易 R9”单机版财务系统并行使用。2007年8月，经省气象局计划财务处批准，宿州市气象局甩掉单机版“用友安易 R9”，正式使用集中财务平台。经省气象局计划财务处统一部署，2013年，财务集中核算平台升级为“用友 A＋＋6.0”。

八、“县账市管，五统一联”财务管理模式

根据安徽省气象局《关于印发〈安徽省气象部门“县帐市管，五统一联”财务管理模式实施方案〉的通知》精神和2009年10月15日全省“县账市管、五统一联”财务管理模式实施布置会要求，为进一步加强对基层台站财务的监督，规范县气象局的资金使用、审批、报销等财务管理和会计基础工作，在2007年财务集中核算和管理的基础上，宿州市气象局印发了《宿州市气象局关于实施“县账市管，五统一联”财务管理模式的通知》，2009年11月1日起，对所辖县气象局实施“县账市管，五统一联”财务管理新模式。同时，市气象局根据省气象局统一部署，还启用了“市县财务辅助管理系统”，通过市县财务辅助管理系统对县气象局进行财务监管，实施大额开支事前申报、现金管理、合同备案、票据管理、项目综合管理、科技服务资金的管理、预算执行进度考核、财务信息的反馈、财务数据的综合分析。

《宿州市气象局关于实施“县账市管，五统一联”财务管理模式的通知》，明确了各县气象局原预算管理体制不变、法人主体地位不变、单位理财机制不变和会计主体法律责任不变；坚持财务管理权和会计核算权相分离等基本原则。明确了市气象局财务核算中心、县气象局、县局报账员和县局出纳会计的职责。

“县账市管，五统一联”即账户统设、凭证统管、账表统制、预算统编、采购统办、市县气象局联网。

九、网上银行支付

根据安徽省气象局计财处的部署，宿州市气象局积极和中国建设银行宿州市浍水路支行（中央财政零余额所在行）联系，及时开展了中央财政授权支付网上银行工作。中央财政零余额账户于2012年11月19日使用网银支付了第一笔业务。在中央财政零余额账户网上银行使用的基础上，经省气象局计财处批准，市气象局于2013年7月开始陆续对其他账户（市气象局基本户、宿州市气象综合服务中心、宿州市防雷中心、宿州市埇桥区气象局）开通了网上银行支付工作。后指导各县气象局陆续开通了网银支付。

十、事业单位会计制度改革

为进一步规范事业单位的财务行为，加强事业单位财务管理和监督，提高资金使用效益，保障事业单位健康发展。2012年年底，中华人民共和国财政部陆续修订出台了《事业单位财务规则》《行政事业单位内部控制规范（试行）》《事业单位会计准则》《事业单位会计制度》等一批新的事业单位规章制度。

2012年2月7日，财政部部长谢旭人签署财政部令第68号，公布了修订后的《事业单位财务规则》，2012年4月1日起施行。新《事业单位财务规则》的修订，主要遵循以下原则：一是全面反映各项财政改革成果，创新和充实事业单位财务管理的内容和手段；二是按照科学化、精细化管理的要求，进一步规范事业单位的财务管理；三是注重解决当前事业单位财务管理中存在的突出问题，促进和保障社会事业健康发展。

新《事业单位会计准则》的调整归类为以下几方面：一是明确事业单位会计核算目标应当反映受托责任，同时兼顾决策有用；二是合理界定会计核算基础；三是强化事业单位会计信息质量要求；四是明确事业单位对固定资产计提折旧、对无形资产进行摊销的，由财政部在相关财务会计制度中规

定等。

2012年12月6日,财政部正式颁布了新修订的《行政单位财务规则》,并要求于2013年1月1日起在全国施行。新《事业单位会计制度》既继承了原制度的合理内容,又有若干重大突破和创新,与原制度相比,主要有以下八方面的变化:注意了相关法规政策的一贯性,引入了固定资产折旧和无形资产摊销,规定了基本建设数据并入会计"大账"中的"在建工程"科目,加强了对财政投入资金的会计核算,规范了非财政补助结转、结余及其分配的会计核算,强化了资产的计价和入账管理,完善了会计科目体系和会计科目使用说明,系统了财务报表体系。

第二节　历年经费情况

1975年,宿县地区(含所辖8个县气象局)气象事业总经费合计17万元。1980年,宿县地区(含所辖8个县气象局)气象事业总经费合计25.4万元,其中地区气象局11.1万元。1981年,宿县地区(含所辖8个县气象局)气象事业总经费23万元。1986—2013年的气象事业总经费(含所属5个县区气象局),在地方财政拨款中,除人工影响天气专项经费外,主要用于本地气象系统重大项目建设,如2003年开始安装使用的区域自动雨量站(气象站),至2012年年底,全市已安装到位83个;气象局搬迁用地购置费、2009年8月投入使用的宿州市气象防灾减灾综合大楼、购置的气象应急保障车(移动气象台)等。

一、"七五"期间经费情况

"七五"期间经费情况统计表

表15-1　　单位:元

项目/年度	中央财政拨款	地方财政拨款(其中人影经费)	年经费合计
合计	1084464.88		1084464.88
1986年	186534.68		186534.68
1987年	210360.20		210360.20
1988年	214463.00		214463.00
1989年	221810.00		221810.00
1990年	251297.00		251297.00

二、"八五"期间经费情况

"八五"期间经费情况统计表

表15-2　　单位:元

项目/年度	中央财政拨款	地方财政拨款(其中人影经费)	年经费合计
合计	1954796.00	593579.59	2548375.59
1991	226700.00		226700.00
1992	375096.00	61479.59	436575.59
1993	289000.00	115000.00	404000.00

续表 15－2 单位:元

年度＼项目	中央财政拨款	地方财政拨款(其中人影经费)	年经费合计
1994	542000.00	199000.00	741000.00
1995	522000.00	218100.00	740100.00

三、“九五”期间经费情况

“九五”期间经费情况统计表

表 15－3 单位:元

年度＼项目	中央财政拨款	地方财政拨款(其中人影经费)	年经费合计
合计	3348318.27	3299615.19(550000.00)	6647933.46
1996	728000.00	374100.00	1102100.00
1997	813708.00	636735.00	1450443.00
1998	519651.27	913280.19(550000.00)	1432931.46
1999	567109.00	693000.00	1260109.00
2000	719850.00	682500.00	1402350.00

四、“十五”期间经费情况

“十五”期间经费情况统计表

表 15－4 单位:元

年度＼项目	中央财政拨款	地方财政拨款(其中人影经费)	年经费合计
合计	12895647.00	1747200.00(900000.00)	14642847.00
2001	903647.00	763000.00(600000.00)	1666647.00
2002	1272000.00	274200.00(150000.00)	1546200.00
2003	2720600.00	170000.00(150000.00)	2890600.00
2004	3938500.00	280000.00	4218500.00
2005	4060900.00	260000.00	4320900.00

五、“十一五”期间经费情况

“十一五”期间经费情况统计表

表 15－5 单位:元

年度＼项目	中央财政拨款	地方财政拨款(其中人影经费)	年经费合计
合计	20132120.00	3760000.00	23892120.00

续表 15－5　　单位:元

项目 年度	中央财政拨款	地方财政拨款(其中人影经费)	年经费合计
2006	3861600.00	613000.00(150000.00)	4474600.00
2007	4518600.00	523000.00(150000.00)	5041600.00
2008	4894800.00	473000.00(150000.00)	5367800.00
2009	3304220.00	1223000.00(150000.00)	4527220.00
2010	3552900.00	928000.00	4480900.00

六、"十二五"期间经费情况

"十二五"期间经费情况统计表

表 15－6　　单位:元

项目 年度	中央财政拨款	地方财政拨款(其中人影经费)	年经费合计
合计	16504900.00	9629400.00(770000.00)	26134300.00
2011	5381100.00	3013000.00(330000.00)	8394100.00
2012	5805700.00	3686000.00(150000.00)	9491700.00
2013	5318100.00	2930400.00(290000.00)	8248500.00

第三节　固定资产

2013 年年底,宿州市气象局(市局本级及所属企事业单位)固定资产账面价值为 914.6 万元(累计折旧 124.8 万元),无形资产(土地)账面价值 156 万元。

一、土地面积

1952 年建站时,占地不足 600 平方米。

1955 年 8 月,宿县气象站南迁 1.2 千米,用地 3055 平方米。

1963 年、1966 年,宿县地区行署两次划拨宿县地区农业科学研究所土地 3668 平方米、4667 平方米给宿县气象站(台)。

1974 年,宿县地区行署再次划拨宿县地区农业科学研究所土地 4000 平方米给气象台。

1980 年 12 月,购置三里大队小王庄土地 4567 平方米。

1984 年 5 月,购置宿县地区地区农业科学研究所土地 5337 平方米。

1988 年 12 月,经宿县地区行署有关部门核准,宿县地区气象局占地总面积 2.7 万平方米(此次核查土地北面量到了浍水路中间,东面及南面量到了原有地界)。

1998 年 10 月,经宿县地区国土资源管理局核准,宿县地区气象局占地 2.4 万平方米(此次核查北面只量到了浍水路边,东面及南面只量到围墙外 1.5 米,所以总面积少了 3000 平方米)。

1999 年,宿州市气象局大院(气象苑小区)建 5 层宿舍楼一幢,出让给宿州市农业发展银行,占用土地667平方米,补贴建第二幢5层职工宿舍楼的资金缺口。

2005年,宿州市气象局在宿州经济开发区(金海大道南路)征地1.6万平方米,用于宿州市气象防灾减灾大楼建设。

二、公房建设

1952年建站时,宿县气象站只有值班室1.5间,面积20平方米。

1955年,宿县气象站建两层观测值班小楼一座,面积60平方米。

1972—1973年,宿县地区气象台分两次建成第一幢三层办公楼,24间,总面积750平方米(1978年进行了防震加固)。

1973年,宿县地区气象台建伙房48平方米、资料室33平方米。

1975年,宿县地区气象局建值班室83平方米。

1978年,宿县地区气象局建保管室108平方米、车库64平方米、弹药库107平方米。

1981年,宿县地区气象局建二层办公楼一幢(10间),总面积200平方米。

1983年,宿县地区气象局建二层办公楼一幢(16间),总面积430平方米,作为宿县地区农业气象试验站办公、试验用房。1993年改为职工住房,1997年房改时售给职工个人。

1983—1985年,购置宿县地区农业科学研究所三排住房45间,总面积约1054平方米。

1989年11月,宿县地区气象局建4间平房,面积92.3平方米,作为地面气象观测组值班用房。

1994年1—7月,宿县地区气象局与宿县地区黄淮海开发办联合建五层综合大楼(1289平方米)一幢,其中一层门面7间。1999年,地区气象局退还地区黄淮海开发办投入建房资金,大楼所有权收回。1994年年底,在综合大楼西建门面房9间,总面积135.9平方米。

2003—2004年11月,宿州市气象局拆除旧车库及平房,建两层办公小楼(第一层为5间车库、2间炮库、1间阅览室和2间会议室,第二层10间作为气象局机关办公场所)一幢,总面积600平方米。

2009年8月18日,宿州市气象防灾减灾大楼正式启用(总面积2802平方米),附楼一座(总面积1110平方米)。

三、基础设施

1985年3月,宿县地区气象局大院内栽种苗木(景观树、花木)1050棵。

1986年,开通宿县地区气象局大院与浍水路的通道(原大门在气象局大院西面),从此地区气象局有了直通大街的通道。

1987年8月,修建宿县地区气象局北大门;北大门修通后,西大门同时关闭。

1999年,针对宿县地区气象局大院多种设施年久失修、破烂不堪的状况,进行了大规模的整修与改建。先后对大院中心路、主下水道进行了改建,变压器、自来水进行了增容,大门内修建了传达室,投资3万元建成高标准水冲式厕所1个。

2000年3—5月,宿州市气象局大院内清除垃圾100多车,堆成"小土山"一座,建成大小不等、形状各异的花坛9个及小型花园2个,美化了大院内的环境。

2004年3月,由中国体育彩票捐助的全民健身路径器材(组合单杠、双杠、肋木架、太极推揉器、腰背按摩器、太空漫步机等8件)安装在宿州市气象局大院休闲小区。

2004年秋,观测场四周土地收回(原分给职工种菜用),栽种花木数千株,修建健康步道数百米。

2009年,宿州市气象防灾减灾大楼(气象局新区)前、后及西面栽种花木数百株;附属楼东面修建车库7间;大门内修建值班室2间。

2011 年年初，购置乒乓球桌、桌球台、综合训练器、跑步机等室内健身器材 4 套。

第四节　交通工具

1952 年至 1972 年，宿县气象站（台）无任何交通工具，全靠步行或职工个人的自行车。

1973 年，宿县地区气象台购杂牌自行车 1 辆，主要用于给宿县地区行署、宿县军分区、宿县县政府及宿县行署有关直属单位送天气预报，给广播电台送预报单。在送天气预报之外，只有公事、急事才可以借用，用后必须及时归还。

1973—1979 年，宿县地区气象台先后购置自行车 16 辆（含宿县气象站 2 辆）。主要用于向地方政府及各有关单位送天气预报、领导去政府开会、下乡进行气象灾害调查等。

1977 年，购天津牌吉普车 1 辆，宿县地区气象局首次拥有汽车。1978 年，购解放牌大卡车 1 辆。1985 年，购北京牌吉普车 1 辆，天津吉普、解放牌货车折旧处理。1992 年，购仪征牌吉普车 1 辆，北京吉普折旧处理。

1998 年 2 月，购桑塔纳 2000 轿车 1 辆，这是宿县地区气象局拥有的第一辆小轿车。

1998 年 12 月，中国气象局配备给宿县地区农试站摩托车 1 台，作为农业气象观测、农作物生育期大田调查与农业气象灾害调查用交通工具。仪征吉普车折旧处理。2006 年 1 月，摩托车折旧处理，购 1 辆电瓶车代步；2012 年 6 月，添 1 辆带拖斗的小型电瓶车。

2004 年 7 月，购入别克君越 1 辆；9 月，购入海南马自达普力马 1 辆；12 月，将上海大众桑塔纳 2000 轿车调拨给灵璧县气象局。2005 年 4 月，购入上海大众普桑 1 辆。2006 年 4 月，购入柳州五菱面包车 1 辆。2008 年 3 月，购入别克君威轿车 1 辆。

2009 年 8 月，安徽省气象局拨入江淮瑞鹰越野车 1 辆（气象应急保障），主要承担淮北、宿州两市区域自动气象站的维修、维护等保障；9 月，购入 32 座金龙大巴 1 辆；12 月购置移动气象台 1 部（应急指挥车—依维柯）。

2010 年 1 月，购入上海大众帕萨特 1 辆；6 月，安徽省人影办拨入郑州日产皮卡 1 辆；12 月，购入上海大众帕萨特 1 辆。2011 年 3 月，购入七座江淮瑞风商务车 1 辆；委托安徽省银河拍卖公司宿州分公司处置 4 辆汽车；5 月，购入桑塔纳志俊小汽车 2 辆（气象服务中心用）；12 月，安徽省气象局调拨丰田 RAV4 越野行政执法车 1 辆。2012 年 5 月，购入丰田汉兰达越野车 1 辆（气象服务中心）；7 月，将江淮瑞鹰越野车 1 辆调拨给砀山县气象局；将萧县气象局现代途胜越野车 1 辆调拨到市气象局。

截至 2012 年年底，宿州市气象局实有各类机动车 12 辆，其中金龙大巴 1 辆，移动气象台 1 部（依维柯），轿车 10 辆（其中气象服务中心 3 辆、防雷中心 3 辆）。

第五节　数据处理设备

建站初期，数据处理设备就是几把算盘，只有观测员、审核员和会计才有。

1976 年，安徽省气象科学研究所在宿县搞人工增雨作业试验研究时，带来 1 台手摇式计算机，用后留给宿县地区气象局用。

1978 年，购买 1 台上海产的台式电子计算器，宿县地区气象台用于预报业务。

1984 年起，宿县地区农试站人员陆续配备小型电子计算器（手掌大小），用来计算有关数据；4 月，安徽省气象局配给宿县地区气象台 PC－1500 袖珍计算机 1 部。

1985 年 4 月，安徽省气象局配给 2 台 PC－1500 袖珍计算机，在宿县、砀山两个基本气象观测站测报工作中试用。

1986 年 6 月，安徽省气象局配给宿县地区气象台苹果Ⅱ型微机 1 台。

1989 年，安徽省气象局配给宿县地区气象台长城 286B 兼容微机 1 台。

1990 年 6—8 月，宿县地区各台站陆续配备 PC－1500 袖珍计算机；至 8 月底，全区有 PC 机 8 台、长城机 1 台、苹果机 1 台。

1994 年 9 月，安徽省气象局配备 386 兼容微机 1 台，用于测报业务；PC－1500 机作备份仪器。2000 年，宿州市气象局拥有 486 计算机 4 台、586 计算机 14 台，各县气象局有 586 计算机 2～4 台。2008 年，市气象局本级先后购置或由省气象局调拨计算机 47 台；至此，市气象局职工基本上实现了人手 1 台电脑用于办公。2008—2013 年，市气象局本级先后购置或由省气象局调拨各类型号计算机 140 台，其中台式计算机 110 台，笔记本电脑 30 台；正版操作系统软件 87 套，办公软件 87 套；服务器 12 台。

2009 年 8 月，宿州市气象台配备 4 台 DELL precision T3500 工作站。

第六节　职工用房

1952 年，宿县气象站只有职工住房 3 间，面积 60 平方米。1955 年，建草房宿舍 5 间（总面积 75 平方米）。

1963 年，修建职工宿舍 11 间，总面积 198 平方米。1964 年，修建职工住房 6 间，总面积 96 平方米。1966 年，修建职工宿舍 11 间，总面积 182 平方米。1970 年，修建职工宿舍 11 间，总面积 176 平方米。

1976 年，修建职工宿舍 11 间，总面积 209 平方米。1978 年，建职工宿舍 9 间，总面积 144 平方米。1979 年，修建单身职工宿舍 6 间，总面积 110 平方米，房顶用草铺盖。

1986 年，建职工宿舍 9 间，总面积 162 平方米。1989 年 10 月，第一幢 4 层 16 套职工宿舍楼建成投入使用，总面积 917 平方米。职工住房状况开始逐步向成套住房转变。

1993 年，1983 年修建的农业气象试验站办公、试验用房（16 间，430 平方米），改为职工住房，1997 年房改时售给职工个人。1998 年 4 月，建一套两层职工宿舍，面积 90 平方米。11 月，第一幢五层 20 套宿舍楼竣工投入使用，总面积 1665 平方米。12 月，4 套两层职工宿舍建成，总面积 358 平方米。1999 年 12 月，第二幢五层 20 套宿舍楼竣工投入使用，总面积 1839 平方米。同期，建职工住宅用平房 12 间（4 套），总面积 368 平方米。

进入 20 世纪 80 年代建设的房屋，均为拆除旧房后的建筑。1998 年至 1999 年建的职工宿舍，在房改时已纳入房改规划，均为职工集资建房，省气象局和本单位部分补助。至此，职工住房状况得到彻底改变。

第十六章　法治建设

自1994年国务院发布《中华人民共和国气象条例》起，气象事业逐渐走向法治化轨道。近20年间，在气象事业立法、法治机构建设、执法人员培训和执法设备配备等方面都有了很大的发展。法治建设有力地保障了气象事业健康、快速地发展。

第一节　机构与体系建设

一、执法机构

2002年以前，宿州市气象部门没有专门的法治机构，一些行政执法和法治管理职能由宿州市气象局业务科或办公室兼管。

2002年，机构改革时，明确将政策法规科挂靠在宿州市气象局办公室。

2003年，宿州市气象局行政执法大队成立，分管副局长兼任大队长，7位具有执法资格的人员任队员；同时成立了宿州市施放气球管理办公室，分管副局长兼任主任，另有6位人员任成员。

2005年，宿州市气象局法规科成立，将气象政策法规工作专门由一个职能科室来管理，配备了一位专职工作人员和一些兼职工作人员，配备了一些必要的执法工具(如计算机、录音笔、照相机等)。

2007年，宿州市气象局业务科技科与法规科并为业务科技科(政策法规科)。

2012年，宿州市气象局行政执法大队升格为行政执法支队；安徽省气象局配备了执法专用车。

二、执法体系

自1997年以后，宿州市气象行政执法人员参加了安徽省气象局和安徽省法治办共同组织的8批执法培训班，先后有31人取得行政执法资格。持有行政执法资格证或行政执法监督证的人员，均为兼职行政执法人员。初步建立了一支懂气象、懂法律的兼职气象行政执法队伍。

同时，加强部门间合作，开展联合执法。为加强施放气球安全和防雷安全的管理，积极做好与宿州市法治办公室、宿州市安全生产监督管理局、宿州市教育局、宿州市公安消防支队、宿州市住房和城乡建设委员会、宿州市规划局、宿州市公安局等部门的协同管理，制定相关办事程序，开展联合执法。

三、执法调研

1997年以来，安徽省人大、安徽省政协，宿州市人大、宿州市政协多次到宿州市及所属各县、区进行气象行政执法调研，有力的促进了当地气象工作的开展。

1997年8月26—29日，安徽省人大常委会执法检查团到宿县地区进行“气象条例”执法检查，先后在泗县、灵璧县及宿州市进行了检查指导。

1998年8月28日，宿县地区人大工委、宿县地区行署联合召开“安徽省气象管理条例”颁布实施座谈会，宿县地区司法局、宿县地区农业委员会、宿县地区主流媒体等地直单位50多人参加会议。

2005年5月，宿州市人大一行到宿州市气象局，检查气象执法工作。7月4—5日，安徽省政协一行到宿州市和萧县，进行气象及防灾减灾工作专题调研。

2007年5月29日至6月1日，宿州市人大就宿州市《中华人民共和国气象法》执行情况到宿州市所属埇桥区、砀山县、萧县、灵璧县和泗县进行执法调研。

2010年7月30日，宿州市人大一行到宿州市气象局调研工作。

2011年11月18日，宿州市政协一行到宿州市气象局走访调研。

2013年6月4日，宿州市人大一行到宿州市气象局调研、检查指导工作。9月24—25日，宿州市政协就宿州市《中华人民共和国气象法》执行情况分别到宿州市所属埇桥区、灵璧县、泗县和宿州市气象局进行执法调研。10月30日至11月1日，宿州市人大就宿州市《中华人民共和国气象法》执行情况分别到宿州市所属埇桥区、砀山县、萧县、灵璧县和泗县再次进行执法调研。

第二节 行政审批

依据有关法律、法规、规章，宿州市气象局承担宿州市行政辖区内的有关气象行政审批工作。

2001年，气象行政审批工作进入宿州市行政服务中心。2005年以前，几乎没有在行政服务中心办理审批项目。2003年《中华人民共和国行政许可法》、2004年《国务院对确需保留的行政审批项目设定行政许可的决定》（国务院412号令）、2005年《安徽省防雷减灾管理办法》及2005年宿州市政府《关于加强防雷减灾管理工作的通知》相继出台后，气象行政审批工作才逐渐走向正轨。2008年后，宿州市气象局所负责的行政审批项目全部进入宿州市行政服务中心（宿州市政务服务中心）办理，2011年后，与行政审批有关防雷装置设计技术审查（图审）、防雷技术服务收费等也移至宿州市政务服务中心办理。

2005年后，受理和办结的防雷行政审批项目逐渐增加，2011年至2013年，办理行政审批事项520余件。

一、审批项目

2004年，国务院412号令公布以后，由市级气象主管机构实施的行政审批项目有以下几项：(1)防雷装置设计审核和竣工验收许可；(2)升放无人驾驶自由气球或者系留气球单位资质认定；(3)升放无人驾驶自由气球或者系留气球活动审批；(4)大气环境影响评价使用的气象资料审查；(5)传播媒体发表可能造成重大影响的气象预报或灾害性天气警报的新闻报道同意。

之后的几年，安徽省行政审批项目几经清理，上述第(1)、(2)、(3)项行政审批项目始终没有变动，第(4)、(5)项转为非行政许可项目。

至2013年1月，安徽省行政审批项目再次清理，省级下放至市级行政审批项目3项，冻结行政审批项目1项，保留的市级气象有关行政审批项目为以下6项：(1)防雷装置设计审核和竣工验收许可；(2)升放无人驾驶自由气球或者系留气球单位资质认定；(3)升放无人驾驶自由气球或者系留气球活动审批；(4)人工影响天气作业组织资格许可；(5)大气环境影响评价使用的气象资料审查；(6)气候可行性论证。

二、审批规范化

气象行政审批窗口接受当事人和市政府的监督。每项行政审批都规定了审核内容、对象、程序、依据和办事时效及当事人需报送的材料。审批窗口推行了承诺服务、限时服务、免费服务、责任追究等便民利民措施，做到“一个窗口受理、一次性告知、一站式办理、一条龙服务”的并联式全程审批服务体系。几年来，窗口按时办结率100%，群众满意率100%，窗口运行以来，无超时办件，全部办件无差错，无被投诉现象。

第三节　法治宣传

宿州市、县气象局每年利用“3·23”世界气象日、“12·4”法治宣传日等在全市范围内采用座谈会、研讨会、法治讲座、影视、网络、报纸、张贴或散发宣传材料等多种形式广泛深入地组织开展气象法治宣传教育。气象法律、法规所确定的各种制度和气象部门各项社会管理职能及执法主体地位得到社会各界的理解和认可。2003年、2005年、2007年、2012年配合安徽省气象局分别开展“气象行政执法月”“防雷法规宣传贯彻月”“结合《安徽省气象灾害防御条例》的颁布实施进行的防灾减灾接力科普宣传”“雷电灾害防御科普宣传周”活动等，都取得了相应的法律宣传效果。

附：施放气球管理

一直以来，气象部门利用施放氢气球悬挂探空仪器作为获取探空资料的手段。1990年前后气象部门率先利用氢气球悬挂宣传条幅作为庆典宣传活动的工具，一些单位和个人效仿，逐渐发展形成气候。由于施放气球活动疏于管理，造成安全事故也逐渐增多。2003年以后，按照国务院和军委出台的行政法规，气象部门对施放气球活动行使行政管理职能。

一、施放气球活动

1991年，宿县地区气象局首次使用氢气球作广告宣传活动。作为气象科技服务的一个项目，20多年来，其服务收入一定程度填补了气象事业经费缺口。

1991年，施放气球工作归属宿县地区气象局劳动服务公司，1992年至1994年归属地区气象局综合服务中心，1995年至1996年归属地区气象局产业发展科，1997至1998年归属地区气象局气球施放部（买断方式经营），1999年属宿州市气象局新项目开发办，2000年至2001年归属市气象局产业发展科，2002年至2004年归属宿州市防雷减灾中心，2005年归属气球施放中心，2006年至2013年归属市气象局科技服务中心（防雷中心）。

2003年之后，宿州市气象局施放气球人员有10余人取得“安徽省施放气球资格证”，宿州市气象综合服务中心取得“安徽省施放气球资质证”。

二、施放气球管理

1997年以前，宿县地区施放气球活动无人管理，经常出现气球燃烧爆炸、系留失控等现象，直接威胁人民生命财产安全和航空飞行安全。1997年，由民航安徽省管理局、安徽省气象局、安徽省公安厅和安徽省工商行政管理局共同制定了《安徽省施放气球和其他升空物体暂行管理办法》，在之后的施放气球管理和预防施放气球安全事故上起到一定的作用。但是，由于该暂行办法管理职责不明确、缺乏处罚措施，导致管理不力，违规施放气球的现象和安全事故仍时有发生。

2003年年初，国务院和中央军委颁布了《通用航空飞行管制条例》，其中专门设立了一章，对升放无人驾驶自由气球或者系留气球作出规范。为了贯彻和履行《通用航空飞行管制条例》赋予气象部门的管理职责,中国气象局于2003年和2005年两次颁布了第5号令和第9号令《施放气球管理办法》。按照以上法规和规章的规定,施放气球作业人员必须取得"施放气球资格证",施放气球单位必须取得"施放气球资质证",施放气球活动必须经过当地气象主管部门和飞行管制部门的批准。从事施放气球单位的施放气球资质审批和施放气球作业审批已经列为气象部门的行政审批项目,并纳入宿州市行政服务中心气象窗口集中审批。施放气球活动真正走向法治化轨道。

施放气球的社会监督管理工作,1997年至2002年由气球施放人员、执法人员共同管理,2003年至2004年由施放气球管理办公室、执法大队负责,2005年至2013年由法规科、施放气球管理办公室和执法大队管理。

2004年11月、2009年10月、2013年3月先后3次组织55名施放气球人员进行施放气球知识学习、资格认定考试,颁发"施放气球资格证"。

第十七章　气象学会

第一节　组织机构

一、理事会

宿县地区（宿州市）气象学会设理事长1人、副理事长1人、秘书长1人、常务理事5人、理事若干。

理事会负责筹备召开全市会员大会（或代表大会），向会员大会（或代表大会）报告工作和财务状况，决定会员的吸收或除名，决定下属机构的设置和撤销，领导下属机构开展活动，进行奖励、表彰和授予荣誉称号，决定本会其他重大事项（组成人员名单见第四章第二节，下同）。

二、秘书处

宿州市气象学会设秘书长1人；根据工作需要，必要时增设副秘书长1人。

秘书长主持本会日常工作，组织实施年度工作计划；协调各分支机构开展工作；提名副秘书长以及各分支机构主要负责人，交理事会或常理事会决定；处理其他日常事务。

三、下属机构

宿州市气象学会的团体会员单位有4个，即砀山县气象学会、萧县气象学会、灵璧县气象学会及泗县气象学会。市气象学会下设天气气候、大气探测、应用气象、气象电子、科学普及、气象学术6个专业委员会，分别挂靠在气象台、业务科、农村综合经济信息中心（农业气象试验站）、防雷办公室、文秘中心和气象学会。2012年年底，市气象学会有会员单位4个，会员116人。

第二节　学术交流

宿县地区（宿州市）气象学会成立后，定期或不定期召开学术年会，评选优秀学术论文，同时印刷《气象科技文集》一本。截至2012年年底，改革开放以来共发表科技论文506篇（次），其中核心刊物上发表科技论文73篇，主要分布在《安徽农业科学》31篇、《气象》15篇、《中国农业气象》10篇，其他17篇分布在《气象科技》《中国农学通报》上等等；非核心刊物32篇，内部刊物200篇；参加中国气象学会年会等国家级各类学术交流的96篇，参加淮河流域暴雨·洪水学术交流研讨会等区域、省级各类学术交流的105篇。

一、全国学术交流

2003年以后，每年都组织会员参加中国气象学会年会等全国性大型学术交流会。2003—2005

年，每年有1～3篇论文入选；2006年、2012年有6～7篇论文入选中国气象学会年会、全国农业气象与生态环境学术年会、全国气象观测技术经验交流会。2007—2011年，每年有13～19篇论文入选中国气象学会年会、中国国际防雷论坛、全国农业气象学术年会、全国南方暴雨研讨会、气象通信与信息技术年会、中国农业环境峰会、全国天气预报技术文集、全国重大天气过程总结和预报技术经验交流会、国家综合防灾减灾与可持续发展论坛等。

在国家级学术会议交流中，中国气象学会年会交流69篇，占70%以上；其余分布在农业气象、防雷、天气预报、气象通信等全国大型学术交流会上。

1980年8月23—25日，戚尚恩出席在湖南韶山召开的“全国杂交稻科研协作研讨会”。

1981年4月5—9日，李瑞祥出席在福建漳州召开的“全国杂交稻气象科研学术讨论会”。

1982年3月22—26日，张伯忍出席在郑州召开的“华北地区干旱学术讨论会”。

1982年5月12—18日，张伯忍出席在烟台召开的“全国农业气象灾害学术讨论会”。

1982年11月5—10日，孟继方、唐守顺、戚尚恩出席在安徽黄山召开的“全国小麦干热风科研成果鉴定及总结会”。国家气象局、气科院、南京气象学院及北方13省(市、自治区)气象部门的有关领导和专家参加会议。

1983年10月16—18日，张伯忍出席在西安召开的“全国小麦干热风科研协作会议”。

1985年3月，唐守顺、戚尚恩参加在北京农业大学举办的“全国土壤湿度测站合理布局和若干观测方法业务试验”田间试验部分学习交流及培训。

1985年12月，唐守顺出席在昆明召开的“全国第四届林业气象学术讨论会”。

1986年2月至1989年10月，戚尚恩先后8次出席在成都、郑州、厦门、武汉、苏州、天津、北京召开的“全国土壤湿度测站合理布局和若干观测方法业务试验”科研课题协作会，各协作单位交流分阶段的研究成果、测站布局论证、课题总结及资料数据库建立等。

2005年10月25—27日，戚尚恩、李德出席在苏州召开的2005年度中国气象学会年会。

2006年10月16—18日，戚尚恩、李德出席在南昌召开的“全国农业气象与生态环境学术年会”。10月25—27日，王德育出席在成都召开的2006年度中国气象学会年会。

2007年11月22—25日，戚尚恩出席在广州召开的2007年度中国气象学会年会。

2010年10月21—23日，王东、柏枫出席在北京召开的第27届中国气象学会年会。

图17-1 戚尚恩在广州中国气象学会年会上进行学术交流

2011年11月2—4日，戚尚恩、沈龙出席在厦门召开的第28届中国气象学会年会。

图17-2 戚尚恩在厦门中国气象学会年会上进行学术交流

2012年9月12—14日，李德、谌孙荣出席在沈阳召开的第29届中国气象学会年会。

二、区域学术交流

2007年、2011年，有11～15篇论文入选“苏皖两省大气探测、环境遥感与电子技术学术交流研讨会”，其他届别1～5篇入选；2010年，有11篇论文入选“淮河流域暴雨·洪水学术交流研讨会”，其他届别3~5篇；2012年，有5篇论文入选“中部六省第三届暨安徽省第一届防雷论坛”。另外，“中国南方片人工影响天气学术研讨会”“沈阳雨雪冰冻灾害论坛”等大型区域性学术交流活动经常会有宿州市气象学会会员的身影出现。

三、省内学术交流

1991年、2000年、2005年、2008年、2009年，每年有3~5篇论文入选“安徽省自然灾害（气候变化部分）对社会经济影响及其对策研讨会”“安徽省首届农业气象学术交流会”“安徽省雷电防护学术交流研讨会”“安徽省农村信息化发展论坛”“全省气象为农业服务学术交流会”“安徽省天气预报技术经验交流研讨会”等。

另外，“安徽省‘两高一优’农业学术研讨会”“安徽省优秀青年气象科技论文交流会”“安徽省天气预报技术研讨及经验交流会”“气象科技服务与产业发展”“省科协、省农村信息化高层研讨会”“安徽自然科学学术年会”“安徽省大气物理、云雾物理人工影响天气技术经验交流及学术研讨会”“安徽省重大灾害学天气过程预报技术交流会”“安徽省兴皖之光学术交流会”“安徽省小麦高产攻关学术研讨会”等均有1~2篇论文入选。

四、市内学术交流

宿县地区（宿州市）气象学会成立以来，定期或不定期召开学术交流会、学术年会等，评选优秀学术论文，同时印刷《气象科技文集》一本。气象学会组织会员积极撰写气象科技论文，组织“宿州市自然灾害应急能力建设论坛”“宿州市防灾减灾科技论坛”等市级学术交流活动16次，编印“气象科技文集”及论坛论文集计12本，收录文章257篇。

第三节　气象科普

气象科普宣传是宿县地区（宿州市）气象学会的主要工作之一，同时也是多年来常抓不懈的重要工作。市气象学会注重依托“3·23”世界气象日、科技活动周、全国减灾日、安全生产月、科普宣传周等契机，开展大型科普宣传活动。积极创新宣传方式，深入中小学校、社区、农村集市、企业、政府机关大院等单位，利用电视、广播、报纸、网站等媒体，采用召开座谈会、宣传咨询等形式，开展广覆盖、多媒介、多形式的宣传工作。

一、科普宣传

（一）常规宣传

每年在“3·23”世界气象日、科技活动周、安全生产月、全国科普宣传日期间，围绕纪念主题组织5~8次丰富多彩的宣传活动，按照安徽省气象局、宿州市科协、宿州市科技局等地方政府的有关要求，全力配合开展宣传；地方政府没有组织的，宿州市气象学会自己组织开展宣传活动。接待市民和中小学生到观测站、气象台参观，截至2012年共接待中小学生、社会团体、培训班人员参观等36批次；主动配合和参与省气象局、市科协、市科技局

图17-3　宿州市十二小学学生在观测场参观学习

等单位组织的“科普宣传日”活动和全省气象防灾减灾宣传月等其他大型科普活动。

（二）创新形式

10多年来，先后在埇桥区苗安乡、永镇乡、符离镇、大营镇、桃园镇、祁县镇等乡镇集贸市场开展科普赶集8次。举办气象知识竞赛4次。自办《宿州农经信息报》《梨乡信息报》等，免费送进乡镇、农村、学校。在宿州气象网、宿州农网、淮北地区设施农业气象网等网页上设置生活气象、气象知识、防灾减灾、设施农业气象专刊、设施实用技术、雷电防御、灾防信息等专栏。

（三）重大活动

进入21世纪后，先后举办科普图书赠送、科普接力、科普宣传进校园等16次。

2004年3月23日下午，宿州市气象局与宿州市科协、宿州市教育局联合举办“气象科学和防灾减灾知识青少年科技传播活动”，启动仪式在市气象台举行，市科协、市教育局的有关领导和宿城二中120多名学生参加。

图17-4　宿州市防雷科普宣传启动仪式

2006年10月25日、2007年12月20日前后，数次深入埇桥区南部边远乡镇苗安、永镇、大营等乡镇中小学校赠送气象防灾减灾图书、防雷挂图和气象灾害防御影像资料等。

2007年6月，宿州市政府组织、宿州市气象局联合市、区教育局，先后向全市中小学校等单位免费赠送雷电防护科普动画片光盘、防雷知识科普挂图、《气象灾害防御手册》以及宣传手册等材料5000余套。6月28日，启动仪式在宿州市教育局举行。

2007年12月4日，安徽省气象防灾减灾接力科普宣传活动交接仪式在宿州市气象局举行。

2008年4月7日、2009年3月23日、2011年3月17日，宿州市气象学会三次在埇桥区幼儿园、区直幼儿园宣传气象防灾减灾科普知识，赠送《气象灾害防御手册》等材料。气象专家进行了生动的演讲，近2000名幼儿观看了《怎样防雷电》等科普教育宣传片。

图17-5　气象学会专家在埇桥区幼儿园讲解气象科普知识

2008年9月17日，宿州市气象局、气象学会联合埇桥区政府、区教育局在埇桥区西二铺乡中心学校举行《安徽省小学生气象灾害防御教育读本》赠书仪式，共赠书94071本；专家讲座在西二铺乡中心校和沟西小学及全市8所学校同时进行。

图17-6　2012年9月，气象科普展板在宿州二中校园展出

2009年9月22日、2011年9月中旬至10月上旬，2012年9月19日，宿州市气象学会三次将气象科普展板60多块送进宿州二中校园，进行为期一周或一个月的气象科普宣传。

2009年11月4日、2012年3月23日，宿州市气象学会在宿州城区祁东新村、三里湾居委会风池社区举行气象科普、防灾减灾宣传进社区活动。

2010 年 3 月 23 日，宿州市气象学会深入宿州大型企业“华电宿州生物质能发电厂”进行保护气候、防灾减灾知识宣传活动。

2011 年 12 月 9 日，宿州市气象局、气象学会正式授予埇桥区津浦小学“宿州市气象科普教育基地”匾牌，这也是宿州首个中小学气象科普教育基地。气象局还为津浦小学送去了气象科普书籍、光盘、报纸和宣传画册及“安徽省小学生气象灾害防御教育读本”300 套，办公桌椅 100 套。

图 17－7　2011 年 12 月，宿州市气象科普教育基地揭牌及捐赠仪式

2012 年 7 月 9—15 日，在安徽省雷电灾害防御科普宣传周活动期间，在宿州市电视台多次重复播放“雷电知识”及防御科普宣传教育光盘、在宿州气象网等网站开辟防雷宣传专栏、组织乡镇信息员在当地乡村集镇开展防雷知识宣传活动；并组织学会会员到宿州奇石大市场、繁华社区等开展“防雷减灾知识宣传”专项活动，现场讲解雷电灾害防御知识。

二、科普讲座与培训班

20 世纪 80 年代后，宿县地区（宿州市）气象局举办各类讲座 100 余次，其中选派干部、乡村干部培训班 45 次。

1980 年 8 月—1982 年 6 月，张伯忍作科普讲座 8 次，孙凤先作科普讲座 6 次。

1980 年 8 月—1982 年 6 月，宿县地区气象局为宿县地委党校、县委党校学习班讲气象及农业气象知识 16 次，3400 人听讲；利用主要农作物生产会议及农业区划会议，讲本地主要农作物及农业气候特点 13 场次，2400 人听讲；开办 2—3 天的培训班，培训气象哨气象员 5 期，130 人受训，64 人成为骨干气象员。

1981 年 4 月 29 日至 5 月 20 日，宿县地区气象局先后在宿县大营、祁县、桃园、西寺坡、大店 5 个区办培训班，为社队干部讲授气象知识以及气象与农业的关系等，260 人次听讲。

1991 年 4 月 22 日，受安徽省种子公司邀请，张伯忍在“全省玉米制种技术培训班”上授课。

1994 年 4 月 5—10 日，张伯忍出席在阜阳召开的“安徽省玉米制种培训班”，主讲“发挥淮北气候资源优势，玉米夏播制种高产优质再上新台阶”。

1995 年 2 月 28 日，受宿县地委、宿州市委（县级）组织部邀请，张伯忍在宿县地委党校为地直机关农口、市农口负责人及乡镇长培训班上授课，讲解农业气象知识，158 人听讲。

1995 年 3 月 3 日至 3 月 12 日，先后受泗县、灵璧县、萧县、砀山县委组织部邀请，戚尚恩在各县县委党校为乡镇长、村两委负责人培训班上授课，讲解农业气象知识，527 人参加听讲。

1995—1996 年，张伯忍受宿州市无籽西瓜研究所邀请，先后多次在无籽西瓜制种、西瓜苗培育技术讲习班上授课，讲解西瓜生长的生态气象条件与培育壮苗的技术。

1997 年 8 月 20 日，宿县地区防雷局举办防雷工程讲座，邀请成都雷安电子研究所防雷专家授课，地区防雷局及气象局有关科室 20 多人听讲。

1999 年 8 月 17—18 日，宿州市气象局对各县区的农网技术人员进行技术操作培训。

2004 年 5 月 24 日至 7 月，宿州农网承担了宿州市委组织部计划对全市上万名基层干部进行分批培训的第一批 540 人的农业信息化培训任务，分 13 期进行了培训。

2004 年 10 月 10—13 日、2008 年 10 月 13 日，宿州市委组织部选派干部第三期农业信息化培训班、第三批选派干部及选聘生农业信息化培训班在宿州市气象局举行,340 人听讲。(孙惠合、卢俞、戚尚恩、王德育、李良武等为其授课)。

2004 年 11 月 4—5 日、2009 年 10 月 23 日,宿州市气象局组织举办施放气球培训班,对全市施放气球工作人员进行有计划的培训和考试。来自气象系统等 11 个单位的 52 名技术人员参加了培训,汪顺勤、孙厚选主讲有关内容。

2004 年 11 月 18 日,宿州市党员电化教育系统业务人员培训班在宿州市农网中心举行,来自四县一区及宿州市经济开发区等单位电教中心的业务人员 20 多人参加培训。

2006 年 3 月 21 日,"安徽先锋网"市级分站管理人员业务技能培训班在宿州市气象局开班,安徽省电教中心主要负责人、宿州市委组织部有关负责人、安徽省 7 市及 6 县区管理员参加培训。

2006 年 4 月 25 日—5 月 17 日,宿州先锋在线工作站管理人员业务技能培训班在市气象局举行,118 名管理员参加培训。分 5 期举办,每期 3 天,卢俞、钱平海等对其进行授课。

2008 年 11 月 13 日,受宿州市委组织部邀请,朱延文在宿州市委党校为第 27 期党政干部处级及科级进修班以及青干班共 150 多名学员作专题报告《气象在国民经济中的应用》。

图 17－8 土壤凋萎湿度集中测定现场图

2008 年 12 月 9 日,受宿州市农业科学研究所邀请,戚尚恩在市农科所作题为《气象与农业》的专题报告,农科所 40 多名专家及技术人员听讲。

2009 年 7 月 21 日,由宿州市科协主办、宿州市气象学会承办的"宿州市日全食观测科普宣传活动"在市气象局举行。戚尚恩介绍了日全食相关科普知识,演示了正确的观测方法。

2009 年 9 月 24 日,区政府特邀戚尚恩为"埇桥区应急管理骨干培训班"授课,主讲埇桥区主要气象灾害及防御、气象应急管理知识等,区政府及各乡镇有关人员 30 多人听讲。

2009 年 10 月 29—30 日、2010 年 9 月 9—10 日,安徽省首批、第二批自动土壤水分观测站建设现场会分别在宿州及宣城举行,戚尚恩主讲土壤水文常数测定技术及注意事项,同时进行了现场操作演示,106 人参加培训。其中宿州农业气象试验站负责的 22 个站次的凋萎湿度进行了集中测定。

2011 年 6 月 21 日,张学贤、戚尚恩、孙录贵等有关专家在宿州市安全生产监督管理局全体职工会上开讲,一起学习强对流天气以及造成的影响和应急管理与防御等知识。

2012 年 5 月 25 日,埇桥区各乡镇信息员及分管干部综合知识培训班在宿州市气象局大会议室举行,戚尚恩主讲"埇桥区主要气象灾害及防御"知识,46 人参加培训。

图 17－9 埇桥区主要气象灾害及防御知识培训班

2013 年 5 月 21 日,宿州市防汛抗旱指挥部举办"全市防汛抢险培训班",165 人参加培训。李红卫从"宿州气候概况、气象预测预报、汛期主要气象灾害以及灾害防御知识"等 4 个方面对学员们进行了培训。

17－10　李红卫在全市防汛抢险培训班上授课

三、科普材料

（一）购买材料

宿州市气象局先后从中国气象学会购买气象科普展板65块，气象出版社购买“趣谈天气”“天空趣象”气象科普光盘等气象科普图书10余种、300余本（套、份），发放到县气象局等基层单位，并送到各级电视台分期播放，进行宣传。

（二）编印材料

宿州市气象学会编印的《农业气象手册》《预测风云》《天气预报用语浅释与利用》《农业气候》《天气谚语》《农业气象灾害防御问答》《实用信息技术和农产品网络营销》等科普图书或手册13本。其中《气象灾害防御手册》第一版在2005年印刷5万册、《气象灾害防御手册》第二版及《宿州市主要气象灾害及防御》在2007年和2012年全彩色印刷7万册。绘制《农家气象参谋》等科普挂图4幅，累计印刷3.2万份。

（三）印发材料

在《中华人民共和国气象法》《气象灾害防御条例》《安徽省气象灾害防御条例》等法律法规出台后，宿州市气象局都及时组织印刷5000份以上，进行散发。

四、科普教育基地

（一）建立科普教育基地

2011年12月9日，宿州市气象局、宿州市气象学会正式授予埇桥区津浦小学“宿州市气象科普教育基地”匾牌，这是宿州首个中小学气象科普教育基地。市气象局向津浦小学赠送了气象科普书籍、气象灾害防御手册、气象灾害防御光盘、气象报和宣传画册以及办公桌椅100套。埇桥区政府、区教育等有关领导出席了授牌仪式。

（二）科普教育基地申报

2012年6月上旬，根据宿州市科学技术协会〔2012〕17号文件精神，宿州市气象学会秘书处组织气象科普宣传基本情况等有关材料，以宿州市气象台的名义申报“宿州市科普教育基地”，并于7月11日得到批准。

2012年7月上旬，根据安徽省科学技术协会有关通知和文件精神，宿州市气象学会秘书处组织有关材料，以宿州市气象台的名义申报“安徽省科普教育基地”，同年11月6日得到批准。

第四节　论文获奖情况

一、市级交流评奖

在编印的12本宿州市“气象科技文集”中，1995年的1本评出优秀论文10篇，1999年的1本评出优秀论文7篇，2002年的1本收录论文27篇，评出优秀论文7篇。2003年的1本，收录论文39篇，同年出版的“安徽气象”专刊，录用论文33篇，评出优秀论文7篇。2003年以后，多次参加安徽省自然科学学术年会及安徽省科协年会的宿州分会场学术交流活动，多篇论文获奖。

宿州市局级学术交流论文获奖情况表

表 17－1

序号	论文名称	第一作者	颁奖单位或颁奖名称	获奖等次	获奖年度
1	萧县汛期 6—8 月降水预报—周期迭加外推法	王　晶	宿县地区气象科技优秀论文	一	1995
2	宿州烟草生产的气象要素指标	戚尚恩	宿县地区气象科技优秀论文	一	1995
3	我县关键农事季节的长期降水过程预报	常　松	宿县地区气象科技优秀论文	二	1995
4	宿州市初终霜发生日期预测模型及结果	孙惠合	宿县地区气象科技优秀论文	二	1995
5	气象警报接收机与农村广播机联网技术	汪顺勤	宿县地区气象科技优秀论文	二	1995
6	宿县地区暴雨环流分类及预报指标	宋云英	宿县地区气象科技优秀论文	三	1995
7	春播期间(4 月)低温连阴雨预报	王　淼	宿县地区气象科技优秀论文	三	1995
8	灵璧县冬春季大风特征	王学华	宿县地区气象科技优秀论文	三	1995
9	砖瓦生产与气象	王　淼	宿县地区气象科技优秀论文	三	1995
10	砀山酥梨盛花期预报	贡金亮	宿县地区气象科技优秀论文	三	1995
11	日本数值天气预报与实况资料综合分析应用	宋云英	宿州气象科技优秀学术论文	一	1999
12	利用 NICAPS 系统提供的数据接口制作地区分县地点预报底图	陈邦怀	宿州气象科技优秀学术论文	二	1999
13	季节变化与精神病发病率的研究	戚尚恩	宿州气象科技优秀学术论文	二	1999
14	EL 型与 EN 型侧风记录的差异分析及订正方法	张丙振	宿州气象科技优秀学术论文	三	1999
15	冬季到来话溶冰	欧林忠	宿州气象科技优秀学术论文	三	1999
16	1998 年砀山梨黑星病大爆发的气象条件分析	汪留湛	宿州气象科技优秀学术论文	三	1999
17	开发空中水资源是缓解我市缺水的有效途径	刘学香	宿州气象科技优秀学术论文	三	1999
18	专业气象服务自动化系统软件的研制简介	祁宦	宿州气象科技优秀学术论文	一	2002
19	通用雨量图显示及打印系统	陈邦怀	宿州气象科技优秀学术论文	一	2002
20	2000 年冬小麦减产原因分析及补救措施	戚尚恩	宿州气象科技优秀学术论文	二	2002
21	汛期淮北地区暴雨前水汽分布特征	韩枫	宿州气象科技优秀学术论文	三	2002
22	宿州市近年地面测报质量的初步分析	王昉	宿州气象科技优秀学术论文	三	2002
23	增强农网信息处理能力提供一流的信息服务	孙惠合	宿州气象科技优秀学术论文	三	2002
24	MICAPS 系统在县站的开发利用	王晶	宿州气象科技优秀学术论文	三	2002
25	5.27 沿淮淮北强对流风暴环境场特征分析	陈邦怀	宿州气象科技优秀学术论文	一	2003
26	地面及农气信息综合应用服务系统	祁宦	宿州气象科技优秀学术论文	二	2003

续表 17－1

序号	论文名称	第一作者	颁奖单位或颁奖名称	获奖等次	获奖年度
27	利用天气在线数值预报产品提高降水预报准确率	韩枫	宿州气象科技优秀学术论文	二	2003
28	树立精品意识　全力打造农网电视节目	孙惠合	宿州气象科技优秀学术论文	三	2003
29	砀山酥梨花特早开放的气候因素	汪留湛	宿州气象科技优秀学术论文	三	2003
30	地面资料处理应用系统简介	张丙振	宿州气象科技优秀学术论文	三	2003
31	依托农网　开展县级电子政务及网上视频直播	徐瑞侠	宿州气象科技优秀学术论文	三	2003
32	气候因素对淮北小麦灌浆速度的影响	戚尚恩（合著）	宿州市 1997—2000 年度自然科学优秀学术论文奖（不分等级）	优秀论文	2001
33	淮北地区玉米夏播制种的灌浆速度和最适收获期	戚尚恩（合著）	宿州市 1997—2000 年度自然科学优秀学术论文奖（不分等级）	优秀论文	2001
34	增强服务意识　促进成果转化	戚尚恩	宿州科技创新与农业科技成果转化论坛	优秀论文	2003
35	农业气候可行性论证	戚尚恩	宿州生命科学与农业科技论坛	优秀论文	2005
36	皖北粮食生产对气候变化的敏感性研究	李德	宿州生命科学与农业科技论坛	优秀论文	2005
37	社团工作的实践	戚尚恩	宿州市“我与科协”征文活动	获奖作品	2006
38	宿州市暴雨日的变化特征分析	王德育	安徽科协年会宿州分会场优秀论文	二	2009

说明：论文序号 1～31 由宿州市气象局颁发奖励证书；32～38 由宿州市科学技术协会颁发奖励证书

二、省级以上交流获奖

20 多年间，宿州市气象学会会员积极撰写气象科技论文，多次参加省级以上学术交流活动，13 篇论文获奖。

省级以上学术交流论文获奖情况表

表 17－2

序号	论文名称	第一作者	颁奖单位或颁奖名称	获奖等次	获奖年度
1	安徽小麦干热风气候分析及区划的研究	张伯忍	安徽省科学技术协会	三	1987
2	淮北独秀皇藏峪	张伯忍	全国气象科普优秀作品/中国气象学会	鼓励奖	1989
3	小麦宿育 1 号的选育及其特性研究	刘敏录（合著）	安徽省 1989 年自然科学优秀学术论文	三	1989
4	宿县地下水活动及其对农业生产的影响	戚尚恩	安徽省第二届青年气象科技优秀论文奖	三	1990

续表 17－2

序号	论文名称	第一作者	颁奖单位或颁奖名称	获奖等次	获奖年度
5	安徽省土壤水分分区	戚尚恩	安徽省1990年度自然科学优秀学术论文奖	二	1991
6	淮北地区小麦接茬棉优质高产栽培的气候适应前景	戚尚恩	安徽省"两高一优"农业学术研讨会	较好论文	1994
7	宿州市初霜灰色灾变的超长期预测模型	孙惠合	安徽省第三届青年气象科技优秀论文奖	三	1994
8	宿州烟区气候条件与烤烟生产	戚尚恩（合著）	中国科协第二届青年学术年会烟草卫星会议和兴皖之光学术交流会	鼓励奖	1995
9	砀山酥梨花期气象灾害分析及对策研究	戚尚恩	安徽省首届农业气象学术交流会优秀论文	二	2000
10	宿州市旱地农业可持续发展的建议	祁宦	安徽省首届农业气象学术交流会优秀论文	三	2000
11	2009年9月24日淮北地区大暴雨中β尺度系统分析与数值模拟	张玉民	安徽省天气预报技术经验交流研讨会	优秀论文	2009
12	宿州市防灾减灾综合信息服务平台设计	卢俞	沈阳第五届雨雪冰冻灾害论坛	优秀论文	2011
13	大型风力发电机组的防雷问题及设计要点探究	孙录贵	省气象学会雷电防护专业委员会2013年年会	优秀论文	2013

三、近3年评奖情况

2010年开始，宿州市气象局对于气象科技论文的评奖，注重于在学术期刊上公开发表的气象科技论文，或在中国气象学会年会等全国性学术交流会，以及区域或省级以上学术交流会上交流的论文，从中选出优秀论文进行评奖，一、二、三等奖各1、3、5篇。

2010—2012年宿州市气象局科技论文评奖情况

表 17－3

序号	论文名称	第一作者	发表刊物或交流载体	发表年份	期次	获奖等次	获奖年度
1	淮北气候条件对夏大豆生长的影响	戚尚恩	中国农业气象	2010	2	一	2010
2	视频监控系统的雷电防护实例分析	汪顺勤	电气应用	2010	11	二	2010
3	市级气象通信网络的优化建设	柏枫	计算机系统应用	2010	12	二	2010
4	皖北地区冰雹预警系统的设计与实现	耿德祥	安徽农业科学	2010	25	二	2010
5	1995－2010年淮北平原冬季农业气候变化基本特征	李　德	2010年中国农业环境峰会	2010		三	2010
6	淮北大风、冰雹雷达资料对比分析	张玉民	第27届中国气象学会年会	2010		三	2010
7	一次秋季暴雨漏报原因分析	王德育	《气象与减灾》	2010	3	三	2010
8	东北冷涡形势下的两次飑线分析与短时临近预报	陈邦怀	全国重大天气过程总结和预报经验技术交流会	2010		三	2010
9	PUP系统在预报灾害性强对流天气中的应用	韩　枫	第三届淮河流域暴雨学术交流会	2010		三	2010
10	2008－2009年宿州秋冬低温干旱成因分析与影响评估	李　德	气象	2011	5	一	2011
11	干侵入在皖北暴雨天气中的特征分析	张学贤	安徽农业科学	2011	14	二	2011
12	宿州市小麦干热风发生规律及防御对策	戚尚恩	第28届中国气象学会年会	2011		二	2011

续表 17－3

序号	论文名称	第一作者	发表刊物或交流载体	发表年份	期次	获奖等次	获奖年度
13	2010年7月17日安徽砀山县龙卷过程分析	王德育	全国重大天气过程总结和预报技术经验交流会	2011		二	2011
14	近50年宿州积雪日数的气候变化特征及其影响因子分析	赵雪松	安徽农业科学	2011	34	三	2011
15	新农村农业信息化服务平台总体设计	卢　俞	安徽农业科学	2011	19	三	2011
16	浅议如何做好自动站地面气象观测数据的质量控制	王　东	第28届中国气象学会年会	2011		三	2011
17	两次暴雨的多普勒雷达回波特征的对比分析	沈　龙	第28届中国气象学会年会	2011		三	2011
18	区域气象自动站资料可视化绘图与应用	柏　枫	第六届苏皖大气电子交流	2011		三	2011
19	皖北两次龙卷过程对比分析	王德育	气象科技	2012	2	一	2012
20	自动站月观测数据的质量控制	王　东	第二届全国气象观测技术经验交流会	2012		二	2012
21	宿州近60年来暴雨气候特征分析	陈邦怀	第四届淮河流域暴雨·洪涝学术交流会	2012		二	2012
22	冬小麦冬季干旱时段灌溉气象适宜指数研究	李　德	气象	2012	12	二	2012
23	基于物联网技术的设施农业服务平台设计	卢　俞	电子世界	2012	22	三	2012
24	淮北2012年5月一次强对流天气过程分析	谌孙荣	第29届中国气象学会年会	2012		三	2012
25	一次局地短时强对流过程成员再分析	韩　枫	第四届淮河流域暴雨·洪涝学术交流会	2012		三	2012
26	数字高清视频会商系统应用及优化研究	柏　枫	成都信息工程学院学报	2012	4	三	2012
27	淮北地区小麦干旱发生规律及影响与对策研究	戚尚恩	中国农学通报	2012	21	三	2012

第十八章　灾防协会

第一节　组织机构

1993 年 4 月 26 日，宿县地区灾害防御协会成立，是一个为适应综合性减灾需要而成立的大型社会团体。为有利于推进减灾这项重要的社会公益性事业，灾协在组建上特别注重成员结构的广泛性和权威性。宿县地区政府分管农业的副专员任理事长，理事会成员单位由宿县地区行署 31 个直属局、委、办单位，5 个县政府以及 10 个企业、15 个与减灾有直接关系的台、站、科、室的领导和专家担任理事，使灾协成为密切联系政府和广大减灾工作者的桥梁和纽带。灾防协会挂靠在宿县地区气象局，协会秘书处承办具体工作。1999 年 5 月，更名为宿州市灾害防御协会。

一、理事会

宿县地区（宿州市）灾害防御协会设理事长 1 人，常务副理事长 2 ~ 5 人，副理事长 20 人左右，秘书长 1 人，常务副秘书长 1 人，副秘书长、常务理事、理事若干人（人员名单见第四章第二节，下同）。

理事会负责筹备召开会员（或代表）大会，向大会报告工作和财务状况，决定会员的吸收或除名，决定下属机构的设置和撤销，领导下属机构开展活动，决定本会其他重大事项。

二、秘书处

宿州市灾害防御协会设秘书长 1 人，常务副秘书长 1 人，根据工作需要，必要时增设副秘书长 1 ~ 3 人。

常务副秘书长主持本会日常工作，组织实施年度工作计划；协调各分支机构开展工作；提名副秘书长以及各分支机构主要负责人，交理事会或常务理事会决定；处理其他日常事务。

三、下属机构

宿州市灾害防御协会下设 4 个专业委员会：灾害预测及减灾咨询委员会（挂靠宿州市气象局），灾害评估及救灾咨询委员会（挂靠宿州市农委），安全生产咨询委员会（挂靠宿州市安监局），科普宣传工作委员会（挂靠宿州市科协）。2005 年换届时，灾防协会成员单位有 57 家。

第二节　协会会刊

宿州市灾害防御协会会刊为“灾防信息”，1993 年 5 月创刊，由灾防协会秘书处编印，每年编 10 ~ 12 期，每个月的 28 日前后出版印发，每期印 100 份，发送至市、县（区）党委及政府主要领导：常务副市长、副县（区）长，分管农业及安全生产的副市长、副县（区）长；市直农业、交通、地震、安监、保险、环保、卫生监督、疾病控制等灾防协会成员单位。至2012年年底已编印190期。2005年1月起，在安徽气象办公网上向有关单位发送。2006年1月始，每期“灾防信息”均及时发布到“宿州气象网”的“灾防信息”栏目上。

会刊每期刊载各种有关信息10～35篇(条)，内容涉及与灾害防御有关的重要会议内容简介；防汛抗旱、地震灾害、防雷减灾、交通安全、人工增雨防雹、农情监测(含农情、苗情、灾情、墒情、雨情等)、地质环境、生态建设、保护水资源、防火安全、病虫害防治、减灾常识、食品卫生安全信息；全球、全国、全省及本市重大天气气候事件；最新人为灾害简讯；相关法律法规讲座等各个有关方面的相关知识。

在会刊材料的收集、编印过程中，宿州市气象局、农委、水利局、地震局、林业局、国土局、建委、交通局、交警支队、安监局、人寿保险公司、环保局、卫生监督局、疾病控制中心、防雷局、人降办、防汛办、民政局、植保站等20多个会员单位给予了大力支持。

第三节 减灾论坛

一、农业减灾研讨会

1996年3月15日，宿县地区灾害防御协会组织召开“宿县地区农业减灾”研讨会。气象、农业、水利、植保、防汛抗旱等专家参加研讨会。

二、灾后反思研讨会

1997年3月20日，在1996年全区遭受严重的洪涝和干旱灾害后，宿县地区灾害防御协会组织召开“宿县地区灾后反思”研讨会。气象、水利、农业、水文、植保、防疫、消防、地质环境监测等专家参加研讨会。

三、防灾减灾科技论坛

2004年3月23日，宿州市灾害防御协会、宿州市气象局、宿州市科学技术协会、宿州市气象学会联合举办“宿州市防灾减灾科技论坛”，宿州市副市长李令臣、魏令波出席大会，分别发表讲话。

图18－1 宿州市防灾减灾科技论坛

宿州市市直农口所有单位、市环保局、交通局、国土局、城市管理局、卫生局、科协、科技局等30多个单位的领导和专家70余人出席会议，10多位专家作了专题发言。会后出论坛论文集1本，内容涉及灾害性天气预报、农业生产、水利、农业科研、农业气象、人工影响天气、环保、地质环境、疾病防治、植物保护、交通、林业、地震、供电等10多个专业防灾减灾研究及对策方面的探讨，共同为全市的防灾减灾、造福社会出谋划策，为政府的决策服务提出有益性的建设性意见。

会后出论坛论文集1本，评出优秀论文29篇，其中气象科技论文13篇。

四、应急能力建设论坛

2007年3月22日，宿州市人民政府主办的“宿州市自然灾害应急能力建设论坛”在宿州市政府会议中心第三会议厅举行，宿州市政府、人大、政协的领导以及来自安徽省气象科学研究所、安徽省气象台的专家和市政府应急办、市直农业、气象、环保、水利、民政、交通、国土、建委、地震、卫生、宣传、相关机关企事业单位及各县区分管副县(区)长、应急办主任、气象局长等70多个单位100多名专家、领导出席论坛活动，宿州市副市长李令臣出席大会并讲话。

图18-2 宿州市自然灾害应急能力建设论坛会场

安徽省气象科学研究所所长、正研级高工张爱民，安徽省气象台首席预报员、正研级高工郑媛媛分别作“农业气象灾害监测评估和防御”“强对流天气的监测和预警”的学术报告。

宿州市科协、宿州市灾害防御协会及宿州市气象局、宿州市气象学会作为承办单位，承担了所有会议事务。会后出论坛论文集1本，评出优秀论文15篇，其中气象科技论文9篇。

五、获奖论文

宿州市气象学会会员在防灾减灾论坛活动中获奖的气象科技论文表

表18-1

序号	论文名称	第一作者	颁奖单位或颁奖名称	获奖等次	获奖年度
1	防灾减灾匹夫有责　领导责任重于泰山	刘敏录	宿县地区减灾防御对策研讨会	优秀论文	1998
2	加大人影天气投入　增强我市防灾减灾能力	刘学香	宿州市防灾减灾科技论坛	优秀论文	2004
3	2003年夏季洪涝成因分析	王德育	宿州市防灾减灾科技论坛	优秀论文	2004
4	宿州的洪涝灾害与减灾措施	戚尚恩	宿州市防灾减灾科技论坛	优秀论文	2004
5	西太平洋副热带高压强度与我市汛期降水的关系	王德育	宿州市防灾减灾科技论坛	优秀论文	2004
6	农村雷电灾害与人身安全	欧林忠	宿州市防灾减灾科技论坛	优秀论文	2004
7	2003年砀山夏季气候及对农业生产的影响	汪留湛	宿州市防灾减灾科技论坛	优秀论文	2004
8	1996、1998、2003年特大洪涝比较分析	王德育	宿州市防灾减灾科技论坛	优秀论文	2004
9	应用新的探测资料预报我市汛期中尺度灾害性天气	陈邦怀	宿州市防灾减灾科技论坛	优秀论文	2004
10	0305暴雪天气过程的分析与研究	杨志猛	宿州市防灾减灾科技论坛	优秀论文	2004
11	2003年砀山气象灾害对农业生产的影响	刘　娟	宿州市防灾减灾科技论坛	优秀论文	2004
12	春季砀山县暴雨(局部冰雹)天气个例分析	吴秀芝	宿州市防灾减灾科技论坛	优秀论文	2004
13	灵璧县2003年气候对农业影响及反思	欧林忠	宿州市防灾减灾科技论坛	优秀论文	2004
14	淮北地区冰雹等强对流天气预报方法研究	杨志猛	宿州市防灾减灾科技论坛	优秀论文	2004
15	宿州市两次龙卷风灾害天气过程的对比分析	韩　枫	宿州市自然灾害应急能力建设论坛	优秀论文	2007
16	宿州市暴雨灾害特征与防洪减灾探析	祁　宦	宿州市自然灾害应急能力建设论坛	优秀论文	2007

续表 18－1

序号	论文名称	第一作者	颁奖单位或颁奖名称	获奖等次	获奖年度
17	城市气象灾害监测预警体系建设浅析	戚尚恩	宿州市自然灾害应急能力建设论坛	优秀论文	2007
18	宿州农村气象灾害监测预报预警应急服务系统建设概论	李德	宿州市自然灾害应急能力建设论坛	优秀论文	2007
19	利用闪电定位资料进行淮北地区雷电分布特征分析和雷暴日测算	张丙振	宿州市自然灾害应急能力建设论坛	优秀论文	2007
20	宿州市近50年来温度变化的事实分析及对策	陈邦怀	宿州市自然灾害应急能力建设论坛	优秀论文	2007
21	龙卷风灾害防御的新思考	王德育	宿州市自然灾害应急能力建设论坛	优秀论文	2007
22	砀山“8.3”强风暴天气成因分析与防御对策	吴秀芝	宿州市自然灾害应急能力建设论坛	优秀论文	2007
23	宿州雾的特征及其预警设计	柏枫	宿州市自然灾害应急能力建设论坛	优秀论文	2007

说明：表中获奖论文证书均由宿州市科学技术协会颁发

第四节　防灾宣传

一、印发材料

2005年8月，宿州市灾害防御协会、宿州市气象学会联合组织编印了5万本《气象灾害防御手册》，全部免费发放给全市农村、学校和机关等相关单位。在《气象灾害防御手册》印发的过程中，宿州市市长唐承沛对内容的安排、资金的落实、发放形式做了具体要求，副市长李令臣亲自审稿，并作出批示：“请报社、电台、电视台设立专栏，分期播发”。市政府办公室专门下发《关于做好“气象灾害防御手册”发放和宣传工作的通知》，要求全市各级政府和相关单位充分利用农村有线广播、公开栏、黑板报等媒体反复宣传《气象灾害防御手册》中的内容。

2007年7月，对《气象灾害防御手册》进行修订，增加了气象灾害预警信号、本地气象灾害实例及气象灾害图片等重要内容。新手册以通俗的语言、简明的图片，将雷电、龙卷风、冰雹、台风（大风）、暴雨洪涝、高温、大雾等主要气象灾害的生成发展、危害程度和简易的防范措施介绍给广大公众，深受社会公众的好评。新手册全彩色印刷3万册，全部免费发放给社会公众。

2012年9月，在《气象灾害防御手册》的基础上，对其进行了修改调整，增加了近10多年来宿州市范围内的重大气象灾害实例及图片，编印《宿州市主要气象灾害及防御》一本，全彩色印刷4万册，作为今后几年的宣传材料之一，全部免费发放给社会公众。

二、防灾减灾宣传

防灾减灾宣传是宿州市灾害防御协会的主要工作之一，同时也是多年来常抓不懈的重要工作。市灾协注重依托“5·12”全国防灾减灾日、安全生产月、国际减灾日等契机，开展大型科普宣传活动。积极创新宣传方式，深入中小学校、社区、农村集市、企业、政府机关大院等单位，利用电视、广播、报纸、网站等媒体，采用召开座谈会、宣传咨询等形式，开展广覆盖、多媒介、多形式的宣传工作。主要

图18－3　2003年10月，国际减灾日防灾减灾宣传在宿州城区街头

做法一是在每年"5·12"全国防灾减灾日、6月10日前后的安全生产月期间,及10月份的国际减灾日围绕纪念主题开展丰富多彩的宣传活动。二是举办防灾减灾知识竞赛。三是主动配合和参与安徽省气象局、宿州市政府等单位组织的"防灾减灾日"活动和全省气象防灾减灾宣传月等其他大型科普活动,展开宣传。

因宿州市灾害防御协会与宿州市气象学会合署办公,其举办的多数防灾减灾科普知识下乡及赶集、防灾减灾科普图书及光盘赠送、防灾减灾宣传进校园、防灾减灾科普讲座、防灾减灾宣传进社区等宣传活动,都是与宿州市气象学会联合举办的。

图18-4 2006年3月23日,气象防灾救灾宣传进农村——埇桥区苗安乡集镇街头

图18-5 2009年3月23日,宿州气象防灾减灾宣传进企业——华电宿州生物质能发电厂

图18-6 2011年6月21日,应宿州市安监局领导的邀请,宿州市气象局主要领导、气象专家等,前往市安监局,为安监局全体人员讲解宿州市主要气象灾害及防御科普知识

图18-7 2012年3月23日,宿州气象防灾减灾宣传进社区——埇桥区三里湾办事处凤池社区

图18-8 2009年、2011年、2012年9月,宿州市气象学会三次将气象科普展板60多块送进宿州二中校园,进行为期一周到一个月的气象科普及防灾减灾宣传。图为2009年9月气象科普展板在宿州二中展出的情景。

图 18－9　多年来，宿州市气象学会会员编辑印发了很多气象科普及气象灾害防御宣传材料，上图为部分宣传材料（手册）

图中左上角材料为江春铭编写、《预测风雨》为王文礼编写、《天气谚语》为张伯忍编写、其余为戚尚恩编写

附：宿州市灾害防御协会换届选举

2005 年 3 月 23 日，宿州市灾害防御协会第二届代表大会在宿州市气象局召开，宿州市副市长、灾防协会理事长李令臣，市政协副主席王克金等 50 多个灾防协会成员单位领导参加会议。

会议由宿州市政协副主席王克金主持，宿州市副市长李令臣讲话；宿州市灾防协会秘书长、宿州市气象局局长朱延文作第一届灾防协会工作报告；市灾防协会常务副秘书长戚尚恩对协会章程、第二届理事会组成名单等有关内容进行了宣布和说明。

大会选举通过了宿州市灾害防御协会第二届理事会理事长、副理事长、秘书长和常务理事人员名单，讨论通过了协会章程、工作报告、秘书处和下设办事机构等议程。

图 18－10　宿州市灾害防御协会换届选举会场

第十九章 文明创建

第一节 创建历程

1981年2月，全国学联、总工会、团中央等九单位联合发出《关于开展文明礼貌活动的倡议》后，宿县地区气象局积极响应，组织开展“五讲四美”活动，从此，社会主义精神文明建设工作列入全局工作计划，并在年终工作有总结。1982年2月，中央批转中宣部《关于深入开展“五讲四美”活动的报告》，规定每年3月为文明礼貌月，地区气象局党组明确由党组成员、副局长沈思镁负责，政工科具体抓。

1987年1月，安徽省气象局印发《安徽省气象部门关于加强精神文明建设的实施规划》，宿县地区气象部门按照“两个文明”一起抓的要求，认真贯彻落实，积极组织参加创建“双文明”单位活动，真正做到把台站的精神文明建设工作列入重要的议事日程。做到领导上有分工、时间上有保证、制度上严要求，工作上有计划、有检查、有总结。

宿县地区气象局1990年、1991年创全省气象部门“双文明”建设A级单位后，全市文明创建工作进入了全面建设发展阶段。特别是中共十四届五中全会以后，地区气象局深入贯彻“两手抓、两手硬”的方针，充分发挥党、政、群作用，全面建立齐抓共管机制，精神文明建设取得显著成效。

“九五”期间，是宿县地区气象部门精神文明建设工作深入发展，并取得重要成果的阶段。1998年9月，地区气象局在萧县召开现场会，提出：全区文明创建要向萧县气象局学习，要高标准、严要求、重管理；要突出一个“实”字，体现一个“干”字，把全区文明创建工作推上一个新台阶。

中共十四届五中、六中全会以后，境内气象事业得到快速发展。1997年，宿县地区气象部门在全省气象部门第一家实现所有单位获当地文明单位称号；2000年年底，宿州市气象局和所辖4个县气象局全部重新核定或升级为市级文明单位，其中萧县气象局获得省级文明单位，成为全省第一批荣获省级文明单位的县气象局。经省气象局文行委评定，市气象局和所辖4个县气象局全部为文明行业达标单位，其中：宿州市气象局、萧县气象局、砀山县气象局、灵璧县气象局为优秀达标单位。为此，该项工作被安徽省气象局评为创新项目。

2000年5月，宿州市气象局大院经过2个多月的整治，拉走垃圾100多车，清理了市气象局大院的脏乱差现象，建成了大小不等、形状各异的花坛9个及2个小型花园，并铺上了草坪或栽上各种花木，一个花园式大院建成。

图19－1 宿州市气象局编印的文明创建“职工手册”

2000年6月，为适应文明创建和廉政建设要求，宿州市气象局编印了《职工手册》,人手1本,使单位的各项制度,做到家喻户晓,人人皆知,便于大家遵守,也便于职工监督。

2001年,制定了《宿州市气象局关于公民道德建设管理规定》,倡导本小区居民要加强学习,做“社会好公民、单位好职工、家庭好成员”等标语及制度上墙。进一步明确了解决问题和矛盾的方法及途径,以及违反规定的处罚办法,使每一位居民都成为维护大院的文明环境和安定团结的促进者。

宿州市气象局在具体落实文明行业创建这一任务的过程中,把文明单位与文明行业创建两者有机的结合起来,成立了精神文明建设领导小组,建立了“一把手”挂帅,党组成员、纪检组长具体抓的工作机制。1999年7月,制订了《宿州市气象部门创建文明行业实施方案》和《宿州市气象部门创建文明行业考核细则》,将行业创建工作分解落实,纳入单位目标考核。每年年初,市气象局即与各县气象局签定综合目标责任书。

2002年,宿州市气象局党组提出了以抓文明创建为主线的工作思路,并结合气象部门实际,修订了《宿州市气象部门文明创建实施方案》和《宿州市气象部门文明创建考核细则》,把提高全体职工对文明创建的认识摆在重要位置,开展以“职工道德、社会公德、家庭美德”为重点的道德教育和实践活动,努力培育气象文化、弘扬气象人精神,极大地鼓舞和激励了全体气象员工奋发进取精神,促进了气象业务服务工作。

2000年,萧县气象局第一个荣获省级文明单位称号;2005年,萧县气象局成为全省第一批荣获国家级文明单位的县气象局。灵璧县气象局于2004年获得省级文明单位,宿州市气象局于2006年获得省级文明单位,泗县气象局于2008年获得省级文明单位。

第二节　组织机构

1987年前后,宿县地区气象局没有组建单独的机构抓精神文明创建工作,由政工科具体抓落实,党支部配合。1991年,思想政治科成立后,文明建设工作成为思政科的主要任务之一,局党总支及各支部、工会、共青团配合思政科一起抓创建工作。

1999年后,根据人员变动和工作需要,宿州市气象局多次调整市气象局精神文明建设领导小组及办公室组成人员,以加强精神文明创建工作。领导小组由局长任组长、党组成员及人事科长任副组长,主要科室负责人任成员;纪检组长或人事科长兼任文明创建办公室主任。

1999年10月,印发《关于调整宿州市气象局精神文明建设领导小组成员的通知》。组长:王侠;副组长:李红卫;成员:戚尚恩、娄成立、张丙振、王德育、汪顺勤;下设办公室,主任:戚尚恩,副主任:娄成立。

2002年5月,印发《关于调整宿州市气象局精神文明建设领导小组及办公室组成人员的通知》。组长:朱延文;副组长:李红卫、薛光侠;成员:张成兴、张明本、张丙振、吴本勋、王颖、王德育、汪顺勤、孙惠合。文明办主任:薛光侠;副主任:张明本、吴本勋。

2005年9月,印发《关于调整精神文明建设领导小组及办公室组成人员的通知》。组长:朱延文;副组长:薛光侠(常务)、郑良武、吴本勋;成员:娄成立、汪顺勤、张丙振、张成兴、张明本、王德育、胡浪涛、王颖、孙厚选。文明办主任:吴本勋。

2010年4月,下发《关于调整精神文明建设领导小组及办公室的通知》。组长:张学贤;副组长:薛光侠;成员:吴本勋、张明本、娄成立、张丙振、汪顺勤、耿德祥。文明办主任:薛光侠;副主任:吴本勋、耿德祥。

2013 年 6 月,下发《关于调整精神文明建设领导小组及办公室的通知》。组长:李红卫;副组长:陆太平(常务)、祁宦、孙惠合;成员:吴本勋、张明本、娄成立、张丙振、孙厚选、潘明凤、王夫北;文明办主任:潘明凤。

同时,为保障制度的落实,宿州市气象局文明办引入目标管理机制,将职工精神文明状况与其年度工作考核和所在科室台站的年度考核结合起来,在各级党政领导的指导下,上下联动,密切配合,形成了齐抓共管的好形势。

第三节 创建成果

一、国家级文明单位

2005 年 10 月 26 日,萧县气象局被中央文明委授予"全国文明单位"称号之后,于 2009 年 1 月、2011 年 12 月再次荣获第二批、第三批全国文明单位称号。

二、省级文明单位

2004 年 4 月,萧县气象局第一个获得省级文明单位后,宿州市气象局及各县气象局逐步加大创建力度,至 2011 年,先后有市气象局、灵璧县及泗县气象局获得省级文明单位。

安徽省省级文明单位创建情况统计表

表 19-1

获奖届次	获奖时间(年.月)	获奖单位
第四届	2000.04	萧县气象局
第五届	2002.04	萧县气象局
第六届	2004.02	萧县气象局、灵璧县气象局
第七届	2006.04	宿州市气象局、萧县气象局、灵璧县气象局
第八届	2008.04	宿州市气象局、萧县气象局、灵璧县气象局、泗县气象局
第九届	2011.10	宿州市气象局、萧县气象局、灵璧县气象局、泗县气象局

三、市级文明单位

宿州市气象部门的文明创建活动始于 20 世纪 80 年代初期,先后有宿县地区气象局、泗县、萧县及灵璧县气象局获得地区文明单位称号。2000 年 4 月 14 日,宿州市委、市政府在"关于命名 1999—2000 年度市级文明单位的决定"中,宿州市气象局及所属 4 个县级气象局均榜上有名。至此,宿州市文明创建工作第一次实现了创建市级文明单位的满堂红。

宿州市(宿县地区)市级文明单位创建情况统计表

表 19－2

获奖届次	获奖时间(年.月)	获奖单位
宿县地区第六批文明单位	1993.09	宿县地区气象局、泗县气象局
宿县地区文明单位	1997.12	萧县气象局、灵璧县气象局
第二届	2000.04	宿州市气象局,萧县、灵璧县、泗县及砀山县气象局
第三届	2004.05	宿州市气象局,萧县、灵璧县、泗县及砀山县气象局
第四届	2006.05	宿州市气象局,萧县、灵璧县、泗县及砀山县气象局
第五届	2008.06	宿州市气象局,萧县、灵璧县、泗县及砀山县气象局
第六届	2010.08	宿州市气象局,萧县、灵璧县、泗县及砀山县气象局
第七届	2012.10	宿州市气象局、萧县气象局、灵璧县气象局、泗县气象局

四、文明行业获奖情况统计

2001 年 3 月,宿州市气象局获得宿州市"树行业新风达标单位"称号。

2002 年,在全市开展的"双项活动"中,宿州市气象局被评为政风评议满意单位;在宿州市文行委组织的行风评比活动中,市气象局被评为文明行业。

2003 年 3 月,在宿州市首届文明单位标兵的评选活动中,宿州市气象局及萧县、泗县、灵璧县气象局等四个单位被评为文明单位标兵。

2003 年 4 月,宿州市气象局获得"宿州市文明行业"单位称号。

2004 年 3 月,萧县气象局获得"安徽省文明窗口"单位称号。

2005 年 2 月,宿州市气象局获得"宿州市文明窗口"单位称号。

2007 年 12 月,宿州市气象局获得"宿州市十佳文明行业"单位称号。

2012 年 10 月,宿州市气象局获得"安徽省文明窗口"单位称号。

五、受表彰情况

(一)集体受表彰情况

1994 年 4 月、1995 年 4 月、1996 年 4 月,宿县地区气象局连续三次被安徽省劳动竞赛委员会授予"安徽省百家最佳优质服务单位"。

2002 年 3 月,宿州市气象局被省气象局授予"安徽气象系统最佳优质服务单位"。

2010 年 5 月,宿州市气象台获得宿州市政府授予的"工人先锋号"称号。

2011 年 4 月,宿州市气象台获得宿州市政府授予的"先进集体"称号。

1990 年 3 月,泗县气象局获得 1989 年度安徽省气象系统"双文明建设先进集体"称号。

1990 年,泗县气象局荣获安徽省劳动竞赛委员会授予的"全省创优质服务,争一流水平竞赛"先进单位称号。

1997 年 4 月、1998 年 4 月、1999 年 4 月、2000 年 4 月,萧县气象局连续四次被安徽省劳动竞赛委员会授予"安徽省百家最佳优质服务单位"。

2002 年 3 月,萧县气象局被省气象局确定为"全省气象部门文明服务示范单位"。

2004 年 1 月，萧县气象局获得“安徽省气象部门精神文明建设先进单位”称号。

(二)个人受表彰情况

1989 年 4 月，砀山县气象局丁新华被授予“全国气象部门双文明建设先进个人”。

1989 年 6 月，丁新华、朱延文获得 1988 年度安徽省气象系统双文明建设先进个人。

2001 年 1 月，萧县气象局王淼获得“全国气象部门双文明建设先进个人”称号。

2004 年 1 月，李红卫、刘銮申获得安徽省气象部门精神文明建设先进个人称号。

安徽省气象部门精神文明十佳人物获奖情况：

1998 年，萧县气象局姜远思获得第一届安徽省气象部门精神文明建设十佳个人。

2002 年，萧县气象局徐瑞侠获得第三届安徽省气象部门精神文明建设十佳个人。

2004 年，宿州市气象局王颖获得第四届安徽省气象部门精神文明建设十佳个人。

第五篇　气象灾害纪实

第二十章　古代气象灾害

第一节　干旱灾害

年号(公元纪年)	灾害纪实
东汉　建初元年(76 年)	宿州:岁大旱。
东汉　建初二年(77 年)	砀山、徐州等地:大旱,诏令勿收田租。
西晋　永康二年(301 年)	宿州:夏秋,旱。
南北朝　宋元嘉十八年(441 年)	南兖州(今泗县地属南兖州):旱。
南北朝　宋元嘉十九年(442 年)	南兖州:又旱。
南北朝　宋元嘉二十年(443 年)	南兖州:旱。
隋　大业十三年(617 年)	泗州:大旱。
唐　永辉元年(650 年)	宿州:大旱。
唐　永辉四年(653 年)	宿州:大旱,地赤,麦枯,百姓乏食。
唐　德宗建中三年(782 年)	沛郡(宿地属沛郡):大旱,麦枯草竭,树木点火即燃。
唐　德宗贞元三年(787 年)	沛郡大旱,赤地数百里,麦枯草竭,树木点火即燃。
唐　元和四年(809 年)	宿州:大旱,饥。
宋　建隆二年(961 年)	宿州:春夏不雨,次年大饥。
宋　咸平二年(999 年)	砀山、萧县:是年,旱。
宋　大中祥符三年(1010 年)	宿州:夏,旱。
宋　治平元年(1064 年)	宿州:春,旱。
宋　建中靖国元年(1101 年)	泗州:旱。
宋　大观三年(1109 年)	泗州:旱,自六月不雨至十月。
宋　绍熙五年(1194 年)	宿州、灵璧、泗州:大旱,人食草木。
宋　庆元六年(1200 年)	灵璧:五月,大旱,从春季起滴雨未下。
宋　嘉泰元年(1201 年)	宿州、灵璧、泗州:旱,饥。
宋　嘉定元年(1208 年)	泗州:旱,饥,斗米千钱。
宋　嘉定十一年(1218 年)	灵璧:秋、冬两季滴雨未落,大旱。
宋　咸淳元年(1265 年)	宿州、萧县:旱。
宋　咸淳二年(1266 年)	灵璧:自八月不雨至翌年三月,大旱。
宋　咸淳三年(1267 年)	灵璧:自去秋八月不雨至是年三月。
宋　景炎二年(1277 年)	宿州等地:濉河决流,竭,旱。
元　大德三年(1299 年)	宿州:春,旱。

元　大德八年(1304年)　　　　宿州:冬,旱,迄春无雨。

元　大德九年(1305年)　　　　宿州:春,旱。

元　元统二年(1334年)　　　　宿州:春,旱。

元　至元二年(1336年)　　　　宿州:旱。

元　至元三年(1337年)　　　　灵璧:八月至十二月大旱。宿州:八月不雨至翌年二月大旱。

元　至元四年(1338年)　　　　宿州:正月至二月,旱。灵璧:正月至三月,旱。

明　永乐十三年(1415年)　　　　萧县、砀山(此时属徐州府):部分地区旱。徐州各属县饥荒。

明　宣德八年(1433年)　　　　泗州:去冬无雪,是年春旱无雨,田谷旱死,人缺食。砀山、萧县:春夏,无雨。宿州:春旱无雨,民饥。

明　景泰四年(1453年)　　　　宿州:夏六月,大旱。灵璧:六月无雨,庄稼受旱,岁大饥。泗州:是岁,大旱,饥。

明　成化十五年(1479年)　　　　萧县、徐州:旱。

明　成化十六年(1480年)　　　　徐州等三十八州县:旱。

明　成化十七年(1481年)　　　　宿州:秋后大旱,民饥且疫。

明　成化十八年(1482年)　　　　宿州:大旱,民饥且疫。

明　弘治六年(1493年)　　　　萧县、徐州:旱。以旱灾免徐州并所属四县夏税麦三万一百一十八石。

明　弘治十六年(1503年)　　　　宿州:夏四月不雨,至秋九月始雨,二麦尽丹。

明　弘治十八年(1505年)　　　　十一月,以旱灾免……徐三州……等四十卫所粮草。

明　正德三年(1508年)　　　　宿州、灵璧:春旱。

明　正德四年(1509年)　　　　宿州、灵璧:春夏大旱,麦苗枯萎,夏蝗飞天蔽日,田禾食尽,岁大饥,人相食。泗州:夏大旱,蝗灾。

明　正德六年(1511年)　　　　宿州、灵璧、泗州:春旱,无麦。

明　正德七年(1512年)　　　　泗州:春旱,无麦苗。

明　正德八年(1513年)　　　　正月,以旱灾免徐州……等州县卫所粮草。

明　正德十年(1515年)　　　　十月,以旱灾免凤阳四府,徐州等州县及泗、宿、……砀、徐等卫所秋粮。

明　嘉靖二年(1523年)　　　　宿州:夏大旱,风霾累月;夏旱秋淫,三年春,大疫死者枕籍,人相食。灵璧:夏不雨,大旱。砀山、萧县:旱。疫、大饥。

明　嘉靖五年(1526年)　　　　宿州:自春至五月大旱;夏旱,蝗灾。秋,遗蝗复生。

明　嘉靖六年(1527年)　　　　宿州:自春至五月,大旱。灵璧:夏,大旱,蝗。

明　嘉靖八年(1529年)　　　　宿州、灵璧:八年至十三年,连岁旱蝗,民多逃亡。

明　嘉靖九年(1530年)　　　　宿州、灵璧:八年至十三年,连岁旱蝗,民多逃亡。

明　嘉靖十年(1531年)　　　　宿州:旱,夏蝗入境,至秋不绝,禾稼无收。灵璧:八年至十二年,比岁旱蝗,民多逃亡。

明　嘉靖十一年(1532年)　　　　宿州、灵璧:八年至十三年,连岁旱蝗,民多逃亡。泗州:旱蝗。

明　嘉靖十二年(1533年)　　　　宿州:八年至十三年,连岁旱蝗,民多逃亡。砀山:蝗灾。灵璧:八年至十二年连续五年旱灾,五谷不收,村民逃荒要饭。

明　嘉靖十四年(1535年)　　　　泗州:旱,五月不雨至十月;蝗虫孳生,络绎不绝,房屋皆是,衣服尽啮。

明　嘉靖二十年(1541年)　　十二月,怀远、长淮、宿、泗、寿等旱荒。

明　嘉靖三十三年(1554年)　　萧县、徐州:旱。饥。

明　嘉靖三十八年(1559年)　　宿州:旱蝗,麦禾若烧。

明　嘉靖三十九年(1560年)　　宿州:旱蝗,麦禾若烧。

明　嘉靖四十年(1561年)　　宿州:旱蝗,麦禾若烧。

明　嘉靖四十四年(1565年)　　萧县:旱,蝗。

明　嘉靖四十六年(1567年)　　宿州:秋旱,蝗、青虫并起,食禾豆,岁大饥。

明　万历七年(1579年)　　宿州、灵璧:连续三年大旱,民以草根树皮充饥。夏秋,旱,无麦禾,八年如之,九年亦如之,民食树皮、草根,饿死甚众。

明　万历八年(1580年)　　灵璧:夏秋,旱。民食树皮、草根,饿死甚众。

明　万历九年(1581年)　　灵璧:七年至九年,夏秋大旱,饥民以树皮、草根充饥,死人很多。

明　万历十一年(1583年)　　萧县:五月,大旱。

明　万历十三年(1585年)　　泗州:夏四月,旱,明旱诏……。

明　万历十六年(1588年)　　泗州:春正月至夏六月始雨,大旱。五月,民饥相食。淮河流域特大旱。

明　万历十七年(1589年)　　萧县:春,旱。夏,蝗。

明　万历二十九年(1601年)　　宿州:旱。

明　万历三十年(1602年)　　宿州:旱。

明　万历三十一年(1603年)　　宿州:旱。

明　万历三十二年(1604年)　　宿州:旱。

明　万历三十三年(1605年)　　宿州:旱。

明　万历三十四年(1606年)　　宿州:旱。

明　万历三十五年(1607年)　　安徽省东北端:偏旱。

明　万历三十六年(1608年)　　宿州:旱。

明　万历三十七年(1609年)　　宿州:旱。萧县:徐州蝗。

明　万历三十八年(1610年)　　宿州:发生旱灾、蝗灾,禾苗枯死;比岁旱,……麦禾若烧。令民捕蝗,捕蝗一石,给粮一石。

明　万历三十九年(1611年)　　宿州:发生旱灾、蝗灾,禾苗枯死,比岁旱…麦禾若烧。

明　万历四十年(1612年)　　宿州:发生旱灾、蝗灾,禾苗枯死,比岁旱…麦禾若烧。

明　万历四十一年(1613年)　　宿州:三十八年至四十一年,比岁旱蝗,麦禾若烧,奉文令民捕蝗上仓,蝗一石,准米另一石。

明　万历四十四年(1616年)　　泗州:蝗,虹邑赤地如焚。砀、萧、宿、灵璧等县饥。

明　万历四十六年(1618年)　　宿州:……秋旱,蝗与青虫并起,食禾豆殆尽,岁大饥。

明　万历四十七年(1619年)　　宿州:夏,旱,禾苗皆枯,岁大饥。淮北:三至九月旱蝗,禾苗皆枯。

明　万历四十八年(1620年)　　灵璧:夏,大旱,蝗。冬,大饥。

明　天启五年(1625年)　　砀山:春,旱。

明　崇贞八年(1635年)　　砀山:春,旱。砀山、萧县:六、七月,有蝗。

明　崇祯十年(1637年)　　　　徐属旱、蝗。萧县:旱。

明　崇祯十一年(1638年)　　　萧县:春旱。

明　崇祯十二年(1639年)　　　徐属邑大旱。萧县:大旱,九湖皆涸,蓬蒿遍生,俗叹为离乡草,秋菽登场,忽有异风卷去,粒如雨洒。

明　崇祯十三年(1640年)　　　宿州:旱;出人面豆,水旱频仍……大疫,枕殍载道,人丁几百不存一。泗县:大旱,饥。萧县:特大旱,东湖涸,夏秋蝗蝻蔽野,田无遗穗,大饥,人相食,以妇、子易米三升,无复受者。

明　崇祯十四年(1641年)　　　宿州:旱。

清　顺治九年(1652年)　　　　砀山、萧县、灵璧、泗州:大旱。

清　顺治十三年(1656年)　　　泗州:秋,大旱。

清　顺治十四年(1657年)　　　萧县:五月,太湖旱,湖、井尽涸。是年,大旱,湖井皆涸。

清　顺治十六年(1659年)　　　灵璧:春无雨,普遍受旱,无麦禾,饥。

清　康熙元年(1662年)　　　　萧县:八月,旱。

清　康熙二年(1663年)　　　　萧县:春,大旱;八月,旱。泗州:旱。

清　康熙四年(1665年)　　　　萧县:春,大旱……。

清　康熙五年(1666年)　　　　萧县:五月,旱,蝗。

清　康熙六年(1667年)　　　　泗州:夏,旱蝗,蠲灾三分。

清　康熙九年(1670年)　　　　萧县:春、夏旱……。

清　康熙十年(1671年)　　　　宿州:夏旱,蝗灾。泗州:夏,大旱,秋,蝗,民食树皮,停征本年丁粮之半,发江南正赋银六千四百五十两,赈泗、盱。灵璧:大旱。

清　康熙十三年(1674年)　　　灵璧:夏,旱灾,蝗。

清　康熙十七年(1678年)　　　泗州:旱蝗。

清　康熙十八年(1679年)　　　宿州、砀山、灵璧:旱蝗,三月至八月不雨,禾苗尽枯。砀山等:旱,蝗灾,皆岁祲,民饥,蠲赈。泗州:大旱,蝗食禾尽。

清　康熙二十二年(1683年)　　砀山:旱。

清　康熙二十五年(1686年)　　泗州:夏,旱蝗。砀山、萧县:亢旱,人困苦。

清　康熙二十六年(1687年)　　泗州:大旱蝗,食苗尽,蠲灾二、三分不等。

清　康熙三十五年(1696年)　　泗州:春、夏,皆旱。

清　康熙三十六年(1697年)　　宿州:春,旱……。

清　康熙四十年(1701年)　　　砀山:夏,旱。

清　康熙四十四年(1705年)　　宿州:夏秋,……,有旱。

清　康熙五十年(1711年)　　　宿州:春,大旱;……。

清　康熙五十一年(1712年)　　宿州:春,大旱,树头生火。

清　康熙五十五年(1716年)　　宿州、灵璧:旱。

清　康熙五十七年(1718年)　　宿州:春,旱。

清　康熙六十年(1721年)　　　泗州:秋,旱。

清　康熙六十一年(1722年)　　泗州:秋,旱灾。

清　雍正三年(1725年)　　　　砀山:旱。

清　雍正十年(1732年)　　　　萧县:春,苦旱……。

清　乾隆三年(1738年)　　　　泗州:旱,饥民分极、次、又次三等给赈。

清　乾隆四年(1739 年)　　……扬、徐、海七府州旱,海、安、萧、砀四州县为甚。

清　乾隆八年(1743 年)　　萧县:夏,旱。泗县:十一月赈贷……怀远、泗州等被旱灾民,缓征新旧额赋。

清　乾隆十年(1745 年)　　宿州:春,大旱。砀山、萧县:夏,旱。

清　乾隆十三年(1748 年)　　泗州:秋,旱,灾六、七分。

清　乾隆十七年(1752 年)　　泗州:秋,旱,灾七、八分。

清　乾隆十八年(1753 年)　　灵璧:春夏,大旱,杨疃、韦疃两湖尤甚,湖久涸。二月,大旱,夏四月蝗。泗州:夏,旱,蝗灾。

清　乾隆三十三年(1768 年)　　泗州:秋,旱,灾七、八、九、十分。

清　乾隆三十九年(1774 年)　　泗州:秋,旱,灾七、八、九分。

清　乾隆四十年(1775 年)　　泗州:秋,旱,泗灾八、九分,虹灾五、八分。

清　乾隆四十三年(1778 年)　　泗州:夏,旱。

清　乾隆四十八年(1783 年)　　泗州:旱,灾五分。

清　乾隆四十九年(1784 年)　　宿州:旱。灵璧:全年少雨,旱灾。

清　乾隆五十年(1785 年)　　宿州:春,大旱蝗;夏蝗。秋冬大饥,斗米千钱。自五月至冬不雨,岁饥,人相食。萧县:旱,大饥。灵璧:春无雨,大旱,麦苗枯黄。泗州:大旱,道殍相望。冬十月泗州半城等堡湖滩莒根生,灾七、八分,活灾民无算。

清　乾隆五十五年(1790 年)　　泗州:大旱,道殍相望。

清　嘉庆十年(1805 年)　　宿州、砀山:旱。灵璧:全年少雨,旱灾。

清　嘉庆十二年(1807 年)　　宿州:夏,大旱,缓征。灵璧:大旱,田赋缓征。

清　嘉庆十四年(1809 年)　　宿州:旱,缓征。萧县:春熟,秋旱。灵璧:大旱,田赋缓征。萧县春熟,秋旱。

清　嘉庆十五年(1810 年)　　宿州、灵璧:夏,旱。

清　嘉庆十六年(1811 年)　　泗州:六、七月,被旱。

清　嘉庆十七年(1812 年)　　砀山:大旱。是年,微山湖涸。灵璧:全年无雨,大旱。

清　道光四年(1824 年)　　宿州:夏六月,宿地大旱,遍地蝗虫,官民协捕且焚,幸有群鸭和蛤蟆争食殆尽,禾苗获全。

清　道光十五年(1835 年)　　宿州、灵璧、泗州:夏间缺雨,高阜平原地土干燥,禾苗被旱受伤。

清　道光十六年(1836 年)　　泗州:秋,高冈田地受旱伤。

清　道光十八年(1838 年)　　泗州:高冈田禾又复受旱。

第二节　暴雨洪涝

秦　二世元年(前 209 年)　蕲县(今埇桥区祁县镇):夏七月,蕲县大水。

汉　元光三年(前 132 年)　泗州等地:涝。春,河徙顿邱,经瓠子通于淮、泗。

汉　河平二年(前 27 年)　河堤大坏,水势泛溢,青州、徐州各属均受水灾。

东汉　建武二十四年(48 年)　宿州:六月,肺口(沛国)睢水逆流一昼夜。泗州:濉水逆流一昼夜。

东汉　永元十六年(104 年)　宿州:是年,雨伤稼,禁沽酒。诏兖、豫、徐、鲁四州比年雨多伤稼,禁沽酒。

东汉　中平五年(188 年)　砀山:水大出。

西晋　泰始四年(268 年)　砀山:九月,大水。宿州、灵璧:九月,青、徐、兖、豫四州大水。

西晋　泰始五年(269 年)　砀山:三月,大水。

西晋　咸宁元年(275 年)　砀山:九月,大水。

西晋　咸宁三年(277 年)　宿州:大水,兖、徐、青、荆、益、扬七州大水伤稼。

西晋　太康四年(283 年)　砀山:大水伤秋稼,坏屋室,有死者。

西晋　元康五年(295 年)　宿州:六月荆、扬、豫、青、徐六州大水。砀山:夏,大水。七年九月大水。沛郡:六月,大水。

西晋　元康六年(296 年)　砀山:五月,自二年至五、六、七、八年皆大水。

西晋　元康七年(297 年)　砀山:秋九月,大水。

西晋　永康元年(300 年)　砀山:秋七月,大水。

西晋　永宁二年(302 年)　砀山:秋七月,大水。

东晋　太元十八年(393 年)　砀山:秋七月,大水伤秋稼。

东晋　太元十九年(394 年)　砀山:秋七月,大水伤秋稼。

东晋　太元二十年(395 年)　砀山:夏六月,大水。

东晋　义熙十年(414 年)　南兖州、宿州、灵璧:秋七月,淮北大水杀人。

南朝宋　元嘉十七年(440 年)　砀山:八月,大水。

南朝宋　大明元年(457 年)　南兖州大水。

南朝宋　大明四年(460 年)　南徐、南兖州大水。

南北朝　太和二十三年(499 年)　砀山:六月,大水。

南北朝　魏景明元年(500 年)　砀山:七月大水,平隰一丈五尺,民居全者十之四五。

南朝梁　天监十五年(516 年)　泗州:四月,堰城。九月,破沿淮城镇村,十余万房屋皆漂涉。

唐　贞观三年(629 年)　泗州:四月,大水。

唐　贞观八年(634 年)　泗州:淮水溢,平地水深七尺许,没泗旧城。

唐　贞观十五年(641 年)　砀山:秋,大水。

唐　贞观十六年(642 年)　砀山:秋,大水。

唐　贞观二十二年(648 年)　砀山:夏,水。

唐　咸亨二年(671 年)　砀山:八月,水,漂百余家。

唐　万岁通天元年(696 年)　砀山:八月,大水害稼,

唐　天宝四年(745 年)　宿州:秋八月,大水;河南、睢阳、淮阴、谯等八郡大水。

唐　贞元八年(792 年)　砀山:平地水深丈余,害稼、溺死人,漂没庐舍。泗州:六月,淮水溢,平地水深七尺,没泗州旧城。

唐　元和元年(806 年)　砀山:夏,大水。

唐　大和元年(827 年)　砀山:四月,大水。

唐　大和三年(829 年)　砀山:四月,大水。

唐　大和六年(832 年)　砀山:六月,大雨,坏民舍五百余家。

唐　大中十二年(858 年)　砀山:徐、泗等州,水深五丈,漂没数万家。

唐　咸通四年(863 年)　砀山:七月,大水伤稼。宿州:东都许、汝、徐、泗等州大水伤稼。

后梁　开平四年(910 年)　砀山:十月,大水。

后唐　长兴三年(932 年)　砀山:六月,大水;徐州等州大水。

宋　建隆四年(963 年)　砀山:九月,水损田。

宋　乾德四年(966 年)　宿州、泗州:八月,汴水溢,坏堤。泗州:淮水溢。

宋　开宝二年(969 年)　宿州:秋,宿地大水,水杀苗。平地水深数尺,田禾尽没。萧县:大水害民田。

宋　开宝三年(970 年)　砀山:水灾害民田。

宋　开宝七年(974 年)　泗州:夏,淮暴涨,入泗州城坏民舍五百余家。六月,复入,民多流亡。

宋　太平兴国三年(978 年)　泗州:六月,淮涨入南城,汴水又涨一丈,塞州南门。

宋　太平兴国八年(983 年)　宿州:五月,河大决,浸民田,坏民庐舍,东南流入淮。九月,睢水溢,浸田、泛民舍六十里。

宋　淳化二年(991 年)　泗州:七月,泗州招信县大雨,山河涨,漂民田庐舍,死者二十一人。

宋　淳化五年(994 年)　泗州:秋,泗州水害稼,民饥。

宋　大中祥符二年(1009 年)　砀山:七月,大水。

宋　大中祥符七年(1014 年)　泗州:六月,泗州水害民田。

宋　天圣元年(1023 年)　宿州:水。

宋　嘉祐二年(1057 年)　泗州:淮水溢。七月,淮水自夏秋暴涨,坏浸泗城。

宋　嘉祐六年(1061 年)　泗州:七月,泗州淮水溢。

宋　治平元年(1064 年)　宿州:水灾。泗州:大水。供米三万石赈宿、亳两州水灾户。

宋　元祐元年(1086 年)　宿州、泗州:自六月大雨,淮水汛溢,泗、宿、亳三州大水,夏田既不收,秋田亦复荡尽。

宋　政和八年(1118 年)　泗州:水。

宋　绍兴四年(1134 年)　泗州:淮水溢。

宋　绍兴三十二年(1162 年)　泗州:淮水溢。

宋　隆兴二年(1164 年)　泗州:淮东大水,操舟入市冬饥。淮水入泗城,冬,大饥。

宋　乾道四年(1168 年)　黄河于李固渡决口,河分流,其一由单县之南,虞城、砀山之北,经萧县至徐州入泗。

宋　淳熙十五年(1188 年)　灵璧:五月,大水灾。

宋　嘉定二年(1209 年)　泗州:雨,大饥,斗米数千钱,人相食。

宋　嘉定十年(1217 年)　砀山:县城被黄水荡没。

宋　嘉定十一年(1218 年)　砀山:大水,野无居民。

宋　嘉定十四年(1221 年)　砀山:大水,野无民居,罹水患,城始堙迁。

宋　理宗绍定间(1228—1233 年)　砀山:城圮于河。

南宋时,黄河改道,由砀山城南流向徐州。

南宋绍定年间,砀山县城为洪水荡没,治所迁至今永城县保安镇。

元　至元二年(1265 年)　砀山:又被水害,人口稀少。

元　至元三年(1266 年)　灵璧:夏五月,大雨,濉河漫涨,睢水溢,漂庐舍,麦禾尽淹。

元　至元十四年(1277 年)　砀山:大水。六月,雨水平地丈余,损禾稼。

元　至元十七年(1280 年)　砀山:五月,水。

元　大德元年(1297 年)　徐、邳、宿、睢等州县:三月,河水大溢,漂没田庐。

元　大德二年(1298 年)　砀山、萧县:四月,水。

元　大德六年(1302 年)　宿州:大水。

元　大德六—八年(1302—1304 年)　宿州:连续三年大水。

元　大德十一年(1307 年)　泗州:淮水溢入泗州南门,深七尺余。

元　至大元年(1308 年)　砀山:七月,雨水,平地丈余;济宁路雨水,平地丈余。

元　皇庆二年(1313 年)　砀山:六月,大水。

元　延佑元年(1314 年)　砀山:六月,大雨水,伤禾稼。

元　至治三年(1323 年)　砀山:大水。

元　泰定二年(1325 年)　砀山:六月,水。宿州:六月,雨水。

元　泰定四年(1327 年)　宿州:十二月,雨水。

元　致和元年(1328 年)　砀山:三月,河决。

元　元统元年(1333 年)　宿州:河决东镇,破濉而下,水势漫天,境内全部受害。

元　后至元三年(1337 年)　宿州:睢水东下,漂没田庐、没麦禾。灵璧:夏五月,睢水溢,漂庐舍,麦禾尽淹。

元　至正四年(1344 年)　砀山:五月,大雨。

元　至正十四年(1354 年)　宿州:睢水决。

明　永乐二年(1404 年)　泗州:四月,临淮大水,徒(迁)县治于南门外。

明　永乐十一年(1413 年)　砀山:水灾。

明　宣德二年(1427 年)　砀山:八月,积雨,河溢淹没禾稼。

明　正统二年(1437 年)　萧县:四五月,徐、和、滁诸州河淮泛涨,漂民居禾稼。砀山:夏六月,大水。泗州:夏,大水;城东北陴垣崩,水内注,高与檐齐,民尽奔盱山。

明　景泰三年(1452 年)　砀山:大水,民饥。萧县:大水,水旱相仍、民饥。

明　景泰四年(1453 年)　砀山、徐州:五月,复大水,民益饥。

明　天顺元年(1457 年)　砀山:夏,大水。

明　天顺七年(1463 年)　砀山、徐州:五月,大雨腐二麦。

明　成化六年(1470 年)　砀山、萧县:徐、萧、沛、砀、丰、诸县水,

明　成化七年(1471 年)　萧县、砀山、宿州、灵璧、泗州:夏,水灾。砀山、萧县:以水灾免凤阳府泗州、宿州、萧、砀诸县夏税。宿州、泗县、灵璧:凤阳府泗州、宿州,诸县水灾。

明　成化十二年(1476 年)　萧县、徐州:八月,水。

明　成化十三年(1477 年)　萧县、徐州:大水伤稼,坏民居。

明　成化十四年(1478 年)　萧县、徐州:大水,夏麦一空。

明　成化十六年(1480 年)　萧县、徐州:秋,大水。

明　成化十九年(1483 年)　萧县:免直隶庐、凤徐等五州府六卫所秋粮米豆二十九万三千三百余石,以水旱灾故也。

明　成化二十二年(1486 年)　萧县:夏,水伤麦。十一月,以水灾免直隶凤阳等三府徐、和二州夏麦税。

明　弘治二年(1489 年)　五月,河决黄龙岗(原武),黄水由睢入境,泛滥宿州、萧县、灵璧、泗州、符离等地,田庐淹没,民多溺死。户部侍郎白昂奉命疏浚宿州古濉河,以分引徐州之水势。

明　弘治七年(1494 年)　宿州:黄河正流夺汴(汉魏汴渠)入淮,使淮河承受全部黄河水,北流断绝。经两次大改道,本地区受黄泛影响特重。

明　弘治八年(1495 年)　泗州:泗、邳等州,四月雨雪深五尺,杀麦。

明　弘治十一年(1498 年)　萧县:六月,以水灾免直隶庐州、凤阳等府,徐州等卫所粮草。

明　正德元年(1506 年)　灵璧、泗州等:七月,凤阳诸府大雨,平地水深丈五尺,没民居五百余家。

明　正德二年(1507 年)　砀山、萧县:黄河徙入沛县。

明　正德三年(1508 年)　灵璧:秋,大水。

明　正德四年(1509 年)　砀山、萧县:六月,(黄)河决黄陵岗、尚家等口,丰城四面皆水,两岸阔百余里。

明　正德六年(1511 年)　泗州:春旱、夏潦,淮水溢腾城,河水亦内漫,里市乘桴往来,居民远徙。

明　正德七年(1512 年)　泗州:夏,大水。

明　正德九年(1514 年)　砀山:水,沛、砀、丰大水。

明　正德十四年(1519 年)　砀、萧、徐:大水,坏官民庐舍,伤禾稼;萧、沛亦大水。

明　嘉靖二年(1523 年)　萧县:七月,大水,大饥。

明　嘉靖三年(1524 年)　萧县:十一月,先旱后水,又河溢,漂没田庐人畜。

明　嘉靖十四年(1535 年)　宿州:濉河决于符离,南北驿路冲断十余里,弥漫皆成水乡。灵璧:濉河泛滥,南北沿岸十余里被淹没。

明　嘉靖十六年(1537 年)　砀山:秋七月,大水。

明　嘉靖二十五年(1546 年)　宿州:以水灾免凤、淮、杨三府所属州县,宿州等两卫所税粮。

明　嘉靖二十六年(1547 年)　砀、萧、徐:七月,大水,坏民居禾稼。砀山:秋,大水。

明　嘉靖二十七年(1548 年)　萧县、徐州:七月,大水,坏民居、禾稼。

明　嘉靖二十八年(1549 年)　萧县、徐州:大水,萧县水围城,四门俱塞。

明　嘉靖二十九年(1550 年)　萧县、徐州:俱大水。泗州:四月……奏:泗州逼近淮河,地势低下,今黄河水决入淮,下流壅塞,势上溢,为陵寝之忧,乞……。

明　嘉靖三十年(1551 年)　萧县、徐州:大水。淮水大溢,田地俱沙淤。

明　嘉靖三十一年(1552 年)　萧县:九月,河决庐村集。泗州:淮水大溢。

明　嘉靖三十二年(1553 年)　萧县:大水,水退黄河淤为平陆,民半饥死,人相食。淮水溢。春,徐、萧、沛、丰、邳、睢俱大饥,人相食。

明　嘉靖三十五年(1556 年)　宿州:九月丁丑,以宿州等卫所屯田水灾,减免折征屯粮。

明　嘉靖三十七年(1558 年)　砀山:秋七月,(黄)河决砀山贾鲁河,故道始淤。

明　嘉靖三十八年(1559 年)　黄河改道,流经砀北部(城北 20 里),出戎家口流向徐州。

明　嘉靖四十一年(1562 年)　砀山:县城再度被黄水淹没,迁治小神集(今砀城东南二十四里,陈寨北门外)。

明　嘉靖四十二年(1563 年)　砀山:饥。九月,大水。以大水蠲免砀四州县卫所田粮。

明　嘉靖四十三年(1564 年)　宿州:水,嘉靖甲子之患为鉴也。泗州:大水。

明　嘉靖四十四年(1565 年)　萧县、徐州:七月,大水,河决沛县,黄河泛滥,上下百余里,达于徐州,浩渺无际。民饥。

明　嘉靖四十五年(1566 年)　砀山、徐州:大水,饥。

明　隆庆元年(1567 年)　萧县:六月,大雨。

明　隆庆二年(1568 年)　砀山:大水。萧县:洪水泛滥。

明　隆庆三年(1569 年)　萧县:自隆庆三年至六年,皆大水。

明 隆庆四年(1570年) 砀山、萧县:大水,徐、萧大水。淮河自泰山庙至七里沟淤十余里,而水从朱家沟滂出。宿州:黄水暴至,荣城淤塞,漕船阻滞。

明 隆庆五年(1571年) 萧县:徐、萧大水。河大溢。灵璧:夏,大雨水,庄稼被淹没,无禾。

明 隆庆六年(1572年) 宿州、砀山、萧县:大水,徐萧大水。七月,黄河暴涨,自徐、砀以下悉成巨浸,邳、宿、睢被灾尤甚。

明 万历元年(1573年) 砀山、萧县:大水。秋七月,河决徐州房村,徐、萧、砀大水,淮水暴发,千里汪洋,没室淹田,濒河民多溺死。

明 万历二年(1574年) 砀山:秋,复大水,河溢。伤稼。是年,大水环(徐)州城,四门俱塞。萧城南门内城俱塞浸。徐萧民饥。宿州、萧县:八月,徐、凤四府州大水。

明 万历三年(1575年) 砀山、萧县:四月,徐萧大水。秋八月丁丑,河决砀山,徐、邳、淮南北飘千里。

明 万历四年(1576年) 砀山、萧县、灵璧、泗州:九月,河决崔镇及丰家楼。

明 万历五年(1577年) 宿州:黄河在砀山崔家道口溃决,萧县城没于黄水,迁至三台山南今址。萧县:八月,河决沛县,两岸多毁,大水坏萧县城,知县伍维翰申请上疏发帑迁新治于三台山之阳,即今治。

明 万历六年(1578年) 砀山、萧县、灵璧、泗州:秋七月,(沛)河水涨溢,徐、砀以下悉成巨浸。

明 万历七年(1579年) 萧县、徐州:五月,大水。八月,又水。

明 万历九年(1581年) 砀山:秋复大水,徐、萧、砀、铜山大水,岁大饥。

明 万历十年(1582年) 萧县:是年,徐、萧大水

明 万历十一年(1583年) 萧县:是年,徐萧河溢,大水冲没符离桥。徐、萧大水。

明 万历十三年(1585年) 灵璧:六月,大雨。

明 万历十七年(1589年) 萧县:秋,大水河溢。泗州:大水。

明 万历十八年(1590年) 萧县:城中大水。秋,复大水。徐州黄河大溢,水积城中者逾年。

明 万历十九年(1591年) 泗州:九月大水,州治浸三尺,淮水高于城,祖陵被浸。

明 万历二十年(1592年) 泗州:正月,大水,城中水三尺,患及祖陵,民苦荡。

明 万历二十一年(1593年) 泗州:秋,河决虞城,符离堤、桥俱溃,宿州半为泽国,至二十二年、二十三年,民多流亡。灵璧:秋,河溢,平地水深数尺,无麦禾,城垣、民居倾圮大半。萧县:河决单县黄固口,徐、萧大饥,人相食,疫盛行,死者载道。五、六月,徐、萧大饥、大疫,死者载道。

明 万历二十二年(1594年) 灵璧:夏,大雨水,无麦禾。

明 万历二十三年(1595年) 泗州:泗陵水患日急而议者……。

明 万历二十六年(1598年) 砀山:秋,砀城又为洪水淹没,其址亦荡然无存。

明 万历二十七年(1599年) 砀山:大水,城陷学圮。萧县:河决盐城集,故道涸绝。

明 万历二十九年(1601年) 宿州:二十九年至三十一年,河屡决,州境半被水灾。

明 万历三十年(1602年) 宿州:河屡决,州境半被水灾。泗州:泗州、虹县等十二县灾,以差蠲赈。

明 万历三十一年(1603年) 黄河决口朱家旺口,改道至砀山城南。宿州:河屡决,州境半被水灾。

明 万历三十二年(1604年) 萧县:八月河决朱旺口及太行堤数处,民舍漂没。

明 万历三十三年(1605年) 萧县:六月,河决郭煖楼。

明 万历三十九年(1611年) 砀山:六月,大水。河决狼矢沟。

明　万历四十年(1612 年)　萧县:秋八月,河决徐州。

明　万历四十一年(1613 年)　萧县、灵璧、泗县:七月,河决徐祁家店,大水。

明　万历四十五年(1617 年)　萧县:河决徐狼矢沟,吕梁洪竭。

明　天启元年(1621 年)　宿州:夏,大雨,黄河泛滥,黄水顺濉河故道东流,萧、宿、灵、泗等地深受其害。灵璧:河决灵璧双沟;夏,大雨水,黄河泛滥,河溢,庄稼被淹没。

明　天启二年(1622 年)　宿州:六月,黄河决堤,民房多被毁,人畜伤亡无数。萧县:大水,夏秋未获一粒。灵璧:夏六月,黄河溃决于徐州小店,民房被毁,人畜死亡很多。

明　天启三年(1623 年)　萧县:河决西洋庙口及十七铺口,邑大水。萧县、灵璧、泗州:秋九月,河决徐州青田大龙口,徐、邳、灵、睢河并淤。

明　天启四年(1624 年)　萧县:秋七月,河决徐州魁山堤东北,灌州城,城中水深一丈三尺……。

明　崇祯二年(1629 年)　萧县:四月,大水,决郭家嘴,平地水深七尺,大雨伤麦。泗州:六月,黄河大决,淹泗州城,没睢宁城。

明　崇祯四年(1631 年)　萧县:八月,大雨河溢。泗州:淮水涨,由北堤入城,官民庐舍皆圮,淮水秋涨入城,人多流散。淮河洪水滔滔,没陵寝。

明　崇祯五年(1632 年)　砀山:秋,大水,有蝗灾,人饥。萧县:正月朔,徐州大雷雨,萧、丰诸邑大水,人饥。八月,淮决,禾稼尽漂。

明　崇祯七年(1634 年)　萧县:六、七、八月大雨,丰、萧河溢,大水。飞蝗食禾尽,啮人衣物。

明　崇祯八年(1635 年)　砀山:六、七月有蝗灾,大雨。萧县:六月、七月,大雨,有蝗,萧县为甚。

明　崇祯九年(1636 年)　萧县:六月,河决长山堤,八月,萧、丰河溢,大水,是秋每日向西方,殷红如血。

明　崇祯十年(1637 年)　砀山、萧县:九月十三日夜,大风雨……。

明　崇祯十四年(1641 年)　宿州:水旱频仍……大疫,枕莩载道,人丁几百不存一。

清　顺治元年(1644 年)　泗州:八月,大雨七昼夜,虹邑墙屋倾圮过半(民房倒塌过半),岁大饥。

清　顺治二年(1645 年)　萧县:六月,暴雨三阅月。

清　顺治三年(1646 年)　萧县:暴雨三阅月。

清　顺治四年(1647 年)　萧县:六月,暴雨三阅月,六月大水伤禾稼。秋,大雨水三阅月,伤稼。

清　顺治六年(1649 年)　泗州:大水。夏,淮大溢,灌城,官民居十圮四五,田尽没,皆蠲本年丁粮,以解民困。

清　顺治七年(1650 年)　萧县:八月九日大水,秋禾皆没。

清　顺治八年(1651 年)　萧县:五月大水。

清　顺治九年(1652 年)　宿州:九年、十年,河决荆隆口。

清　顺治十年(1653 年)　萧县:秋七月,大水。

清　顺治十四年(1657 年)　泗县:秋,大水。

清　顺治十五年(1658 年)　萧县:九月河水溢。十月清河、桃源大雷雨,河、淮交涨。

清　顺治十七年(1660 年)　萧县:四月,大雨。

清　顺治十八年(1661 年)　宿州:大水。泗州:水灾。

清　康熙元年(1662 年)　萧县:秋七月,大水。泗州:大水,蠲免三分。

清　康熙二年(1663 年)　灵璧:七月,黄河溃决于吴家塘,县北受水灾。

清　康熙三年(1664 年)　萧县:秋,大水。

清　康熙四年(1665 年)　泗州:水,蠲灾三分。

清 康熙五年(1666年) 泗州:水,蠲灾三分。

清 康熙六年(1667年) 萧县:秋,大水,河决。

清 康熙七年(1668年) 萧县:夏,雨两月,麦淹没,秋田皆坏。灵璧:水荒。泗州:泗州、天长等州县水灾。

清 康熙八年(1669年) 萧县:夏秋,大水。冬,雷电大雨。灵璧:五月,大雨。

清 康熙九年(1670年) 砀山、萧县:秋,河溢。泗州:夏大水,蠲灾一、二分有差。

清 康熙十年(1671年) 萧县:八月地震,河再溢。

清 康熙十一年(1672年) 宿州:夏秋之间,连降暴雨,东城墙倒塌,有百余板。泗州:五月,水。秋,虹大水。砀山、萧县:八月,河决山西坡,萧砀大水。

清 康熙十二年(1673年) 泗州:虹大水。虹县六月大水。秋,大水。

清 康熙十三年(1674年) 宿州:河决毛城铺,北境秋无禾。灵璧:秋,黄河决溃于谢家口,麦豆淹没,县北秋季无收。泗州:水。

清 康熙十五年(1676年) 砀山、萧县:六月,大水。黄河决三十四处,黄淮合并东下,漕堤多溃。泗州:旧城沦没水中。

清 康熙十六年(1677年) 宿州:大雨二十余日,水涨河决,庐舍漂没,岁大饥。河决砀山毛城铺,宿民多巢居。砀山:又大水。萧县:二月,大水。堤决,大水。

清 康熙十七年(1678年) 宿州:河复决,民多流离。砀山、萧县:七月,河决砀山县石将军庙及萧县九里沟二处,大水,蠲赈,河臣靳辅大修河道。砀山、萧县、徐州自是连三岁被水。

清 康熙十八年(1679年) 萧县:徐、萧被水。泗州:冬大水,淮水倒涨,溃堤决城,泗州城中水深丈余,请赈。

清 康熙十九年(1680年) 泗州:夏,淮河上游山洪暴发,洪泽湖决堤,大溢,冬,大水,溃堤决城,城内水深丈余,官民桥寓堤上,泗州城陷没于洪泽湖中,旧城淹没自此始,泗州寄治于盱眙城。萧县:徐、萧被水。

清 康熙二十年(1681年) 泗州:夏,大水。

清 康熙二十一年(1682年) 泗州:大水。夏,水没禾。

清 康熙二十三年(1684年) 灵璧:秋八月,黄河溃决于谢家口。冬季冰凌水漂冲二麦,渍死,次年夏季无收。是年八月二十日,大雨飓风,灵璧夹字堡漫决堤工四十丈。泗州:秋大水,禾苗尽淹。

清 康熙二十四年(1685年) 灵璧:七月,大风雨,伤稼;冬饥。泗州:夏大水,堤上深数尺,官民俱架木以栖,绝烟数日。

清 康熙二十五年(1686年) 泗州:秋,大水。

清 康熙二十六年(1687年) 泗县:秋,虹大水。

清 康熙二十七年(1688年) 砀山、萧县:秋,雨,无禾。

清 康熙三十三年(1694年) 萧县:河决花山口。

清 康熙三十四年(1695年) 萧县:花山口又溢。

清 康熙三十六年(1697年) 宿州:秋,大雨,河决,岁饥。泗州:江南、山阳、高邮、泗州、颍州等处大水。

清 康熙三十七年(1698年) 萧县:河决李家楼口,秋雨无禾。灵璧、泗州:凤阳府属泗州、虹县、怀远、五河等十一州县潦灾甚重。

清 康熙三十八年(1699年) 泗州:水。

清 康熙三十九年(1700年) 宿州大雨水,河决数处,总河张鹏翮开海口,去梅花桩,河患得息。

灵璧:夏五月,大雨水伤麦。秋七月,大雨水。泗州:夏,大雨,河决。

清 康熙四十年(1701 年) 泗州:夏大水。五月泗州、盱眙、五河等处大水。时修商家堰,闭塞六坝,从洪泽湖水长泛溢,泗、盱等处被淹。

清 康熙四十四年(1705 年) 砀山:三月大雨。

清 康熙四十六年(1707 年) 宿州:夏,大雨,岁大饥。

清 康熙四十八年(1709 年) 宿州:四月,大雨,水暴涨,田庐漂没,民大饥,草根、树皮食尽,斗米千钱,道殍相望。六月,大雨如注,田禾尽没。大饥。春饥。灵璧:六月,大雨水,秋季歉收,当年逃荒要饭人很多,饥。

清 康熙五十年(1711 年) 宿州:秋大雨,多雨。

清 雍正元年(1723 年) 宿州:四月、五月,水。泗州:水。

清 雍正三年(1725 年) 泗州:六月,黄河朱家海决口,黄水漫入虹县,赤山、潼城等地,潴水如湖。

清 雍正四年(1726 年) 宿州:黄河溢,伤秋稼;黄河堤溃决口,黄水泛溢,宿州禾田淹没。泗县:泗州等州县水。

清 雍正六年(1728 年) 九月中旬,河决毛城铺,黄水浸睢,漫溢宿州北部。

清 雍正七年(1729 年) 宿州:秋,水。灵璧:秋九月,黄河决口于毛城铺,黄水入睢河,漫溢北乡。

清 雍正八年(1730 年) 砀山:大水。秋,徐州丰、沛、萧、砀等五县受灾。灵璧:秋,大雨水,洼地被淹,勘实免、赈。

清 雍正九年(1731 年) 砀山:元月大水。六月,大水。秋,丰、沛、萧、砀及徐州灾。

清 雍正十年(1732 年) 萧县:四月,大雨。灵璧:夏六月,大雨水,黄水溢入宿州、灵璧县。泗州:泗州水,豁虹县,归并滰安街,新淤复淹田地四百七十顷九十七亩,随泗州湖田,冬勘结极。

清 雍正十一年(1733 年) 宿州:水。灵璧:秋,黄河溃决于毛城铺,黄水入濉河,县北部庄稼被淹。勘实免、赈。泗州:黄河毛城铺决口,水入虹乡,蠲灾一二分。

清 雍正十二年(1734 年) 宿州:黄水溢。

清 雍正十三年(1735 年) 泗州:秋,禾被水。

清 乾隆元年(1736 年) 夏,黄河堤溃决口,黄水泛溢,宿州禾田淹没。灵璧:五、六月,夏大雨水,麦禾尽淹,屋舍多塌,勘实免、赈。四月,黄河决,二麦淹。泗州:夏,大雨水,泗、虹俱受灾,灾民给八、九两月抚恤。虹灾重。

清 乾隆三年(1738 年) 砀山、萧县:水灾。宿州知州尤拔世详请批准,开濉河濉溪口。将荇离倒塌的石桥改造成浮桥,水势舒畅。泗州:泗等各府州地方水旱频闻。泗、虹饥民,分极、次、又三等给赈。

清 乾隆四年(1739 年) 砀山:大雨水,雨涝伤稼,民饥,秋水灾,诏发粟赈恤。萧县:夏,雨涝伤禾稼。民饥。泗州:泗虹水,乏食。灵璧:秋,大水,田禾被淹,勘实蠲赈。宿州:秋大水,宿、凤等十五州县被水灾。

清 乾隆五年(1740 年) 砀山:秋,水灾,诏赈。萧县:夏,雨,河溢伤禾稼。灵璧:秋,大水,庄稼被淹。

清 乾隆六年(1741 年) 宿州:夏秋大水;冬,民大饥。砀山:秋,水灾,诏赈。萧县:夏,雨,河溢伤稼。灵璧:夏秋,大水,伤禾稼。泗州:四月,大雨水,泗、虹重灾;秋,濉水涨,复被淹。八月,赈安徽宿州、蒙城、铜山等十五州县水灾饥民,并缓征新旧额赋。

清　乾隆七年(1742年)　宿州:宿暨颖州六属俱大水。黄淮交涨。砀山:秋,水灾,诏赈。灵璧:夏秋,大水,无麦禾,连两年并,勘实免赋薄赈。泗州:黄河石林决口,泗、虹大水。凤、泗府州所属十九州县连年灾歉,是岁夏被潦灾,民力更困。

清　乾隆八年(1743年)　萧县:秋,河溢。灵璧:夏秋大水,无麦禾,连续两年无收,逃荒较多。泗州:水灾。十月,蠲缓安徽凤阳、泗州等九州县水灾军民新旧额征。

清　乾隆九年(1744年)　萧县:秋,河又溢。

清　乾隆十年(1745年)　砀山、萧县:秋,水灾,饥。宿州、灵璧:宿州、灵璧、泗州等二十一州县秋禾被水成灾。泗州:水,泗灾七、八、九分,虹灾七、八、九、十分。

清　乾隆十一年(1746年)　宿州:夏,黄水溢。砀山、萧县:秋,水灾,诏赈。灵璧:秋大水,秋季作物被淹,麦禾并伤。庐舍间有冲坏。泗州:凤、颖、泗所属怀远、五河等处因六月初旬至十三日连降大雨……。秋,黄淮涨,大水,泗灾八、九、十分,虹灾七、八、九分。庐舍间有冲坏。

清　乾隆十二年(1747年)　砀山、宿州:秋,水灾,诏赈。灵璧:秋禾被水连三年,勘实免、赈。泗州:秋,虹大水,灾七、八分。查安徽之宿州、灵璧、虹县、泗州等七州县被灾地方,土瘠民贫,生计艰难……请将乾隆五年以前未完征地漕等银五万八千四百一十七两,并随正赋全体豁免。赈丰、萧、砀……等二十五州县本年水灾饥民。

清　乾隆十三年(1748年)　灵璧:秋,大雨,秋季作物被淹,颗粒无收,外出逃荒很多。冬,黄水漫北乡,损麦苗,借民种子。

清　乾隆十四年(1749年)　宿州:夏,水。灵璧:秋,雨水,黄河泛滥,县北庄稼被淹,淹民田十分之二,借民口粮。泗州:秋,大水,灾六、七、九分。

清　乾隆十五年(1750年)　萧县:大雨,坏庐舍。宿州、灵璧、泗州:秋,大雨水,黄淮泛涨,田禾被淹,泗灾六、七、八、九、十分。宿州、灵璧、五河等县被水成灾最重。灵璧:秋大水,连阴雨成灾,田禾被淹,连续两年无收,灵璧、虹、五河等县被水成灾最重。

清　乾隆十六年(1751年)　砀山:秋,水灾,饥,诏赈。萧县:六月,河水溢,坏民田庐。灵璧:秋,雨水,淹民田十分之二,连两年,勘实免、赈。宿州:四月中旬,二麦吐穗结实之际,连遇大雨,麦穗略欠壮实,而凤、颖两府属之宿州、凤台等十一州县,逼近河洼地间有积水,恐收成未免歉薄……各属收成统计,共有七分五厘。

清　乾隆十七年(1752年)　萧县:六月河水溢,坏民田庐。灵璧:秋雨。

清　乾隆十八年(1753年)　砀山:秋,水灾。泗州:夏,大雨水。九月,大雨,河溢铜山之张家马路,淮复大涨;秋,大水,黄水漫入虹,虹城内水深二三尺,陷城垣十余丈,泗田庐坍没无算。黄水漫入,灾八、九、十分。宿州:宿、灵、泗等二十五州县,黄淮涨。

清　乾隆十九年(1754年)　宿州:黄河决,秋禾被水。灵璧:六至九月,黄河溃决于铜山张家马路,县北被淹。同期淮河泛滥,县南受淹,水深丈余,房屋倒塌很多。

清　乾隆二十年(1755年)　宿州:春,大水。砀山、泗州:秋,大水,泗决口,北部大庄、刘圩一带田地尽淹,房屋倒塌无数,灾七、八、九、十分,诏赈。

清　乾隆二十一年(1756年)　宿州:春,大水。大饥疫,道殍相望。砀山:秋,水灾,诏赈。灵璧:春,大疫;夏,雨雹,于南乡坏麦,毛城铺黄水溢入境,县北庄稼被淹没,人畜死亡很多。秋,大雨水,伤禾稼。泗州:秋,大雨水,灾五分。黄、淮交漫,泗州大水,虹城水深四尺余,民多疫。

清　乾隆二十二年(1757年)　砀山:夏,水,放子种,诏赈。秋,水灾。萧县:徐属之铜山、丰、沛、萧、砀等十六州县,均因五、六、七月大雨时行,河湖水涨,所在秋禾大段被淹。灵璧:夏,黄河溃决于毛城铺、县北庄稼被淹没。夏秋无收。连两年,勘实免、赈。泗州:泗、虹沿河洼地灾八、九、十分。

清　乾隆二十四年(1759年)　泗州:秋水,泗、虹灾五分,新旧钱粮停缓借给。

清　乾隆二十五年(1760年)　砀山、萧县:秋,水灾,诏赈。泗州:秋,水灾六、七分。

清　乾隆二十六年(1761年)　泗州:大水,被淹十三州县,而桃、砀等县连被水五年。泗州:豫省杨桥堤上漫口下注,泗灾五、七分。

清　乾隆二十七年(1762年)　灵璧、泗州:虹县,泗州并所属……因七月初七至十八日先后风雨骤急,湖河水一时涌涨,沿河洼地间有淹浸。

清　乾隆二十八年(1763年)　灵璧、泗州:自七月下旬,河水暗涨,及交八月,水势陡涨一丈有余……沿河洼地被淹浸……灵璧具报漫水,泗沿淮洼地,亦有淹漫。

清　乾隆三十年(1765年)　宿州:春,大水。

清　乾隆三十一年(1766年)　泗州:黄河决口,泗州大水,虹城水声如雷,深四尺余。秋,大水,泗、虹灾七、九分。抚赈蠲缓等项如例,极贫加赈两月,次贫一月。

清　乾隆三十二年(1767年)　泗州:水灾五、七分。

清　乾隆三十四年(1769年)　萧县:五、六月间,雨水稍多,七月又复连降大雨,萧县等地低洼田地,续被漫淹。

清　乾隆三十六年(1771年)　泗州:秋水,淮涨,灾七、八、九分。灵璧、泗州等洼区被水。

清　乾隆三十八年(1773年)　宿州:夏秋,大雨(水)。泗州:夏,大雨,麦尽淹,积水到冬始涸,始可播种。大雨水,泗灾八、九、十分,虹灾七、八、十分……。

清　乾隆三十九年(1774年)　宿州:黄水溢。

清　乾隆四十年(1775年)　宿州:黄水溢。

清　乾隆四十一年(1776年)　萧县:河溢李家楼。泗州:秋水,泗、虹上游发水,灾七、八分。宿州:夏秋之间雨水稍多,逼近湖河洼地,秋禾间被淹浸,萧县、宿州、灵璧、虹县等成灾五分、七分、八分不等。

清　乾隆四十三年(1778年)　泗州:秋七月,河南省黄河决口仪封、永城,水下注入虹,由涡、淝入淮,归洪泽湖,泗大水。泗夏旱秋水,灾五、七、八、九分。

清　乾隆四十四年(1779年)　泗州:秋,淮、湖涨,灾七、八分。

清　乾隆四十五年(1780年)　泗州:六月,濉宁郭家渡黄河堤溃,黄水趋州境,水漫入虹,灾五、七、八、九分。今年黄淮水势盛涨,……泗州被灾较重,灵璧次之,宿州、萧县等成偏灾。

清　乾隆四十六年(1781年)　泗州:夏,大雨。六月,濉郭家渡堤溃,黄水趋州境,灾五、七、八、九分。宿州:闰五月间,连得大雨,兼之淮水漫溢,宣泄不及,所有凤阳府属之宿州、灵璧……直隶泗州等沿河低洼地亩被水。徐属之萧、砀等被水成灾。灵璧:凤阳、泗州等属因淮睢各河同时泛涨,低田被淹,寿州等九州县被灾八、九分。

清　乾隆四十七年(1782年)　萧县:水。泗州:秋,大雨,淮、湖倒灌,灾七、八分。

清　乾隆四十八年(1783年)　萧县:水。

清　乾隆四十九年(1784年)　灵璧:黄河溃决于黄家马路,县北受灾。泗州:秋,大雨,滨湖田地灾五分。

清　乾隆五十一年(1786年)　灵璧:春雨过多,河湖并涨,……民田庐舍被漫浸,……灵璧等四州县被灾稍轻。

清　乾隆五十二年(1787年)　萧县:水。泗州:夏六月,河南省睢口黄河决口,黄水漫入泗洪、虹境,灾七、八、九分。

清　乾隆五十三年(1788年)　自五、六月以来,雨水过多,凤阳、灵璧、泗州等州县低洼处所间有被淹浸,凤阳所属之宿州等,因七月初旬连得大雨,坡水盈溢,秋粮亦有浸损。

清　乾隆五十四年(1789年)　宿州、灵璧:宿州等处俱因河水涨溢以致低洼地亩间被浸成灾,宿州、蒙城、太和、亳州、灵璧等十一州县被灾歉收。黄水溢,田庐多被淹没,民多露处。泗州:河水涨溢,低洼田地间被淹浸。

清　乾隆五十五年(1790年)　宿州、灵璧:六月,王平庄坝决二百八十丈余;夏,黄河水大溢,流经宿州一带,宿州城隋堤以北庐舍全没,民多露处巢居。砀山、萧县:六月,河决砀山,水入睢境。萧、宿、邳州水。

清　乾隆五十六年(1791年)　宿州:夏,雨。凤阳府属之宿州、灵璧等十州县,低洼之区,因六七月间雨水稍多,间有漫淹,虽经涸复补种,收成未免歉薄。

清　乾隆五十七年(1792年)　凤阳府属之宿州、灵璧等州县,低洼之区,因五月间雨水稍多,或山水骤发,或江淮盛涨,间有漫溢,沙壅之处,虽渐次涸复补种,收成未免歉薄。

清　乾隆五十九年(1794年)　宿州:大水。凤阳府属之宿州、灵璧等十一州县,泗州等三卫,因夏六、七月间雨水稍多,濒临河湖低洼田地,间被水淹,又于七月下旬及八月上旬,连得大雨,间因峰山闸减泄,上游河流下注,一时宣泄不及,补种之地仍复被淹。

清　嘉庆元年(1796年)　萧县:六月,河决丰县,沛、铜、萧、邳皆大水。宿州、灵璧、泗州:凤阳、泗州所属秋雨稍多,河水泛涨,被淹地方多系滨河,宿州、灵璧、凤阳、泗州成灾。宿州:饥。砀山:河决砀山之庞家林,自苗城集入丰境。

清　嘉庆二年(1797年)　砀山、萧县:八月一日,杨家坝河溢,砀山、萧县漫溢大水。七月河决砀山。灵璧:六月,水。

清　嘉庆三年(1798年)　宿州:黄水溢,至五年春始归故道。萧县:……铜、丰、邳、沛皆水。

清　嘉庆四年(1799年)　砀山、萧县:八月,河决邵工(砀山),邵家坝河溢,水灾。萧县、邳州皆水。宿州、灵璧:或因淮水盛涨,或因夏雨积涝,低洼田间被淹浸,所有宿州、灵璧、泗州、凤阳等七州县赈济。泗州:夏雨积潦,淮水盛涨,泗州等七州县低洼田亩被淹。

清　嘉庆五年(1800年)　宿州:黄水溢,至五年春始归故道。灵璧、泗州:泗州等三县被水,成灾七、八、九分。

清　嘉庆六年(1801年)　萧县:二月,大雨水。……九月,河溢。宿州、灵璧:查宿州、灵璧等州县因六、七月间雨水过多,山水陡发,低洼区俱被淹没。

清　嘉庆七年(1802年)　萧县:九月,河溢,被灾。砀山:九月,砀山夏家楼、贾家坝河水漫溢下注,伤禾稼。宿州、灵璧:凤阳府属之宿州、灵璧,泗州并所属等州县,沿湖滨河低洼地亩,有因山水下注,支河涨溢,一时未能宣泄,田禾间被淹浸。泗州:泗州等处因河水漫溢,土地多处被浸,所有高洼田亩各成灾七、八分不等。

清　嘉庆八年(1803年)　宿州:黄水溢,睢河附近各集被灾。

清　嘉庆九年(1804年)　宿州:春,饥;夏,黄水溢,睢河附近各集被灾。灵璧、泗州:泗州、盱眙、天长等州县被水被淹。寿州、凤台、宿州等州县被水淹。

清　嘉庆十年(1805年)　泗州:湖水并涨,东北一带圩田被浸。滨临淮泗各属本年夏雨较多,洼地间有积水,泗州、天长等七州县被水。

清　嘉庆十一年(1806年)　宿州:水,缓征。

清　嘉庆十三年(1808年)　宿州、灵璧、泗州:山水陡发,河湖泛涨,低洼田地多被淹没,凤阳、泗州、宿州等七州县被水,借种子。砀山、萧县:徐州府属之铜山、萧县、砀山等州县卫,因入夏以来,或雨水、山水汇注,或黄水、潮水漫溢,以致濒江临河近堤民屯田亩,亦有被淹,并有春麦被雹,秋禾复行被水者，共十三州县。

清　嘉庆十五年(1810 年)　宿州：秋，大水。睢河附近各集闸水泛溢，缓征。

清　嘉庆十六年(1811 年)　宿州：黄河决州北，田庐尽没。砀山、萧县：七月，河决邳州，又决砀山。泗州：黄河李家楼漫堤，水下注泗境，村庄被淹。

清　嘉庆十七年(1812 年)　宿州：黄河又决，水由涡河下注，西南境田庐尽被淹没；西南各乡集雨，伤稼，睢河附近各集闸水泛溢。泗州：凤、泗各属低洼地亩，因雨水泛涨间被冲淹，宿州、泗州等县给口粮。

清　嘉庆十八年(1813 年)　宿州：五月，大水。黄河决，由亳州涡河下注，泛溢入州境，西南各集闸水泛溢，田庐淹没。

清　嘉庆十九年(1814 年)　宿州：黄河溢，入淝河，沿河各集秋禾淹没。所有本年被旱受水成灾之六、七、八、九分之凤阳、泗州等二十二州县，照依定例给赈。

清　嘉庆二十年(1815 年)　宿州：雨，伤稼，缓征。灵璧、泗州：泗州等州县滨水圩田，因夏秋雨泽过多，湖、淮并涨，低洼田亩被水淹浸，泗州、五河、灵璧等被水，贫民给口粮。灵璧等四县，凤阳、泗州两卫，贴近湖河低洼地亩，先因五、六月间大雨时行，淮水泛涨，复因启放天然、峰山闸减水下注，低洼之区，被水淹浸。又泗州、宿州等五州县，亦因夏日雨多，山水汇注，淮河涨发，濒临河湖低洼地亩，所种禾豆均被漫淹。

清　嘉庆二十一年(1816 年)　砀山：夏，大雨水。泗州：凤阳、泗州等六府州属，前因五、六、七月间连得大雨，后因黄水下注，水势甚涨，且淮、浍、涡、淝等河均各泛溢，低洼田亩被水淹浸。

清　嘉庆二十二年(1817 年)　宿州、灵璧、泗州：安庆、太平、凤阳、泗州等四府州属，因五、六、七月间连得大雨，夏秋山水陡发，淮湖并涨，兼之江境天然、峰山等闸坝先后启放，减黄下注，水势泛溢，灵璧、宿州、泗州、五河等六州县卫洼地被淹，灾歉轻重不等，宿州等分别给口粮。宿州缓免征。

清　嘉庆二十三年(1818 年)　宿州、萧县：闸水泛溢，并上游萧境漫口下注，秋禾淹没。

清　嘉庆二十四年(1819 年)　宿州：秋，涡、淮泛溢。泗州：黄河漫溢，下注涡淮，泗境土地房屋被淹。

清　嘉庆二十五年(1820 年)　宿州：春夏间，雨，伤稼，闸水泛溢，田庐淹没，缓征。灵璧、泗州：泗州等属之灵璧、五河，并泗州等六州县及屯田各卫，俱被水成灾。

清　道光元年(1821 年)　萧县：六月铜、萧大疫，死者无算，秋，大雨伤禾。砀山等：宿州、灵璧、泗州、凤阳等四州县，并屯坐……泗州三卫，濒临河湖低洼地亩，因六、七月间大雨连朝，河湖泛涨，兼之江苏省砀山等处，闸水涌注漫溢，秋粮被淹，庐舍间有倒塌，核计成灾五、七、八分及成灾不等。

清　道光二年(1822 年)　宿州：雨水，伤稼，被淹情形最重。萧县：春，大饥。秋，霪雨伤稼。泗州：秋七月，大水，坏庐舍无算。

清　道光三年(1823 年)　砀山：秋，大雨水。泗州：秋七月，蛟水大发，坏田庐无算。

清　道光四年(1824 年)　宿州：秋，雨复伤稼，闸水泛溢，被淹。

清　道光五年(1825 年)　十月，秋禾被水，堤塌。

清　道光六年(1826 年)　灵璧、泗州：五河、凤阳、灵璧、泗州等六州县均有成灾之处。

清　道光八年(1828 年)　泗州：泗州、凤阳等，因夏秋雨水过多，山洪骤发，上游淮湖顶涨，宣泄不及，以致低洼田亩被淹。

清　道光九年(1829 年)　泗州：泗州并属之州县，因淮水增长，或因山水骤发，一时宣泄不及，以致积水愈深，低洼田亩被淹，驿路亦有阻水之处。

清　道光十一年(1831 年)　灵璧、泗州：大水。泗州并属之等八州县，被水田地，麦收无望。沿淮东部成灾五至九分。

清　道光十二年(1832年)　宿州:秋,大水。灵璧:六月大水。宿州、灵璧、泗州等九州县卫,均因雨水过多,淮、湖顶涨,沿河田地禾苗、杂粮间有被淹。

清　道光十三年(1833年)　宿州:岁饥,斗米千钱。萧县:大饥,疫,人相食。泗州:岁无收,人相食。

清　道光十四年(1834年)　泗州:凤阳、泗州等州属,因夏秋雨水较多,江淮湖河泛涨,兼之上游萧、永等处沥水下注,宣泄不及,沿淮低洼田地被淹。

清　道光十五年(1835年)　泗州:泗州等府州属因夏秋连得大雨,淮水顶涨,上游永、砀、萧、铜等处沥水下注,宣泄不及,以致沿河低洼田亩间被淹浸。

清　道光十六年(1836年)　泗州:凤阳、泗州等府州属,因夏秋雨水过多,江淮湖河泛涨,加以上游永、砀、萧、铜等处沥水下注,宣泄不及,以致沿近低洼田亩被淹。

清　道光十八年(1838年)　泗州:凤阳、泗州等府州属,因夏秋雨水过多,江淮湖河泛涨,加以上游萧、永等处沥水下注,宣泄不及,以致沿近低洼田地多被被淹。

第三节　大风冰雹

西晋　元康五年(295年)　沛郡(宿地属沛郡):八月间,沛郡雨雹,小如卵,大如拳,伤害人畜性命。

南北朝　承明元年(476年)　砀山:四月,大风雹。

宋　淳化三年(992年)　泗州:七月,大风雨,震僧伽塔柱。

元　至元二十五年(1288年)　灵璧、泗州:三月,大雨伴有冰雹,大如鸡蛋,害麦。

明　成化二十一年(1485年)　免邳州、徐州等所属县夏税十万四千二百余石,以雨雹灾故也。

明　弘治元年(1488年)　泗州:四月,雨雹杀麦,深五寸。

明　弘治八年(1495年)　泗州:四月,雨雹,深五尺,杀麦。

明　弘治十一年(1498年)　安徽省北部地区:五月,雨雹。

明　弘治十四年(1501年)　安徽省北缘:四月,雨雹,平地五寸。夏,麦尽烂。

明　嘉靖元年(1522年)　泗州:七月,大风拔木,鸟雀俱毙,河水泛涨,溺死人畜无算。

明　隆庆元年(1567年)　萧县:六月,雨雹,大如鸡卵,堆成冈阜。

明　万历二年(1574年)　萧县:六月,霖雨不止,风霾大作,淮水并涨……。

明　万历十三年(1585年)　灵璧:六月八日夜,大风雨,很多房屋被毁。

明　万历二十五年(1597年)　泗州:三月,雨沙数日,至十三日大风。

明　崇祯四年(1631年)　萧县:五月,州境雨雹,大如鸡卵,屋瓦皆裂,鸟兽死伤甚众。六月,大风雷雨,飙风卷演武厅,梁栋落山境上。

明　崇祯十年(1637年)　砀山、萧县:九月十三日夜,大风雨。

明　崇祯十三年(1640年)　砀山:二月,黑风起自西北,黑气旋云,有声渐去,日色金晦,白昼如夜,凡枪刀之属有火光,约三四刻,北风息,黄沙满地,厚寸许。萧县:二月四日,有异风自北来,兵刃草木皆出火光。

清　顺治六年(1649年)　萧县:三月,暴风雨雹。六月,大风拔木。

清　顺治十一年(1654年)　砀山:雨雹,伤麦。

清　顺治十六年(1659年)　萧县:四月,大雨雹,杀麦。

清　顺治十七年(1660年)　灵璧:五月二日,雨雹。萧县:四月大雨雹,清河雨雹大如斗,禾麦俱尽。

清　康熙二年(1663年)　泗州:雹伤禾,蠲灾三分。

清　康熙八年(1669年)　萧县:四月,大雨雹。灵璧:五月四日,大雨、冰雹,县北平地积雹1尺多深,小麦遭受严重损失。

清　康熙二十年(1681年)　宿州:正月,雷雨雹。

清　康熙二十三年(1684年)　灵璧:八月二十日,大雨飓风,灵璧夹字保漫决堤工四十丈。树折屋毁,作物受到损失。

清　康熙二十四年(1685年)　灵璧:七月,大风雨,作物受到损失。

清　康熙三十八年(1699年)　宿州:夏,蝗,雨雹,伤麦。

清　雍正六年(1728年)　宿州:九月初七日,雨雹,大者如卵。

清　乾隆七年(1742年)　宿州:五月十九日,飙风猝起,淫雨弥月,无禾,民大饥。

清　乾隆十一年(1746年)　灵璧:夏,雨雹,麦禾伤。萧县:雹,打伤夏麦秋禾。四月初八、十三等日,间有被雹之处,打伤二麦秋禾。

清　乾隆二十一年(1756年)　灵璧:夏,雨雹,于南乡坏麦。

清　乾隆三十七年(1772年)　宿州:二月初二日,风霾大作,昼晦。

清　乾隆五十年(1785年)　宿州:夏四月初十日,黑风从西北来,昼晦,自未时至戌时,腥气袭人,秋冬大饥,斗米千钱。萧县:四月,黑风自西北来,刮飓风,人咫尺不相见,毁屋拔木,男妇有至三里外,夏季作物受损失,收成大减,饥。

清　嘉庆十二年(1807年)　宿州:二月十八日,黄风飙起,树木有光,毁屋拔木。萧县:二月,又风从西北来,发屋拔木,天黑如漆,树木金铁皆火光。

清　嘉庆十三年(1808年)　砀山、萧县:春麦被雹。

清　嘉庆十五年(1810年)　萧县:六七月间,龙卷风。灵璧:正月,刮大风,空气变赤色。

清　嘉庆十八年(1813年)　灵璧:大风雨,伴有冰雹,作物受到损失。

清　道光十年(1830年)　灵璧:七月,大风,树被折断,房屋被刮坏。

清　道光十九年(1839年)　灵璧:夏,大风,天昏地暗,刮了一天多才停息。

第四节　连阴雨雪

西汉　初元五年(公元前44年)　宿州:夏及秋淫雨连旬,坏民庐舍及水流杀人。沛郡:夏及秋,淫雨连旬,坏民庐舍及流水杀人。

魏　景初元年(237年)　砀山:九月,淫雨。冀、兖、豫、徐四州水出没流水杀人。

魏　景初二年(238年)　砀山:九月,淫雨。水出溺杀人,漂失财物。

南朝宋　升明二年(478年)　砀山:四月,大霖雨。

南朝梁　天监四年(505年)　砀山:三月,大霖。

宋　淳化四年(993年)　砀山:秋,淫雨败稼。

元　大德六年(1302年)　萧县:五月,雨五十余日,沂、武二河合流,水大溢。

元　至治三年(1323年)　砀山:五月,霖雨,伤稼。

元　至顺三年(1332年)　砀山:五月,霖雨害民稼。

明　宣德五年(1430年)　砀山:七月,久雨不止,低田禾稼皆淹没。

明　正统七年(1442年)　砀山:五月至六月,淫雨。徐州:五月霪雨伤稼。

明　景泰四年(1453年)　宿州:十月至翌年二月,雨雪不止,冬作不兴。灵璧:十月雨雪至于五年二月,冬作不兴,岁大饥。

明　景泰五年(1454年)　淮徐:春,大雪数尺。

明　成化十七年(1481年)　宿州:秋,霖雨不止,谷粟无成,豆多腐烂。灵璧:秋,连阴雨,淫雨伤稼,歉收。

明　弘治元年(1488年)　灵璧:九月下大雪,陆续延至次年二月,乡村饥荒,燃料奇缺,有人扒屋毁具,充作燃料。

明　弘治六年(1493年)　宿州、灵璧:大雨雪,自九月至次年二月不止,民毁房屋以供柴烧。泗州:冬,虹大雪至春二月方止。灵璧:秋九月大雨雪,至于七年二月,无薪民多毁房及器物以烧火。

明　弘治七年(1494年)　宿州、灵璧、泗州:正月二月,大雪。

明　正德三年(1508年)　灵璧:春淫雨;秋,连阴雨不止,大水。

明　正德六年(1511年)　宿州:夏,淫雨不止。秋,水。灵璧:秋,淫雨,民饥。

明　嘉靖元年(1522年)　泗州:淫雨累月不止,禾菽腐。

明　嘉靖二年(1523年)　宿州:秋,淫雨不止,百谷不登;冬,积阴累月,岁大饥。迄三年春又大饥,死者枕籍,商贩不通,人相食。灵璧:秋,连阴雨不止;秋,淫雨,饥。逃荒要饭人很多。明年春,大疫。

明　嘉靖五年(1526年)　宿州:正月至四月,霖雨多雪,湖地二麦淹没,萎死者过半;春雨殇,失时,二麦复种,夏蝗遗蝗复生。灵璧:春正月淫雨至夏四月,无麦。

明　嘉靖六年(1527年)　灵璧:春,连阴雨不止,麦苗被淹;淫雨,无麦苗。

明　嘉靖十五年(1536年)　宿州:睢水溢,夏六月至秋七月,霪雨不止。冬十二月至次年春二月,雨雪交作不止,束薪千钱,六畜损伤,二麦萎死过半。灵璧:夏秋淫雨,连阴雨不止,水灾。冬十二月雨雪至于明年二月。

明　嘉靖十六年(1537年)　宿州:春二月,雨雪交作,束薪千钱,麦尽萎死。

明　嘉靖四十五年(1566年)　砀山:大雪,伤禾。

明　万历二年(1574年)　砀山、宿州、萧县:六月,霖雨不止……,淮水并涨,千里共成一湖,居民结筏浮泊,采芦心草根以食。

明　万历五年(1577年)　萧县:三月至五月,恒雨,西河水发……。

明　万历六年(1578年)　砀山、萧县、灵璧、泗州等县:十二月,大雪二十余日。

明　万历七年(1579年)　灵璧:春,霖雨,无麦禾;连阴雨不断,水灾,民食草根树皮,饿死甚众。

明　万历八年(1580年)　灵璧:春,霖雨,无麦禾,民食草根树皮,饿死甚众。泗州:夏,淫雨连绵,宣泄不及,大水灌城,塞之城以没,泗县雨涝。

明　万历九年(1581年)　灵璧:春,霖雨无麦。民食树皮草根,饿死甚众。

明　万历十七年(1589年)　萧县:春、夏,霖雨六旬。

明　万历十九年(1591年)　泗州:秋,淫雨绵绵,淮水暴涨,河堤冲塌。

明　万历二十一年(1593年)　灵璧:春,淫雨。秋,河溢,平地水深数尺,无麦禾。城垣民居,倾圮大半。

明　万历三十一年(1603年)　萧县:春夏,淫雨伤稼。秋冬,大饥,人相食。

明 万历四十六年(1618年) 宿州:夏,霪雨,岁大饥。

明 天启元年(1621年) 砀山、萧县:六月,淫雨。六月十五日起,大雨七昼夜,城内水深数尺,坏庐舍千余。

明 崇祯四年(1631年) 砀山:夏秋,淫雨。

明 崇祯六年(1633年) 宿州:秋,淫雨,州北禾稼尽没。

明 崇祯七年(1634年) 宿州:秋,淫雨,州北禾稼尽没。

清 顺治元年(1644年) 泗州:八月,大雨七昼夜,虹邑墙屋倾圮过半。

清 顺治四年(1647年) 砀山:秋,霖雨,大水。

清 顺治五年(1648年) 砀山、萧县、徐州:秋,霖雨,徐、萧饥。

清 顺治六年(1649年) 萧县:五月,淫雨五十昼夜,堤决数百丈,大饥。

清 顺治七年(1650年) 萧县:七月,淫霖,黄河溢。

清 顺治九年(1652年) 宿州:淫雨,烂麦伤禾。

清 顺治十年(1653年) 宿州:淫雨,河决。

清 顺治十一年(1654年) 十月,河决荆隆口,继以淫雨连旬,宿州北部受灾。

清 顺治十六年(1659年) 宿州:三月,大雨二十余昼夜,水涨河决,庐舍漂没,岁大饥。夏五月,大雨水,无麦禾,饥。秋,大雨二十余日,田庐漂没殆尽。萧县:三月,淫雨二十余昼夜,麦烂。六、七月,大水,秋禾亦伤。砀山:夏秋,淫雨三月余,麦烂,秋禾亦伤。冬春,民饥。泗州:泗、虹大水,田禾漂没,蠲灾三分。秋,淫雨六十余日,平地水深丈余,淹没田庐。

清 康熙四年(1665年) 萧县:五月,淫霖月余,牛瘟毙殆尽,大雨兼蝗。

清 康熙七年(1668年) 萧县:夏,雨两月,麦淹没,秋田皆坏。

清 康熙九年(1670年) 宿州:冬,大雪积月,人畜多冻死。砀山、萧县:秋,河溢。冬,大雪,冻及井泉。萧县:十一月二十六日,大雪,平地三尺,十二月,井水皆冻,人有冻死者,鸟雀无遗。泗州:冬十一月,大雪,淮河冰坚,轮蹄往来,至翌年二月冰始解。

清 康熙十年(1671年) 宿州:冬大雪,民饥。

清 康熙十一年(1672年) 宿州:五月望,大雨连绵,平地水深丈许。

清 康熙十二年(1673年) 宿州:夏,淫雨两月,民大饥。六月,大雨连绵两日。

清 康熙十六年(1677年) 宿州:春夏,大雨二十余日,水涨河决,庐舍漂没,岁大饥。

清 康熙二十年(1681年) 宿州:频年河决,继以淫雨,岁大饥,民多流亡。康熙二十年至二十六年,频年河决,继以淫雨,岁大饥,民多流亡。

清 康熙二十二年(1683年) 宿州:频年河决,继以霪雨,岁大饥,民多流亡。

清 康熙二十三年(1684年) 宿州:八月二十日,大雨,频年河决,继以霪雨,岁大饥,民多流亡。

清 康熙二十四年(1685年) 宿州:二十年至二十六年,频年河决,继以霪雨,岁大饥,民多流亡。

清 康熙二十五年(1686年) 宿州:频年河决,继以霪雨。

清 康熙二十六年(1687年) 宿州:二十年至二十六年,频年河决,继以霪雨,岁大饥,民多流亡。

清 康熙三十四年(1695年) 灵璧:六月,淫雨。

清 康熙三十五年(1696年) 宿州:自五月至七月淫雨,坏官民庐舍。冬,大雪奇寒。萧县:秋,大淫雨,花山口河溢。灵璧:夏六月,连阴雨不止,淫雨,平地水深三尺,庄稼淹没,无禾。泗州:秋,积雨五旬,蠲免历年未完钱粮。

清　康熙四十四年(1705 年)　砀山:三月,大雪。

清　康熙四十五年(1706 年)　宿州:秋,淫雨,连月不止,伤禾稼。砀山:夏秋,霖潦。萧县、徐州:夏秋,淫雨,徐属大水。

清　康熙四十六年(1707 年)　宿州:春,大雪。夏,大雨。岁大饥。

清　康熙四十八年(1709 年)　砀山:淋潦甚久,民饥。萧县:淫雨凡五月,无麦,徐属民饥,死无算,蠲赈。灵璧:三月,淫雨伤麦。六月,大雨水,饥。

清　康熙五十九年(1720 年)　黄淮大水。宿州:春,大雪。秋,霪雨。

清　康熙六十年(1721 年)　宿州:六月,霪雨伤稼。

清　雍正十年(1732 年)　宿州:五月至秋八月,霪雨,黄水溢。萧县:清明日大雪。

清　乾隆五年(1740 年)　宿州:春,大寒,冰雪弥月。

清　乾隆七年(1742 年)　宿州:五月,霪雨弥月,无禾,民大饥。萧县:铜山、萧县等州县五、六月间大雨连绵,河决石林口,低洼未刈之麦俱被浸伤,已种秋禾被淹浸。

清　乾隆八年(1743 年)　宿州:秋,霪雨。

清　乾隆十一年(1746 年)　砀山、萧县:自五月中阴雨连绵,低洼处积水。

清　乾隆十六年(1751 年)　萧县:秋雨积旬,禾稼淹没。

清　乾隆十八年(1753 年)　萧县:自六月至九月十二日,霪雨,河决杨家洼长堤,邑大水。灵璧:天降淫雨,历七八九月不霁,(黄)河决铜山之张家马路,全河之水奔腾而南,逼清水至汴堤,溢入城河,城南一带为巨浸。淮水大涨,洪泽泛滥,睢河南北数十里积水深四五尺不等,境内北乡普漫,南乡水深丈余,民房冲塌无算,勘实蠲赋薄赈。

清　乾隆二十年(1755 年)　灵璧:霖雨自二月至六月,春夏大雨水,秋黄水自毛城铺漫溢而下,无麦禾,岁大饥。入秋粮价腾贵,麦豆一石需银三两有奇,人多饿死。九月以后田庐尚在水中,勘实免赋薄赈(霖雨自二月至六月)。

清　乾隆二十二年(1757 年)　灵璧:夏秋,霖雨伤稼。

清　乾隆二十三年(1758 年)　灵璧:连阴雨不止,全年歉收。夏秋,霖雨伤稼。

清　乾隆四十六年(1781 年)　萧县:夏,淫雨。

清　乾隆四十八年(1783 年)　灵璧:连阴雨不止,水灾。

清　乾隆五十一年(1786 年)　泗州:六月,淫雨,夏大雨经旬,灾七、八、九分。春雨过多,河湖并涨,兼之山水涨发,以致民田庐舍均被漫浸,五河、泗州等州县被水较重。

清　乾隆五十四年(1789 年)　萧县:秋雨连旬,萧县洪、闸两河漫溢,大水。

清　乾隆五十五年(1790 年)　宿州:冬,大雪,奇寒。

清　乾隆五十八年(1793 年)　凤阳府属之宿州、灵璧等二十三州县,泗州等五卫,低洼之区,因夏秋间雨水稍多,或山水骤发,或江淮盛涨,间有漫溢,沙壅之处,虽经渐次涸复补种,续因七月内连续霖雨,复于八月十一、十二等日,续得大雨,江河又涨,积水未能消退,以致已涸补种之地,又复被淹。

清　嘉庆十八年(1813 年)　萧县:秋九月,淫雨河溢。

清　嘉庆一十九年(1814 年)　宿州:冬,大雪,树木冻萎。萧县:十一月,大雪。

清　嘉庆二十一年(1816 年)　宿州:春夏霪雨。秋水泛溢,禾稼淹没。

清　道光元年(1821 年)　宿州:秋,霪雨,闸水泛溢,禾稼被淹。萧县:七月,大雨连旬,平地水深数尺,井泉灭没,大疫。霍乱盛行,人死十之六七,富家至无棺以葬……。灵璧:五月,连阴雨不止,水灾,疫病流行。

清　道光二年(1822 年)　萧县:秋,霪雨伤稼。

清　道光五年(1825 年)　灵璧:五月,连阴雨不止,平地水深二、三尺,庄稼被淹。

清　道光十年(1830 年)　宿州、灵璧、泗州:泗州……宿州、灵璧等州县,因雨水过多,低洼田地被淹,连阴雨过天青十四天,小麦歉收。

清　道光十二年(1832 年)　萧县:夏,大雨四十日。灵璧:夏秋霖雨,连阴雨不止,平地水深二尺余,秋禾被淹,颗粒无收,饥民外流。

清　道光十三年(1833 年)　灵璧:十月二十三日,大雪,平地二尺,麦冻死,根浮土上。

清　道光十九年(1839 年)　宿州:夏,淫雨连绵两月,平地水深数尺,淹倒民房无数。

第五节　其他灾害

东晋元帝　大兴元年(318 年)　宿州:蝗。沛郡(宿地属沛郡):连年蝗灾,伤禾殆尽,造成荒年凶岁。

南北朝　魏延昌四年(515 年)　泗州:冬,寒甚,淮、泗尽冻。

后汉　天福十二年(947 年)　宿州:冬十二月,民饿死者 867 人。

宋　淳熙元年(1174 年)　砀山:秋,蝗灾。

金　贞祐四年(1216 年)　宿州:蝗。

元　延佑元年(1314 年)　砀山:三月,霜,杀桑无蚕。三月,济宁路霜,杀桑无蚕。

明　景泰五年(1454 年)　正月,山东、河南、两淮大寒,人畜多冻死。

明　成化二十年(1484 年)　砀山:饥。

明　成化二十三年(1487 年)　淮北、山东饥。

明　正德十三年(1518 年)　砀山、萧县、宿州、泗县:淮徐等处岁饥。

明　嘉靖三年(1524 年)　宿州、灵璧:春,大疫;宿县死者枕籍,商贩不通,人相食。萧县:六月,徐州蝗。

明　嘉靖十年(1531 年)　萧县:蝗。

明　嘉靖十三年(1534 年)　宿州:夏,飞蝗入境,至秋不绝,禾稼无收。

明　嘉靖十四年(1535 年)　宿州:夏蝗入境,至秋不绝,禾稼无收。

明　嘉靖四十二年(1563 年)　泗州:大麦一茎三五穗者不计其数。

明　嘉靖四十三年(1564 年)　泗州:冬,恒寒,淮水冰合,车马通行。

明　嘉靖四十五年(1566 年)　泗州:冬,恒寒,淮水冰合,车马通行。

明　万历十年(1582 年)　萧县:秋,蝗。

明　万历十六年(1588 年)　萧县:春,徐、萧大饥,人相食。夏大疫,死者相枕。砀山:春大饥,斗粟银三钱,夏,疫。

明　万历二十二年(1594 年)　砀山:大饥。

明　万历二十三年(1595 年)　砀山:饥。

明　万历二十五年(1597 年)　泗州:三月,雨沙数日。砀山:黄河在黄固口决口,淹没县境。

明　万历三十四年(1606 年)　黄河改道至砀城北故道。

明　天启元年(1621 年)　泗州:虹邑蝗。

明　崇贞元年(1628 年)　萧县:夏,徐、萧、丰蝗,伤麦……。

明　崇祯四年(1631 年)　萧县:六月,大风雷雨,风卷演武厅,梁栋落山境上。

明　崇祯五年(1632年)　砀山、萧县:正月,大雷雨。砀山、萧县:秋,蝗。

明　崇贞七年(1634年)　萧县:徐州蝗。

明　崇贞九年(1636年)　萧县:五月,有蝗。

明　崇贞十年(1637年)　砀山:蝗,饥。

明　崇祯十一年(1638年)　砀山:蝗灾,饥。

明　崇祯十二年(1639年)　徐属邑大旱。砀山:夏秋,蝗灾。……庚辰、辛已果大饥……。

明　崇祯十四年(1641年)　萧县:春,大饥,人相食,道绝行人,五月大疫,死里十之八九。砀山、萧县、丰县:春夏大饥,家人相食,冬,复大疫,死者十之八九,无棺殓。

清　顺治五年(1648年)　宿州:秋虫小,广翅长目,食禾黍尽。

清　顺治七年(1650年)　萧县:十月朔,雷。

清　顺治十年(1653年)　宿州:十一月,雨木冰。

清　顺治十五年(1658年)　萧县:冬,无云而雷。

清　顺治十八年(1661年)　砀山:秋,蝗灾。泗州:蝗食禾尽,蠲灾三分。

清　康熙五年(1666年)　萧县:六月异风。

清　康熙六年(1667年)　萧县:夏,蝗。

清　康熙七年(1668年)　砀山、萧县:蝗。

清　康熙八年(1669年)　萧县:冬,雷电大雨。

清　康熙九年(1670年)　萧县:十月初十日,雷电交作。

清　康熙十一年(1672年)　宿州:二月朔,雨木冰。秋,蝗踵至,扑地弥天,焚捕之,民获有秋。

清　康熙十七年(1678年)　砀山、萧县:春霜,杀禾(麦)。

清　康熙十九年(1680年)　宿州:秋,有蝗蔽天。

清　康熙二十年(1681年)　宿州:正月,雷雨雹。

清　康熙二十二年(1683年)　砀山:霾伤麦。春霾雾,麦尽枯。萧县:三月,重雾伤麦。

清　康熙二十九年(1690年)　宿州:秋,蝗,冬大饥。岁大饥。

清　康熙三十一年(1692年)　宿州蝗,宿、萧之间飞蝗蔽天。

清　康熙三十八年(1699年)　宿州:夏,蝗。

清　康熙五十一年(1712年)　宿州:春,大旱,树头生火,风霾障天,白昼如夜。

清　康熙五十四年(1715年)　泗州:冬,寒,淮水冰合,可行车,鸟兽饿死。

清　康熙五十六年(1717年)　宿州:夏,蝗,官民协捕,赖有秋。

清　雍正元年(1723年)　宿州:五月,蝗。

清　雍正四年(1726年)　砀山:黄河清。

清　雍正十三年(1735年)　砀山:蝗。

清　乾隆三年(1738年)　宿州:秋,蝗灾。

清　乾隆五年(1740年)　宿州:春,大寒,冰雪弥月。秋,有蝗。

清　乾隆九年(1744年)　宿州、萧县:秋,蝗。

清　乾隆十七年(1752年)　灵璧:秋,蝗。

清　乾隆十九年(1754年)　萧县:四月,陨霜杀麦。

清　乾隆三十五年(1770年)　宿州:夏,蝗,遍野蔽天。

清　乾隆三十七年(1772年)　宿州:二月二日,风霾大作,昼晦。

清　乾隆五十一年(1786年)　宿州:春,大饥,疫,道殍相望。

清　嘉庆元年(1796 年)　萧县:七月,无云而雷。

清　嘉庆六年(1801 年)　萧县:二月,大雨水冰,鸟雀多冻死。

清　嘉庆十七年(1812 年)　砀山:四月,雾霾伤麦。

清　嘉庆十九年(1814 年)　宿州:冬,大雪,树木冻萎。

清　道光元年(1821 年)　宿州:六月,大疫,人死过半,十室九空。

清　道光五年(1825 年)　宿州:春,麦苗被虫啮,存者十无二、三。

清　道光十三年(1833 年)　泗州:夏,霾雾伤麦,岁大饥,人相食。灵璧:十月二十三日,大雷电。

第二十一章　近代气象灾害

第一节　干旱灾害

清　道光二十年(1840 年)　宿州、灵璧、泗州:自八月初旬以来,各属雨泽稀少,高阜田稍形干燥,遍地如流星闪烁;凤阳、宿州、灵璧、泗州等州县,低洼田地及高阜受旱。

清　道光二十七年(1847 年)　宿州:秋,旱,遍地生火,如流星闪烁,寻之则灭。灵璧:灾。凤阳、颍州、泗州等府州所属各州县内,有山冈高田缺雨受旱。

清　咸丰五年(1855 年)　萧县:六月,旱,蝻子生。

清　咸丰六年(1856 年)　宿州:夏,大旱,飞蝗蔽野。萧县:旱蝗,岱山湖水涸。秋冬,荒歉。夏旱蝗。灵璧:夏四月,大旱。泗州:大旱。

清　咸丰七年(1857 年)　萧县:春饥,夏旱。

清　咸丰八年(1858 年)　泗州:秋,大旱,蝗食禾殆尽。

清　咸丰九年(1859 年)　宿州、灵璧、泗州:泗州并旧虹、寿州等十四州县,受旱。

清　同治元年(1862 年)　宿州:旱,蝗,两月不雨。

清　同治九年(1870 年)　泗州:虹乡自正月至五月不雨,大旱。

清　光绪元年(1875 年)　宿州:秋,旱。

清　光绪二年(1876 年)　宿州:春夏大旱,蝗多,官民协捕。灵璧:夏,大旱。

清　光绪五年(1879 年)　泗州:六月、七月、八月,泗州等九州府属,晴多雨少,高冈田亩缺雨滋培,多受旱伤,其濒江临淮低洼之区,田禾亦有被淹受伤,收成殊为减色。

清　光绪六年(1880 年)　灵璧:全年无雨,大旱。

清　光绪十一年(1885 年)　灵璧:大旱。

清　光绪十四年(1888 年)　灵璧:秋旱。

清　光绪十六年(1890 年)　泗州:九月,凤阳、泗州等十三州府属,晴多雨少,高阜田禾,又复连旬亢旱,杂粮不无减色。

清　光绪十七年(1891 年)　灵璧:春旱,终日大风。

清　光绪十九年(1893 年)　泗州:六月、七月,泗州等州府属,晴雨欠调,高冈田亩,又因连日亢晴,禾苗受旱,收成殊形减色。

清　光绪二十年(1894 年)　泗州:六月、七月,泗州等九州府属,晴雨欠调,高冈田亩,又因亢晴日久,禾苗不无黄萎,收成殊形减色。

清　光绪二十四年(1898 年)　灵璧:大旱,五谷不收,死人很多。

清　光绪二十五年(1899 年)　宿州:去冬无雪,今春无雨,二麦不实,农历五月十三才落雨秋种。灵璧:旱。

清　宣统元年(1909 年)　泗州:四、五、八月旱,秋收甚微。

清　宣统二年(1910年)　灵璧:六月八日以前受旱。

民国　元年(1912年)　宿县:是年未下雨。

民国　2年(1913年)　宿县、泗县:大旱,自四月始到立秋方落透雨。宿县:六月二十日到十月初,旱蝗。灵璧:六月二十日到十月初旱,蝗。

民国　4年(1915年)　宿县:自六月始,全区旱,蝗。

民国　6年(1917年)　宿县:一月至六月,仅降水50毫米,十月至十二月仅降水29毫米。灵璧:旱。

民国　8年(1919年)　灵璧:旱。

民国　11年(1922年)　灵璧:旱。

民国　12年(1923年)　灵璧:五月初至六月底,旱,豆子不能种。泗县:四月至五月,旱。九月至十二月,大旱。

民国　14年(1925年)　萧县:夏,久旱不雨,酒店蝗灾,为害面积纵横三十余里。

民国　17年(1928年)　砀山:蝗灾。萧县:五月旱,六月蝗。宿县:二月至六月,旱,仅降水145毫米。

民国　18年(1929年)　秋,砀、萧、宿、灵、泗大旱,蝗灾严重。宿县五月至九月,仅降水309毫米;其中,五月仅6毫米。萧县:秋,大旱,蝗灾。损失约一百万元。

民国　19年(1930年)　宿县:六月,大旱。七月,旱,仅降水15毫米。灵璧:旱。

民国　21年(1932年)　砀山:全县遭旱灾,蝗灾。宿县:四月,西南热风连刮十八天,麦禾皆枯,立秋才落雨,再秋种亦迟。

民国　24年(1935年)　宿县:三月至九月,大旱,总雨量仅195毫米。五月至九月雨量仅152毫米。

民国　25年(1936年)　宿县:五月至十一月,大旱,总雨量207毫米。

民国　29年(1940年)　砀山:大旱,春夏之间三个月无雨,田禾大多数干枯,小麦亩产仅三十斤,高粱每亩约二十斤。

民国　34年(1945年)　宿县:五月至九月连旱,降水总量仅300毫米,达五级大旱。

第二节　暴雨洪涝

清　道光二十一年(1841年)　灵璧、泗州:河溢并淮涨,成灾五至九分。

清　道光二十二年(1842年)　宿州:大水,州北百余里平地水深数尺或丈余,田禾房屋,尽没水中。天然闸、十八里屯闸并启,水如建瓴而下。萧县东南田禾淹没。

清　道光二十六年(1846年)　萧县:三月,大水。六月大雨,六月初一夜,黑风自西方来,拔木发屋,风过后大雨连绵数昼夜。灵璧:二十五至二十八年,大水成灾。泗州:凤阳、泗州等属,因淮河水势增长,低田间有被淹。

清　道光二十七年(1847年)　泗州:凤阳、泗州等府州所属各州县内,其濒临江淮洼地,又因积水消退较迟,间有被淹,收成减色。灵璧:被水淹,成灾五分。

清　道光二十八年(1848年)　宿州、灵璧等十六州县大水,被水成灾五至九分。

清　道光二十九年(1849年)　灵璧:大水。泗州:泗州等州县报田地被水……。

清　咸丰元年(1851年)　宿州:秋,大雨,潦水东注,禾尽没。被水成灾五六分。砀山:八月十九日,河决砀山之蟠龙集。宿等邑皆大水。泗州:大水。

清 咸丰二年(1852 年) 萧县:大水。泗州:春,饥。大水,作物被淹,当年饥荒,病疫流行。

清 咸丰三年(1853 年) 宿州:饥。灵璧:春,颖上雨粟,大饥。萧县:春,疫,沛水。

清 咸丰四年(1854 年) 萧县:比年河决未塞,徐北境皆大水。

清 咸丰五年(1855 年) 灵璧:大水,庄稼淹没。萧县:黄河决口于河南兰考铜瓦乡,改道北流,自此,黄河不再流经砀山县,萧之故道遂淤。

清 咸丰六年(1856 年) 萧县:六月,大雨。

清 咸丰八年(1858 年) 灵璧:五月,大风、暴雨、庄稼被淹。

清 咸丰九年(1859 年) 宿州、灵璧、泗州:泗州并旧虹、寿州等十四州县,秋禾被水、虫伤,被扰,收成歉薄。虞、砀、永、夏之水建瓴而下,宿州北部十集受害。

清 咸丰十年(1860 年) 灵璧:六月,大风雨、夏大水,水灾。宿州:夏,大水,城内东北隅淹倒民房无数。

清 同治五年(1866 年) 宿州:夏,大水,驿路冲决二十里,田禾尽淹。泗州:秋,大水,禾苗尽淹。阜阳、蒙城、凤台、灵璧:颍州府属大水。是年山河淮湖盛涨,皖北水灾为从来所罕见。萧县:六月,萧、沛大雨水,龙城大水,平地水深 3 尺,塘河漫溢,秋禾尽没。城乡民众登逃高处,老幼皆倒毙沟壑,壮者糊口四方。

清 同治六年(1867 年) 萧县:六月,大雨水。泗州:秋,大水。

清 同治九年(1870 年) 灵璧:九年至十年大水,受灾。

清 同治十年(1871 年) 泗州:是年入夏以来,各属田禾均被淹。秋,堤溃。泗州、五河旧虹被水较重。灵璧:五河、灵璧等十九州县水、旱、虫灾。

清 光绪七年(1881 年) 灵璧:秋,大雨水,平均水深三四尺,受灾面积达百分之六十。

清 光绪九年(1883 年) 泗州:秋,大水。自西北来,漫溢城下,涵洞皆塞,至城南霸王城,水头停三日,五尺余高,后宣泄入淮。春夏,雨水过多,河湖并涨,二麦失收,民情困苦。

清 光绪十一年(1885 年) 泗州:泗州并所属诸州县,沿河低洼圩堤各被冲决漫溢,虽无淹毙人口,而田庐多被淹没,贫民困苦。

清 光绪十三年(1887 年) 泗州:八月十三日,黄河郑口决堤,泗境田庐被淹。

清 光绪十四年(1888 年) 七、八、九月,泗州等府州属,晴雨失调,皖北之沙、淮等河水势加涨,低田悉被淹浸。

清 光绪十五年(1889 年) 宿州:大水,内涝,年底始退尽。灵璧:秋,大水,受灾。

清 光绪十九年(1893 年) 灵璧:四月,暴雨,受灾。泗州:五月雨多晴少,六、七月晴雨欠调,大雨行时……凤阳……泗州等州府属,低洼之处禾稻间有被淹。

清 光绪二十年(1894 年) 泗州:五月晴少雨多,六、七月晴雨欠调,狂风时作,泗州等州府属,低洼之区类多被淹。七月、八月间,龙河来客水。灵璧:六月,平地水深一尺。

清 光绪二十三年(1897 年) 灵璧:二十三年至二十四年春、秋大雨,水灾面积分别达百分之四十和百分之六十,乡村有饿死人现象。泗州:五月中旬至六月上旬,大雨,又客水涌注,淮水顶托泛溢,水翻汴堤,内涝淹麦,十月水始退。麦收后大雨,未收秋。民情困苦。

清 光绪二十四年(1898 年) 宿州:夏淹麦、秋没禾,次年春大饥,夏秋疫病流行,死者枕籍。萧县:五月初四,大雨淹麦。秋又大水,田禾多被淹没。灵璧:五月底,客水来,高地水深三尺,凹地水深五六尺,船系门首,十月始退,饿死多人。泗州:五月底,客水涌注,淮水漫滩泛溢,麦被淹。春雨过多,水涨甚早,凡属低洼地亩,二麦既败于垂成,嗣又秋水大来,涸而复淹者,种工徒弗,挽救无从,其始终积水乡,情形尤为困苦。因系连歉,翌年春粮价昂贵,有饿死人者。

清 光绪三十一年(1905年) 宿州、萧县:秋,大水。

清 光绪三十二年(1906年) 萧县:秋,大水,秋禾多被淹没。

清 宣统元年(1909年) 萧县:秋,大水。灵璧:五月十六日,大雨,水灾面积达百分之四十。

清 宣统二年(1910年) 萧县:六月、七月间,徐属之萧县五属,迭遭大雨,秋禾多被淹没,房屋亦间有倒塌,麦价奇昂,民情困苦。宿州:秋,大水。灵璧:六月八日前后,受旱,麦收后,经过一天一夜大雨,浍河上游猛来大水,漫固镇,东岳庙大殿深五寸,电话杆上挂水草。六月二十七日,大雨三昼夜,平地水深数尺,水漫固镇铁路,受灾面积达百分之六十,房屋倒塌,人畜淹死很多,社会上流传着"宣统二年半,家家喝稀饭"之说。再又:全省特大水灾。由洪水造成的皖北饥荒,区域达二十余县,难民约有二百万人,饥毙人数多时每日高达五六千人,自一九一〇年秋至一九一一春已饿死七八十万人……。

清 宣统三年(1911年) 灵璧:五月二十一日,大雨,水灾面积达百分之六十,饥荒。又:全省特大水灾。宿州、灵璧、怀远为重,泗州次之。灾重之区,村庄庐舍多荡为墟,流亡者十逾五六。每行数里、十数里,罕见人烟,或围敝席于野外,或牵破舟于水中,稚男弱女蜷伏其间,所餐则荞花、芋叶,杂以野菜,和煮为糜,日不再食。甚则夫弃其妇,母弃其子……惨切情形目不忍睹。

民国 元年(1912年) 宿县:是年未下雨,五月,客水成灾,湾地浸涝,坡地未淹。

民国 6年(1917年) 宿县:七月至九月多雨,共达455毫米。

民国 9年(1920年) 宿县:三月、九月多雨。

民国 10年(1921年) 萧县:夏,姬村一带遭山洪袭击,小麦淹没百分之九十,灾民饿死者甚多。灵璧:五月至八月间,天下雨及淮水倒灌,汇集成灾,云山、夷山湖水涨漫,山堤溃决,长八十里,宽四十里都在水中,固镇南门楼墙上水又深一尺多。王岗乡水深丈余,庄周围打堰。受灾面积达百分之四十。泗州:夏历五月六日发大水,平地水深数尺,麦收二成,秋收一成,岁大饥。五月六日至八月十六日,(公历6月11日至9月17日),陆续降雨101天,平地水深丈余,县境一片汪洋。

民国 12年(1923年) 宿县:七月、十月多雨,七月降雨303毫米。

民国 13年(1924年) 萧县:夏,持续大风雨一周,酒店等中心区田禾淹没。

民国 14年(1925年) 砀山:民国13、14年皆大水。

民国 15年(1926年) 砀山:五月十二日,暴雨夹着冰雹,全县大部分地区受灾。夏季又发生蝗灾。泗县:三月、五月、七月至十月,雨量偏多,七月份雨量达354毫米。

民国 17年(1928年) 砀山:七月,暴雨,县境北部成灾。萧县:八月大雨,秋禾受害,面积遍及全县。

民国 20年(1931年) 砀山:全县遭水灾。灵璧等:从五月二十三日下雨,二十八日发大水,固镇的北新河街能行船,南城门墙上水有三、四尺,受灾极重。萧县:七月二十四日,暴雨成灾,由陶楼可通船到岱山口,祖楼南部水深一点五尺,秋禾淹没,受灾面积达一千一百多平方公里,三、四、五区为重灾区。华阳义赈会拨发粮食、衣物等救灾物资,在重灾区设三处救灾机构。七月二十四日,全区各地发生大水灾,秋禾多被淹没。

民国 23年(1934年) 萧县:八月,徐属各县黄水暴涨,省府派员驻徐州督察防堵黄水。砀山:黄河决,六月至九月、十二月多雨。

民国 24年(1935年) 宿县:七月,全区各地暴雨成灾,鲁境黄水泛滥,砀山、萧县受害尤重。萧县:二月,连降大雨,黄水暴涨。徐属四县连降暴雨。七月十日,暴雨,农田多被淹没。中央赈济委员会委员长许世英称:"灾情尤重于民国20年。"

民国 26年(1937年) 灵璧:六月,大雨,受灾面积达百分之四十。

民国 27年(1938年) 灵璧:六月间,花园口决口,淮水倒灌泛溢,自是年后连年受灾甚重。泗县:七月十五日,下雨一夜,暴雨内涝,八月退。水较民国5年略小。又:六月九日,蒋介石国民政府在郑州花园口扒黄河堤……被灾县份有……泗县、灵璧等十八县,被淹土地约二千三百四十五万亩,灾民达三百余万人,死亡四十万七千五百一十四人,田庐牲畜损失约两亿元以上。

民国 28年(1939年) 砀山:暴雨,县境北部成灾。

民国 30年(1941年) 宿县:秋,全区境内大水。灵璧:六月间,客水涌注,杨畦区黄桥乡高地水深二尺。受灾面积达百分之六十。

民国 35年(1946年) 宿县:七月间,大水,坡地全被淹,午秋均歉收。萧县:大水,全县受涝面积一百九十九万亩。灵璧:六月到八月,水灾,每亩午季收四斗,秋未收。泗县:五月到七月,大水,秋季减收,灾情严重,民食维艰。

民国 36年(1947年) 宿县:九月,宿、灵、泗大水。

民国 37年(1948年) 萧县:秋,大雨,水灾严重。

民国 38年(1949年) 宿县:七月,夏秋之交,连降暴雨,城郊近万亩土地受淹严重。全区各地连降暴雨,数处河堤决口,造成严重水灾,农田大部分被淹。砀山:八月,涝。十二日至十四日连日大雨,城南周庄寨至邵楼,东西十五里,南至芒砀山,约三十里,一片汪洋,淋塌房屋1.6万余间,压伤31人,淹没良田34.5万亩,19.3万人灾荒苦境。萧县:秋七月,雨量399毫米。奎河、龙河、岱河、闸河、沙河均决口,秋禾大部被淹。灵璧:水灾,灵北百分之六十被淹。冬季,雪水成灾,重灾区四种四淹,冬季断炊20万人。泗县:夏收后连日大雨,老濉河、港河、塘河决口破堤,沱河漫滩,一片汪洋,受淹农田99万亩。

第三节 连阴雨雪

清 咸丰元年(1851年) 宿州、萧县:秋雨积旬,禾稼淹没,黄河水北溢,人疫死伤。黄河决口盘龙集,积水竟旬,禾稼淹没。灵璧:秋,连阴雨不止,被水成灾五六分。

清 咸丰二年(1852年) 宿州:夏,霪雨两月,州西北田禾为水淹没,全境欠收。灵璧:夏,连阴雨八十天,淫雨没禾,庄稼无收,房屋倒塌,饥民外流。泗州:夏,霪雨九十余日,麦禾尽伤,饿殍横野,流亡载道。宿州、灵璧淫雨没禾。《泗虹合志》载,春饥,夏淫雨九十余日,禾麦尽伤,流亡载道。

清 咸丰七年(1857年) 萧县:七月,大雨水,雨连旬,平地水深尺余。宿州:大水。秋,雨连旬,田禾复没。

清 咸丰九年(1859年) 宿州、灵璧、泗州:七月,淫雨不止,

清 咸丰十年(1860年) 泗州:五月二十一日起,霖雨两旬,日夜不止……淮河下游宣泄不及,泛溢旁趋,低洼处所田庐多被淹浸,一望渺茫。闻临淮、泗州亦因淮水骤涨,多有被水之处。

清 同治四年(1865年) 萧县:一月,大雪。灵璧:秋,连阴雨不止,水灾。

清 同治五年(1866年) 萧县:大霪雨,塘河漫溢,秋禾尽没。泗县:夏,霪雨九十余日,麦禾尽伤,流亡载道。江北各属阴雨连旬,河湖并涨成灾。

清 同治六年(1867年) 灵璧:秋,连阴雨不止,水灾。

清 同治十三年(1874年) 萧县:正月十八,雷电雪。正月二十一日到二月初八日,天气阴翳不开,大寒。泗县:夏秋,淫雨成灾。被水轻重之泗州、虹乡通境新旧漕粮准予蠲缓。

清　光绪二年(1876年)　灵璧:夏,连阴雨不止,受灾。

清　光绪七年(1881年)　灵璧:四月底至七月下旬间,淫雨客水,平地水深五六尺,秋季高地有收。

清　光绪八年(1882年)　灵璧:冬,大雪,冰凌满地,树木损失较大。

清　光绪九年(1883年)　砀山、宿州:七月,淫雨。虞、砀、永、夏之水,建瓴而下,东北时村等数十集田禾尽行淹没……驿路冲断二十里。灵璧:五月,大水,平地水深三尺,泡倒房屋很多。连阴雨不止。黄桥水深数尺,群众把船拴在门槛上,受灾面积达百分之六十。

清　光绪十二年(1886年)　三月、四月、五月,泗州等府州属,阴雨过多,江淮并涨,低洼之处间有被淹。

清　光绪十四年(1888年)　三月、四月,泗州等十三府州属,阴雨过多,低洼间有被淹。

清　光绪十六年(1890年)　三月、四月、五月,凤阳、泗州等府州属,阴雨过多,江淮并涨,低洼田庐、圩堤间有被水漫淹。

清　光绪二十一年(1895年)　灵璧:六月至九月间,淫雨及客水,平地水深一尺。

清　光绪二十三年(1897年)　宿州:六月、七月间,淫雨客水,秋禾被毁,灾荒极大,同光绪十五年水。灵璧:五月上旬,淫雨,又来客水,平地能使船,高地水深一尺,部分没收的麦子被冲走。九月三日水始退尽。秋后麦子晚种。泗州:五月至八月十五日,淫雨,登场二麦多数霉烂,湖洼地一片汪洋,平地行舟,民无居址,鸟无所栖。

清　光绪二十四年(1898年)　泗州:七月初,淫雨,淝涝成灾,沫河口破堤,平地行舟,十月水退,灾略同上年。

清　光绪二十八年(1902年)　灵璧:三月至八月十五日间,淫雨客水,高地麦生芽。秫秫有收。

清　光绪二十九年(1903年)　灵璧:淫雨及客水,有内涝。

清　光绪三十年(1904年)　灵璧:淫雨及客水,有内涝。

清　光绪三十一年(1905年)　灵璧:淫雨及客水,有内涝。

清　光绪三十二年(1906年)　灵璧:四月十二日至八月十五日,阴雨不断,淫雨及客水,大面积受灾,水漫固镇高地,洼地秋禾被淹。宿州:五月初至十月初,阴雨连绵,小麦霉烂,秋不得种,大饥。七月,萧县堤放龙岱两湖水,又兼淫雨,麦只半收,秋禾普淹。五月初四日至七月底期间,连日阴雨,称之为梅雨水,并刮大风,粗榆树连根拔,暴雨即时成灾,但较宣统二年水小。小麦霉烂,秋不得种,大饥。泗县:四月十二日,下雨,时阴时晴,延有四个月之久,到八月十五日夜晴。禾麦刹在场上,多被雨水霉烂,麦垛上乌鸦、喜鹊做窝,汴堤上水深及大腿,城内天主堂门口水平腿肚,泗城西北角城墙冲倒一段,西门五孔大桥全被冲毁,遍地行船,灾情极重。五月淫雨,半收;秋大水,圮城冲桥,遍地行舟,道殣相望。又:皖北水灾,以宿州、灵璧、泗州、五河四州县为最重。……春夏之交,霪雨六十余日……平地水深数尺,上下千余里尽成泽国,麦正熟者、登场者,大雨兼旬,全行霉烂,颗粒无收。……中秋前后雨势倾盆,不减于夏……晚稼扫荡一空。

清　光绪三十三年(1907年)　宿州:与上一年相同,五月二十日前后,淫雨及暴雨成灾。灵璧:麦收后至八月二十日,淫雨及客水,水位较上一年小一些,收麦未收秋。

清　光绪三十四年(1908年)　宿州:同上一年,五月十六日后,淫雨暴风成灾。秋,淹禾过半。灵璧:麦收后至八月底,淫雨及客水,破堤泛滥,水灾面积占全县百分之四十,秋未收。泗州:三月,凤阳、泗州等十三府州属,阴雨过多,江潮泛涨,低洼麦豆间有受伤。

清　宣统元年(1909年)　泗州:五月至七月间,淫雨及客水涌注,水翻汴堤,平地行舟,麦收在场,未能打清,多被霉烂,秋收亦微。

清　宣统二年(1910年)　宿州:六月二十六日傍晚起,连降三天暴雨,雨来极猛,平地水深数尺,水冲开秦家坝(隋堤),水浸西关吊桥约二尺。继而阴雨连绵,直至八月十五日方止。城内及四郊,房屋倒塌甚多,尤以小河南街西首最甚。居民死亡200余人。七月,永城县白洋沟来水,天来雨水,不能入河,秋稼普淹,浍河流域特重。泗县:五月至七月间,淫雨及客水涌注,灾略重于上年,尤以县西北围最苦。又:六月二十七、二十八、二十九三日大雨入注,亘数昼夜,涡、颖、浍、睢各水同时暴涨,沿淮之宿州、灵璧、泗州等十余州县,悉成泽国,淹没人口无数,田庐、牲畜均归乌有,民无生计,已不堪言,尤可惨者,饥民于水势稍退之时,典卖子女,设法购买子种。

清　宣统三年(1911年)　宿州:七月、八月,有萧县、永城客水及地方淫雨,麦秋只收三成。灵璧:六月二十七日至七月初一,大雨水,灾。淫雨客水泛滥,倒屋,秋几无收,饿死多人。

民国　元年(1912年)　灵璧:五月,淫雨,积水二尺,歉收,十月水退,才能种麦。

民国　3年(1914年)　灵璧:七月十三日至九月初,连阴雨不止,黄桥乡洼地水深三尺。受灾面积达百分之四十。

民国　4年(1915年)　宿县:五月间,客水及淫雨,魏小桥决口,豆被淹。仅收秫秫。

民国　5年(1916年)　宿县:七月间,淫雨,水淹西北乡之蒋家湖。泗县:六至八月间,淫雨,灾情较光绪三十二年小,秋季略有收成。

民国　10年(1921年)　宿县:五月淫雨,连续数十天阴雨。六月、七月,有萧县、永城客水及地方淫雨,水平西关吊桥孔,水小于宣统二年约二尺多。宿城郊区河水暴涨,房舍淹没,人畜漂流,灾民甚多;秋禾普淹,北部特重。泗州:五月至九月间,淫雨、客水涌注、倒灌、破堤倒屋,麦收在场上,多被霉烂,秋季无收,但二麦可种。

民国　15年(1926年)　灵璧、泗县等:五月上旬至六月中旬,大雨十数日,怀远又来客水,造成内涝,洼地被淹成灾,淝河清沟湾被淹五万亩。

民国　16年(1927年)　灵璧:五月十五日,淫雨连绵,平地水深尺半。绿豆被淹,高地麦有收,秋半收。

民国　17年(1928年)　宿县:冬,大雪,特寒。

民国　18年(1929年)　全省:一月至十二月,多雨雪。

民国　19年(1930年)　萧县:连续百日雨,九月雨止,平地行舟。

民国　20年(1931年)　宿县:五月,萧、永客水及地方淫雨,麦收三成,秋收一成。六月间,淫雨及客水,水平西关吊桥面,较民国10年水高一尺多。泗县:五月到八月,淫雨三个月之久,水灾异常严重,禾麦均减收,秋季颗粒无收。灵璧、泗县、五河、怀远:五月二十三日至二十八日,淫雨,又客水涌注倒灌,河湖倒漾,平地行船,水翻堤坝城墙上水,到八月中旬始退,灾情异常严重,禾麦减收,秋季颗粒无收。

民国　21年(1932年)　灵璧:五月二十八日至六月十六日,阴雨连绵,比民国20年水小一半,灾不大。五月至八月,水位比一九三一年低一半。

民国　22年(1933年)　淮北:一月、十二月雨雪偏多。灵璧:五月下旬,淫雨,麦子无收,秋未收,人有逃荒者。

民国　24年(1935年)　全省:十月、十一月多雨雪。

民国　25年(1936年)　全省:二月、十二月多雨雪。

民国　26年(1937年)　全省:十一月多雨雪。

民国　32年(1943年)　泗县:淫雨,洋城湖洼地被淹。

民国　35年(1946年)　宿县、灵璧、泗县、五河:六月间,客水及淫雨,河水顶托泛溢,坡地被淹,午季少有收,秋未收,泗县灾情严重,民食维艰。

民国　36年(1947年)　萧县:八月,大雨连续十五天,受灾面积一百零七万八千六百亩,占耕地面积的百分之六十八点七二;受灾人口六十七万六百三十九人,占人口的百分之九十九点九九;房屋倒塌六千五百三十二间。灾情之重,较民国24年黄河溃决尤甚。夏秋,霍乱流行,国民党政府组织预防注射五千多人。泗县:六月至八月间,淫雨。午季有些收获,灾比民国15年轻;九月,皖东北水灾惨重,泗县等十六县一片汪洋。

民国　37年(1948年)　宿县:秋,本区各地水灾严重,阴雨连绵两月,黄豆等秋季作物霉烂。泗县:六月至八月间,淫雨。客水涌注,灾情略同上年。全省:十二月多雨雪。

第四节　风雹灾害

清　道光二十一年(1841年)　淮北州县大雨雹。

清　道光二十六年(1846年)　灵璧:正月,大风暴,树木被连根拔起。萧县:六月初一日夜,黑风自西方来,拔木毁屋。

清　道光二十八年(1848年)　萧县:闰四月,大雨雹,伤稼。

清　咸丰元年(1851年)　灵璧:正月初一至二月十五日,天天刮暴风,农作物受害。

清　咸丰四年(1854年)　萧县:六月二十九日薄暮,忽暴风携雨自西北来,所过屋瓦皆飞,澒洞尽晦,但闻拉杂崩腾之声,俄而声息,拔木败稼。家家庐舍毁败,大树十围皆偃仆,境内被灾斜长八十余里……。

清　咸丰八年(1858年)　萧县:大风拔木。灵璧:五月,大风雨,庄稼和房屋遭受损失。

清　咸丰九年(1859年)　萧县:四月,萧雨雹。大雨雹,伤稼。

清　咸丰十年(1860年)　灵璧:六月,大风雨。

清　同治元年(1862年)　萧县:阴霾大风。灵璧:四月,刮大风,小麦遭受损失。

清　同治四年(1865年)　灵璧:春,大雨、冰雹。

清　同治九年(1870年)　灵璧:夏,大雨、冰雹,平地积雹二寸。泗州:四月,雨雹,大如鸡卵,麦尽伤。

清　光绪五年(1879年)　灵璧:闰三月,大雨、冰雹,形大如鸡蛋,麦被损伤。

清　光绪十七年(1891年)　灵璧:春旱,终日大风。

清　光绪二十年(1894年)　泗县:六月、七月晴雨欠调,狂风时作。

清　光绪二十一年(1895年)　灵璧:秋秫晒红米时,大风刮倒成熟高粱,每季仅收二成。萧县:秋,飓风。从县城西南经萧城至东北十五里之朱庄,飓风所过之处,拔树折木,摧毁房屋,人畜皆有伤亡。

清　光绪二十三年(1897年)　灵璧:五月四日夜,暴风雨,小麦遭受损失。

清　光绪二十七年(1901年)　灵璧:二月十四日,狂风大作,天昏地暗,日月无光。

清　光绪二十九年(1903年)　灵璧:五月二十六日夜,飓风暴雨,庄稼被刮倒,树木被拔地而起。

清　光绪三十二年(1906年)　宿州:大风拔木。

清　光绪三十三年(1907年)　宿州:五月二十日后,淫雨及暴风成灾。

清　光绪三十四年(1908年)　宿州:五月十六日后,淫雨暴风成灾。

民国　元年(1912年)　宿县、泗县:农历十二月三十(除夕),打雷下暴雨。

民国 2年(1913年) 宿县、泗县:四月,西南热风连刮十八天,到立秋才落雨。

民国 4年(1915年) 砀山:县境西部发生冰雹灾害。

民国 6年(1917年) 宿县:夏,麦收前黄风起,麦受损。

民国 9年(1920年) 萧县:五月二十日下午,张庄寨一带遭冰雹袭击,冰雹大的似鸡蛋,持续一小时,幅宽十余里,人畜皆有伤亡。

民国 10年(1921年) 萧县:四月十七日,酒店一带雹灾,由晨至晚,雨雹齐下,雹大如鸡蛋,打坏庄稼,砸死人畜。灵璧:大风伤麦禾民舍。

民国 11年(1922年) 萧县:五月十三日晨,酒店一带雨雹齐下,至晚方止,方圆约十里受灾。

民国 13年(1924年) 宿县:夏,以萧县酒店乡为中心,持续大风雨一周,大多数庄稼被淹没,树木被吹折,房屋倒塌无数。

民国 15年(1926年) 砀山:五月十二日,暴雨夹着冰雹,全县大部分地区受灾。

民国 18年(1929年) 萧县:九月十五日夜,雹。

民国 25年(1936年) 砀山:夏,雹灾,自砀山周寨到萧县黄口一线(长三十多公里,宽十五公里左右)灾情最严重。冰雹最大的重二至三斤,地面积冰雹二尺左右,麦子被打毁,造成荒年。

民国 26年(1937年) 宿县:夏,宿境雹灾。

民国 27年(1938年) 泗县:四月雹灾,雹块大如鸡卵,禾苗打断倒伏。七月十五日夜,刮风下雨一夜。灵璧:夏,县北大雨、冰雹,小麦遭受损失。

民国 34年(1945年) 宿县:春,宿县北部遭受严重雹灾,小麦损失严重。

民国 36年(1947年) 灵璧:三月二十八日,雹云自江苏省房村进入境内,经王集、尤集和朱集等区,致使在南北长约二十五公里,东西宽约十公里的范围内降雹,小麦颗粒无收。

民国 37年(1948年) 萧县:冰雹。

民国 38年(1949年) 灵璧:四月九日,大雨、冰雹,黄桥乡大魏、朱岗和小许三村的小麦减产百分之七十。砀山:七月十一日,雹灾,雨亭区暴风巨雹,宽三里余,长十五里,以鱼山、王山、王楼等三十余村危害特甚,计打毁庄稼绝收者三百余顷。其冰雹大者如碗,中者如拳,小者如卵,树林枝秃叶落,人畜被打伤甚多。灵璧:夏季,雨雹伤禾。

第五节 其他灾害

清 咸丰元年(1851年) 泗州:含山、虹乡蝗。

清 咸丰七年(1857年) 宿州:春,大饥,斗粟千钱,卖儿男女者无数。本区各地飞蝗蔽天,官府督民扑打。萧县:春饥,夏旱。六月间,飞蝗蔽天,各村庄相率捕打,城内设局,收买蝻子数百石。

清 咸丰八年(1858年) 灵璧:三月,霜冻,小麦受到损失。

清 咸丰十一年(1861年) 萧县:秋,蝗。

清 同治元年(1862年) 宿州:旱,蝗,两月不雨。萧县:有蝗。

清 同治六年(1867年) 宿州:岁大饥。萧县:春,饥。

清 同治七年(1868年) 萧县:五月,里智四乡蝻子生,扑之经旬,已而蝗飞遍野。忽一夜尽悬抱芦苇禾稼上死,累累如自缢然者,纵横二三十里,或拔取传观,经引百余里,死蝗一不坠落,见者以为奇。

清 同治十三年(1874年) 萧县:正月十八日雷电雪,是日惊蛰,自二十一日至二月初八日天气阴,阴翳不开、大寒。

清 光绪三年(1877年) 宿州:夏,飞蝗蔽天。宿州、泗州:秋,蝗。

清 光绪四年(1878年) 宿州:捕蝗。

清 光绪十年(1884年) 宿州:捕蝗。

清 光绪十一年(1885年) 泗州:蝗。

清 光绪十二年(1886年) 宿州:六月,飞蝗入境,遍地遗子,捕蝗。

清 光绪十四年(1888年) 宿州:东南乡歉收。

清 光绪二十年(1894年) 宿州:跳蝻入境,填满沟井,过处秋稼吃光。

清 光绪二十一年(1895年) 灵璧:蝗。

清 光绪二十五年(1899年) 萧县:春,大饥,夏、秋疫病流行。百姓死亡者甚众,死在城内街上的县属发芦席一条,后死者芦席也无。

清 光绪二十八年(1902年) 灵璧:八月二十三日,早霜,晚秋作物遭受损失。

清 光绪三十四年(1908年) 宿州:春,荒。

清 宣统元年(1909年) 宿州:农历腊月三十日下午,天骤阴,电闪雷鸣,如夏季雷雨天气。

清 宣统二年(1910年) 宿州:夏末,蝗灾,蝗群起时蔽日如夜,所过田禾尽。

清 宣统三年(1911年) 宿州:春,大饥。民谣"宣统二年半,大家(指富室)小户喝稀饭。"

民国 3年(1914年) 灵璧:四月十五日,干热风严重,小麦早熟,麦粒干瘪,有的地方每亩只收六斤。五月,宿县城近郊飞蝗遍地,庄稼受到严重损害。部分产卵,并伤晚稼。

民国 4年(1915年) 灵璧:三月二十六日,霜冻,小麦受损失减产。

民国 5年(1916年) 宿县、萧县:夏末秋初,霍乱流行,百姓死亡者无数。

民国 19年(1930年) 宿县:六月,连续刮十八天西南风,大旱,气温高达40℃。霍乱大流行,发病率达全城人口的百分之八十。

民国 21年(1932年) 宿县:西南风连刮十八天,麦禾皆枯,立秋才落雨,秋种也迟。泗县:七月、八月间,连刮十八天西南风,全县霍乱流行,死亡逾万人。灵璧:蝗。

民国 22年(1933年) 萧县:蝗灾。

民国 26年(1937年) 萧县:七月十二日,一、三、四各区境内发现蝗虫,政府严令各乡、保、甲长督饬民众从速逮灭。

民国 34年(1945年) 砀山:蝗虫过境,酿成灾害。

附:宿州旧志中关于物候、天象的记载

一、关于物候现象的记载

明 崇祯四年(1631年) 砀山:九月,异鸟翔集自北来,飞甚疾,千万成群,声极哀。

明 崇祯八年(1635年) 宿州:秋,有群鸟飞,自北而南,其色类鹜,其趾如兔,野宿群集,遍宿州境,人称为沙鸟。

1987年3月2日中午,泗县黑塔区有四五万只乌鸦排成长达十里的一字型,分两批由南向北飞去。

二、关于异常物候现象的记载

明 崇祯七年(1634年) 宿州:八月,李树结实如黄瓜形,童谣云:"李树结如瓜,百里无人家。"

明 崇祯十年(1637年) 宿州:正月九日,宿州文庙古桧吐烟若篆,异香袭人。

明　崇祯十二年(1639年)　砀山:十二月,桃李华。

清　咸丰二年(1852年)　宿州:秋十月,桃李华。

清　同治四年(1865年)　萧县:秋,八月,桃李华。

清　同治六年(1867年)　萧县:六月,桃李华。泗州:十月,桃李开花。

清　同治七年(1868年)　萧县:八月,桃李华。

三、关于天象的记载

周　平王五十一年(公元前720年)宿州:二月二十三日朔,日蚀。为世界有确切日期的日蚀记录之始。

明　嘉靖二年(1523年)　泗州:虹县夜半降陨石雨,红光通天。

明　嘉靖七年(1528年)　宿州:五月二十七日夜,有星如斗,自宿州东南陨于西北,其光移时乃灭。

明　隆庆二年(1563年)　宿州:五月初一,宿州昼晦如暝。

是年,八月二十三日,宿州有流星大如斗,光烛天地,自西北至东南止,响声移时乃止。

明　万历五年(1577年)　灵璧:九月,彗星见。

明　万历八年(1580年)　灵璧:九月,彗星见。

明　万历十二年(1584年)　泗州:冬,长沟夜半星陨如雨。

明　万历四十年(1612年)　宿州:彗星见于东北,形如帚,光如电,长数十丈。

明　万历四十八年(1620)　宿州:八月日晡,日下有数黑点摩荡,良久不散。

明　崇祯九年(1636年)　宿州:七月,有大星西陨,如电如雷。

清　顺治十二年(1655年)　萧县:十二月三十日,见白气如练,数十条,寒光射人。

清　康熙四年(1665年)　萧县:正月朔昼晦。

清　康熙六年(1667年)　灵璧:彗星见,芒长丈许。

清　康熙十年(1671年)　宿州:彗星见西南,长数丈,两月方没。

清　康熙五十一年(1712年)　宿州:春大旱,树头生火,风霾障天,白昼如夜。十一月,树头生火,二十一日,昼晦。

清　乾隆六年(1741年)　宿州:八月彗星见,至十月灭。

清　乾隆八年(1743年)　宿州:秋,彗星见。

清　乾隆十四年(1749年)　宿州:冬十月二十九日,古双堆集降陨星一颗。

清　嘉庆十六年(1811年)　宿州:彗星见,黄河决州北,田庐尽没。

清　咸丰二年(1852年)　泗州:八月,彗星出,夕见西方,晨见东方。

清　咸丰八年(1858年)　萧县:彗星现,慧长竟天,月余方灭。

清　咸丰九年(1859年)　萧县:一月十九日,月全食。

清　咸丰十一年(1861年)　泗州:三月,白气亘天如虹;五月,彗星见西北方,光芒四射,终夜不没。

清　光绪七年(1881年)　泗州:夏,彗星见西方。

清　光绪八年(1882年)　泗州:夏,彗星见东北方。

第二十二章　现代气象灾害

第一节　干旱灾害

一、春旱

1951年,春旱　4月,砀山旱。

1952年,春旱连夏旱　5月至7月,砀山大旱。

1953年,春旱　3月至5月,全区各地总雨量100~130毫米,较常年偏少4~8成。天气久晴不雨,灵璧全县受旱面积57万亩,占耕地总面积的31%。最严重的6.3万亩水稻、豆类、玉米无收。

1955年,春旱　春,宿县地区全区各地久晴不雨,春荒严重,宿县救济人口达85%,灵璧庄稼枯死,全年减产。

1960年,春旱连初夏旱　4月中旬至6月中旬,砀山降水34.3毫米,偏少75%,大旱。

1962年,春旱:1月至5月,除泗县降水超过110毫米外,全区各地降水42~86毫米,偏少60.5%~77.7%;≥0.1毫米的雨日20天左右,偏少34%~53%。全区受旱死苗成灾的春种作物就达44万余亩;其中萧县旱灾较重,成灾面积78.5万亩。宿县春旱,午季减产。

1966年,春夏秋连旱　3月下旬至12月上旬,砀山县逐旬降水量除4月下旬、7月下旬、10月下旬偏多53%~84%外,其余各旬均偏少,其中有15个旬偏少90%以上;同时段,萧县、宿县、灵璧、泗县分别有12个旬、10个旬、12个旬、8个旬降水偏少90%以上。

春旱连夏旱　5月初至7月中旬,砀山降水55.2毫米,不足历年平均值的2成,特大干旱,夏种困难。

1967年,春旱连初夏旱　4月16日至6月25日,砀山降水19.4毫米,偏少87%,大旱,小麦部分被旱死;其他地区同期降水32~54毫米,偏少68%~81%。

1968年,春旱　2月至4月,灵璧降水34.5毫米,偏少7成以上,其中有30多天无雨。

春夏连旱　1月至8月,砀山降水偏少一半以上,特大干旱,小麦部分被旱死,夏种困难。

1978年,春旱　3月中旬至6月5日,砀山降水15毫米,偏少近9成,特大干旱,小麦小部分被旱死,大部分减产;春种、夏种均十分困难。

1981年,春旱　4月至6月初,砀山降水偏少85%左右,春种困难,小麦部分被旱死。

1982年,春旱　4月6日至5月上旬,砀山降水2.4毫米,不足历年平均值的1成。

1983年,春旱　4月上旬至5月中旬,泗县降水23.8毫米,比历年平均值偏少78.5毫米,旱情较重。全县小麦减产2~3成。

1986年,春旱　2月、4月,灵璧降水偏少7~8成,春旱明显,春播困难,对小麦、油菜生长发育有一定影响。

1987年,春旱　4月21日至5月25日,砀山、萧县降水7毫米左右,偏少9成以上。

1992年，春旱 3月底至4月25日，泗县降水偏少55%以上，造成300多万株新植树苗成活率只有50%左右，损失60多万元；10月再植树10多万棵，又因秋旱几乎全部死亡。

1994年，初春旱 3月中旬至4月5日，砀山降水不足10%，宿州、灵璧不足5%，萧县、泗县在14%～22%之间，加之气温回升快，风速大，湿度小，土壤失墒快，旱情较重。

春旱 4月下旬至6月7日，全区各地降水6.0～34.1毫米，宿州只有历年同期的5.7%，泗县偏少近7成，其余各地偏少80%左右；加上高温天气较多，致使5月下旬至6月初0～20厘米土壤湿度达重旱标准，不利于小麦的灌浆成熟，而利于干热风的发生，造成小麦减产。春播大豆、花生、玉米等作物出现旱死现象。

1995年，春旱 1月至4月上旬，全区各地自北向南100天仅降水27.4～44.8毫米，除泗县偏少72.6%外，其余各地为历年同期的35%～40%，春播困难。

1996年，春旱 2月下旬至4月25日，全区自南向北降水偏少36%～58%，出现春旱。越冬作物生长发育受阻，影响小麦的拔节、抽穗和后期灌浆，造成小麦减产。干旱对油菜生长发育不利。5月6日至6月5日，萧县滴雨未下，其余各地0.3～3.1毫米。灵璧部分田块因旱未能播种，形成空茬。

2000年，春旱 2月下旬初至5月下旬，宿州市出现春旱，时间长达100天左右，总降水量26～37毫米，比历年同期偏少6～8成以上；砀山砂土干土层深达30～40厘米，土壤湿度只有田间持水量的8%～20%，已达作物能够生长利用的下限，是有记录以来同期最严重的干旱。长期干旱严重影响冬小麦等作物的生长发育，小麦、油菜、瓜果等成片死亡，造成普遍减产，一些地区河塘干涸，人畜饮水一度告急。据农业部门统计，全市午季受灾面积达400万亩以上；其中灵璧受旱面积82万亩，重旱20万亩，受灾人口11.8万人，成灾人口5.8万人，直接经济损失3.3亿元，其中农业损失2.7亿元。

2001年，春旱 3月1日至6月11日，宿州市在长达103天时间里，各地总降水量18～49毫米，比历年同期偏少6～9成以上；最旱时砀山砂土干土层深达30厘米上下，土壤湿度只有田间持水量的10%～20%，是同期最严重的干旱之一。长期干旱致使小麦、油菜、瓜果等成片严重凋萎，甚至死亡；干旱造成人畜饮水困难。据农业部门统计，全市午季受灾面积达200万亩以上。

2004年，春旱 3月22日至4月底，宿州市中北部地区降水10毫米上下，不足历年同期的1成，对小麦生长发育有明显影响。

2005年，春旱 4月至5月，砀山降水偏少20%、萧县偏少64%，其他各地偏少50%左右。其中4月中旬至5月15日，砀山降水1.9毫米，最长连续无降水日14天，5月13日测定10厘米深土壤相对湿度32%，达到大旱标准；其余各地降水10～17毫米，最长连续无降水日数9～13天，对小麦生长发育造成一定影响。

2006年，春旱 3月，泗县、砀山降水0.2～0.3毫米，其余各地无降水。降水量明显偏少，土壤墒情变差，灵璧等部分地区出现轻旱，对春耕、春种，小麦拔节、抽穗有一定影响。

2011年，春旱 3月至5月9日，宿州各地降水15.5～38.2毫米，北少南多，中北部偏少76%～82%，南部偏少66%左右。天气干旱影响春季作物和蔬菜的播种、出苗及生长。

二、夏旱

1950年，初夏旱 6月，砀山麦收后30天无雨，干旱成灾。

1952年，夏旱 6月底至7月中旬，萧县大旱，受灾面积47万亩。7月，泗县等地蝗虫为患，粮食作物减产严重。宿县夏旱。

1953年，夏秋连旱 8月中旬至9月中旬，宿县降水11.7毫米，夏旱明显。

1955年，初夏旱 6月，砀山降水只有9毫米，旱情严重，夏种困难。

1961 年，夏旱　5 月 17 日起，泗县久旱无雨，62 万亩作物受灾。7 月中下旬。灵璧降水 5.7 毫米，受旱面积 84.2 万亩，占耕地总面积的 45.8%，其中粮食作物受旱 79.7 万亩，夏季减产 835.5 万公斤。8 月 9 日至 9 月 2 日，灵璧的渔沟、浍沟、尹集、高楼、冯庙等地 25 天未下雨，受旱面积 25.7 万亩。

1966 年，夏秋连旱　8 月至 11 月，全区各地降水除灵璧超过 100 毫米外，其余均在 58 ~ 91 毫米之间，灵璧偏少 60% 以上，其余偏少 80% 左右，秋作物减产四成以上，秋种困难。

1969 年，初夏旱　5 月下半月至 7 月 10 日，砀山降水偏少 82.7%，大旱，夏种困难。

夏旱　灵璧 8 月降水不足历年值的 3 成，受灾面积 58.7 万亩，粮食减产 2500 万公斤。

1971 年，伏旱　7 月中、下旬，砀山降水 7.6 毫米、萧县降水 12.5 毫米，只有历年同期值的 5%、7.6% 左右，形成伏旱。

1972 年，伏旱　8 月 1—25 日，砀山降水 5.8 毫米，伏大旱，部分黄豆被旱死。

1973 年，初夏旱　5 月下旬至 6 月 25 日，砀山降水 9.4 毫米，偏少近 9 成，夏种困难。

夏旱　8 月，灵璧降水偏少 64.3%，高温少雨，全县 105 万亩作物受旱，其中 83 万亩干旱严重，秋季减产。7 月下旬至 8 月 25 日，宿县降水 23.6 毫米，偏少近 9 成。

1974 年，初夏旱　5 月下旬至 7 月初，砀山降水 16.0 毫米，仅有同期值的 1 成左右；萧县降水 24.3 毫米，偏少 85%，另有不少地区仅降雨 5 ~ 6 毫米，夏种困难。

1976 年，夏旱　6 月至 7 月，砀山降水不足历年值的 3 成，大旱，夏种困难。5 月 1 日至 7 月上旬，全县没有下一场透地雨，17 条主要河道断流，586 个塘库干涸，土井见底，深井水位下降，120 万亩农作物受旱。

伏旱　7 月下半月至 8 月初，萧县降水不足 2 毫米，形成伏旱，120 万亩农作物受灾。

1977 年，初夏旱　5 月下旬至 7 月初，砀山降水偏少 85%，特大干旱，夏种十分困难。

1978 年，夏旱　8 月，宿县地区遇到罕见旱灾，各河流沟塘基本干涸，新汴河断流，一些地方的人们吃水困难，至秋末小麦还不能播种。宿境大旱，土地龟裂，不少水井、河流、库、塘干涸。秋，泗县遭受百年未有的大旱，政府发放抗旱救灾贷款 387 万元。

是年，萧县大旱，河库干涸；全县 96.3 万亩作物受灾。

1982 年，夏旱　6 月初至 7 月初，砀山降水 19.2 毫米，偏少 83%，大旱。

1985 年，夏旱　灵璧、泗县 6 月至 7 月初降水偏少 40% ~ 80%，干旱严重，影响夏种。韦集、尹集、黄湾等乡镇的大豆到 7 月 15 日前后才得以播完，秋季作物减产 2 成以上。

泗县夏季降水 232.2 毫米，比历年同期偏少 35.3%；7 月下旬至 8 月 29 日，全县基本无雨，创有记录以来的最少值，旱情严重。全县 77.9 万亩秋季作物成灾，占整个秋季作物的 87.6%，减产幅度大。其中大豆单产减产 9.8%；棉花单产减产 6%，总产下降 13.3%。

1987 年，夏旱连伏旱　萧县 6 月中、下旬降水 1.3 毫米、26.2 毫米，比历年同期偏少 8 成和 5 成，7 月、8 月降水 79.3 毫米、41.8 毫米，均偏少 7 成，特别是 6 月 24 日—7 月 4 日，仅降雨 0.1 毫米。长达 80 天的干旱少雨天气，使秋季作物损失惨重，全县受灾面积 116 万亩，绝收 19 万亩。砀山 7 月下旬降水 2.4 毫米，只有历年同期的 3%；8 月 15—30 日，降水 4.7 毫米，旱象露头。7 月 6—25 日，灵璧降水不到历年平均值的 1/3，形成伏旱，北部的豆荚干秕脱落，玉米秃顶严重，秋季农作物减产严重。

1988 年，夏旱　6 月初至 7 月上旬，宿县地区各地降水 13.6 ~ 25.5 毫米，萧县、灵璧不足历年平均值的 10%，其余各地偏少 85% 左右，干旱严重，造成夏播推迟，已播的也缺苗断垄严重。灵璧有 40 万亩推迟近一个月才种下去，致使秋季作物减产。据调查，晚播大豆减产 60%，晚播玉米减产 30%，晚栽甘薯减产 50% 以上。砀山秋季农作物无法播种，有的推迟 2 ~ 3 个节气才种下去。

夏秋连旱　8 月 5 日—10 月 14 日，在长达 76 天里，砀山降水只有历年同期的 1/4，长期干旱是造成大豆、玉米、棉花等秋季作物大面积减产、棉花品质下降的主要原因；同时小麦播种期推迟 10～15 天。

1989 年，夏秋连旱 8 月—12 月底，砀山、萧县降水 91.2 毫米、77.5 毫米，仅占全年总降水量的 13.6%～11.3%。长期干旱使秋粮减产严重，棉花品质下降，小麦播种推迟 10 天左右；寒露时萧县仅种上 40 万亩，最迟的到 11 月上旬才种完，越冬时小麦一类苗只有 1/4。

1992 年，初夏旱 5 月中旬至 6 月上旬，砀山、宿县降水 13.5 毫米左右，偏少 80% 以上；其余地区降水 4～9 毫米，偏少 9 成左右。

伏旱 全区各地 7 月 23 日—8 月 5 日、8 月 15—22 日两个时段雨水严重偏少。伏旱严重，影响秋季作物的正常生长。

1993 年，夏旱 6 月下半月至 7 月底，砀山降水比历年同期偏少 77.2%，影响秋播。

1994 年，夏旱 6 月中旬至 7 月上旬，33 天里灵璧、泗县仅降水 4.2 毫米、11.1 毫米，仅为历年同期的 2%～6%，田块干裂，禾苗枯死，旱情严重到了极点。

伏旱 7 月，宿州降水比历年同期偏少近 4 成，其余各地偏少 5～6 成；全区≥35℃的高温日数平均 22 天，为历史上同期最多年份之一，其中灵璧、宿州市出现了历史最高值 41.0℃和 40.9℃，其余各县也都在 40℃左右。高温使农作物旱象严重。7 月 18 日—8 月 6 日，萧县降水仅 5.6 毫米，玉米、棉花等作物部分旱死，人畜饮水发生困难。全县 146 万亩秋季作物全部受灾，其中减产 3～4 成的 30 万亩，5～7 成的 40 万亩，8 成至绝收的 50 万亩。

8 月降水继续偏少，泗县、灵璧偏少 6～8 成为最多，形成伏旱，死苗现象普遍，农作物损失惨重。灵璧玉米减产 6 成以上，棉花减产 3 成以上，大豆减产 2 成以上。8 月是泗县自 1934 年以来最旱的月份，秋季作物部分田块绝收，90% 以上的田块减产，有些村庄人畜饮水发生困难。直至 10 月 10 日才彻底解除旱情。干旱使泗县 3.5 万亩新植树苗成活率降低，验收合格率仅 1.4 万亩。

1995 年，夏旱 6 月至 7 月初，砀山降水 21.2 毫米，不足历年同期的 20%，旱象明显。

7 月 11 日—8 月 5 日，宿州市、泗县降水 61～68 毫米，偏少近 2/3。

1996 年，伏旱 7 月 26 日至 8 月 25 日，全区各地降水 5.7～82.0 毫米，分布极其不均；宿州、灵璧只有历年同期的 4.9%～10.9%，其余各地分别偏少 38%～56%。伏、夏旱较为严重，影响秋季作物的正常生长发育，对夏玉米、夏大豆、棉花等作物生长发育极为不利。大豆花荚脱落，花生无法下针，“卡脖子”旱使玉米抽穗困难，严重影响秋季作物收成。

1997 年，初夏旱 5 月下半月至 6 月 29 日，全区中北部地区降水 11～13 毫米，是历年同期的 10% 左右；泗县降水 36.5 毫米，不足历年同期的 3 成，夏种困难；只有灵璧降水偏多。其中砀山持续到 7 月 16 日，2 个多月里降水不足 20 毫米，夏季农作物无法播种，多数迟到 6 月 29 日以后播种，个别地方甚至到 7 月 23 日后才得以播种完毕。

伏旱 7 月 22 日至 8 月 18 日，全区中北部地区降水 10～13 毫米，伏旱严重，大豆、玉米等农作物减产。

1998 年，夏旱 6 月 2 日至 7 月 29 日，砀山连续 58 天降水不足，仅为常年值的 2 成左右，到 8 月初才解除旱情，严重影响秋季作物和水果的生长发育。

1999 年，伏旱 7 月 8 日—8 月 25 日，宿州、砀山降水 15.5～24.1 毫米，只有历年同期值的 6%～9%；泗县、萧县、灵璧降水 36.7～54.2 毫米，为同期值的 14.7%～19.8%。水库塘河干涸，稻田干裂，农作物萎蔫卷叶，个别地区出现人畜饮水困难；9 月 8—10 日，连续 3 天出现≥35℃的高温，是典型的高温酷暑型的“秋老虎”天气，加重了对农业生产的危害，致使秋季作物严重减产。据灵璧县统计，夏旱受灾面积 52 万亩，绝收 5 万亩，受灾人口 18.1 万人，成灾 7.8 万人，直接经济损失 2.5 亿元，其中农业损失1.7亿元。

2001年，夏旱　灵璧、泗县7月降水偏少一半以上，砀山8月份偏少6成，宿州8月份偏少70%以上，出现不同程度的夏旱。

2002年，夏旱　6月25日到7月17日，全市各地降水4.7～11.3毫米，只有历年同期的4%～6%，夏旱明显。

伏旱　主要出现在中北部地区，从7月28日前后到8月23日，萧县、砀山、宿州分别降水4.4～12.9毫米，不足历年同期值的5%～10%。

2006年，夏旱　8月降水极为不均，砀山降水162.9毫米，偏多38.2毫米，其余各地均偏少42.5%～82.7%，其中宿州不足历年值的2成。8月10日前后，全市各地还出现8～10天的连续无雨日，对秋季作物的生长发育造成较大影响。

2010年，伏旱　7月下旬至8月中上旬，泗县、灵璧降水55～65毫米，偏少6成左右，出现短期干旱；宿州、萧县降水3～12毫米，偏少9成以上，伏旱严重。

2012年，初夏旱　5月初至7月3日，砀山降水极少(14.2毫米)，出现严重旱情。全县13个乡镇受灾，受灾人口35.8万人，受灾面积53.7万亩，成灾面积43.7万亩，直接经济损失4770万元，全部为农业经济损失。夏种推迟近10天以上。5月1日—6月28日，灵璧、宿州总降水量26毫米左右，形成初夏干旱，夏种推迟10天左右。5月26日—6月29日，萧县降水量11毫米左右，旱情严重，夏种推迟。

图22－1　2012年8月初，灵璧县北部受旱的大豆

夏旱　7月中下旬至8月上旬(砀山在8月上中旬)，全市大部分地区都有半个月以上的少雨干旱时段(降水量不足10毫米)。

三、秋旱、秋冬连旱

1951年，秋旱　9月，全区降水量与历年同期相比：东部地区偏少7～8成，其他地区偏少5～6成。其中，泗县仅有4毫米；秋旱，蝗灾，受灾农田100多万亩。10月，旱情继续发展，东部旱情较重，致使秋种受到较大的影响。10月，砀山旱。

1952年，秋旱　泗县秋旱，蝗灾，屏山、汴河、墩集三区减产四、五成不等。

1954年，秋旱　从9月初至11月中旬，全区各地降水量50毫米左右，比常年偏少6成左右，对秋收作物影响很大，各地普遍减产。全区各地秋旱严重，补种晚秋作物歉收。

1955年，秋旱　9月下旬至11月底的70多天中，宿县降水偏少9成，秋种困难。

1957年，夏秋连旱　8月下旬至10月27日，灵璧近70天仅降雨13毫米，受旱面积达52.5万亩，占耕地总面积的28.6%。九顶区的贯山、朝阳和尤集区的石集等地，连生活用水都发生了困难。全县因旱不能耕种的土地有81万亩。8月底至10月中旬，泗县基本无雨，天旱影响秋种。8月底，宿县天旱无雨。9月初至12月上旬，全区各地降水36～72毫米，北部偏少7～8成，中南部偏少5～6成。砀山全县发生旱灾，群众抗旱抢种小麦和灌溉晚秋。萧县涝灾后补种的60万亩晚秋作物，因秋旱有11万亩仅有少量收成，全县成灾面积占总面积的49%，受旱灾居民8271户，34.7万人。

1959年，秋旱　9—10月，砀山秋旱。大豆造桥虫危害严重，发生面积10.1万亩，受危害严重的2万亩，高寨区葛集东大片庄稼被吃光。

1963 年，秋冬连旱　10 月至 12 月，砀山降水不足历年平均值的 3 成，旱。

1968 年，秋旱　10 月下半月至 12 月 5 日，灵璧有 50 多天基本无雨，受旱面积 45.3 万亩，成灾 15.3 万亩。连同涝灾全年减产 3 成。

1969 年，秋冬连旱　1969 年 10 月至 1970 年 1 月，砀山降水偏少 93.8%，宿县偏少 1/4，其余各地偏少 84% 左右。

1973 年，秋冬连旱　10 月中旬至翌年 1 月中旬，砀山降水偏少近 9 成，大旱。

1975 年，夹秋旱　8 月初至 9 月初，砀山降水偏少 85%，大旱，豆子部分被旱死。

1976 年，秋旱　9 月中旬至 10 月底，全区中北部地区降水 2 ~ 8 毫米，偏少 9 成以上，特大干旱；南部降水 17 毫米左右，偏少 8 成以上，大旱。农作物大减产，秋种十分困难。

1977 年，夹秋旱　8 月 6 日至 9 月 5 日，砀山降水 7.5 毫米，偏少 9 成以上，大旱。

1984 年，秋冬春连旱　1983 年 11 月 10 日至 1984 年 5 月 10 日，砀山 183 天共降水 41.4 毫米，只有历年同期的 30.7%。形成长期特大干旱，使小麦营养体生长不足，干旱是造成砀山小麦减产近 2 成的主要原因。

1985 年，秋旱　9 月下半月至 10 月初，宿县城郊秋旱，受灾农作物 3.7 万亩。

1986 年，夹秋旱　8 月 6 日至 9 月初，全区各地降水 6 ~ 67 毫米，降水分布极其不均，砀山偏少一半以上，萧县、灵璧偏少 6 ~ 8 成，宿县、泗县偏少 93% 以上。

1987 年，秋旱　9 月 5 日—10 月 12 日，砀山没有下雨，干旱严重，大豆减产；小麦无法播种，播期推迟 10 ~ 15 天。9 月 4 日—10 月 12 日，萧县近 40 天无雨，沙地 5 ~ 10 厘米土壤湿度只有 3.8% ~ 4.5%，秋旱严重。全县虽全力抗旱，但能够适时播种的小麦仍不足 30%。9 月初至 10 月 12 日，灵璧县连续干旱，小麦推迟到 10 月下旬末才种完。8 月 30 日至 10 月 12 日，泗县在 45 天中仅降水 8.6 毫米，其中有 37 天连续无降水。大部分沟塘干枯，田地开裂，小麦难种。这是自 1966 年以来最严重的一次秋旱。全县动员劳力 16 万多人进行抗旱，各种农机具 15850 台(部)，集资 60.8 万元，共抗旱秋种 22.2 万亩。

1988 年，秋旱　10 月 18 日—12 月 19 日，灵璧连续 63 天无降水，长期干旱致使小麦、油菜弱苗干死，是历年来罕见的秋冬连旱。10 月 25 日—11 月 31 日，萧县连续 37 天无降水，长时间的秋旱使小麦死苗严重。

1989 年，秋旱　9 月至 11 月初，灵璧、泗县雨水偏少 87% 左右，干旱使小麦播期推迟 20 天。灵璧共有 50 万亩抗旱抢种，到 11 月上旬才播完。泗县 80% 以上小麦未能适时播种，全县为抗旱种麦，出动劳力 18 万人次，各种机械 25380 台(部)，用电 47936 千瓦时，水挑 34891 副，挖土方 22 万立方米，共耗资 828 万元。

1990 年，秋旱　8 月下旬至 11 月 5 日，全区出现严重秋旱。砀山降水 13.8 毫米；不足平均值的 1 成；萧县降水 40.1 毫米，偏少 3/4；宿县雨水偏少一半以上，灵璧、泗县偏少 2/3。造成严重秋旱，小麦无法播种。小麦苗情较差，二、三类苗占 60%，无灌溉条件的地方直至 11 月中旬方才入土。泗县抗旱出动喷灌机 681 台，电灌站 26 座，四轮机 283 辆，水车 7730 台，水担 8700 副，共耗资百余万元，60% 的小麦直到 11 月中旬才播完。

1991 年，秋冬连旱　9 月下半月至 12 月中旬，全区自北向南降水 13.2 ~ 40.5 毫米，中北部偏少 85% 以上，南部偏少 75% ~ 68%。连续近百天干旱少雨，土壤干旱严重，使得小麦播种进度缓慢，播种后也难以出苗，越冬时一、二类苗不足 50%，是 1986 年以来最差的一年。据泗县调查，70% 以上的小麦抗旱播种，出苗后的小麦也有旱死现象。为抗旱保苗，全县投入劳力 9 万余人，喷灌机 968 台，四轮机、手扶机 969 台，机电站 139 座，水泵 355 台，板车 1853 辆，水挑 7030 副，井眼 339 个，耗资 500 多万元。

1992年,秋冬连旱 10月6日—12月25日,全区各地降水14~29毫米,其中砀山偏少55.5%,其余各县偏少7~8.5成。而泗县在长达76天的时间里,仅降水14.2毫米,对晚播小麦的出苗、生长极为不利,有部分旱死现象。

1993年,秋旱 9月17日—10月12日,宿县地区26天无降水,旱情发展较重,影响小麦、油菜的适时播种。

1995年,秋冬连旱 10月下旬至翌年2月,全区各地自北向南降水4.9~17.5毫米,北部仅占历年同期的8%左右,中南部12%~18%,墒情日趋恶化,已播的小麦、油菜难以齐苗、壮苗,甚至干死,未及时播种的已无法下种,三类苗达40%左右。

1997年,秋旱 9月下旬到11月上旬,在长达51天里砀山仅降水0.4毫米,不足1%;其余各地从9月6日起至11月上旬止,降水10~17毫米,仅占历年同期的8.3%~12.9%。秋旱影响秋季作物的灌浆成熟,减产明显;同时导致秋种困难,严重影响小麦的播种出苗。萧县小麦全部为抗旱播种,全县用于抗旱总投入高达3400万元。

1998年,秋旱 9月1日开始,全区性降水偏少,形成严重的秋旱,降水少、持续时间长,为历史所罕见。3个月内,砀山、宿州市降水不足20毫米,只有历年同期值的11%~14%;其余3县降水29~37毫米,为历史平均值的2成左右。致使冬小麦播种困难,抗旱抢种成为压倒一切的任务。秋旱严重影响小麦的出苗、分蘖生长及安全越冬。

1999年,秋冬连旱 宿州市从1998年10月半至翌年3月初出现秋冬连旱,砀山、萧县仅降水14~18毫米,只相当于历年同期的14%~17%;其他3县(市)降水33~37毫米,也只有同期值的22%~31%,长期干旱严重影响冬小麦的播种、出苗和越冬。

2001年,秋旱 9月上旬至12月初,宿州市降水只有23~40毫米,其中80%左右集中在10月的25—27日,秋旱严重影响秋作物的生长发育;据灵璧县调查,干旱使全县86.9万亩农作物受灾,受灾人口21.8万人,直接经济损失3.4亿元,其中农业损失2.9亿元。

2002年,秋旱 9月半到12月初,全市各地降水6.1~34.7毫米,萧县最少,不足历年同期值的10%,其余各地也只有2~4成。此时干旱主要影响冬小麦的播种、出苗及冬前壮苗的形成。此期10厘米深左右的土壤相对湿度20%~40%,达作物能够生长利用的下限,是同期最严重的干旱年份之一。据调查:全市各地冬小麦壮苗越冬的只有1成左右,形成一、二类苗越冬的2~3成,70%左右为三类苗,对2003年午季丰收产生严重不良影响。

2004年,秋旱 9月下旬至11月上旬(东部)、11月下旬中(中北部),宿州市各地降水10~30毫米,只有历年同期的3成左右,对冬小麦播种出苗有较大影响。

2006年,秋旱 砀山、泗县9月中旬、其余各地10月初开始至11月半,泗县降水6.7毫米,只有历年平均值的6%左右;其余各地降水量都在0.2~4.4毫米之间,仅为历年平均值的3%上下。10月正值冬小麦播种期,对砂壤土、砂土地影响较小;淤土、黑土地可耕期时间短,10厘米土壤相对湿度50%左右,旱情严重,整地困难,部分乡镇抗旱播种,增加了种地成本,个别整地粗造不灌溉播种田块,仅出苗20%左右,严重影响冬小麦出苗。据调查,部分粘性较重的淤土、黑土地缺苗断垄的达50%左右,部分田块越冬前苗情较差。

2008年,秋冬低温干旱 2008年12月下旬、2009年1月下旬各地均出现2次极端最低气温<-10℃的低温天气,其中砀山最低达-13.1℃,是近10多年来极端最低气温最低的一年。2008年10月1日(砀山、萧县)、中东部10月24日至2009年2月7日,全市各地降水大幅度减少,均在18~26毫米(砀山、萧县)、中东部15~48毫米以下;在长达128天(砀山、萧县)、中东部105天中,降水量比历

年同期偏少 7～8 成以上（砀山、萧县、宿州、灵璧）、泗县偏少 44%，为近 10 多年来同期降水最少的一年。至 2 月上旬全市小麦受旱面积最大达 525.5 万亩，其中重旱面积 264 万亩，点片死苗 11.3 万亩。

图 22－2　2009 年 2 月 11 日，埇桥区符离集镇黄桥村未浇灌的小麦三类麦苗

图 22－3　2009 年元月 14 日，埇桥区桃园镇桥西村小麦干旱情况

2010 年，秋冬连旱　9 月 27 日至翌年 2 月 25 日，砀山、萧县降水均在 10 毫米以下，不足历年平均值的 5%；宿州及灵璧北部降水 15 毫米左右，仅占历年平均值的 10% 上下；灵璧中南部和泗县降水 20～30 毫米左右，偏少 8 成以上。全市中北部地区均达到有气象记录以来同期最少的极值，泗县、灵璧排在有气象记录以来同期最少的第二、第三位。2 月下旬农田干旱仍很严重，土壤水分监测数据显示，2 月 25 日全市大部分地区土壤表层（0～10 厘米）均维持轻到重旱，土壤相对湿度在 50% 以下，耕作层（10～20 厘米）部分地区轻到中旱。部分小麦等越冬作物虽然浇灌 2 至 3 遍水，但小麦生长仍受到不同程度的影响，旱情仍很严重，部分田块苗情较差。

图 22－4　2011 年 2 月 13 日，泗县瓦坊小麦干旱情况

图 22－5　2011 年 2 月 1 日，泗县屏山镇小麦干旱情况

四、冬旱、冬春连旱

1955 年，冬旱　12 月初至次年 3 月上旬的 100 天中，宿县降水 20 毫米左右，越冬农作物普遍受旱。

1961 年，冬春连旱　11 月下旬至翌年 3 月底 130 多天里，全区各地降水 30 毫米左右，只有历年同期的 25.9%～35.4%，出现明显的冬春连旱。

1962 年，冬旱　12 月下半月至 1963 年 2 月底，全区各地降水 3～11 毫米，砀山比历年同期偏少 94.7%，其余各地偏少 85% 左右。入春后，灵璧连刮多次 7 级以上大风，麦苗成片死亡，受旱面积达 121.1 万亩，占小麦播种面积的 90.5%。

1965 年,冬旱　1964 年 11 月至当年 3 月,砀山降水 40 毫米左右,偏少 60%,大旱。

1968 年,冬春连旱　1967 年 12 月至当年 5 月,全区各地降水 69.3 ~ 100.6 毫米,比历年同期偏少 58.6% ~ 63.4%,农作物生长受到一定影响。

1972 年,冬旱　11 月下半月至 1973 年 1 月 20 日,砀山降水偏少 70%,形成冬旱。

1975 年,冬旱　11 月初至 1976 年 2 月上旬,砀山降水偏少一半以上,形成冬旱。

1977 年,冬春连旱　1976 年 12 月至当年 3 月上旬,砀山、萧县降水 3 ~ 5 毫米,大旱。

1988 年,冬旱　1987 年 11 月 29 日至当年 2 月 25 日,萧县、泗县连续 88 ~ 90 天无降水或仅降水 6.7 毫米,土壤干旱严重,越冬作物生长瘦弱,苗情较差,泗县小麦死亡废弃面积达 30 万亩。

2002 年,冬春连旱　2001 年 12 月半到 2002 年 4 月半,降水量偏少。该时段砀山降水 29.6 毫米,只有历年同期的 30.9%;萧县降水 41.9 毫米,不足 4 成;中南部降水 67 ~ 93 毫米,是同期值的 5 ~ 7 成。在中北部地区形成明显的干旱,对小麦越冬、春季生长发育产生一定影响。

第二节　暴雨洪涝

一、春涝

1950 年,3 月,灵璧、泗县、泗洪等县灾情严重。春,萧县暴雨数日,麦田被淹 5 万亩。

1953 年,暴雨　5 月 21 日,萧县一天降雨 211 毫米,147 个乡受水灾。

1956 年,春夏连涝　3 月—8 月宿县降水 1181.3 毫米,比历年平均值偏多 7 成以上;仅次于 1954 年同期。

1963 年,春涝　4 月—5 月,全区各地降水 286 ~ 453 毫米,是历年同期的 2.1 ~ 3.6 倍,萧县最大;雨日 30 ~ 36 天,是同时期的 1.9 倍,是有气象记录以来的最大值。5 月 16—20 日,萧县连降大暴雨,平均降雨量 324 毫米,最大雨量 370 毫米,5 月 22 日再降暴雨 136 毫米,28—29 日又降暴雨 125 毫米,致使 10 条主要河道除大沙河外决口 153 处,漫溢倒灌,一片汪洋。820 个村庄被洪水浸泡,有 25 个村庄、2000 多户被迫搬家。全县积水面积达 125.8 万亩,占总耕地面积的 77%;倒塌房屋 6.1 万间,砸死社员 28 人,伤 127 人;砸死砸伤牲畜 10 头;全县有 8000 多户、3 万多人无处居住;公路冲断,粮、煤不能调运。3 月至 5 月,宿县、萧县降水 415 ~ 509 毫米、其余地区 338 ~ 357 毫米。萧县超过常年 2.3 倍,其余超过 1 ~ 1.5 倍,各县均达特涝。其中,5 月下旬南部降水 93 ~ 146 毫米,是历年同期值的 5 ~ 7 倍;中北部降水 198 ~ 271 毫米,是历年值的 10 ~ 13 倍,暴雨成灾,百余处河道决口,全区大部分地区一片汪洋,农田大部分被淹,小麦减产 3 成以上,收割困难,低洼地区水里捞麦。

1964 年,暴雨　4 月 19 日下午,萧县杨楼、黄口、赵庄、石林四个区 31 个公社降了大雨或暴雨,低洼地区积水一市尺以上,积水面积 5.9 万亩,其中麦田 5.7 万亩。

1974 年,春涝　3 月至 5 月,砀山降水 261.2 毫米,其余各地降水 324.2 ~ 364.7 毫米,均是历年同期平均值的 1.8 ~ 2.1 倍。低洼地区的午季作物受渍涝明显,严重的颗粒无收。

1985 年,春涝　5 月上、中旬,萧县出现两次连阴雨过程,5 月 12 日有大暴雨,雨量 128 毫米。阴雨寡照,对小麦灌浆成熟极为不利,当年小麦严重减产,棉苗受渍,部分死亡。

1988 年,暴雨　5 月 3 日,宿县大暴雨,雨量 137.2 毫米;砀山暴雨,雨量 92.8 毫米。

1989 年,暴雨　4 月 20 日凌晨,泗县北部的黄圩、大庄、山头和黑塔 4 个区普降大暴雨,平均雨量在 150 毫米以上,其中暴雨中心的骆庙、小骆两乡降雨量都在 200 毫米以上。据调查,20 万亩小麦受淹,3 万亩成灾;油菜受灾 8000 亩;已播的 5.5 万亩棉花无法出苗。倒塌房屋 40 余间,2 人死亡,1 人重伤,直接经济损失 800 万元。

1991 年,春涝　3 月 6—10 日、20—27 日、5 月下旬灵璧县分别降水 100 毫米、61.6 毫米、90 毫米以上,致使大部分农田被淹。长期阴雨使病虫害暴发,全县防治吸浆虫 69.2 万亩,纹枯病 41 万亩,白粉病 44.9 万亩。5 月下旬的阴雨,使全县有 17.9 万亩受渍涝,21.8 万亩倒伏,小麦比上一年减产 3 ~ 4 成,油菜减产 7 成左右,是近年来午季损失最为严重的一年。5 月 23—25 日,萧县普降暴雨、大暴雨,雨量 174.2 毫米。暴雨使 63 万亩小麦受淹,其中 43.1 万亩重灾,减产 7500 万公斤。很多烟酒公司、粮站、仓库、工厂等因地势低洼积水受淹,直接经济损失 6 万元;公路、桥涵被冲毁 54 千米,被迫停电 12 小时;倒塌房屋 5000 余间,2 人受伤,1 人死亡。

2008 年,暴雨　4 月 19 日、20 日灵璧县连降两场暴雨,其中冯庙、娄庄、灵城、黄湾、韦集、向阳、虞姬、禅堂等乡镇出现大暴雨,雨量都在 150 毫米以上,个别乡镇接近 200 毫米,降水时间短、雨量集中,致使全县农田积水面积 9 万亩。5.24 万人受灾;民房损坏 1230 间,直接经济损失 915 万元。

二、夏涝

1949 年,夏秋涝　萧县夏秋大雨,奎河、龙河、岱河、闸河、沙河五大干河均决口,全县平地皆水,秋禾大部淹没。

1950 年,夏涝　7 月 7—10 日,萧县连续大雨三日,棠张、褚兰、北望、曹村、龙城、朔里等东六区,晚秋大部被淹,11—14 日全县普降暴雨,山洪暴发,各大小河均决口外涨,全县积水面积 75%,受灾面积 87.2 万亩,倒塌房屋 1679 间,死亡 41 人,牲畜死 22 头,伤 14 头。泗县:水灾严重,政府发放麦种、食盐、寒衣、粮食、煤炭等救灾物资,折合新人民币 13 万余元。

7 月,阴雨连绵,河水陡涨,全区各地有数处河堤决口,水灾严重,仅宿县被淹秋禾达 270 万亩。灵璧大雨、水灾、饥荒,政府救济衣服和粮食。7 月 10—21 日,砀山暴雨成灾,王引河决口 11 处,利民河、大沙河、洪河等泛滥,受淹良田 15 万亩。7 月 7 日,萧县暴雨 3 日,积水面积 180 万亩,占总土地面积的 75%。

1951 年,夏涝　7 月,全区各地阴雨连绵,暴雨成灾,濉河、唐河决口,宿县受灾农田达 182 万亩。泗县 7 月中旬,境内连降暴雨,有 23 处河堤决口,淮河决口,平地水深数尺,毁民房 638 间,淹死 7 人,死牲口 12 头。

1952 年,夏涝　8 月下旬,灵璧县黄峤乡阴雨连绵,雨量过大,平地积水一公尺,又因河水上涨,水位高出地面一公尺以上,田地积水不得外泄,造成涝灾,黄豆、绿豆、红芋、花生等作物,均不露稍,全部无收,芝麻、棉花等高杆植物,也没有什么收成,只有种的秫秫尚能收到 1 ~ 2 成,最多不过 3 成。

1953 年,夏秋连涝　7 月至 8 月间,萧县连续降雨 371 毫米,23 万亩秋田受涝。8 月—9 月,灵璧暴雨、连阴雨成灾,地面积水不退,77 万亩庄稼被淹。

1954 年,夏涝　泗县:8 月,发生特大洪水。7 月 1 日至 8 月 20 日,灵璧连降暴雨,造成涝灾。夏,宿县大水,7 月上中旬降水 891.8 毫米,是历年平均值的 4.9 倍,为百年所罕见,其中 7 月 20 日降雨量为 180.2 毫米。萧县,夏秋两季,连遭水灾,重灾面积 12.3 万亩。7 月至 8 月,砀山涝。8 月,全区发生百年未有的大水,百万亩农田被淹,全区数十万民工奔赴淮河大堤抢险,半数群众受饥荒威胁。

1955 年,夏涝　7 月 30 日至 8 月 2 日,灵璧连续降水 669.8 毫米,受涝面积 49.5 万亩,占秋季作物的 65.7%。

1956 年,暴雨　6 月底,萧县连续降雨 331.8 毫米,暴雨成灾,大批小麦受水霉变。

1957 年,夏涝　7 月 12—27 日,大暴雨,砀城降雨 430 毫米,故黄河北降雨 480 毫米,积水面积达

60.3 万亩，淹没各种农作物面积 52.2 万亩，被水包围的村庄 357 个，近 2 万户 11 万人，倒塌房屋 2609 间，被砸死 18 人，砸伤 75 人，砸死牲畜 12 头，砸伤 52 头。7 月至 8 月，宿县连遭 9 次水灾。7 月中旬，萧县全县暴雨，降雨量 540 毫米，河堤决口 161 处，受灾面积 117.2 万亩，成灾面积 99.2 万亩，减产 5000 万多公斤。其中，7 月 25 日灵璧降雨 159.6 毫米、宿县降雨 148.6 毫米，部分地区发生洪涝灾害。

1958 年，夏涝　6 月底至 7 月初，砀山降水 345.4 毫米、萧县降水 366.6 毫米，部分地区发生内涝。其中萧县受灾面积 47 万亩。

1959 年，夏涝　6 月，砀山降水 150 毫米左右，偏多近 5 成，涝灾。8 月，萧县连降大雨，受灾面积 9 万亩。

1960 年，暴雨　7 月，砀山降水 310 毫米左右，偏多 4 ~ 5 成。8 月 16—17 日，萧县连降暴雨，最大降雨量 375.9 毫米，成灾面积 46.7 万亩，占总生产地面积的 24%。9 月 28 日，泗县西北暴雨，黄圩、杨集、大万一带晚秋作物尽淹。9 月 25 日，灵璧全县连降暴雨 5 小时，平均降水 158.7 毫米，个别地方多达 331 毫米；9 月 25 日，泗县降水 111.7 毫米；山洪暴发，平地水深二三尺，低洼地区五六尺，造成严重涝灾。秋收农作物受灾减产面积达 66%。其中灵璧农作物受灾面积达 135 万亩，倒塌房屋 3260 间。

1961 年，夏涝　6 月 22 日，砀山普降暴雨，雨后积水 6.4 万亩，倒塌房屋 1440 间。

1962 年，夏涝　7 月 4 日、8 日，泗县出现 120.4 毫米、239.8 毫米的大暴雨，7 月雨量 478.3 毫米，雨日 15 天；毁房屋 862 间，伤 5 人，死伤牲畜 8 头，农作物大部被淹。7 月 8 日，宿县、灵璧出现 147.0 毫米、132.2 毫米的大暴雨，造成南部河流水位猛涨，农田积涝成灾。灵璧 32.3 万亩庄稼无收，全县粮食减产 2758 万公斤。8 月 6—7 日，全县普遭暴雨袭击，降雨 90 毫米，窦庄公社雨量 200 毫米以上。8 月，宿县、萧县月降水量偏多 1.5 ~ 1.6 倍，灵璧偏多 8 成。8 月 7—9 日，第 8 号台风穿越安徽，宿县、萧县、灵璧三天总雨量在 120 ~ 188 毫米之间，秫秫、谷子被刮倒；豆类被漫头，叶茎沤烂；芝麻、棉花被淹死。

1963 年，夏涝　6 月初，泗县暴雨，沟、河倒灌漫滩，小麦受淹 130 万亩，水围村庄 800 多个，毁房 370 余间。7 月上旬，萧县普降暴雨，6 日 134.7 毫米、9 日 114.9 毫米，平地水深数尺，岱湖地区一片汪洋，舟船为渡。萧县年降雨量 1320 毫米，洪涝灾害为百年不遇，受灾面积 160.1 万亩，积水 93 万亩，被淹坏需改种的 53.2 万亩；倒塌房屋 20.1 万间，死亡 36 人，伤 157 人。7 月至 8 月，全区各地降水 490 ~ 720 毫米，中部的宿县、灵璧偏多 1/3 以上，其余各县偏多 72% ~ 90%。几条干线公路被水冲断，交通阻塞。3000 多个村庄浸于水中，房屋倒塌数万间，数十万人无处栖身，人畜皆有死亡。其中灵璧 80% 的耕地积水，21233 间房屋倒塌，42.3 万亩小麦无收，秋季全县绝收。砀山秋季作物减产 5 成以上。

1964 年，夏涝　8 月中旬，砀山降水 170 毫米以上，是历年平均值的 4.2 倍，涝。

1965 年，夏涝　7 月下旬，以萧县王寨、朔里为中心地区遭受暴风雨袭击，全县积水 71 万亩，倒塌房屋 18922 间，死伤 8 人，朔里区被水围困 102 个村庄。7 月至 8 月上旬，砀山、萧县分别降水 512.3 毫米、668.5 毫米，是历年值的 1.9 ~ 2.2 倍，大涝。7 月至 8 月，宿县、灵璧、泗县分别降水 990.5 ~ 875.5 毫米，为同期值的 2.4 倍左右；其中，7 月 3 日宿县降雨量 216.9 毫米，形成大水。客水过境，河水猛涨，灵璧 80% 的庄稼被淹，5.5 成夏粮绝收，房屋倒塌 14339 间，死伤 21 人，牲畜 9 头。7 月上中旬，泗县连降暴雨，沟河漫滩倒灌，水围村庄 317 个，毁房 5199 间，受灾农田 34 万亩。

1969 年，夏涝　7 月中下旬，砀山、宿县降水 239 ~ 319 毫米，偏多 63% ~ 97%，涝。

1971 年，夏涝　6 月初至 7 月上旬，砀山降水 351.3 毫米，是历年同期的 2 倍多。其中，6 月 9—14 日，萧县降水 89.7 毫米，泗县 230.6 毫米，其余各县 116 ~ 147 毫米，形成涝灾。

1972 年，夏涝　6 月下旬，泗县连降暴雨，水围村庄 545 个，全县倒塌房屋 2000 余间，溺死 13 人，

27 万亩农作物被淹。7 月 1—4 日，萧县连降暴雨，萧城、梅村、丁里等 7 个公社达 300 毫米，积水面积 11 万亩，其中较重的有 67 大队 753 个生产队，成灾面积 9.3 万亩，其中 3.9 万亩颗粒无收，倒塌房屋 246 间。6 月 25 日至 7 月 4 日，宿县降水 261.4 毫米、灵璧县降水 275 毫米、泗县降水 340 毫米，形成严重内涝。

1973 年，暴雨　7 月 28—29 日，砀山降水 132 毫米，大涝，低洼区豆子、棉花被淹死。

1974 年，夏涝　7 月 7 日至 8 月底，萧县各地平均降雨量 500 毫米，全县粮食作物受灾面积 69.6 万亩，其中无收的 15.4 万亩，棉花成灾面积 15.5 万亩。7 月下半月至 8 月上半月，砀山大涝，低洼区豆子、棉花被淹死。8 月 12—13 日，泗县境内突降暴雨，平均雨量 300 毫米左右，个别社队 24 小时内降水 600 多毫米，县东北刘圩、赤山、黑塔、汴河、瓦坊等公社水灾惨重，造成民利河、小黄河多处决口，1180 多个村庄的 20 余万人困陷于泽国之中，伤 32 人，死 9 人；死伤牲畜 98 头，倒塌房屋 2.7 万间；冲坏桥梁 360 处，损失库粮 11.25 万公斤。洪水发生后，南京部队派舟船连帮助抢险救灾。8 月 30 日，灵璧北部连降暴雨，客水入境，山洪暴发，17.6 万亩农作物积水，倒塌房屋 243 间，损失粮食 8 万公斤。

1976 年，8 月 4 日，故黄河上游洪水迅猛下泄，砀山至单县公路黄河桥被冲毁 10 余米。

1978 年，暴雨　7 月 24 日，砀山县境内普降大暴雨，暴雨中心在良梨公社，日雨量为 370 毫米，是砀山县自有降雨观测以来最大的一次暴雨。大涝，秋作物减产严重。

1979 年，夏涝　7 月，砀山涝。灵璧中部最多降水达 470 毫米，洼地积水，局部地区形成内涝。萧县遭旱涝、风雹多种灾害，全县成灾面积 46.3 万亩，占农作物面积的 45.5%，其中旱灾 2.5 万亩，水灾 42.1 万亩，风雹灾害 0.3 万亩，病虫灾 1.2 万亩，其中减产 8 成以上至无收的 12.9 万亩。

1982 年，暴雨　7 月 10 日前后，全区各地暴雨成灾，新汴河水位猛涨，超过铁路大桥 28.5 米警戒水位线，洪水冲破汴河公路南引水闸。7 月 19 日前后，新汴河上游连降暴雨，至 22 日夜，洪峰进入宿县河段，水位超过警戒线 0.3 米。地、市、县委紧急动员民工护堤，奋战 5 昼夜，新汴河首次洪峰安全渡过。7 月下旬，砀山、萧县降水 245 ~ 450 毫米，大涝。

7 月 21—22 日，萧县降雨 400 多毫米，王寨、丁里、龙城、淮海等地受灾尤重，当晚县城被淹，县政府招待所门前一片汪洋，沿街可行船。被水围困村庄 1102 个，特重灾区灾民 8.17 万户，36.59 万人；倒塌房屋 12.67 万间，死 3 人，死伤大牲畜 2651 头，死伤猪羊 1.09 万头（只）；农作物受灾面积 111.7 万亩。毛郢孜煤矿、水泥厂、制药厂、白酒厂等 16 个厂矿被淹，损失物资价值 30 多万元，财贸部门商品损失 87 万元。

1983 年，暴雨　7 月 21 日，泗县降水 109.3 毫米，部分秋作物受涝。受灾面积 12.9 万亩，成灾 2.4 万亩，减产 500 多万公斤。房屋损坏 1.64 万间，其中倒塌 2750 间，淹死小孩 1 人。县保险公司赔款近 2 万元。

1986 年，暴雨　7 月 31 日，萧县皇藏峪降大暴雨，雨量 126 毫米。倒塌房屋 35 间，农田受淹 4.7 万亩，其中 1.5 万亩重灾，1.2 万亩绝收，死 1 头牛，35 头猪失踪。

1990 年，夏涝　汛期灵璧降水集中，强度大，全县大面积农田受淹。6 个重灾区受灾农作物 53.9 万亩，其中减产 3 ~ 5 成的有 16.7 万亩，减产 5 ~ 7 成的 16.8 万亩，绝收 13.7 万亩；县城有不少仓库进水，损失近百万元。全县保险业因灾害造成的损失赔款 300 万元。

暴雨　7 月 17—19 日，全区普降大到暴雨，雨量以宿县偏东及灵璧、泗县为最大，三日雨量 280 ~ 330 毫米。全区 225 万亩农作物积水受涝。其中泗县 105 万亩农作物受灾，占总面积的 74%，重灾 81.8 万亩。民房倒塌 1.05 万间，民房进水受淹 6000 多户，死 8 人，伤 32 人。城区 49 个工业企业停产或半停产，占 27.6%，直接经济损失 500 多万元，商业损失 280 多万元。灵璧不少仓库进水，农田大面积被淹。

8月2—3日，全区再降暴雨，暴雨中心在宿县的时村、苗安和灵璧的申集、浍沟等地，降水中心雨量多达150～200毫米。全区农作物积水受涝面积194万亩，其中灵璧125万亩。8月3日泗县再次出现暴雨，加上上游客水大量下泄，泗县境内的新濉河、新汴河、唐河等暴满，沿河的平山、长沟、丁湖、草沟四区的部分地区再次受淹，进入灾区救援人员要以船代车。秋作物减产幅度最大的是夏大豆，减产43%，总产少收1.11万吨。全县因自然灾害保险赔款220多万元，其中农业索赔120多万元。

8月13日，砀山出现大暴雨，日雨量139.8毫米，低洼地秋作物受淹或受渍，棉花蕾铃脱落较多。8月15日，萧县暴雨成灾，暴雨量65.1毫米，使20万亩农田受灾。

1991年，暴雨　6月29—30日，灵璧连降暴雨、大暴雨，总降水量211.3毫米；庄稼被淹，仓库进水。9月2—4日再降暴雨、大暴雨，雨量189.5毫米，并伴有大风出现。全县178万亩秋季农作物有121万亩被淹受灾，近100万亩成灾；全县倒塌房屋6400间，刮倒刮断树木5万多棵，淋毁砖坯30万块，流失煤炭70吨，刮毁输电线路140千米，冲毁桥涵6座，直接经济损失(含午季)3.5亿元。

1992年，暴雨　7月12日，萧县出现暴雨，日降水量92.9毫米，并伴有8级大风。暴雨解除了前期旱情，但造成县磷肥厂仓库、车间进水，被迫停产，直接经济损失2万元，砖瓦厂损失砖坯5万块。

9月1日，全区各地普降大到暴雨，日雨量49.2～108.8毫米，砀山最少，萧县最大。由于降水量大，且雨后多阴雨，农田大量积水，引起涝渍，对秋季作物生长极为不利。据萧县报：全县23万亩农田被淹，县砖瓦厂损失砖坯50万块，县1000吨磷肥遭雨淋，直接经济损失2万元。

1993年，夏涝　7月23日至8月13日，泗县连降4场暴雨，总雨量328.9毫米，雨日多达19天。此期阴雨多，严重影响秋季作物生长发育尤其是对棉花影响大。灵璧南部有6万亩秋季作物受渍。

1995年，暴雨　7月10日，萧县出现大暴雨，雨量131.6毫米，东南部的庄里、官桥等乡镇，降水量在300毫米以上。大暴雨致使14人受伤，3500头牲畜死亡，2500间房屋受损，500间房屋倒塌，50万亩农田受淹，其中14万亩绝收，损坏电信线路50千米，电力线路20千米，中断电信16小时，中断供电10小时，直接经济损失约5000万元。

1996年，夏涝　6月16日—7月21日，全区先后连降4场大暴雨，暴雨中心主要集中在宿州市、灵璧、泗县北部3100平方公里的地区重复受灾。降水总量除砀山不足300毫米外，其余各地均在500～889毫米之间，部分乡镇多达1000毫米以上。暴雨使全区84个乡镇、77个行政村受害，受灾人口293万人，成灾人口246万人；被水围困和进水村庄1936个，倒塌房屋6681间，损失粮食5405万公斤；死亡大牲畜202头。一般农田积水20～30厘米，部分达到1米以上，全区农作物受灾面积536万亩，其中宿州市199万亩，灵璧170万亩、泗县140万亩，萧县27万亩。夏种作物三种三淹，大片的农田绝收；迟收的小麦无法凉晒，部分发霉。暴雨伴随大风，刮倒刮断数万棵树木，使大量的供电、通信线路中断，建材行业的大量成品、半成品受损。

1997年，暴雨　7月17日—18日，萧县普降大暴雨，雨量174.6毫米，永沟、白土等乡镇达282～310毫米，为特大暴雨。全县受淹农田28.3万亩，成灾3万亩，水泡粮食14.5万公斤；淹死大牲畜1200头，冲倒树木1万余棵，冲毁公路23处，直接经济损失500万元以上。7月17日，灵璧出现大暴雨，9个小时降水量多达197.0毫米。全县11个乡镇雨量超过200毫米，娄庄、高楼两镇高达260毫米。全县农作物受灾86万亩，成灾70万亩，重灾61.4万亩；受灾人口31万人，成灾28万人；被水围困村庄99个，围困人口6万人；损毁房屋890间，倒塌房屋800间，1080余人无家可归；部分粮食泡在水里。全县直接经济损失2亿元。县气象局观测场水深30厘米，院内洼地水深80厘米，职工宿舍全部进水，房基下陷，墙体开裂，直接经济损失3万元。泗县降水116.5毫米，宿州市降水208.8毫米，宿州市受灾面积35万亩，造成重大减产。市内许多工厂和居民住宅进水，经济损失巨大。

8月19日，除砀山外，其余各地均有大雨到暴雨，萧县最大为70.4毫米，有灾。

1998 年,夏涝　宿州市、灵璧、泗县北部 8 月 13—15 日出现暴雨,雨量最多的乡镇达 300 毫米以上,近 20 个乡镇达 200 毫米以上,加上上游客水压境,河水顶托,形成倒灌,田间积水无法排出,农田积水平均深度达 0.5 米左右,最深处达 1.5～1.7 米,形成严重内涝,致使受灾作物多达 447 万亩,成灾面积 370 万亩,绝收 160 万亩;被水围困村庄 445 个,损坏房屋 2.19 万间,倒塌房屋 5467 间;死亡 6 人,受伤 30 余人,受灾人口 272.7 万人,成灾人口 211.1 万人;直接经济损失 22.1 亿元,其中农业损失 18.1 亿元。

2000 年,一年中全市各地出现暴雨 4～7 次,砀山最多,萧县最少,其余 3 县区 5～6 次。其中泗县、萧县各出现 137～176 毫米的大暴雨一次;砀山、灵璧、宿州各出现大暴雨 2 次,雨量为 100～229 毫米。由于降水强度大、雨量过于集中,致使村庄、城镇、农田大面积积水受淹。据萧县报道,该县农作物受灾面积达 50 万亩,40 多万人受灾,80 余座桥梁被毁,倒塌房屋 3000 余间,直接经济损失 5000 多万元,其中农业损失 3000 万元;砀山工矿企业、民房进水,个体户受损,县保险公司赔偿 200 多万元。

2003 年,全市各地暴雨多数集中在夏季,全年暴雨日数除萧县 3 天外,其余都在 5～7 天,其中中南部各县(区)均出现 2 天的大暴雨。总暴雨量除萧县不足 250 毫米外,其余都在 440～660 毫米,占夏季总雨量的 50%～58%(萧县 35%)。6 月之前的暴雨主要解除了旱情,有利于秋季作物的播种,对农作物的生长发育基本无大危害,危害较重的是 7 月至 8 月的暴雨加连阴雨,其中砀山 8 月、灵璧和泗县 7 月各有 3～4 场暴雨。集中的降水,长时间的连阴雨,致使各地洪涝灾害严重发生,全市 456.3 万人受灾,380.0 万人成灾,260.1 万人被困,1.7 万人无家可归;倒塌房屋 4.09 万间,损失粮食 7773 吨,死亡大牲畜 573 头,直接经济损失 26.14 亿元。

图 22－6　2003 年 7 月 1 日,宿州市农业科技园被淹的玉米

2004 年,暴雨　砀山年内出现 4 次暴雨,分别出现在 7 月 16 日、17 日、8 月 27 日、9 月 20 日。降水量分别为 101.8 毫米、152.6 毫米、72.3 毫米、68.7 毫米。暴雨对水果、蔬菜、农作物均有较大影响,成灾的主要是 7 月 16—17 日的暴雨,关帝庙镇最大 320 毫米。其中 7 月 16—20 日,全县集中降水 298.5 毫米,大部分农田积水内涝,部分乡镇和砀城低洼地区积水深度在 0.5～1.2 米,80 余个村庄被水围困。7 月中旬至 11 月,定点测定的土壤相对湿度均≥100%,长期渍害对水果、蔬菜、农作物影响明显。全县受灾人口 45.2 万人,紧急转移安置人口 1890 人,受灾面积 51.8 万亩,绝收面积 1.8 万亩。倒塌房屋 551 间,损坏房屋 4325 间。全县因灾直接经济损失为 1.45 亿元,其中农业损失为 1.21 亿元。

图 22－7　2004 年 7 月 17 日,砀山暴雨灾害

2005 年,夏涝　汛期降雨量大、暴雨集中,萧县、宿州 7 月、灵璧、泗县的 8 月降水量均超过历年平均降水量的一倍以上。其中 7 月上中旬降水 150～390 毫米,解除了前期的旱情,部分低洼地处于饱和状态,但基本没有形成灾害。7 月 30 日至 8 月 8 日,全市各地降水 132～214 毫米,6 站次暴雨、大暴雨,各地积水成灾。其中 8 月 1—2 日,宿州市 48 个乡镇普降暴雨,埇桥区、灵璧县中部的大多数乡镇降雨量均超过 200 毫米。强降水集中在 2 日凌晨 1 时以后的 6～7 个小时里,埇桥区符离、夹沟、时村,灵璧县尹集、浍沟等 8 个乡镇下了特大暴雨,位于

暴雨中心的夹沟镇达270.2毫米。8月2—3日，暴雨主要集中在灵璧、泗县的南部，降雨量在50～90毫米之间。

图22－8　2005年8月2日，被大水淹没的华电宿州厂区

图22－9　2005年8月2日，埇桥区符离集镇被大水淹没的农田

图22－10　2005年8月2日，埇桥区符离集镇被水围困的村庄

图22－11　2005年8月2日，大水冲刷206国道

此次暴雨全市59个乡镇受灾，占乡镇总数的53.6%，埇桥区、灵璧县中北部，泗县中南部、萧县南部为重灾区。受灾人口达193.8万人，其中砀山16.2万人、萧县21万人、埇桥区76万人、灵璧56.4万人、泗县24.2万人，埇桥区死亡4人；被水围困人口1.35万人，其中萧县1200人、埇桥区6000人、灵璧6308人；被水围困村庄28个，其中萧县10个、埇桥区10个、灵璧8个；紧急转移安置2250人，其中埇桥区230人、灵璧1720人、泗县300人、（投靠亲友2020人、集中安置230人）。全市农作物受灾面积288万亩，其中砀山15.5万亩、萧县27.2万亩、埇桥区104万亩、灵璧105万亩、泗县36.3万亩；农田积水93万亩，其中萧县8万亩、埇桥区

图22－12　2005年8月8日，埇桥区被淹死的大豆

图22－13　2005年8月8日，埇桥区受涝渍而死的棉花根已腐烂

20 万亩、灵璧 45 万亩、泗县 20 万亩；绝收面积 76 万亩，其中砀山 2.4 万亩、萧县 1.7 万亩、埇桥区 31.4 万亩、灵璧 32.6 万亩、泗县 8 万亩。全市倒塌房屋 3007 间，其中砀山 258 间、萧县 403 间、埇桥区 567 间、灵璧 1356 间、泗县 419 间；损坏房屋 1.48 万间，其中砀山 960 间、萧县 856 间、埇桥区 3200 间、灵璧 9269 间、泗县 524 间。直接经济损失 5.18 亿元，其中农业直接经济损失占全部经济损失的 86%。

2006 年，暴雨　6 月 27 日至 7 月 2 日，宿城连续降水 330 毫米以上，城区到处积水成灾，数十家商铺进水，损失惨重；宿州汽车站前宿怀路口积水近半米，铁路地下道因积水无法通行，市气象局大院积水平均深度超过 20 厘米，处在一楼的资料室进水，资料室档案紧急转移。

图 22－14　2006 年 7 月 1 日，水淹宿城宿怀路口

图 22－15　2006 年 7 月 1 日，宿州市气象局大院

6 月 29 日至 7 月 3 日，萧县出现 2 次大暴雨天气，总降水量 334.8 毫米，其中 7 月 3 日最大降水量 165.1 毫米，23 个乡镇均出现不同程度的灾情，其中受灾严重的有龙城、圣泉、黄口、张庄寨、孙圩子乡镇等。全县受灾人口 40 万人；农作物受灾面积 70 万亩，绝收面积 10 万亩；倒塌房屋 240 间，其中民房 210 间；1500 多个村庄不同程度进水，损失粮食 650 万公斤。直接经济损失 4900 万元，其中农业经济损失 4500 万元。

图 22－16　2006 年 7 月 3 日，萧县气象站旁受淹的农田

图 22－17　2006 年 7 月 3 日，萧县受淹的村庄

6 月 29—30 日，灵璧县普降大雨到暴雨，8 个乡镇达到 55～76 毫米，较好地解除了旱情，但部分低洼田块由于降水过大造成田间渍涝。

6 月 30 日—7 月 1 日，泗县出现暴雨和大暴雨天气，雨量分别为 63.8 毫米、121.9 毫米，造成大面积内涝，部分大豆、玉米等秋季作物死亡、倒伏现象严重，是造成今年秋季农作物减产的直接原因。

2007 年，暴雨　7 月 3—9 日，砀山及萧县北部各出现 1 场暴雨，雨量 100～200 毫米，灾情较轻；宿

图 22－18　2006 年 7 月 1 日，泗县城区受淹

州市中南部地区均连续出现 3 场暴雨，总雨量都在 320～390 毫米以上，各地灾情严重。萧县受灾较为严重的有白土、庄里、丁里、张庄寨、孙圩孜等乡镇。农作物受灾面积 10.2 万亩，受灾人口 3.3 万人，被水围困自然村庄 3 个，被困人口 700 人，紧急转移安置灾民 100 人；倒塌民房 52 间，损坏房屋 295 间，直接经济损失 1591 万元，其中农业直接经济损失 1530 万元。

埇桥区农作物受灾面积 110 万亩，绝收面积 45 万亩；受灾人口 72 万人，23 个自然庄被水围困，5000 多人饮水困难，转移安置灾民 1.21 万人；倒塌民房 1540 间，损坏房屋 7000 多间，直接经济损失 2.78 亿元，其中农业直接经济损失 2 亿元。

灵璧农作物受灾面积 150 万亩，绝收面积 55.5 万亩；受灾人口 82.9 万人，韦集、娄庄、浍沟、灵城等 4 个乡镇 11 个自然庄 1.2 万人被洪水围困，5200 人饮水困难，紧急转移安置灾民 2430 人；倒塌民房 920 间，损坏房屋 1370 间，倒塌损毁校舍 1832 平方米，水毁县乡道路 210 千米，直接经济损失 1.77 亿元，其中农业直接经济损失 1.23 亿元。

泗县农作物受灾 110 万亩，绝收 39.3 万亩；受灾人口 52.1 万人，被水围困自然村庄 41 个，转移人口 1 万人，饮水困难人口 5820 人；倒塌房屋 302 间，损毁房屋 1200 间，水毁桥梁 179 座、道路 36 条，直接经济损失 1.12 亿元，其中农业直接经济损失 8982 万元。

8 月 5—8 日，灵璧降雨 80 毫米左右，北部乡镇农田受灾 15 万亩，绝收 5 万亩，倒塌房屋 27 间，直接经济损失 2800 万元，其中农业经济损失 2300 万元。

2008 年，暴雨　7 月 22—23 日，砀山葛集、官庄、园艺场、赵屯、良梨、程庄、周寨等乡镇，萧县龙城、孙圩孜、黄口、张庄寨、酒店、新庄、青龙集、祖楼等乡镇普降暴雨、大暴雨，均不同程度受灾，雨量 100～300 毫米。砀山受灾人口 20.4 万人，受灾面积 17.4 万亩，房屋倒塌 346 间，直接经济损失 6675 万元。萧县受灾人口 7.8 万人，农作物受灾 13 万亩，其中绝收面积 2.6 万亩；倒塌房屋 628 间，损坏房屋 1879 间；被水围困自然村 13 个，围困群众 7600 多人，转移安置群众 2256 人；出险水库 1 座；乡村道路受损严重。造成直接经济损失 5015 万元，其中农业经济损失 4925 万元。

夏涝　7 月下旬，泗县出现持续降水，50 万亩农田积水，玉米倒伏 30 万亩，减产 3～5 成，经济损失约 7800 万元；82 户养殖户网箱受损，网箱受损面积 49748 平方米，鱼类死亡 58 万公斤，直接经济损失 406 万元；全县倒房 57 户共 158 间，经济损失 2500 万元。此次累计经济损失约 1.07 亿元。

2009 年，暴雨　砀山 8 月 17 日暴雨、风雹成灾。唐寨最大降水量 159.7 毫米，最大风速 17.5 米/秒。玄庙、周寨、官庄、唐寨、良梨、葛集、程庄等 7 个乡镇受灾，其中以玄庙镇受灾最重。灾区损毁房屋 1517 余间，其中倒塌 600 余间；大量树木刮倒折断；78 座果窖被冲坏，水果大量被刮落，果园严重积水，受灾面积达 17.7 万亩；棉花、玉米等农作物受灾 3.8 万亩。多处电力、桥梁、通信设施被摧毁；多人受伤，其中 1 人伤势严重。直接经济损失 2.4 亿元，其中农业经济损失 2.3 亿元。

图 22－19　2009 年 8 月 17 日，砀山暴雨大风刮落的水果

2010 年，暴雨　9 月 7 日，萧县普降大暴雨，15 个

图22－20 2010年9月7日，萧县白土镇邵村受淹农田

左右的乡镇雨量在110～190毫米以上。因降水时间集中、降水强度大而引发洪涝灾害。全县23个乡镇均不同程度受灾，其中较为严重的有：龙城、丁里、杜楼、黄口、庄里、孙圩子、酒店、张庄寨等乡镇。受灾人口36.4万人，受灾面积46.7万亩；因灾倒塌房屋251间，损毁房屋387间，其中形成危房116间。因灾受伤1人，被水围困自然村2个，围困群众3520人，转移安置群众756人；口粮浸水46万公斤；全县基础设施损毁严重，冲毁大小桥涵45座、水闸1座；直接经济损失8963万元，其中农业经济损失7300万元。

2011年，暴雨　7月18—20日，埇桥区24个、灵璧15个、泗县10个、萧县3个乡镇降水超过100毫米，其中有16个乡镇超过200毫米，最大出现在灵璧的杨疃，降水量263毫米，降水主要集中在中部地区。灾害造成农作物成灾1.7万亩，受灾人口6500人、紧急转移安置群众1200人，直接经济损失1840万元，其中农业经济损失1720万元。

8月5—6日，砀山县有7个乡镇普降暴雨，其中有6个乡镇达到大暴雨，曹庄最大为180.1毫米。暴雨致使砀山6.1万人受灾，农作物受灾5万亩，损毁房屋35间，倒塌房屋25间，直接经济损失2710万元。

8月26—27日，灵璧县中北部、埇桥区中南部普降暴雨，有4个乡镇大于100毫米，其中永镇260毫米，达到特大暴雨量级。灾害造成埇桥区受灾人口6.1万人，紧急转移群众315户、1038人，农作物受灾面积28万亩，成灾面积20万亩，倒塌房屋48间，损坏房屋304间，灾害造成直接经济损失1.2亿元，其中农业直接经济损失8000万元。

8月28—29日，泗县5个乡镇出现暴雨、大暴雨。草沟最大为117.3毫米。灾害造成农作物受灾面积5万亩；受灾人口2万人，倒塌房屋11户33间，损坏房屋180间，直接经济损失1400万元，其中农业直接经济损失1000万元。

2012年，暴雨　7月3—4日，宿州各地普降暴雨，部分地区出现了大暴雨。累计降水量有73个雨量站超过50毫米，30个雨量站超过100毫米，3个雨量站超过200毫米。砀山气象站144.1毫米、萧县杨楼镇147.2毫米、埇桥区西寺坡136.5毫米、灵璧娄庄199.4毫米、泗县长沟247.1毫米为全市各地最大。其中7月1日、4日、5日泗县连降三场暴雨、大暴雨。7月4日，全市中北部地区普降暴雨、大暴雨；中南部最大风速20.1～24.4米/秒。农田大面积积水，形成内涝，42.7万亩受灾，受灾人口35.9万人，倒塌房屋123户306间，损坏房屋1215间。直接经济损失4880万元，其中农业经济损失3640万元。

三、秋涝

1950年，泗县，秋，大水，受淹农田120万亩。

1952年，秋涝　9月，宿县连续降雨，降雨量为308.2毫米，受灾面积达277.9万亩。9月6日始，萧县连降3天大雨，降雨量345毫米，受淹面积14.9万亩；11月上旬连续降雨，天气骤冷，毁坏山芋40%。

1961年，秋涝　秋，萧县水灾，成灾面积40.7万亩。9月1—13日，泗县连降大到暴雨，38万亩农作物受灾。

1962年，秋涝　9—11月，各县雨量在220～309毫米间，明显偏多，其中砀山、萧县偏多1倍，秋涝严重。11 月 18—19 日，萧县普降大雨，全县被雨淋山芋片 322.5 万公斤，霉烂 151.5 万公斤，山芋窖倒塌 62201 个，占总数的 4.3%。

1969 年，秋涝　9 月下旬，砀山、萧县降水 173～183 毫米，是历年同期的 9 倍以上，涝。

1970 年，秋涝　8 月 24 日至 9 月底，泗县降水 354.2 毫米，是历年平均值的 2.6 倍；≥0.1 毫米雨日 21 天，为同期值的 1.7 倍。据统计，全县 75 万亩秋作物中 60 万亩受灾，减产 50% 以上的有 30 万亩，其中 11 万亩绝收。豆子花被打落，豆荚霉烂，白芋受水涝，薯块腐烂；棉花大部分落桃、烂桃，由于长期积水，推迟秋收，影响秋种。灵璧县同期降水 415.8 毫米，是历年平均值的 3.1 倍；≥0.1 毫米雨日 24 天，为同期值的 1.9 倍。大涝。

1977 年，秋涝　10 月 26 日至 11 月上旬，砀山、萧县降水 90～112 毫米，是历年同期的 5 倍左右。

1979 年，秋涝　9 月，宿县雨量 281.1 毫米，是历年同期的 3.3 倍；泗县、萧县降水 143 毫米左右，偏多 5～8 成；砀山、灵璧降水 193～210 毫米，是历年同期的 2.3 倍。其中，9 月 12—17 日，宿县总雨量高达 191.2 毫米，砀山、灵璧 150 毫米左右，泗县、萧县 82～100 毫米。由于雨量大、阴雨时间长，河水上涨，积水外泄不畅，作物被淹被渍，山芋、棉花、芝麻、黄豆等作物遭受严重损失。泗县 47 万亩作物受灾，有的桥梁、堤防、公路被冲毁。

1984 年，秋涝：8 月、9 月，砀山分别降水 211.7 毫米、197.5 毫米，是历年同期平均值的 1.5 倍和 2.8 倍；其余各县 9 月降水 203～273 毫米，是历年值的 2.9 倍左右。

第三节　风雹龙卷

一、风雹

1950 年，风雹　6 月 30 日，宿县符离丁集出现风雹。秋，灵璧出现大风冰雹，1 万亩秋季作物受灾，2428 间房屋被毁坏，4736 棵大树被折断。

1953 年，风雹　4 月 27 日宿县遭受风雹灾害，持续半小时左右。

1954 年，风雹　5 月 30 日 5 时半，萧县杨楼、陶楼、马井、龙城、丁里、皇藏六个区 46 个乡镇、390 个村遭受雹灾，并伴有大风，最重的 15 个乡，小麦和其他春播作物严重受灾，受灾面积 24.5 万亩。秋禾亦受雹灾，重灾 4.9 万亩，死 3 人，伤 41 人。

1956 年，风雹　6 月上旬末，宿县夹沟五柳出现风雹。6 月 13 日，萧县大风、暴雨加冰雹，石林、王寨、龙城、丁里、黄口五个区遭风灾水灾，麦田受淹 5150 亩；秋苗被淹 4.5 万亩。7 月 27 日晚 7 时，狂风暴雨加冰雹，风力 7～11 级，朔里、王寨、龙城、大屯四个区 19 个半乡受灾，80% 的房屋被刮坏，毁房屋 8.59 万间，刮倒树木 10.33 万棵；存在场里被刮走的小麦 5 万公斤。

1957 年，风雹　4 月上旬，宿县永安大秦出现风雹。6 月 10 日宿县、砀山、萧县、灵璧、泗县等先后遭受风雹袭击。砀山豆集乡灯塔农业社的一条园沟里，两天后积雹还有尺把。

1959 年，风雹　6 月 7—8 日，灵璧的风雹灾受灾最重。6 月中旬，宿县曹村李庄出现风雹。7 月 30 日，泗县暴风雨冰雹，大庄、黄圩、城郊三公社受灾重。

1962 年，风雹　6 月 6 日、21 日，宿县支河、曹村、永安、夹沟、符离、灰古、城郊、祁县、大泽、芦岭、大营、桃园等地出现风雹。6 月，灵璧大风雨、冰雹；冯庙、高楼、杨疃、尹集和渔沟等 5 个区 12 个公社受灾，降雹时间 10～21 分钟，8.9 万亩农作物减产，死伤 22 人，毁坏房屋 1856 间。

1964 年，风雹　6 月下旬，砀山陇海、良梨一带发生雹灾，降雹时伴有 9～10 级大风，重灾地块农作物全部打光，树枝被打断。

1965 年，风雹　5 月上旬宿县芦岭硚口，6 月下旬宿县褚栏出现风雹。6 月 14 日早晨，萧县黄口、岱山口、石林、赵庄、王寨等地 34 个公社，270 个大队遭暴风雨加冰雹袭击，受灾面积 18.9 万亩，刮毁房屋 1.93 万间，刮走小麦 34 万多公斤，刮断树木 2.89 万棵。

1966 年，风雹　8 月 8 日，灵璧东北部遭受冰雹灾害，同时伴有龙卷风，风力达 10 级以上，冰雹持续半小时，冰块直径一般有 2 厘米，有 12 个大队受灾，作物受灾面积 6000 亩，芝麻受灾最重，95% 的植株被打断、打烂，损失树木 4206 株，房子砸坏 3370 间。

1967 年，风雹　6 月 13 日，萧县从黄口区酒店公社到王寨区的丁楼公社，在长 30 千米、宽 5 千米的范围内，遭受了严重的暴风雨和冰雹袭击，受灾作物 7.3 万亩。

1974 年，风雹　5 月 23 日，灵璧遭受大风雨、冰雹袭击，雹云自西北入境，经王集、尤集、朱集、尹集、浍沟、禅堂、杨疃、娄庄和黄湾等 11 个公社，降雹面积南北长 75 千米，东西宽 10 千米，冰雹最大直径 7 ~ 8 厘米，平地积雹 15 ~ 20 厘米，时值小麦乳熟至蜡熟期，小麦被全部打倒在地，颗粒无收；春播棉花、玉米全部被打光。是新中国成立以来，本地区雹灾最严重的一次。受灾面积 14.3 万亩，毁坏房屋 325 间，受伤 114 人，粮食减产 2000 万公斤。其中，尹集公社东风大队颗粒无收。6 月 17 日，宿县雷雨大风，风力 8 ~ 9 级，并夹带冰雹。

5 月 31 日至 6 月 2 日，灵璧、泗县遭冰雹狂风袭击，15 个公社的 40 万亩小麦和 4 万多亩春播作物受灾，个别地方颗粒无收。

1976 年，风雹　6 月 20 日，泗县大庄公社遭 10 级大风暴袭击。刮毁房屋 600 余间，后又降冰雹，农作物局部受灾。

1982 年，风雹　6 月 17 日下午 5—6 时，宿城西郊再次遭受风、雹灾害。

1985 年，风雹　10 月 9 日，泗县山头、大庄、黄圩三个区遭受大风、冰雹、暴雨的袭击，10 个乡 102 个村受灾，伤 106 人，损坏房屋 5000 余间，农作物受灾 25.7 万亩。其中 44 个重灾村，受灾 11 万亩，有 2.4 万亩棉花绝收，3 万亩小麦重播。累计损失 360 万元。

1986 年，风雹　8 月 10 日 17 时左右，萧县杨楼、新庄、马井、黄口等乡镇，出现大风、冰雹天气，持续半小时左右。最大冰雹直径 4 厘米，风力 8 ~ 9 级。20 万亩农作物减产，其中减产 3 成以上的 3500 亩，2 成以上的 4 万亩，倒塌房屋 100 多间，1354 棵树木被拔掉或折断，7.5 万公斤水果被刮掉。经济损失惨重。

1988 年，风雹　5 月 2 日，萧县淮海、圣泉、祖楼 3 区 11 个乡遭受大风、暴雨、冰雹的袭击。大风 9 ~ 10 级，淮海雨量最大，为 158 毫米，冰雹最大密度达 700 个/平方米。小麦 16.2 万亩，棉花、油菜、玉米等 11.7 万亩，水果 2.9 万亩受灾，蔬菜绝收 9000 亩。倒塌房屋 988 间，刮断树木 10.5 万棵、电线杆 90 根、广播线杆 808 根；全县 118 人受伤，158 头牲畜受伤，损坏砖坯 126.8 万块，97 部机器砸毁。

7 月 10—12 日，灵璧县夏楼、冯庙等乡镇相继遭受冰雹、龙卷风袭击，冰雹一般鸡蛋大小，最大的 0.6 千克。

7 月 12 日 15 时 35 分，灵璧王集、程庙等乡镇出现冰雹大风袭击，6 个行政村中的 19 个自然庄受害，冰雹持续时间 17 分钟左右，冰雹最大的有 0.6 公斤重，中等的也有小鸡蛋大。有 2.3 万亩农作物受害，其中有 1000 亩果园受害 85% 左右，刮倒树木较多，牲畜有的被砸死砸伤，蔡塘村有一 7 岁女孩在降雹时乱跑，掉到水里被淹死。

1991 年，风雹　7 月 19 日，砀山出现冰雹大风天气，对部分乡镇水果、树木影响较大。

8 月 11 日，砀山、萧县冰雹大风天气，对水果、树木、农作物、房屋均造成严重危害。

1992 年，风雹　7 月 19 日，萧县酒店、赵庄、马井、圣泉、杨楼、刘套、大屯、闫集 8 个区镇 109 个行政村遭受大风、冰雹袭击。最大风速10级以上，持续10分钟左右。16万亩秋作物、7.1万亩苹果、梨、桃、葡萄受灾，其中被刮倒和被冰雹打坏较严重的有2万亩，不少果园几乎绝收；10万棵树被刮倒、刮断，有的被连根拔起；6400余间房屋被毁坏，2人死亡，24人受伤；不少家禽、家畜被砸死、砸伤。据统计，直接经济损失1300万元以上。

1993年，风雹　5月25日，暴风雨夹带冰雹袭击了灵璧及泗县北部的部分乡镇，雷雨大风持续了3个多小时。灵璧北部的朝阳等乡镇的32万亩小麦受灾，成灾28万亩，绝收9.5万亩，其他作物损失也比较重。损坏民房2100间，砸伤13人，其中重伤5人，直接经济损失7200万元。泗县以大庄、瓦坊两乡镇损失惨重；其中瓦坊乡的小董、郭集、周庄和小骆4村部分即将收获的大面积麦田尤如石磙碾过，麦杆倒地，麦穗砸光，棉苗等被砸进稀泥中。全县倒伏小麦17万亩。其中绝收5.6万亩，棉花被砸3.8万亩；毁坏房屋1.4万间；折断树木6.3万棵，刮倒(断)各种线杆274棵。直接经济损失5400万元。

1994年，风雹　5月2日，砀山官庄、良梨、权集等5个乡镇32个行政村遭受冰雹、大风袭击。雹粒大如蛋黄，重灾地区平地积雹一层。砸坏水果2.1万亩，刮倒小麦14万亩，油菜2400亩，打坏棉花4500亩；刮坏蔬菜大棚109个，刮倒拔起果树4000余棵。

5月10日下午，灵璧自北向南出现大风冰雹天气，最大冰雹直径30毫米，小麦、油菜被砸，杨疃、尹集两镇受灾较重。

7月9日，砀山部分乡镇再次遭受冰雹、大风袭击，瞬时风速达25米/秒。毁坏房屋342间，刮倒折断树木1.9万余棵、电线杆168棵，水果受灾9000亩，其中6500亩是酥梨，平均损失60%～70%，个别农户几乎绝收，累计损失1350万元。

1995年，风雹　6月17日，宿州市符离镇等7个乡镇受风雹袭击，农作物、房屋、输电线路损失严重，人员有伤亡。

1998年，风雹　4月22日、23日，萧县先后出现大风，并伴有冰雹，阵风8～9级。庄里、白土、张庄寨等13个乡镇215个行政村受灾，小麦严重倒伏、果树折枝落果。受灾面积16.7万亩，绝收3.8万亩；损坏房屋300余间，刮倒树木、电线杆1.5万多棵，直接经济损失6900万元，农业损失4100万元。

1999年，风雹　5月25日，灵璧、泗县各有5个乡镇遭受风雹袭击。灵璧的灵城、向阳、虞姬等乡镇较重。冰雹大的如鸭蛋，小的如蚕豆，持续30～40分钟，地面积雹平均厚度5～6厘米，并伴有10级以上大风。灵璧受灾面积21万亩，重灾8万亩，绝收5万亩，折断高压线杆180棵，损毁房屋840间，伤6人，重伤2人。直接经济损失1.2亿元。

8月30日，砀山城东、西、北部出现冰雹大风，风力18.8米/秒。雹粒大如蛋黄，小如黄豆，危害较重的有西南门、李庄、权集、陇海、赵屯、关帝庙、良梨等7个乡镇，受灾人口27.8万人，受灾面积20万亩(其中水果9.5万亩、玉米6.8万亩、其他3.8万亩)，刮掉水果约3000万公斤，玉米减产1350万公斤，损毁塑料大棚250个，毁房、倒房200余间，直接经济损失4956万元。

2000年，风雹　6月22日，大风冰雹袭击了砀山县境内的西南门、权集、周寨等乡镇，风力10～11级，雹粒如黄豆，降雹时间约10分钟。苹果、酥梨落果50%左右，严重的达到绝收。受灾人口1.5万人，成灾0.9万人；农作物受灾1.3万亩，成灾9750亩；酥梨受灾9750亩，苹果受灾4050亩。共计损失折款4255万元。

7月9日，砀山县连续两次遭受风雹袭击，共有8个乡镇56个村庄受灾。

2001年，风雹　萧县7月2—3日出现雷雨大风，并带有冰雹，9个乡镇受灾，受灾人口8万多人，因灾死亡3人，6人重伤，82人轻伤；砸死牲畜389头，损毁房屋2800余间，倒塌房屋1939间；砸坏变压器4台、农机11台、家电80余台、供电和通信线路3万余米，10万亩农作物受损，直接经济损失

7200万元。

9月5日，砀山县玄庙、周寨等10个乡镇及市力集园艺场遭受风雹袭击，风雹持续约30分钟，风力最大10级，并伴有暴雨，冰雹大如蛋黄、小如蚕豆。

2002年，风雹　6月15日，砀城东北发生狂风暴雨，并夹带冰雹，4个乡镇16个村受灾，受灾人口4.8万人，农作物受灾4.9万亩，直接经济损失3546万元。

7月18日，萧县新庄等乡镇遭受大风冰雹袭击，4.5万人受灾，农作物受灾5.4万亩，绝收2.4万亩，损毁房屋183间，高低压线路2000余米，砸死家禽2000余只，直接经济损失4800万元。

5月27日，在埇桥区及灵璧的娄庄、长集一带；7月18日在灵城、虞姬、向阳一带，最大风速27米/秒；10月5日在下楼、浍沟、冯庙一带先后出现3次大风冰雹天气。虞姬乡3525亩玉米倒伏，25个蔬菜大棚严重倒塌，部分电线线路和通信电缆受损，300余棵大树被刮倒。冰雹最大直径8毫米。

2004年，风雹　7月5日23时50分至7月6日1时15分，砀山大风冰雹，风力10级以上，风雨裹夹冰雹，冰雹大的如蛋黄，密度大，降雹时间达15分钟左右。直径70～80厘米粗的大树连根拔起或拦腰折断、扭曲成麻花状；水果刮落、西瓜砸烂，棉花、玉米、红芋不同程度的受到影响；房屋倒塌27间，损毁750间；电力通信设施部分损毁。受灾人口10.5万人，农作物受灾面积10.7万亩，绝收面积6000亩，损失折款计7349万元。

7月6日1时40分—2时40分，萧县23个乡镇普遍遭受严重的风雹袭击，瞬间最大风速达32.7米/秒，风力12级，为历史罕见。风雹造成农作物严重受损，人员有重大伤亡，供电、通信等基础设施损毁严重，其中大屯、杜楼、赵庄、马井、酒店、丁里、圣泉、杨楼、龙城、张庄寨、王寨、闫集等12个乡镇受灾程度最为严重。受灾人口85.3万人，伤143人，死亡3人；受灾面积85.5万亩，其中果树受灾30.5万亩，绝收面积3.1万亩；树木折断106万棵；损毁房屋1.8万间，其中倒塌房屋6800间、校舍损毁300余间；砸死大牲畜376头、家畜家禽9.2万只（头）；损毁农用车40辆；高低压线路断线1205处，损坏导线60吨，断杆1.1万根，损坏变压器33台，2000门程控交换机受损，1000根通信线杆折断，多处机房倒塌。直接经济损失32761万元，其中农业经济损失24370万元。

图22－21　2004年7月6日萧县大风冰雹受灾的茄子

7月8日11时56分—13时13分，砀山官庄、玄庙、曹庄、权集、陇海、赵屯等乡镇出现大风冰雹天气，最大风力22米/秒，降雹时间长达30分钟左右，其中曹庄镇受灾最重。棉花、大豆、玉米等农作物的叶枝几乎被剥光，绝大多数的砀山梨被打落在地，该镇2万亩水果基本绝收。特大狂风竟然把碗口粗的大树拦腰折断或连根拔起，10万余株树木被毁，1200多间房屋倒塌损毁。造成1人死亡，6人受伤，直接经济损失9000万元。

2005年，风雹　4月20日，泗县南部丁湖、大路口、墩集三乡镇遭受冰雹大风袭击，冰雹最大直径10～12毫米，最大风速17米/秒。2.4万亩农作物受灾，折断树木220棵；线路损坏4处；电伤2人。城区同时出现冰雹，最大冰雹直径12毫米，最大平均重量1克。

5月19日16时48分，灵璧浍沟镇政府附近出现冰雹，最大直径9毫米，并伴有大风，风速20米/秒左右，造成1人死亡，10人受伤，对乳熟期小麦有较大影响。

6月14日，埇桥区符离镇、汴河、灰古、支河、桃沟、大店、城东、蒿沟、曹村、西寺坡、龙王庙、芦岭、朱仙庄镇等15个乡镇陆续出现冰雹、大风天气，冰雹最大直径20毫米左右（鸡蛋黄大小）。受灾人口

16.5万人,14人受伤,2人重伤,“宿州市工业学校”附近一建筑工地,因大风刮倒灯箱广告牌砸死1名看工地的老人。农作物受灾面积8.6万亩,其中绝收1.9万亩,倒塌房屋283间,房屋损坏3202间,树木折断3.4万棵,部分供电线路损坏,直接经济损失9600万元,其中农业损失5600万元。

图22-22　2005年6月14日埇桥区出现的冰雹及打坏的农作物

6月20—21日,埇桥区、萧县出现大风天气。灵璧县渔沟、朝阳镇,泗县长沟、黄圩和大路口等6个乡镇相继出现大风、冰雹天气,冰雹直径7~15毫米,5.2万亩农作物受灾,1100多棵树木折断,180多间房屋倒塌,直接经济损失1000多万元。

2006年,风雹　6月29日,灵璧县娄庄、灵城、虞姬三乡镇和工业园区遭受雷雨大风袭击,极大风速20.5米/秒,部分地区夹杂冰雹。造成220余间房屋倒塌,刮倒成树2000余棵;春玉米、瓜菜受灾8万亩,受灾4.8万人,受伤6人,直接经济损失1400万元,其中农业直接经济损失1200万元。

图22-23　2006年6月29日,灵璧被大风冰雹损坏的棉花西瓜

2009年,风雹　8月17日,砀山县东部、北部的风雹灾害,水果刮落达4成以上,受灾农作物17.7万亩。

2010年,风雹　5月30日,灵璧、泗县出现强对流天气过程。灵璧下楼、泗县长沟等多个乡镇先后出现20毫米左右的冰雹,大部分地区出现7~8级雷雨大风,其中埇桥区时村镇和灵璧县城风力达9级,灵璧县北部和东部以及泗县中南部1小时降水量超过20毫米。在地作物及蔬菜大棚受灾严重,树木、线杆被刮倒、折断,房屋倒塌、损坏,供电、通信线路中断,部分道路交通受阻。此次灾害造成全市作物受灾面积87.5万亩,受灾人口53.8万人,因灾受伤21人,倒塌房屋207户577间,损坏房屋3658间,直接经济损失2.3亿元,其中农业直接经济损失2.08亿元,其他经济损失2235万元。其中泗县损失最大。

图22-24　2010年5月30日,灵璧被大风冰雹损坏的小麦

6月18日,泗县丁湖镇出现大风,并伴有冰雹,最大风力达7级,最大冰雹直径10毫米。8万亩小麦受灾,折断树木1万余棵,损毁房屋280间,倒塌房屋37间,受灾人口5.2万人;直接经济损失1735.2万元,农业直接经济损失1600万元。

2012年,风雹　5月16日傍晚,灵璧县下楼、朝阳、尤集、高楼和渔沟等乡镇遭短时雷雨大风、冰雹袭击,下楼最大风速15.7米/秒,大风持续约30分钟,并出现小区域冰雹,冰雹直径1厘米左右,持续4~5分钟。9.3万人受灾,1人死亡,1人受伤;13.8万亩农作物受灾,9.3万亩成灾,直接经济损失3001万元,其中农业经济损失2996万元。

二、冰雹

1953 年,冰雹　4 月 28 日晨,萧县骤雨加冰雹,降约半个小时,受灾面积为 10.9 万亩,杨楼、新庄两个区受灾最重,黄口、马井两个区个别乡受灾。

1962 年,冰雹　6 月 8 日 16 时,萧县雷雨冰雹骤降,全县 41 个公社,289 个大队,82.5 万亩庄稼遭受雹灾,平地积冰雹三至四寸,有 77 人被砸伤。

1963 年,冰雹　7 月 21 日,宿县城关及近郊发生雹灾,符离、大营等地降雹近 20 分钟,雹粒小如豆,大如蛋。部分地面积雹达 12 厘米。大豆、棉花等作物的茎叶被砸烂、打断。

1964 年,冰雹　6 月 13、14 两日,泗县先后降雹,雹块大如鸡卵,屏山、黄圩、黑塔、刘圩、墩集、城郊、草沟等 13 个公社受灾;21 日,黑塔复降雹,平地积雹三四寸厚。

1970 年,冰雹　6 月 13 日下午 4 时左右,萧县王寨、祖楼、丁楼和白土等公社 38 个大队,321 个生产队,长达 35 千米遭受雹灾,成灾面积 2.6 万亩。

1972 年,冰雹　4 月下旬,灵璧禅堂公社八一大队等地受冰雹袭击,农作物受灾 0.2%。

1975 年,冰雹　6 月 5 日,灵璧尤集的李楼大队一带出现冰雹,5% 的农作物受灾。

1978 年,冰雹　6 月 18 日降雹,泗县三湾、城南、丁湖等公社 2.3 万亩作物受灾,毁房 5000 余间。

1979 年,冰雹　6 月 9 日,灵璧禅堂公社李阎大队和大庙公社郭海大队计 19 个生产小队遭受雹灾,降雹时间最长约 15 分钟,最短 3 分钟,受灾面积 3000 亩。

6 月 10 日,灵璧大庙公社出现冰雹,1200 亩小麦、430 亩玉米、100 亩棉花受灾。

1982 年,冰雹　6 月 10 日 19 时,灵璧先后有 11 个区镇的 32 个公社中的 167 个大队受冰雹袭击,20.1 万亩农作物受灾,均有不同程度的减产。冰雹直径一般有 10 毫米左右,密度大的地方平地有 4 指厚。

6 月 17 日,灵璧出现冰雹天气,受灾较重的有杨疃、尹集、浍沟、韦集和城关等区镇的 17 个公社 100 多个大队,11 万亩农作物受灾减产。冰雹直径 4 ~ 11 毫米。

6 月,宿城西郊连续下雹半小时。受灾作物达 1.2 万亩,倒树 6200 棵,有 4 人受伤。

1984 年,冰雹　6 月 4 日凌晨 3 时和 7 时 35 分,泗县的北部和南部先后出现冰雹天气。降雹 7 ~ 10 分钟,大的地方 5 米以内看不见人,积雹约 3 寸厚,冰雹最大重量 1 公斤多重,全县 10 区 1 镇均遭不同程度的雹灾,53.9 万亩农作物受灾,占全县农作物总面积的 38%;其中小麦受灾 38.4 万亩,占 44%,绝收 2 万亩,减产 1863.5 万公斤;棉花受灾 3.5 万亩,占 39.2%,绝收 1.3 万亩;玉米受灾 3.8 万亩,占 29.6%,绝收 6500 亩。全县损坏房屋 716 间,伤 6 人,耕牛 1 头,保险公司赔款 5000 余元。

1985 年,冰雹　6 月 1 日和 15 日,砀山唐寨、官庄区受冰雹袭击,几千亩将近成熟的小麦遭受不同程度的危害。

6 月 15 日,灵璧出现冰雹天气。县城附近、浍沟、杨町、解集等乡镇降冰雹,对棉花、玉米、红麻等作物有一定危害,部分田块需要补种。冰雹最大直径 8 毫米。

1991 年,冰雹　5 月 14 日,萧县东阁乡、新庄、李庄、小桥村下了冰雹,雹带长约 17.5 千米,宽 1 ~ 2.5 千米不等,雹径最大 5 厘米,密度为 80 ~ 100/平方米。小麦绝收 1000 亩,受害面积 3.2 万亩,重灾减产在 5 成以上的 1.8 万亩;棉花受灾面积 1.8 万亩,被打成杆的 1.1 万亩;苹果、梨分别受灾 1715 亩、845 亩,其中 60% 受重灾。另外,还有 5 人受伤,部分鸡、鸭被砸死。

1997 年,冰雹　4 月 15 日,砀山县文庄、唐寨一线出现冰雹,部分梨园幼果受害,砸烂瓜菜塑料大棚 210 个。

2002 年,冰雹　10 月 5 日,埇桥区符离镇雨中夹带小冰雹;同时灵璧县夏楼镇也出现了小冰雹,冯庙镇的冰雹直径最大约5厘米左右，如小鸡蛋大，持续约20分钟。

2005年，冰雹　3月10日17时30分，灵璧杨疃镇出现冰雹，直径约5毫米，持续半小时，对拔节期小麦，抽苔、现蕾期油菜造成灾害。

2006年，冰雹　4月28日19点30分前后，砀山、萧县、灵璧先后遭受冰雹袭击。砀山东部良梨、唐寨、文庄、李庄、程庄、朱楼等六个乡镇3.2万亩水果、塑料大棚瓜菜等农作物受损；这次雹灾南北长10千米，宽2千米，冰雹直茎0.5～2.0厘米，密度每平方米3～7粒，损失达450万元。萧县王寨、大屯、新庄、黄口、马井、庄里、酒店、丁里、龙城、永固等10乡镇受灾，主要是果树，其次为棉花、大棚等。受灾人口14.6万人，成灾4万人；受灾面积为16.6万亩，成灾面积为5.3万亩。直接经济损失为3000万元，其中农业经济损失为2800万元。灵璧县下楼、尤集、灵城镇、韦集、黄湾、娄庄等7个乡镇的西瓜、棉花受灾1.7万亩、小麦受灾3万亩，2.8万人受灾，直接农业经济损失830万元。

图22－25　2006年4月28日萧县被冰雹砸坏的果树

三、大风

1953年，大风　5月13—14日，灵璧连刮两天暴风，城关、渔沟两区被毁房屋60余间。

1961年，大风　5月3日8时，灵璧北风7～8级，最大风力9级，刮毁房屋10.32万间，1.4万亩豌豆、45万亩小麦遭受严重损失。

1965年，大风　1月7日，宿县最大风速20米/秒，为1月份有记录以来的极大值。

1976年，大风　7月21日夜暴风，泗县县政府院内14棵大树连根拔起。8月17日，大风，屏山、徐贺一带刮倒、刮断树木6万余棵。

1986年，大风　7月30日18时，砀山县出现大风，黄河故道附近的水果产区受害较重。全县刮掉水果584.6万公斤，折款175.4万元。

1987年，大风　4月9日，萧县出现雷雨大风天气，瞬时最大风速21米/秒，并伴有雷雨。刮落水果480万公斤，县转瓦厂直接经济损失4000元。

8月31日—9月1日，萧县、砀山遭飓风袭击，风力10级。共刮掉梨和苹果2350多万公斤，刮断树木14万多棵，35万亩农作物受损。仅砀山就损失1727万元。

1989年，大风　6月14日，泗县草沟区的于韩、草沟、大梁3乡，因大风倒塌房屋97间，折断刮倒树木2万余棵，通信、高压线杆42根，刮走吹散麦草2.5万公斤，直接经济损失23万多元。

1990年，大风　6月28日，泗县国营西关轮窑厂遭狂风袭击，瞬间风速10级以上，11间机砖车间在瞬间倒塌，化为废墟，直接经济损失40余万元。7月10日、21日，砀山出现两次大风天气，风力9～10级。对果树、农作物、房屋均造成较大损失。

1991年，大风　6月29日，泗县北部的吴店乡遭受雷雨大风袭击。刮毁房屋159间，砸伤5人，损失粮食15万公斤，刮断大树1000多棵，玉米等农作物严重受损，直接经济损失26万元。

7月14日，泗县草沟、丁湖区的高圩、尤庙、单沟三个村遭受雷雨大风袭击。损毁房屋953间、树木10余万棵、粮食25万公斤；毁坏35千伏线路一条，直接经济损失48万元。砸死4人，重伤10人，轻伤31人，死亡大牲畜3头，其中龙庙村村民卢灿林家砸死小孩2人（1男1女），本人被砸伤，其妻精神失常，瞬间家破人亡。保险赔偿55万元。

7月28日，萧县遭遇大风袭击，瞬间风速26米/秒，狂风持续5分钟。据不完全统计：全县刮倒、刮断树木200余棵，刮坏房屋20余间，刮倒农作物3000多亩。

1992年，大风　5月5日，泗县草沟、黄圩、大杨乡先后出现暴风天气。造成1死1伤，小麦倒伏2.6万亩，折断树木1.7万棵，房屋倒塌480余间，直接经济损失300多万元。

5月23日，萧县大风，持续近1小时，瞬间风速22米/秒。致使1万多间房屋受损，5500间倒塌；农作物减产5万公斤；中断供电达24小时。

8月31日至9月1日，灵璧县狂风暴雨，造成玉米、棉花严重倒伏，洼地积水，作物受损，秋收秋种受到影响。

1994年，大风　2月8日，萧县出现大风扬沙天气。蔬菜大棚受到不同程度的破坏；电线杆被刮断，部分地区停电24小时，通信中断达几十小时。

7月30日夜晚，泗县出现风速高达26米/秒的瞬时大风，造成工农业极大损失，部分简易仓库倒塌。

8月30日，萧县龙城镇、王寨镇出现了暴雨大风天气，风狂雨骤，大风持续半小时，平均风速13米/秒。造成2人死亡，1人受伤；损毁民房152间，农作物倒伏9万亩，供电中断12小时。

1995年，大风　8月下旬的雷雨大风，使砀山玉米大面积倒伏，刮倒的玉米减产50%。11月7日，全区出现大风天气，各地瞬间风速达21～30米/秒。全区70%～80%的蔬菜大棚被刮坏，蔬菜严重受冻，损失很大。萧县刮倒树木2000多棵，刮倒房屋50余间，损坏房屋100多间，中断供电12小时，经济损失百万元。灵璧不少房屋倒塌，树木刮倒，供电、通信中断，砖坯被毁，全县经济损失近千万元。

1996年，大风　6月29日，泗县出现大风，瞬时风速25米/秒，并伴有雷暴和降水。大风刮倒房屋50多间，院墙200米，很多蔬菜大棚被刮坏，城关镇汴光板材厂新建130万元的厂房被刮塌，砸死1人，伤1人，经济损失严重。对供电、交通也产生很大影响。

1997年，大风　受11号台风影响，8月19—20日萧县、砀山出现大风、暴雨天气，日雨量70.4毫米，大风持续一整天，瞬时风速达18.8～20米/秒。萧县倒伏庄稼10.1万亩，倒塌房屋500余间，折断树木、电线杆2000多棵，线路损坏500米，停电20小时；砀山水果损失10%左右，刮倒玉米约5万亩，减产达50%左右。

2000年，大风　3月27日，全市出现大风天气，瞬间极大风速14～23.2米/秒，宿州最大，灵璧、泗县最小，砀山21.5米/秒，萧县19米/秒。大风夹带扬沙，严重影响塑料大棚蔬菜等农业生产。全市20个乡镇92.4万亩大棚蔬菜瓜果受损，38万亩成灾，农作物受灾73万亩；房屋损毁1520间，倒塌226间，倒塌院墙3000多米，砸死2人，伤23人；萧县白土镇引起山林大火，烧毁经济林木2000亩。合计损失折款11785万元。

2001年，大风　砀山全年共发生10多次7级以上的大风，分别出现在3月3日、14日、4月19日、6月16—18日、7月21日、22日、24—26日、28日、8月7日和9月5日，多数为局部发生，少数是全县范围内发生危害。主要危害果树、大棚蔬菜、农作物、房屋、人、畜、通信、电力设施等，全县年内因风灾造成的经济损失达2.77亿元。灵璧县年内出现5次大风过程，以7月25日受灾最重。

2002年，大风　全市各地共出现14次大风，对工农业生产产生较大影响。3月20日灵璧、宿州、萧县相继出现大风，短时瞬间极大风速23.0米/秒。据萧县调查，农作物受灾面积1500亩，成灾450亩，刮毁塑料棚1000余个，直接经济损失110万元。

2003年，大风　全市大风日数共7站次，萧县、灵璧、泗县各2次，宿州1次，极大风速10～20米/

秒。4 月 17 日，砀山大风暴雨。5 月 18 日，灵璧县暴风雨。7 月 19 日，灵璧县境内大风，受灾乡镇 13 个，倒塌房屋 716 间，高压线损毁 6650 米，线杆 104 根，变压器 3 台，蔬菜大棚 30 万亩，直接经济损失 320 万元。

2004 年，大风　3 月 17 日，灵璧大风，最大风速 17.0 米/秒。灵城城区损坏太阳能 4 个，城北尤集损坏蔬菜大棚 12 个，虞姬乡 60 亩蔬菜大棚倒塌，直接经济损失 64 万元。

4 月 22 日，萧县黄口、酒店等地大风天气，7.5 万亩农作物受灾，受灾人口 12 万人。

6 月 7 日，埇桥区支河乡大风，倒塌房屋 16 间，刮倒杨树 360 棵，倒伏小麦 375 亩。

6 月 20 日，砀山大风，风力 19.3 米/秒。灾情发生较重的有唐寨、朱楼、文庄、葛集、周寨、程庄、西南门、城关等乡镇，受灾人口 9.7 万人，农作物受灾面积 9 万亩，房屋倒塌 20 间，损坏 55 间，直接经济损失 2300 万元，其中农业损失 1950 万元，主要损失是水果。

6 月 21 日，萧县出现大风天气，最大风速 22.0 米/秒。新庄、阎集、杨楼、马井、圣泉、赵庄等 6 个乡镇受灾。受灾人口 4.5 万人，因灾伤 3 人，其中重伤 1 人；受灾农作物 2550 亩；倒塌民房 210 间（80 户）；损毁房屋 1450 间。造成直接经济损失 640 万元，其中农业损失 240 万元。

7 月 29 日 18 时 30 分至 45 分，埇桥区朱仙庄镇、灰古镇部分村庄遭受大风袭击，给当地群众生产、生活及在田农作物带来严重损失。

2005 年，大风　6 月 19 日、21 日，萧县两次出现大风，瞬间最大风速达 22.4 米/秒和 20.6 米/秒。2 万多人受灾，伤 5 人；农作物受灾 2.1 万亩，张庄寨 10 亩大棚辣椒损坏；倒塌损毁民房 248 间；直接经济损失 1600 万元，其中农业经济损失 1400 万元。

7 月 16 日，砀山唐寨、刘暗楼、葛集、西南门、黄楼等乡镇发生 7 级以上大风，受灾人口达 5.7 万人，因灾伤病 1 人；农作物受灾面积 4.2 万亩，其中绝收 1200 亩；倒塌房屋 20 间，损毁房屋 172 间。直接经济损失 482 万元，其中农业经济损失 417 万元。

7 月 30 日 12—14 时，泗县草沟镇受大风、暴雨袭击，3.1 万人受灾；4.6 万亩农作物受灾，其中 80% 是玉米；倒塌民房 135 间，损坏民房 1800 间；折断树木 3.1 万棵；损坏变压器 1 台；折断刮倒高低压线杆 80 根；损坏通信电缆及高低压线路 4000 米；伤亡牲畜 28 头；轻伤 5 人。各种经济损失 2551.5 万元，其中农业直接损失 1648 万元。

2006 年，大风　3 月 28 日 20 时 33—58 分，萧县出现大风天气，瞬间最大风速 17.5 ~ 22.7 米/秒，风向 NNW。受灾人口 15 万人，受灾面积 18.3 万亩，绝收 2 亩，损毁房屋 319 间，直接经济损失 6400 万元，其中农业经济损失 4400 万元。

6 月 13 日 23 时，灵璧县杨疃乡欧渡村出现大风，有 1 户房屋倒塌，4 户房屋受损；成树 100 多株被刮倒，当地通信、供电被中断。

6 月 27 日 18 时，宿州城区出现强对流天气，瞬时最大风速 26.6 米/秒，历时 20 多分钟，并伴有强降水，1 小时最大降雨量接近 90 毫米，为有资料记录以来所罕见，城区内许多大树、广告牌、电力线杆和简易临时房被大风摧毁，城区内数十处积水，造成交通拥堵等，仅市政公司损失就高达 35 万元左右。

图 22－26　2006 年 6 月 27 日，宿城大风刮落的楼上简易房

8 月 3 日 14 时左右，砀山西部至北部的曹庄、官庄、玄庙等乡镇，发生 10 级以上雷雨大风天气。水果、玉米、棉花、大豆、树木、电力、通信设施等遭

受危害。水果刮落达4成左右,玉米、棉花、大豆大面积扑倒,不少直径30～60厘米的大树被拦腰截断;电力、通信设施部分被摧毁等。受灾人口达9.7万人,受灾农作物面积9.3万亩,房屋倒塌103间,损毁321间,经济损失达4748万元,其中农业直接经济损失为4600万元。

图22－27 2006年8月3日,砀山大风刮倒的玉米

图22－28 2006年8月3日,砀山大风刮断的大树

2007年,大风 7月25日8时,灵璧县出现雷雨大风天气,黄湾镇庙里村倒塌房屋两间、损毁房屋10余间、刮倒树木200余棵、刮倒通信及电线杆30余根。韦集镇西南村庄刮倒树木大小5000多棵、倒塌房屋10户25间。

8月2日12时,砀山县朱楼镇出现大风天气,风力18.0米/秒,伴有雷阵雨。3万人受灾,受伤2人;农田受灾9万亩,树木刮倒800余棵,房屋损毁130余间。经济损失390余万元。

2008年,大风 7月8日,萧县新庄、孙圩孜、杨楼等乡镇遭大风袭击。造成430人受灾;变压器损毁2台,高压电线刮断1200米;刮坏温室大棚42个,刮倒树木1270棵;损坏房屋135间,直接经济损失37.9万元,其中农业经济损失19.8万元。

图2－29 2009年6月3日,萧县被大风揭走瓦片的小学教室

2009年,大风 6月3日23时,萧县出现8～10级大风,并伴有强雷电,局部有冰雹,23个乡镇受灾,其中受灾较重的有新庄、龙城、黄口、马井、闫集、杜楼、赵庄、丁里等乡镇。灾害造成58万人受灾,受伤47人,其中重伤2人;农作物受灾面积67.5万亩,成灾15.5万亩;倒塌房屋5131间,损毁房屋7120间;蔬菜大棚2965亩,养殖大棚9个;果树15万亩,树木30万棵。直接经济损失6539万元,其中农业经济损失2363万元。

6月3日、5日、14日,灵璧县境内先后3次遭受雷雨大风袭击,雷雨时瞬间风力达8～10级,持续时间约40～50分钟,致全县19个乡镇多次重复受灾,受灾较为严重的有下楼、朝阳、渔沟、尤集、冯庙、高楼、大路、大庙、浍沟、尹集、娄庄、朱集等12个乡镇。灾害致使5.1万亩农田林网和部分林业重点工程受灾,刮倒折断成树31.3万余棵,3万多株幼树倒伏、折断。倒断供电线杆2348根、130多条(54.9千米)高低压线路受损,损毁变压器13台、配电设施58套、导线10多吨,致使全县供电区域11座35千伏变电所全部停电,造成全县停电面积达80%以上,36万多人次城乡居民用电受到影响;倒断通信线杆1450根,400多户固定电话中断,损毁交接箱3座、光电缆线路50千米。农作物受灾20.3万亩,其中成灾面积6.2万亩;57.6万人次受灾,90人因灾受伤,6人死亡;倒塌民房1559户、4074间,

图 22－30　2009 年 6 月灵璧县冯庙镇被大风刮倒刮断的大树和被大树砸塌的房屋

损毁房屋 10135 户、22548 间；倒塌畜禽圈舍 278 间，死亡牛猪等 100 多头，家禽 8000 余只。直接经济损失 20409 万元，其中农业经济损失 14656 万元、工矿企业损失 645 万元、基础设施损失 41 万元、公益设施损失 138 万元、家庭财产损失 4929 万元。

2010 年，大风　6 月 8—9 日，宿州普降大到暴雨，各地降水量普遍在 40 毫米以上，有 26 个乡镇达到暴雨，各地极大风速普遍达 5～6 级。由于降水量和风速均较大，小麦穗部重，根茎衰老，造成小麦大面积倒伏。截至 6 月 8 日，宿州市已收获小麦只占播种面积的 0.3%。此次强降水导致麦田土壤湿度大，短时间内收割机械难以下地收割，将明显影响小麦收获进度，小麦大面积收割将推迟 3～5 天。

图 22－31　2010 年 6 月 9 日，埇桥区北杨寨乡被大风刮倒的小麦

2011 年，大风　7 月 26 日晚 22 时至 23 时，砀山、萧县出现 7～8 级雷雨大风，砀山官庄和周寨的瞬时风速 17.6 米/秒、17.9 米/秒；萧县的王寨、大屯风速 14 米/秒左右。受灾人口 15.7 万人，伤病 3 人；农作物受灾面积 6.3 万亩；房屋倒塌 99 间、损坏 633 间；直接经济损失 9270 万元，其中农业经济损失 8700 万元。

图 22－32　2011 年 7 月 26 日，砀山大风刮倒的树木

2012 年，大风　7 月 4 日 17—19 时，全市各地先后出现大风，除宿州城区风速在 18.4 米/秒外，其余各地均在 20.1～24.4 米/秒之间。灾害造成农作物受灾面积 33 万亩，受灾人口 26 万人，倒塌房屋 50 户 107 间，损坏房屋 226 间，直接经济损失 1994 万元，其中农业直接经济损失 1820 万元。

四、龙卷风

1956 年，龙卷风　秋八月，泗县遭龙卷风袭击，长直沟粮站仓库西山墙被刮倒，鹿鸣山上一棵百年银杏被连根拔起，滚落山下。

1957 年，龙卷风　7 月 10 日晚，砀山官庄、大寨、周寨一带受龙卷风袭击，刮倒房屋 2907 间，砸死 11 人，重伤 23 人，轻伤 73 人。刮倒刮断树木 3660 棵，刮跑麦草 6.8 万公斤，刮坏谷子、棉花、玉米等农作物 3770 亩。损失家具价值 3 万元。

1965 年，龙卷风　7 月 21 日下午，萧县王寨出现龙卷风、暴雨，2 个多小时内降雨 173 毫米，积水在 0.5～2 市尺之间，死 6 人，伤 2 人。

1981年,龙卷风　6月27日,灵璧浍沟区遭龙卷风和大暴雨袭击,大路乡粮站25万公斤简易粮仓和乡供销社仓库被刮倒,生长26年的法国梧桐被连根拔起,秋作物遭受损失。

1982年,龙卷冰雹　6月10日,宿县西二铺乡樊李村至谢家2.5千米长、1.5千米宽的范围内,遭龙卷风、冰雹和暴雨灾害,拔树倒屋,倒树6200棵,1.2万亩庄稼损失尤重,有4人受伤。

1984年,龙卷风　7月24日,灵璧浍沟、冯庙和高楼一带遭受龙卷风和大暴雨袭击。许多生长30多年、直径30多厘米的大树被连根拔起或折断,早秋作物损失较大。

1986年,龙卷风　7月18日,泗县丁湖区吴圩乡许韩村受龙卷风袭击,以宋东队最重,其范围长约1千米,宽约200米。71间房屋损毁,271棵树木被刮倒或刮断,屯在麦场上的近8000公斤小麦和5万多公斤麦草被刮跑,100亩玉米被刮倒,77户受灾。

1989年,龙卷风　7月10日,泗县墩集区大路口乡的邓圩、西圩、芦刘、固庄4个行政村遭受龙卷风袭击。瓦房倒塌72间,砸死1人,重伤3人,掀掉房屋上盖3000余间,刮倒刮断树木1.8万余棵、高压线杆30多根,各种农作物2500亩,直接经济损失88.4万元。

1992年,龙卷风　4月21日,砀山北部地区遭受龙卷风、冰雹袭击,形成严重灾害。

7月11日,萧县黄口镇、马楼、欧井、暗楼行政村和龙城镇姬村等地先后分别遭受历史罕见的龙卷风袭击,龙卷风持续约10分钟,并伴有大暴雨,降雨量均在100毫米以上。刮毁、刮断树木近4000棵,损坏供电线路2.4万余米;砸毁、刮毁房屋300余间,倒塌墙头600多米;5278人受灾,砸伤2人,砸死猪2头、牛1头;农作物受灾4000亩,其中果园受灾200亩,直接经济损失85万元。

7月15日17时10分,泗县草沟镇的赵代、王楼两村遭受龙卷风袭击,死亡2人,伤51人;损坏房屋865间,其中倒塌137间;大牲口死亡2头、猪4头;农作物受灾4200亩,经济损失400余万元。

7月22日,砀山县东部乡镇遭受龙卷风、暴雨夹带冰雹的袭击,损失惨重。

1994年,龙卷风　7月29日14时,萧县白土镇遭受百年未遇的龙卷风及冰雹灾害,农作物、房屋、树木、人畜均受到严重损害,直接经济损失达1500余万元。8月26日14时,龙卷风袭击萧县张庄寨,阵风11级,全镇57个行政村全部受灾。刮坏民房600余间,电线杆折断350棵,毁坏民用供电线路2万米。

8月26日下午,灵璧县朝阳镇遭受龙卷风、冰雹袭击。倒塌房屋43间,伤19人,折断大树1400余棵,农作物重灾2.1万亩,家禽家畜死亡1200多只(头),高压线路损坏4千米,有线通信全部中断。

1995年,龙卷风　7月1日,灵璧县的杨疃、娄庄两镇遭受冰雹、龙卷风袭击,造成重大经济损失。

1996年,龙卷风　5月,砀山曹庄至汪烟堆一线出现龙卷风,当地80%左右的树木被刮倒、撕裂、折断,损失较重。

1998年,龙卷风　7月2日,灵璧县中部的郑庙、郭海等10多个村遭受强龙卷风袭击,并伴有大雨。造成1.2万人受灾,毁坏房屋3820间,重伤7人,刮倒树木3800棵,损坏供电线路2500米,直接经济损失336万元。

8月4日,砀山县关帝庙镇、李庄镇、良梨乡、萧县的马井乡、赵庄镇等乡镇出现龙卷风,中心风力9级以上,并伴有暴雨,前后持续半个多小时。受灾人口近4万人,农作物受灾面积8.3万亩,刮掉水果1800万公斤,刮倒树木15340棵,刮倒低压线杆152棵,损坏房屋741间,死伤8人,直接经济损失5908万元。

1999年,龙卷风　8月16日,砀山县官庄镇至曹庄镇一线,发生局地龙卷风,玉米大面积倒伏、水果落果,直径60~70厘米粗的大树连根拔起,损毁民房15间,受灾面积2.3万亩,直径经济损失1000万元。

2000年,龙卷风　7月2日,砀山出现龙卷风,持续时间8分钟,境内的朱楼、黄楼、关帝庙等乡镇受灾。受灾人口4.2万人,成灾1.8万人,农作物受灾面积4.5万亩,成灾2万亩;倒塌房屋53间,损坏房屋310间;通信、电力设施损坏。经济损失3136万元。

8月7日，砀山、萧县出现雷雨大风，砀山县关帝庙、黄楼、赵屯等4个乡镇和萧县青龙集、石林、王寨等7个乡镇受灾。

2001年，龙卷风　7月25日，灵璧县8个乡镇45个行政村遭受龙卷风、暴雨袭击，此次灾害来势猛、风力大，致使26万亩农作物受灾，绝收4300亩；受灾人口15.9万人，2人重伤，轻伤13人；倒塌民房583间；刮倒刮断树木38800余棵；刮倒刮断高低压、通信、广播线杆179棵，刮断线路29890米，雷击烧毁变压器1台，直接经济损达1100万元，其中农业直接经济损失870万元。

2003年，龙卷风　7月20日，萧县马井、赵庄、酒店等乡镇遭受龙卷风及暴雨的袭击，风力、雨量之大，持续时间之长是历史上罕见的。造成农作物成灾面积7.9万亩，绝收2万亩，成灾人口8.3万人。倒塌房屋104间，损毁房屋319间，墙头1500米，高低压线路5000余米，损毁变压器2台，砸死大牲畜45头，伤20余人，其中1人重伤，直接经济损失6400万元，其中农业经济损失4400万元。

图22－33　2005年7月30日，灵璧韦集龙卷风刮倒的厂房

2005年，龙卷风　7月30日11时半，灵璧县韦集、黄湾、向阳、虞姬、灵城等5个乡镇遭雷雨、龙卷风袭击，其中韦集受灾最重。灾害发生时龙卷风持续20分钟，瞬间风速达12级以上，降水58.0毫米。灾害造成16人死亡，51人受伤，9.5万多人受灾，约300亩农作物受灾，倒塌房屋16间，死亡牲畜家禽3.13万只（头），成树折断83棵，刮倒折断通信供电线路60多千米，直接经济损失达4210万元，其中农业损失3900万元。

图22－34　2006年6月29日，泗县长沟镇龙卷风刮倒的朱彭小学

2006年，龙卷风　6月29日6时45分，泗县长沟朱彭小学遭龙卷风袭击，风力达12级以上，造成朱彭小学校院墙体倒塌，倒塌6间校舍，死亡2人，重伤4人，轻伤42人。另有长沟镇8个村受灾，房屋倒塌3间，损坏房屋156间，电线杆52根，树木4000余棵。

2008年，龙卷风　6月20日14时半左右，灵璧县灵城镇徐杨村、刘兆村、西关、南姚、虹川等社区遭受龙卷风袭击。造成2万余人受灾，1人死亡，45

图22－35　2008年6月20日，灵城龙卷风受灾现场

图22－36　2008年6月20日，灵璧龙卷风刮倒的民房和树枝插入墙上的情景

人受伤住院,其中重伤8人。倒塌民房198户653间,损坏房屋965间,紧急转移安置灾民952人,直接经济损失1852万元,其中农业损失300万元,工矿企业损失130万元、基础设施151万元、公益设施损失85万元、家庭财产损失1186万元。

图22-37 2010年7月17日,砀山良梨黄楼村被刮倒的树木和砸塌的民房

2010年,龙卷风 7月17日,砀山县普降大到暴雨,过程最大降雨量92毫米;局部地区最大风力达到13~14级,并伴随龙卷风天气出现。给良梨、玄庙、李庄、周寨、曹庄、关帝庙、程庄、砀城、葛集镇以及园艺场群众的生产生活带来巨大影响。特别是良梨镇受灾最为严重。全县28万余人受灾;受灾土地面积约24万多亩;损毁房屋5900余间,倒塌房屋1980间;各类树木被刮倒、折断10万余株;农作物大面积倒伏;水果40%被刮落;多处电力、通信设施中断;造成部分企业受损严重;310国道被阻断。并造成1人死亡,30人受伤,其中8人伤势严重,送进医院接受治疗;紧急转移人口465人。直接经济损失约4.8亿元。其中农业经济损失约3.2亿元。

图22-38 2012年3月23日,砀山官庄镇龙卷风损毁的蔬菜大棚

2012年,龙卷风 3月23日,砀山县官庄镇遭龙卷风袭击,该镇龙潭村310个蔬菜大棚遭毁灭性破坏;直接经济损失达85.8万元。

第四节 干热风

1953年,干热风 5月28日,灵璧连刮西南干热风,致使小麦减产一半。

1958年,干热风 5月下半月至6月5日,全区各地出现轻干热风日3~5天,重干热风日1~2天。轻重干热风合计宿县最多达7天。

1960年,干热风 5月下半月至6月5日,全区各地出现轻干热风日2~4天,重干热风日1~3天。轻重干热风合计砀山最多达7天。

1964年,干热风 7月1—8日,泗县连刮8天西南干热风,最高气温升至40.6℃。

1965年,干热风 5月下半月至6月5日,全区各地出现轻干热风日7~9天,重干热风日1~3天。轻重干热风合计宿县最多达11天。

1967年,干热风 5月下半月至6月5日,全区各地出现轻干热风日3~6天,重干热风日1~3天。轻重干热风合计北部萧、砀最多达8天。

1968年,干热风 5月下半月至6月5日,全区各地出现轻干热风日6~10天,重干热风日2~4

天。轻重干热风日合计平均都在10天左右。

1970年,干热风　5月20日前后,砀山,小麦受干热风危害。

1971年,干热风　5月20日前后,砀山,小麦受干热风危害。

1975年,干热风　5月下半月至6月5日,全区各地出现轻干热风日3~5天,重干热风日1~3天。其中宿县干热风持续8天。

1978年,干热风　5月下半月至6月5日,全区各地出现轻干热风日4~6天,重干热风日1天。轻重干热风合计宿县最多达7天。

1983年,干热风　5月18日,泗县出现干热风天气,5月17日也接近干热风天气标准;5月21—24日,连日降水33.3毫米,雨后高温晴天,小麦出现死亡、炸芒现象,形成雨后青枯逼熟现象,对产量的形成带来严重影响,是小麦减产的另一个原因。

1986年,干热风　5月下半月至6月5日,全区各地出现轻干热风日2~7天,重干热风日1~2天。轻重干热风合计宿县最多达9天。5月16日、17日,萧县出现干热风天气,大部分小麦受害,千粒重下降2克。全县小麦平均单产下降30公斤。5月16—17日、30—31日,灵璧出现干热风天气,其中1天重干热风日,千粒重下降,小麦减产。

1987年,干热风　5月17—20日,砀山出现干热风天气。小麦受害严重,有的枯死,有的穗顶变白。26—27日降水10.8毫米,雨后高温,小麦早死,千粒重下降。

5月18日至30日,萧县出现干热风天气,18日最高气温30.1℃,平均风速4.5米/秒;30日最高气温32.0℃,平均风速3.5米/秒,沙地小麦严重减产。

1988年,干热风　6月7日,泗县出现干热风,9日的降雨使晚熟小麦雨后死亡,千粒重下降。

1990年,干热风　5月29—30日,萧县普降大雨,降水总量54.3毫米,雨后猛晴,小麦植株蒸腾急剧加大,根系活力减退,水分平衡失调,生理机能加速衰老死亡,导致小麦青枯逼熟减产。全县平均亩产仅为145公斤,比上一年减产30%。全区平均减产25%~30%。

6月5—6日,灵璧县出现干热风天气,加速小麦青枯死亡,小麦减产。

1994年,干热风　5月中旬至6月初,全区出现3~10天的干热风天气,宿州市、泗县最少,砀山最多。对小麦灌浆成熟极为不利,严重影响小麦的灌浆和成熟,使千粒重下降,造成小麦严重减产。萧县全县因灾造成小麦减产4000万公斤。灵璧县小麦减产2~3成。

1995年,干热风　5月5—8日,砀山出现干热风天气,对小麦开花、授粉、灌浆不利,高岗沙地小麦出现干死现象。全县小麦减产。

2000年,干热风　5月20—24日,全市出现不同程度的干热风天气,砀山、萧县的最高气温均在34.1~38.0℃,其余3县区在32.1~37.1℃;中午14时空气相对湿度大多在10%~28%之间,个别天大于30%;14时风速大多在3~7米/秒;特别是5月21日、22日,均达到重干热风日。严重威胁小麦后期的正常灌浆成熟,特别是遭受长期干旱又无灌溉条件的田块危害极重,致使全市小麦较上一年减产30%左右。

2005年,干热风　5月下半月至6月5日,全市各地出现轻干热风日1~3天,重干热风日1~2天。轻重干热风日合计北部萧、砀最多为4天。

2007年,干热风　5月25—28日,全市各地出现2~4个干热风日,其中萧县出现2个重干热风日,小麦灌浆速度下降20%以上,对小麦灌浆成熟产生一定不利影响。

第五节 连阴雨雪

一、春季连阴雨

1963年,春季连阴雨 4月、5月间,全区阴雨绵绵,雨日普遍达30—36天,是常年的1.5~2倍。宿县比大涝的1954年同期雨日还多15天,是有气象记录以来的最大值。其中,5月20日至29日,宿县连下10天大雨,造成严重灾害。5月下旬,泗县连续阴雨13天,降水量118.2毫米,造成夏熟作物霉烂出芽,影响春播作物管理。

1975年,春季连阴雨 4月下半月,全区连阴雨,自南向北雨量95~155毫米,北部是历年同期平均值的4.5倍左右,中南部2.5~3.5倍;棉花播种困难。

1979年,春季连阴雨 4月下旬,砀山降水28毫米,偏多约1/3,日照偏少50%左右。

1987年,低温连阴雨 2月10—21日,全区各地雨雪量37~56毫米,最低气温-3.6~-4.8℃,小麦、油菜普遍受冻。3月18—24日,本区中南部地区降水20~30毫米,最低气温-2℃上下。

1990年,春季连阴雨 4月30日—5月4日、5月13—18日连阴雨,泗县小麦白粉病、赤霉病大发生。

1991年,春季连阴雨 3月5—11日,全区中北部地区降水45~78毫米,南部降水100~125毫米;3月20—27日,全区各地降水47~70毫米。

1992年,低温连阴雨 3月14—26日,全区长时间连阴雨天气,导致3月平均气温比历年平均值偏低2℃左右;自北向南降水24~69毫米,北部是历年同期平均值的2倍左右,南部为3~3.5倍;日照偏少3~4成以上。对油菜和小麦造成较重的涝渍灾害。

1993年,春季连阴雨 5月12—16日,全区各地自北向南降水13~32毫米,除砀山外,其余均为历年平均值的1.7~2.9倍;日照10.6~12.8小时,普遍偏少63%~71%。

1994年,春季连阴雨 4月17—23日,砀山、萧县出现连阴雨天气,雨量24.6~22.4毫米。此时正值中、晚熟苹果盛花期,持续不断的阴雨天气,使花粉破裂,无法授粉受精,座果率极低。萧县苹果因此减产30%左右。

1998年,春季连阴雨 3月底至4月12日,萧县降水100毫米左右,其余各地58~76毫米,日照偏少42%~62%。

5月7—24日,全区出现长时间的连阴雨天气,在18天的时间里,除砀山、灵璧等县出现3~5天的多云至晴天外,基本上都是阴雨天气。砀山雨量78毫米为最少,其余4县均在110~130毫米。此期砀山日照50.5小时,是常年值的35%,为最多;其他各县区只有31~37小时,为历年同期值的四分之一左右。长期阴雨绵绵,光照严重不足,涝渍成灾,对冬小麦等午季作物的灌浆成熟产生极大的不良影响,造成午季作物大面积减产,其中萧县、泗县小麦减产4成以上,砀山小麦减产35%左右。5、6月份连续2次梨黑星病暴发,砀山50万亩酥梨普遍受害,品质下降,普遍增收不增益;5万亩西瓜座果率普遍降低,尤其是西农8号品种减产达50%左右。

2002年,春季连阴雨 4月下旬至5月中旬,全市各地旬平均气温偏低1.3~2.6℃;并伴有3次连阴雨过程。4月26—30日,萧县、砀山降雨23毫米左右,日照零小时;其余3县区雨量较小,影响不大。5月2—10日,雨日5~6天,雨量35~65毫米,萧县、砀山偏大,日照3.9~7.2小时。5月13—17日,各地降水50~64毫米,日照0.6~4.8小时。3个时段的低温连阴雨,严重影响冬小麦的生长发育，小麦灌浆进程受阻，日最大增重减少20%左右，千粒重较常年偏低5%左右，穗结实率偏少8%上下。

2003年，春季连阴雨　全年较长的连阴雨时段有10次左右，从春到秋一直未断。因暴雨、连阴雨致全市农作物成灾面积高达512.3万亩，农业直接经济损失17.43亿元，这在近20年来是极为少见的。4月20日前后和5月上旬的低温连阴雨，雨日分别为8～9天、5～6天，雨量52～91毫米、10～56毫米，3天内日平均气温下降11℃和7℃左右，日照偏少70%～80%，严重影响冬小麦的生长发育、干物质的积累和籽粒的形成，品质下降。

二、麦收及夏季连阴雨

1954年，夏季连阴雨　6月中旬起，泗县大雨20天，降水量706.8毫米，龙河决堤，潼河漫滩，淮河毛滩决口，泗境106万亩农田受淹；

1956年，麦收连阴雨　6月，砀山县连阴雨，雨量382毫米，小麦发芽霉烂占总数的80%。灵璧降水220.7毫米，朱集、王集、杨疃、徐庙、韦集、砂坝和藕庄等地受重灾。

1957年，麦收连阴雨　6月2日至10日，砀山县连阴雨，小麦发芽霉烂20%。灵璧降水90.3毫米，8个乡镇受重灾。

1961年，夏季连阴雨　8月2—18日，萧县平均降雨308毫米，受灾面积51.7万亩。

1965年，夏季连阴雨　7月6—22日，萧县连续降雨17天，平均雨量501毫米，王寨区734毫米。7月21日下午，以萧县王寨为中心的龙卷风带暴雨，2个多小时内降雨173毫米，全县积水面积71万亩，水深在0.5～2市尺之间，倒塌房屋18922间，死6人，伤2人。朔里区106个村庄，被水围困102个，泡倒房屋847间。

1971年，麦收连阴雨　6月5日始，全区阴雨连绵，月余乃止，雨日均在15天以上，灵璧达18天。小麦普遍生芽、霉烂、损失严重。砀山小麦有20%发芽霉烂；灵璧损失2500万公斤小麦；泗县连阴雨28天，登场小麦出芽霉烂，全县损失严重。

1975年，夏季连阴雨　6月中旬起，泗县淫雨40余天，3万亩农作物绝收。

1980年，麦收连阴雨　6月上旬，砀山降水近70毫米，16—25日再降雨60毫米以上。6月中下旬，泗县阴雨连绵，小麦出芽、霉烂，全县损失严重。

夏季连阴雨　6月24日至8月25日，泗县淫雨62天，32万亩农田积水，2万亩绝收。

1984年，午收连阴雨　5月30日至6月6日，砀山降水近100毫米，形成麦收连阴雨。

1989年，午收连阴雨　6月4—15日，除泗县不足100毫米外，其余各县均在156～213毫米之间，10～12天阴雨不断。连续阴雨缠绵，使成熟收获的小麦不见阳光，致使小麦霉烂、发芽，仅萧县就损失小麦5000万公斤。灵璧未收割的小麦发芽、霉变29%，割倒在地里未来得及收的，发芽霉变48%；全县减产8.7%。泗县除一小部分早熟小麦收获入仓外，其余发芽霉变率高达30%以上，千粒重下降2.9克，全县减产1905.5万公斤，因雨严重霉变不能食用的约为总产量的2.8%。

1990年，午收连阴雨　5月29—30日的阴雨天气，泗县早熟小麦出现芽变；6月7—8日、14—28日的连阴雨，使部分晚熟恋青小麦发芽。全县小麦减产500万公斤左右。

1991年，午收连阴雨　5月23日—6月2日，萧县降水263.6毫米，其余各地96～155毫米。受连阴雨的影响，小麦根部缺氧导致呼吸困难，不少干枯死亡，小麦籽粒干瘪。萧县小麦比正常年份减产5000万公斤以上。6月阴雨持续，雨日都在17～25天，雨量除灵璧高达288毫米外，其余各地均在88～160毫米之间。

灵璧春末夏初阴雨连绵对午收作物后期生长和收获不利，小麦严重减产。

5月18—31日，泗县降水130.9毫米，此时雨多，严重影响小麦的灌浆成熟，造成千粒重下降，穗粒数减少，成熟期推迟7～10天，早熟小麦田间发芽；加上6月阴雨多，严重影响小麦的收割、脱粒和凉晒，致使小麦大幅度减产，部分减产50%。保险赔偿71万多元。

据调查，小麦平均千粒重28.6克，比常年平均降低9.1克，减产21.4%，倒伏的减产3～5成，总产减产35%。油菜减产80%。

夏季连阴雨　梅雨期降水386.1毫米，雨日35天，仅次于1954年。梅雨期阴雨多，棉田普遍受涝渍，泗县有9万亩低洼地棉花绝收，其余的品质降低1～2个等级。

1998年，午收涝　6月1日，灵璧、泗县等地出现80～140毫米暴雨，并伴有5～7级以上大风，加上前期降水偏多，致使大面积成熟待收的小麦泡在水里，倒伏十分严重，机械无法作业。受灾最重的泗县有68万亩小麦泡在水里无法收割，20万亩绝收；棉花等春播作物全部受灾，累计造成经济损失2.5亿元。

2000年，午收连阴雨　6月3～9日，宿州市北部降水30毫米左右，中南部107～144毫米；21—29日，全市各地降水220～340毫米，连阴雨造成灵璧小麦有50万亩发芽。

2003年，夏季连阴雨　全市最长的两个连阴雨时段为6月下旬中至7月下旬初和8月9日至9月上旬，各地降雨日数分别为22～26天、23～32天，雨量分别为193～727毫米、246～438毫米，日照时数偏少60%以上。夏季的阴雨寡照，致使各种夏播作物营养生长严重不良，大面积渍涝成灾，严重减产。

由于连续阴雨，7月22日4时18分，坐落于宿城内的一段始建于明洪武十年的古城墙坍塌10余米，致使在古城墙前休息的环城河清淤人员11人不幸遇难。

2005年，夏秋连阴雨　7月下旬至10月上旬，全市各地均出现5～6个时段的连阴雨天气过程，短的阴雨天数3～5天，长的10天左右；各时段降水量一般都在40～80毫米之间，多的在130毫米以上；最严重的两个时段是7月30日至8月8日和9月25日至10月7日。长期连阴雨天气使土壤湿度长期饱和偏大，严重影响秋季农作物、蔬菜和水果生长发育，使大面积果园泡在水中，部分砀山酥梨等水果不能及时采摘而烂掉，较低洼地桃树受淹死亡；大豆、玉米、花生、棉花等秋季农作物不能及时收获，霉烂严重，欠收较多。长期连阴雨使秋季冬小麦播种期推迟15天左右，且多是撒播，冬前小麦苗情普遍较差。

低温连阴雨　8月17—24日，全市各地出现长达8天的低温连阴雨天气，北部雨量21～31毫米，中南部雨量47～55毫米；这8天中日平均气温21.1～22.4℃，比历年同期偏低3.6～4.4℃；总日照11～22小时，除灵璧偏少47%外，其余各地均偏少6～8成。

2006年，夏季连阴雨　6月21—25日，全市各地出现4天左右的连阴雨，雨量40～110毫米，对部分播种较晚的秋季作物有一定影响。6月27日至7月5日出现1周左右的连阴雨，雨量106～344毫米；7月中下旬、8月上旬、8月下旬末至9月上旬，全市各地不同程度的出现多次连阴雨天气，部分乡镇出现了短时积水，一定程度上影响了秋季作物的生长发育。部分低洼地区大面积内涝，大豆、玉米等秋季作物死亡、倒伏现象较为严重。阴雨天气较多，对建筑、砖瓦生产等野外作业较为不利。

2007年，夏秋连阴雨　6—10月，全市各地出现7～10个连阴雨时段，主要集中在7月、8月；7—8月降雨量除砀山420毫米外，其余都在620～900毫米之间，是常年同期值的1.8～2.7倍，雨日都在31天以上。长期连阴雨致使各旬气温日较差只有5.4～8.3℃，与常年平均值相比长期偏低2～2.8℃，对大豆等秋季作物干物质的积累和产量的形成产生较大不利影响，定点测定的大豆单株干物质重量只有近5年平均值的51%。

2008年，低温连阴雨　砀山6—8月平均气温24.8℃，比常年显著偏低1.4℃；夏季降水616毫米左右，异常偏多55.3%，特别是7月是常年平均值的2.1倍；夏季日照430小时左右，偏少近200小时，尤其是7月的日照只有常年值的35%。梨叶炭疽病于7月28日前后、8月17—18日连续两次大暴发，砀山酥梨损失惨重，历史上绝无仅有。全县50万亩梨树落叶、落果严重，对产量、品质形成灭顶之灾，全县直接经济损失高达9.3亿元。

2010年，午收阴雨　6月8—9日，全市普降大到暴雨，各县区雨量42～49毫米。其中有26个乡镇达到暴雨，泗县丁湖最大为68毫米，降雨时风力普遍达到5～6级。由于降水量和风速均较大，小麦穗部重，根茎衰老，造成小麦大面积倒伏。致使小麦倒伏15%～30%以上。截至6月8日，全市小麦收获2.2万亩，只占播种面积的0.3%。此次过程明显影响全市小麦的收获进度，小麦大面积收割推迟3～5天。

2011年，夏季连阴雨　8月，砀山降水量309毫米，较历年偏多1倍以上；平均气温较历年偏低1.3℃；日照时数137.5小时，较历年偏少四分之一以上，对提高梨品质不利。

2012年，夏季连阴雨　6月27日至7月10日，宿州市中南部地区出现14天的长连阴雨天气，降水355～456毫米。造成部分乡镇局地短时内涝，影响夏季农作物的生长发育。

三、秋季连阴雨

1960年，低温连阴雨　11月22—24日，砀山连续降雪雨23.6毫米，最低气温降至-4.9℃，生产队牲口冻死141头。

1964年，秋播连阴雨　10月，砀山连阴雨，雨量112.6毫米，小麦播种困难。

1968年，秋播连阴雨　10月6—15日，砀山、萧县连阴雨，雨量60毫米以上，影响小麦播种。

1970年，秋季连阴雨　8月24日至9月底，泗县、灵璧连续阴雨，降雨量310～420毫米，泗县60万亩农作物受灾。

1973年，秋种连阴雨　9月底至10月上旬，砀山、萧县雨量是历年同期的2倍以上，影响秋种。

1974年，秋种连阴雨　9月底至10月上旬，砀山降水89.2毫米，是历年同期3.3倍，影响小麦播种。

1980年，秋种连阴雨　9月底至10月上旬，砀山降水88毫米，此后连阴至10月下旬，严重影响小麦播种。

1983年，秋种连阴雨　10月上、中旬，萧县降水44.1毫米、76.3毫米，分别是历年同期的1.5倍和9.2倍，旬雨日多达4天和7天，连续阴雨对秋种极为不利，小麦播期推迟10天以上，严重影响了小麦的壮苗越冬。10月上、中旬，砀山降水115.3毫米，小麦播种期推迟10天左右，小麦出苗后长势差，一类苗长的不如上一年的二类苗。

1984年，秋季连阴雨　砀山9月降水是历年同期的2.4倍，尤其是9月22日—10月3日，降水107毫米。长期阴雨，使冬小麦播种期推迟，秋季农作物受渍涝严重。25万亩大豆，平均单产45公斤，不足上一年的一半；棉花不仅品质下降，且减产20%～30%；受灾较重的8个区，秋粮减产2541.5万公斤，全县减产15%左右；另外倒塌民房3580间。

9月，灵璧降水273.3毫米，达历史同期最高值，秋季连阴雨使成熟的秋季作物不能及时收获，棉花僵烂铃增多，甘薯受渍变质，严重影响产量质量；小麦播种期推迟10天左右。

9—11月，泗县降水382.4毫米，比历年同期偏多223.3毫米，构成秋涝。特别是9月的两段连阴雨，对秋作物影响较大。与上年比，1～5级棉花下降23.5%，等外棉增加12.6%；山芋减产3917.4万公斤，大豆减产998.6万公斤。由于地烂，秋作物无法及时收获，腾不出茬口，致使小麦播期推迟10多天。9月的连阴雨造成2517人出现肠道传染病或流感，占全年发病率的43%；供销部门香烟、糖果等食品发生霉变,损失11万多元。

1985年,秋季连阴雨　9月12—19日,萧县连续阴雨8天,雨量75.1毫米。棉花出现烂桃、僵瓣现象。9月,砀山降水141毫米,土壤泥泞,10月9—20日为连阴雨天气,总雨量93毫米,适期播种的小麦只有45.6%,其余的推迟20~30天、个别地方达40天以上才播完。12月7日进入越冬期,比历年提前10天左右,入冬早,麦苗基础差,使1986年的小麦比上年减产3750万公斤。长期阴雨还使棉花减产30%左右,甘薯损失60%~70%。

9月、10月,灵璧、泗县出现多次连阴雨天气。10月降水量是历年同期的2.6倍,雨日偏多10天。阴雨天多,对秋季作物的成熟、收获极为不利,其中切晒的甘薯片发生霉烂、棉花减产15%左右,品质下降,损失144万元;连阴雨还严重影响秋种,到10月23日小麦播种不足一成,直至11月中旬小麦才完成播种任务,到越冬开始时,仍有20万亩未能出苗;油菜没有完成播种任务。在年前泗县有20%的小麦未出苗,30%的小麦年前"一根枪"。10月至11月,宿县阴雨连绵,棉花与秋庄稼均减产,小麦有的迟延到"小雪"节气后才播种。

1987年,秋播连阴雨　10月13—15日,萧县连续3天降大到暴雨,雨量116.5毫米。虽解除了前期旱情,但由于雨量过大,特别使刚灌过水未来得及播种的小麦,不得不使小麦播期再次推迟,直至11月中旬才播完。

10月13日—11月2日,泗县长期阴雨,雨量95.4毫米。雨前切晒的山芋片受雨霉变,损失严重,仅长沟一个乡就霉变100多万公斤,损失约16万元。

1992年,秋季连阴雨　9月,全区多阴雨天气,雨日11—14天,气温偏低1℃左右,日照偏少22%~34%,宿县中旬日照5.4小时,是有史以来的最低值。不利的天气条件对秋季作物的生长、产量的形成造成严重威胁。9月1日—10月5日,泗县阴雨多,且有两场暴雨,其中9月雨日多达16天,对晚秋作物生长极为不利。

1996年,秋季连阴雨　10月末至11月17日,大到暴雨接连出现,阴雨连绵,自北向南雨量为103~186毫米,近20天里日照只有18~34小时,甘薯无法起收、凉晒,大量霉变腐烂;对晚播玉米的灌浆成熟、棉花吐絮极为不利,棉花产量、品质受损;砖瓦窑厂损失惨重。萧县几十万公斤未晒干的山芋片霉烂,白白毁掉。

1999年,秋播连阴雨　9月28日—10月16日,砀山降水82.8毫米,其他4县(区)132~159毫米,是历年同期的3倍左右;日照时数只有29~33小时,比历年同期偏少4~5成。连阴雨天气给砖瓦生产、秋收和北部的秋种带来不利影响,但对南部秋种影响不大。

2000年,秋播连阴雨　9月下旬至10月初,全市出现10~12天的连阴雨天气,期间萧县降水63毫米,其余4县区降水都在114~147毫米之间,日照时数只有20~26小时;10月下旬出现9天的连阴雨,其间砀山降水23毫米,萧县降水41毫米,其余3县区降水58~77毫米;9天中,全市各地日照时数均在0~3小时以下。11月上旬末至中旬,又出现长达13天的连阴雨天气,其间降水47~64毫米,日照时数31~44小时。长期的阴雨寡照,严重影响秋季作物的后期生长发育、成熟收获,并导致冬小麦播种比常年推迟10~15天。

2001年,连阴雨　12月2—12日,全市各地降水47~67毫米,总日照时数只有7~12小时,平均一天不足1小时。连阴雨天气给人们的生活带来诸多不便。

2003年,秋季连阴雨　9月中旬、10月上旬、中旬初、11月上旬至中旬,宿州市发生多次连阴雨,各时段雨日3~8天不等,多数时段的雨量都在20~60毫米,给原本受重灾的秋季作物雪上加霜。连阴雨天气除农业生产造成损失外,还给人们的生活带来诸多不便。

2005年,秋播连阴雨　9月25日—10月7日,全市各地降水50~110毫米,雨日除泗县9天外,其余各地均在12～13天，严重影响秋收和秋种进度及播种质量。

2011年，秋季连阴雨　9月4—19日，砀山连续阴雨16天，共降水76.2毫米；日照仅16.5小时，对梨的后期着色、品质提高较为不利。

四、大雪

1954年，大雪　12月28日始，全区普降大雪，平地积雪尺余，最低气温降至-24℃（1955年1月6日宿县-23.2℃）左右，淮河封冻，冰上行汽车。果树多半被冻死，其中石榴树受灾尤重。12月31日，萧县普降大雪，平地积雪1.4尺，气温骤降到-23℃，全县石榴树冻死50%以上。

1955年，大雪　1月，泗县大雪，平地雪深约1米，气温降到-24℃，致使不少树木冻死，交通中断。

1973年，大雪　3月6日凌晨，全区普降雨雪，一二级干线全阻54小时，宿县、灵璧、泗县各县三级线路均不通。

1983年，大雪　1月18日，泗县普降大雪，雪深13厘米，积雪9天，是近年来少见的。大雪造成汽车站公共汽车停运1天。

1987年，大雪　11月26—28日，全区骤降雨雪，自南向北雨雪量23.7～32.8毫米，最大积雪深度10厘米，冻土深度6厘米左右，气温连续10余日降至零下10℃左右，全区500万亩小麦、近90万亩油菜普遍受冻。未及时收获的蔬菜皆被冻坏，致使菜价飞涨，春节后，大白菜竟卖四角多钱1斤，萝卜三角多钱1斤，菠菜每斤1元左右。

1989年，大雪　2月21—25日，泗县普降大雪，过程雨雪量46.5毫米，最大积雪深度31厘米，是本县有气象记录以来最大积雪深度。由于雪深，本县交通被迫中断3天，直接经济损失达100多万元。县磷肥厂的30多间仓库和草沟供销社的一座仓库被大雪压塌，直接经济损失近20万元。2月23日，灵璧大雪，积雪深达30厘米，公路交通中断。

1990年，大雪　1月28—30日，全区普降大雪，雨雪量19～23毫米，雪深10～12厘米，雪后持续低温，极端最低气温除砀山-14.4℃外，其余各地都在-16.5℃～-18.1℃之间，均为近20年来的最低值。道路积雪经人踩车压后冻成冰层，交通受阻。2月3—5日泗县有千余辆客、货车停开。河水封冻，航运被迫中断。

2月9—23日，全区各地雨雪量52～64毫米，最大积雪深度9～10厘米。

1991年，大雪　12月22—27日，全区普降大雪，降雪量21.8～45.3毫米，北部最大积雪深度8厘米左右，其余各地16～29厘米，雪后气温骤降14.4～23.1℃。大雪解除了前期旱情，但同时有1000多个蔬菜大棚被压塌，冻坏蔬菜60亩。汽车交通被迫中断，部分通信中断。

12月下旬，灵璧普降大雪，降雪量38.7毫米，最大积雪深度29厘米，12月24日—1992年1月5日，连续13天积雪深度均在10厘米以上，12月30日极端最低气温-21.3℃，多年来实为罕见，供电、供水、供气及通信一度中断，交通事故频繁发生。

12月24—26日，泗县普降暴雪，雪量达45.3毫米，最大积雪深度26厘米，28—30日最低气温均在-15℃以下，其中30日为-19.6℃，交通受阻，全县每天少发客车班车120多班次，对全县人们的生活带来一定影响。

1993年，大雪　1月12日至14日，全区普降大雪，总雪量15.5～48.4毫米，砀山最小，泗县最大；北部雪深9厘米左右，中南部13～22厘米；北部积雪12天左右，中南部长达20～28天；极端最低气温-18.5℃，-10℃以下的有10天。公路交通被迫中断，部分通信线路受到破坏，积雪压塌大部分蔬菜大棚，城市蔬菜供应一度紧张。泗县中断交通2天以上，县汽车站少发客货车200台次；路面遭破坏损失达80多万元。

1998年,大雪　1月14—17日,全区各地普降大雪,自北向南雨雪量9~23毫米,最大积雪深度6~13厘米;至18—19日晨,最低气温下降到-11.6~-14.1℃。

2000年,大雪　1月7—25日,全市各地降雪7~12天,北部积雪10~15天,中南部积雪7~8天,北部最大雪深8~13厘米;2月5日降雪1天,中南部雪深3~7厘米。

2006年,大雪　1月16—21日,宿州市出现较长时间连续雨雪天气,中南部雨雪量为25~28毫米,最大雪深5~10厘米,对交通运输产生较为严重的影响。

2010年,大雪　2月10—11日,全市各地普降大到暴雪,雨雪量13.6~31.8毫米,积雪深度6厘米左右,积雪7天左右。砀山县葛集镇、李庄镇、玄庙镇、朱楼镇受暴雪影响,有338亩274个果蔬大棚被压垮,经济损失498万元。埇桥区、灵璧等地部分乡镇受雪灾影响,造成个别果蔬大棚被压垮。

第六节　寒潮霜冻

一、寒潮

1955年,特强寒潮　11月15—16日,砀山、宿县24小时内最低气温下降11.8~12.2℃,16日最低气温-5.6~-7.5℃。

1956年,寒潮　2月26—29日,砀山、宿县降温12.7~13.2℃,16日最低-11℃左右。

11月10—12日,砀山48小时内降温9.7℃,宿县降温13.4℃,12日最低气温-2.8~-3.8℃,砀山县达寒潮标准,宿县达到强寒潮标准。

1957年,寒潮　2月2—3日,萧县、宿县降温9.2℃左右,3日最低-11℃左右。2月6—7日中南部地区降温8.8~9.6℃,7日最低-13.9~-14.9℃。其中宿县2次重复受害。

1958年,寒潮　1月13—16日,最低气温下降11.8~14.2℃,16日晨极端最低气温-13.2~-14.0℃。其中,宿县达到强寒潮标准。

3月25—28日,全区各地最低气温下降12.1~14.8℃,28—29日晨最低气温下降至-2.8~-4.7℃。其中,砀山达到强寒潮标准。

1959年,寒潮　11月7—8日,灵璧、泗县降温9℃左右;7—9日,中北部地区降温9.6~11.2℃,8—9日最低气温0.5~-2.2℃,均达到寒潮标准。11月23—25日,全区各地再次降温9.8~10.5℃,25日最低气温-2.0~-4.4℃,达寒潮标准,各地均重复受灾。

1962年,特强寒潮　3月14—17日,萧县、宿县、灵璧72小时降温16.4~16.7℃,17日最低气温-4.5~-6.5℃;泗县降温14.8℃,17日最低6.3℃,达强寒潮标准。

3月25—26日,全区中南部地区24小时降温9.6~11.1℃,26日最低气温-5.8~-7.1℃;其中泗县达强寒潮标准。

特强寒潮　4月1—3日,全区各地日平均气温下降10℃以上,最低气温下降14.3~17.3℃,3—4日晨自北向南最低气温下降到-1.6~-4.6℃,冬小麦发生大范围严重冻害。灵璧地面最低温度-7.5℃,受冻面积69.8万亩,小麦受到不同程度的损失。

据统计,全区午季作物受害比较严重的有560.7万亩(其中死苗7成以上至无收的有82.7万亩,死苗5成以上不足7成的有196.5万亩,死苗3成以上不足5成的有281.5万亩),占原种午季作物总面积的63.1%。午季作物受灾后,不仅麦子分蘖少、棵数稀、穗头小,而且发生成片枯死,,还有一部分晚麦抽不出穗来，因而造成很大减产。这次冻害之重，仅次于1953年。

1964年，强寒潮　2月15—17日，砀山最低气温下降12℃，17日晨极端最低气温下降到-17.5℃；2月16—18日，中南部地区最低气温下降10.1~14.2℃，18日晨极端最低气温下降到-15.3~-18.8℃。除宿县达寒潮标准外，其余3县均达到强寒潮标准。

1965年，寒潮　12月22—24日，宿县地区自北向南降温10~12.8℃，24—25日最低气温-5.9~-9.1℃；其中，中南部地区达到强寒潮标准。

11月24—26日，中南部降温10℃以上，26日最低-3.7~-5.1℃。

1966年，特强寒潮　2月20—23日，全区自北向南降温11.1~21.6℃，22—23日最低气温-9.6~-16.9℃；砀山寒潮、萧县强寒潮标准，中南部地区达特强寒潮标准。

1968年，特强寒潮　1月6—8日，中南部地区降温13.3~17.2℃，8日最低-11~-13.6℃；其中，宿县为强寒潮，灵璧、泗县为特强寒潮。

砀山、萧县11月7—10日降温14~15.6℃，中南部11月8—10日降温12.6~13.7℃，10日最低气温-7.3~-8.6℃，均达强寒潮等级。

1969年，寒潮　1月28—31日，宿县降温12℃，31日极端最低气温下降到-19.0℃。

2月3—5日，砀山降温10.3℃；2月3—5日或6日，其余各地降温15.7~17.2℃；5日或6日最低气温-22.3~-23.9℃。砀山寒潮标准，宿县强寒潮，其余各县特强寒潮。

11月9—10日，萧县降温11℃，10日最低气温-2.9℃，形成强寒潮。8—10日，宿县、灵璧降温11℃，10日最低-2.3~-3.2℃，均达寒潮标准。

12月7—9日，宿县地区中南部降温10~11.9℃，9日最低气温-9℃左右；寒潮。

1970年，强寒潮　1月2—5日，全区各地降温13.6~16.6℃，5日最低气温-12.1~-14.2℃，泗县达到特强寒潮等级，其余各地为强寒潮。

11月13—15日，宿县地区自北向南降温12.7~14.3℃，15日最低气温-3.0~-5.9℃，除灵璧县达特强寒潮外，其余各地均为强寒潮。

1972年，寒潮　3月29日至4月1日，萧县、宿县最低气温下降12.3~12.4℃，4月1日晨最低气温下降到-1.8~-2.0℃。

12月11—13日，全区自北向南降温11.4~16.9℃，13日最低气温-8.3~-10.6℃，北部的砀山、萧县为寒潮等级，中南部地区达特强寒潮标准。

1975年，寒潮　3月19—20日、22—23日、25—26日，砀山连续3次降温8.6~9.2℃，最低气温-2.8~0.6℃；宿县、灵璧3月19—20日降温8~9.7℃，最低0.8℃左右。

1977年，强寒潮　3月1—3日或4日，全区降温11.4~15.7℃，最低-1.6~-5.3℃，北部为寒潮等级，中南部地区达强寒潮标准。

1978年，寒潮　10月25日或26—28日或29日，全区各地日平均气温下降11.8~14.5℃，最低气温下降13.1~17.8℃，28日或29日晨极端最低气温下降到-0.2~0.9℃。中南部地区达到强寒潮标准。

1979年，寒潮　10月20—21日，中南部地区降温8.6~9.2℃，21日最低1.4~3.1℃。

1981年，寒潮　10月21—23日，宿县地区各地最低气温下降9.6~13.2℃，23日晨极端最低气温下降到-0.4~2.8℃。中南部地区达到强寒潮标准。

1982年，强寒潮　11月8—10日，全区各地降温12~13℃，10日最低0.1~2.0℃。

1983年，寒潮　砀山2月16—18日，其余地区17—19日降温10.5~12.1℃，18日或19日最低气温-7.7~-10.8℃，除宿县达到强寒潮标准外，其余地区均为寒潮等级。

1986年，寒潮 11月28—29日，全区各地24小时最低气温下降8.0～10.2℃，29日最低气温-5.6～-8.4℃。其中，灵璧县达强寒潮标准。

1987年，特强寒潮 11月25—28日，受强冷空气影响，砀山最低气温、日平均气温均下降18.2℃，11月28晨最低气温-8.5℃。其余各地在11月26—28日48小时内降温15.0～18.2℃，11月28日的最低气温均在-5.9～-7.2℃；泗县11月27日的气温日较差达19.2℃，历年同期罕见，小麦被迫提前近20天进入越冬期。据萧县调查：全县小麦有23万亩全部冻死，64万亩1/2叶片受冻干死，23万亩1/3叶片受害干死；全县17万亩油菜中有3万亩50%～70%受冻死亡，1万亩受冻死苗率20%，其余13万亩叶片也全部受冻。灵璧110万亩小麦中有25万亩全部冻死，单株剩1片绿叶的38万亩，剩2片绿叶的47万亩，沙土地的小麦冻害轻于淤土地，淤土地又轻于砂礓黑土地，全县小麦比上一年减产32.9%；25万亩油菜中有7万亩全部冻死，死苗率在10%～20%的有9.5万亩，死苗率在30%～40%的有8.5万亩，全县油菜只收了25万公斤，几乎绝收。冻死鱼苗400万尾，价值7万元。泗县90万亩冬小麦中叶片冻死20%～40%的有26.2万亩，叶片冻死40%～80%的有31.3万亩，叶片冻死80%以上的有25.7万亩；11.4万亩油菜实收981亩，总产减产99%，若按每亩100公斤计算，损失就达854万元。全县蔬菜同遭毁灭性打击，菜价比上年同期高6倍。全县28个砖瓦厂共冻坏1400万块砖瓦坯，损失56万多元。

1988年，寒潮 3月13—16日，全区各地自北向南日平均气温下降12.4～14.9℃，3月17日晨最低气温-1.4～-2.3℃，中南部地区达到强寒潮标准。

11月8—10日，砀山县降温9.8℃；9—10日，萧县以南地区降温8.1～10.6℃，10日最低气温-2.3～-3.8℃，达寒潮标准；其中萧县、宿县达强寒潮标准。

1990年，强寒潮 1月28—31日，砀山最低气温下降12.9℃，1月31日最低气温-14.4℃，为寒潮标准。1月29日—2月1日，萧县以南地区最低气温下降14.9～16.9℃，2月1日晨最低气温降至-16.5～-18.1℃，达到强寒潮标准，小麦受害严重。

11月8—10日，萧县、灵璧、泗县降温12.1～12.8℃，10日最低气温0.0～-0.6℃，强寒潮标准；宿县降温10.2℃，10日最低气温0.8℃，寒潮标准。

1991年，寒潮 10月25—27日，砀山降温10℃以上，27日最低气温1.3℃。10月26—28日，萧县以南地区降温11.6～13.3℃，10月28日晨最低气温-0.2～0.5℃。其中，宿州、灵璧达到强寒潮标准。

11月6—8日，萧县以南地区降温10.6～12.4℃，11月8日晨最低气温-0.6～0.8℃。其中，萧县、泗县达强寒潮标准。

12月25—28日，宿县地区中南部地区最低气温下降14.0～15.8℃，12月28—30日最低气温下降到-18.7～-21.3℃，强寒潮标准。

1993年，寒潮 11月16—18日，受北方强冷空气影响，气温持续下降，全区出现寒潮天气，48小时降温幅度达10.1～11.9℃，18日最低气温-0.9～2.0℃。受其影响，11月19—20日，全区自北向南先后出现暴雪天气，雨雪量除萧县15毫米外，其余各地28～46毫米，最大积雪深度除萧县较浅外，其余各地7～12厘米，泗县最深。小雪节气未到就下这样一场大雪，实为40多年来少见。雪后气温急剧下降，到11月24日最低气温达-8.6～-9.4℃，蔬菜受冻损失50%～70%。泗县5万亩大白菜受冻严重，菜价猛涨近10倍。灵璧蔬菜及砖坯冻坏严重，损失数百万元；小麦、油菜也受灾严重。砀山、萧县绝大部分小麦受冻，1/3的叶片干枯死亡；蔬菜受冻严重；砖瓦厂损失砖坯120多万块。

1994年，寒潮 12月1—3日，全区中南部地区降温9.9～12.1℃，12月3日最低气温-1.4～-2.6℃。

1995年,寒潮　11月19—20日,中部地区气温下降8.8~9.3℃,20日最低气温-1.4~-2.5℃。12月3—4日,萧县、宿县气温下降8.1~9.0℃,4日最低气温-4.0~-5.0℃。

1996年,寒潮　11月11—13日,全区各地48小时内最低气温下降9.6~12.0℃,13晨日最低气温-0.4~1.4℃,其中灵璧县达到强寒潮标准。

1998年,强寒潮　3月18日起,受北方强冷空气影响,全区自北向南出现雨雪天气,气温急骤下降,48小时内日平均气温下降12.7~13.8℃,到21—22日,大部分地区最低气温达-0.3~-1.7℃,出现了严重霜冻,对夏季粮油、蔬菜等作物造成严重危害。

2003年,寒潮　11月6—8日,全市各地气温下降12.2~13.4℃,11月8日晨最低气温0.7~4.0℃;其中砀山县达到强寒潮标准。

2004年,寒潮　3月16—17日,全市气温下降9.5~10.9℃,17日最低气温1.7~3.5℃。

2005年,寒潮　12月3—5日,全市各地自北向南气温下降9.5~12.9℃,12月5日最低气温-5.2~-7.8℃;其中,灵璧、泗县达到强寒潮标准。

2006年,寒潮　3月11—13日,全市各地降温11.3~12.3℃,13日最低气温分别为-1.7~-4.4℃;其中,灵璧县达到强寒潮标准。宿州市大面积小麦都处于起身阶段,没有进入拔节期,还具有一定的抗寒性。这次寒潮对正常播期的小麦基本没有什么影响,对偏春性品种冬小麦以及播期较晚、抗寒性较差、处于较洼地段的小麦影响较大,受冻偏重,危害症状较明显,植株受害率60%左右,单株受冻叶片30%上下,受冻叶片均是上部叶片,但植株生长点均未受害。

2007年,寒潮　3月3—6日,受北方较强冷空气影响,全市日平均气温下降10℃左右,最低气温下降12~13℃;极端最低气温-3.2~-5.6℃,达寒潮标准。部分提前拔节的偏春性小麦品种及近几年从河北、河南等地新引进的推广品种受到严重冻害,部分田块主茎冻死达50%~60%,减产在2成左右。全市小麦受冻面积大约在15万~20万亩。

2012年,寒潮　2月6—8日,萧县以南地区降温10.2~10.7℃,8日最低气温-6.6~-8.9℃。10月16—18日,萧县、砀山降温10.9~12.4℃,18日最低气温4.0℃。11月22—24日,全市各地降温10~11.9℃,24日最低气温0.5~-2.8℃。12月28—30日,萧县、砀山降温10.8~11.5℃,30日最低气温-10.2~-10.9℃。

二、霜冻

1953年,霜冻　3月10日、4月11—12日,全区各县发生严重霜冻灾害,正在拔节的小麦经霜打后遍地枯黄(主茎多被打死)。不久天降春雨,小麦无效分蘖迅速变为有效分蘖,午季收成仍较好(大约有6成收获),而灵璧则减产6成。4月11日,萧县遭受霜冻灾害,受害小麦38.1万亩,占麦田总面积的27.9%。4月12日,砀山严重霜冻,受灾后小麦大部分无效分蘖转为有效分蘖,获六成产量。4月24日,泗县发生历史上罕见的霜灾,受害小麦雨后却重新分蘖、抽穗,有收。

1957年,霜冻　4月2日,泗县最低气温-2.4℃、灵璧-2.9℃、其他地区-2℃左右。砀山等地小麦普偏遭受晚霜冻害。

1958年,霜冻　3月28日,砀山最低气温-4.7℃,全县小麦受灾18万多亩,其中小麦损失30%以下的有11万多亩,损失30%~60%的有5万多亩,损失60%以上的1.3万亩。

1961年,霜冻　4月9日,全区各地气温下降到0.6~-0.8℃,萧县最低。从温度上看,霜冻并不重,但由于冬季降水连续偏少50%~70%,午季作物生长较差,抗寒能力较弱,再加上前期温度持续偏高(其中尤以2月中下旬最为显著,全区各地偏高2.8~3.6℃)越冬作物提前返青,午季作物遭受了较重的冻害。据统计,全区午季作物受害783.7万亩,占午季作物总面积的90.5%。其中萧县地面温度

下降到 -4.5℃,持续近2小时,全县110.8万亩小麦受霜灾,其中比较严重的为76.9万亩,占麦田面积的69.3%。5月3日,灵璧地面温度下降至 -3.6℃,出现大面积霜冻。

1963年,霜冻　4月上旬,宿县地区北部气温偏低2.2~2.8℃,6日晨最低气温0.2~0.3℃,是有记录以来同期气温的最低值,部分小麦遭受不同程度的冻害。

1966年,冰冻　3月,冰冻造成电话线路损坏,砀山80%的农话线路中断,宿县地区气象台抽调各县机线员协助抢修。

1975年,霜冻　3月23—24日,灵璧霜冻,县北王集、九顶、渔沟、浍沟、高楼、大庙、冯庙、尹集等12个公社,187个大队,1825个生产队受灾,29.4万亩小麦受损减产。

1990年,晚霜冻　4月24日,全区出现晚霜冻,最低气温1.6~3.7℃。宿州市100多万亩小麦严重受害,部分弱质的小麦出现死苗现象,减产严重;部分水果花果受冻;泗县部分揭膜早的棉苗受冻枯死。

1991年,晚霜冻　4月26日,砀山、萧县最低气温3.1~3.5℃,出现历史上最晚的晚霜冻,对小麦造成严重冻害,有的不能抽穗,有的虽然抽穗,但有一多半小穗不能结实。

早霜冻　10月20日,全区最低气温均在1.3~2.6℃,出现较强早霜冻,砀山棉叶和棉花幼铃被打坏,产量和品质受到严重影响。

1993年,霜冻　4月9日、11—12日,连续出现2次重霜冻,全区有150万亩小麦受冻(主要是西安8号),减产50%左右。水果、蔬菜也受到严重危害。据萧县调查:全县小麦有10万亩受害较重;25万亩水果受冻达8成以上的3.5万亩,幼果受冻后发黑脱落,新梢发黑,部分花芽夭折,6~8成的约1万亩(主要是梨),葡萄受害达5成以上的2.5万亩,苹果受害5~7成的约3.5万亩,总计减产1亿公斤,经济损失84万多元;大风刮开蔬菜大棚,使棚菜受冻,经济损失达400多万元。占砀山小麦面积60%以上的西安8号,受冻后有的田块70%~80%不能抽穗,造成严重减产;砀山酥梨梨花90%受冻,其中70%冻死,产量大幅度下降,经济损失3.5亿元。

晚霜冻　4月25日,全区出现历史上最晚的春霜冻,最低气温1.9~4.5℃,有10万亩棉苗受冻。

1994年,倒春寒　3月14—15日、26—27日,萧县出现两次较强的冷空气,最低气温分别达到 -3.5℃和 -3.6℃,为明显的倒春寒天气。小麦严重受冻者5万亩,轻度受冻9万亩左右;未及时加盖草毡的大棚,棚内辣椒几乎全部冻死。

低温冻害　5月2—5日,受北方强冷空气影响,萧县出现2天6~7级偏北大风,5日最低气温降至6.8℃。低温使小麦抽穗、扬花受阻,直接影响到小麦后期产量的形成。蔬菜、水果也受到不同程度影响。

1995年,倒春寒　4月3日,受北方冷空气影响,出现"倒春寒"天气,砀山、萧县最低气温 -0.4~ -1.9℃,小麦受到严重冻害,部分小穗受冻,有的甚至冻死。

1999年,冻害　12月19—23日,全市连续5天日平均气温在 -0.7~ -6.0℃以下,日最低气温大都在 -5℃以下,其中22日极端最低气温 -9.3℃~ -11.6℃,由于降温幅度大,时间长,砀山3万多亩塑料大棚辣椒普遍受冻,其中1000多亩全部冻死,直接经济损失500万元;陇海乡三里河张庄村,一家3棚辣椒全部冻坏,损失惨重,有1人喝农药死亡。

2000年,冻害　4月10日,砀山最低气温降到3.0℃,是近20天以来的最低值。在4月9日7级大风的作用下,刮坏塑料大棚,砀山冻死各种菜苗数万亩。据县民政部门统计,全县损失7000余万元。

2001年,冻害　2月下旬,是黄梨花芽萌动期,对低温较为敏感,最易产生冻害。2月24—25日,出现 -2.1~ -2.7℃的最低温度,受害黄梨芽达30%~70%,严重影响黄梨花粉的数量和质量,迫使梨农不得不高价外购花粉，用于砀山酥梨授粉；3 月 28 日，出现 -4.2℃的最低气温，使砀山酥梨花序受冻，花柄下垂，花托似开水烫。据调查，全县受灾 9.5 万亩，成灾 7.2 万亩，直接经济损失 615 万元。

2005 年，冻害　2004 年 12 月 21 日至 2005 年 2 月 28 日，全市各地极端最低气温均在 -9 ~ -12℃以下；日平均气温≤0℃的日数 29 ~ 48 天，这在近年来是比较少见的，砀山有 5% 左右的春性品种小麦大茎、叶片部分冻死。

霜冻　3 月 25 日、30—31 日萧县分别出现霜冻天气，地面最低温度降至 -1.9℃；3 月 25 日灵璧、萧县最低气温达 -1.3 ~ -1.6℃，对小麦拔节，油菜现蕾造成不同程度的灾害。

2006 年，低温霜冻　3 月 13 日，宿州最低气温下降至 -1.7℃，形成低温冻害。

图 22-39　2006 年 3 月 15 日，宿州紫芦湖农场播期偏晚小麦受冻情况

2008 年，低温雨雪冰冻　1 月中下旬全市各地极端最低气温 -7.1 ~ -10.8℃，日平均气温≤0℃的连续日数 24 ~ 29 天；各地降雪 10 天左右，雨雪量 27 ~ 47 毫米，各地最大积雪深度 12 厘米左右，连续最长积雪日数 13 ~ 22 天。特别是 1 月 19—20 日、27—28 日宿州市普降中到大雪，损坏蔬菜大棚 984 个，养殖大棚 99 个；农作物受灾面积 2250 亩，倒塌房屋 5 间，损坏房屋 118 间，直接经济损失 2246 万元，其中农业经济损失 1992.4 万元。

2010 年，低温霜冻　4 月 15—16 日出现晚霜冻，全市各地最低气温 -0.5 ~ 0.8℃。萧县 8 个园艺分场的葡萄惨遭危害，已经发出的葡萄枝芽全部冻坏，造成 5000 多亩葡萄大幅度减产，其中 2000 亩左右的葡萄绝收，直接经济损失在 1000 万元以上。另外小麦及苹果、梨等水果也不同程度受灾。

第七节　其他灾害

一、雷击

1960 年，雷击　9 月 25 日，灵璧下暴雨时有 3 人遭雷击死亡，4 人受伤。

1963 年，雷击　5 月下旬，灵璧下暴雨时有 18 人遭雷击死亡，43 人受伤。

1985 年，雷击　10 月 9 日，泗县北部出现大风、冰雹天气，有 1 人遭雷击死亡。

1987 年，雷击　4 月 9 日，萧县出现雷雨天气，有 2 人被雷击伤，部分电视机被击坏。

1990 年，雷击　7 月 9 日傍晚，泗县九里沟乡西李村 18 岁的刘永和 15 岁的刘刚奉母命给在西南湖看瓜的爷爷刘茂南送饭，黑狗随后。途遇雷雨，至瓜棚全身湿透，此时雷雨渐大。突然惊雷一声，瓜棚起火，刘永瞬间成焦尸，老人和小孙子重伤昏死，黑狗同遇难。刘刚因伤重于次日死亡，老人也因伤 9 天后亡故。

1992 年，雷击　5 月 5 日，泗县黄圩中学院内发生雷击事件，2 学生 1 死 1 伤。

2004 年，雷击　7 月 6 日 5 时 40 分左右，泗县泗城镇三王村马庄农民路西平，男，39 岁，在泗县北睢河里下丝网捕鱼，被雷电击死。8 月 1 日，灵璧县杨疃镇一名 16 岁的放羊女孩，在沟边放羊时被雷暴击中，身上的衣服被雷电烧焦，当场死亡。

2005 年，雷击　7 月 31 日，埇桥区南部某煤矿办公大楼雷击事故，楼内通讯设备中调度交换机

CPU 板、COM 板各损坏一块，调度台左键及离子显示屏损坏；网络设备中网络交换机两台、终端机网卡两台、光纤收发器一套；监控及 LED 屏中调度室 LED 大屏及小条屏损坏、云台控制解码器一套损坏；电子屏传感器损坏两台；总价值约 40 多万元。

2007 年，雷击　2006 年，雷击　全市各地年度内共报告雷击事故6起，直接经济损失100 多万元，办公电子电器成为主要被袭击目标。雷击已成为宿州市主要气象灾害之一。

6 月 23 日晨，泗县烟草局仓库、客服部、营销部、宿舍楼等处，遭雷击损坏计算机服务器 1 台、交换机 4 个、电脑 2 台、无线网桥 1 个、个人电脑 2 台、空调 1 台，所有设备供电部分均正常，电脑损坏的都是网卡，仓库西两层宿舍楼里的住户电脑主板也遭雷击损坏。

2008 年，雷击　6 月 3 日，泗县丁湖镇吴圩村曹巷庄韩家祥（男，45 岁）下午 4～5 时之间在田间收麦子时被雷击死。同日，宿城港利房地产某小区总配电箱避雷器受损；分配电箱避雷器受损；语音通话系统避雷器受损；配电箱电路受损，由于进行了有效的防雷保护，雷击发生时，多个避雷器被击毁，但保护了分路的各用电设备。

图 22－40　2008 年 6 月 3 日，被雷电击坏的避雷器

7 月 15 日 17 时左右，埇桥区解集乡春王村柳元村民组许崇辉（男 16 岁）遭雷击死亡，其妹许崇芳被击伤（后经治疗康复）；7 月 18 日凌晨 5 时左右，310 国道萧县段收费站遭雷击，站用传感器一只报废、仪表三只严重受损、打印机三台不能工作、各种计算机通信端口无法工作；7 月 24 日凌晨 1 时左右，住宿部队弹药库架高监控云台被雷击中毁坏，弹药库两个室内监控探头毁坏；7 月 28 日凌晨 1 时左右，祁东矿业有限公司调度交换机主交换机 CPU 损坏、信息中心主交换机 RJ45 部分接口（雷击时处工作状态）损坏、两台电子称损坏、瓦斯监控系统不能正常传输信号。

8 月 4 日，埇桥区许疃煤矿遭雷击，顶楼及楼内摄像头均有损坏、主井金属架内一根支线路炸裂，主井操作室中公共机损坏、三台显示器受损、主机电源受损、主井配电柜中空气开关跳闸、变电所至风井及工人村间输电线路中一只避雷器炸毁，造成线路跳闸。

2009 年，雷击　7 月 21 日下午 15 点 20 分，宿州南苑宾馆遭雷击，大量设备受损。

2011 年，雷击　7 月 6 日，灵璧县韦集烟草稽查分队供电线路雷击事故。电表配电箱输出线路击穿烧坏，机房配电盒空气开关击穿烧焦。分析其雷击原因：雷电直接击中附近移动通信铁塔，在较长的架空供电线路上产生很高感应电压，造成配电设备和供电线路击穿灼烧。

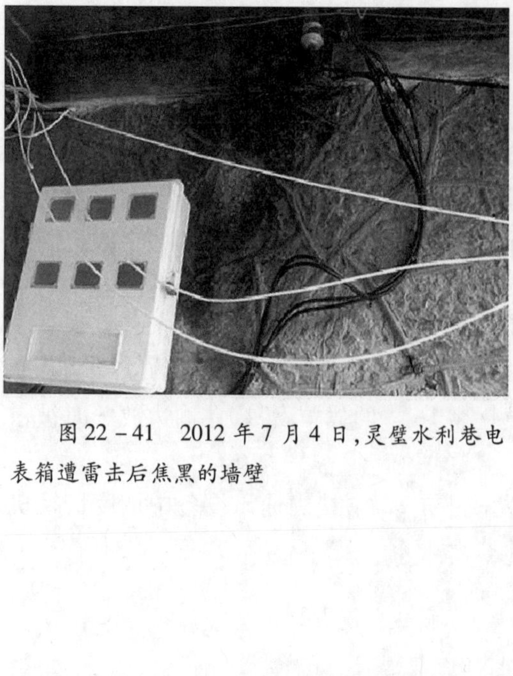

图 22－41　2012 年 7 月 4 日，灵璧水利巷电表箱遭雷击后焦黑的墙壁

2012 年，雷击　7 月 4 日，灵璧县水利巷 10 千伏输电线路遭雷击，电表箱自燃达两个多小时，附近住户超百台电脑、电视、空调等家用电器受损。灵璧新桥加油站遭球雷损害，加油站电脑、管控机、两台加油机受损。

二、其他灾害

1966 年，雨凇　3 月 5—8 日，本地区南部出现雨凇（冰凌），交通、邮电线路遭受一定的破坏。

1986 年，大雾　11 月 7 日，萧县出现大雾天气，早晨 7 点起至中午 11 时方散。严重影响交通安全。县汽车站整个上午停止发车。

1987 年，雨凇　1 月 1—4 日，全区各县出现雨凇天气 2 ~ 4 天，其厚度之大，维持时间之长，实属罕见。厚实的雨凇压断部分输电线路和通信线路，造成停电和通信中断。

1992 年，大雾　泗县全年大雾 41 次，一般能见度小于 1000 米，雾浓时不足 10 米。县交警队统计，因大雾出现交通事故 8 次，直接经济损失 10 余万元，其中 2 万元以上达 3 次，严重的有 3 车相撞，损失达 3 万多元。

1994 年，大雾　萧县 11 月出现大雾 7 天，为历史之最。全县因大雾造成 8 起交通事故，伤亡 7 人，直接经济损失 12500 元。

1997 年，大雾　11—12 月，砀山共出现 7 ~ 8 次大雾天气，是近年来大雾天气最多的年份。全县多次发生恶性交通事故，人车伤亡惨重。

1999 年，大雾　砀山 11 月发生 3 次、12 月 2 次大雾。县交警大队资料显示，每次大雾均有撞车事故。其中以 11 月 23 日发生在砀城至园艺场的车祸最为惨重，造成 1 死 1 伤。

2002 年，酸雨　7 月 18 日 18—20 时，砀山暴雨（酸雨），雨量 58 毫米，李庄镇东南董屯一带的 40.5 亩树木（杨树、桃树、梨树等）、农作物（棉花、大豆、甘薯、玉米、高粱等）、动物（青蛙、蟾蜍等）均遭到不同程度的毁灭性危害。其危害症状为：植物、农作物叶绿素全部遭到破坏，颜色呈黑褐、黄褐、白色。蛙类窒息死亡，草干枯。

2004 年，大雾　11 月下旬至 12 月中旬，砀山出现 4 次浓雾天气，全县交通事故频发。

附　录

一、荣誉集锦

（一）集体获奖

据不完全统计，60年来，宿州市气象局及所属机关事业单位、县级气象局共获得省部级、厅局级以及县处级各类集体荣誉奖390项（次）。其中，宿州市气象局及所属机关事业单位获安徽省文明单位、百家最佳优质服务单位、中国农业网站百强单位等省部级各类奖励14项（次），县级气象局获23项（次）。宿州市气象局及所属机关事业单位获宿州市文明单位、文明单位标兵、文明行业、文明窗口、抗洪抢险先进集体、最佳优质服务单位、人工增雨防雹先进单位、优秀网站等厅局级各类奖励88项（次），县级气象局获奖123项（次）。宿州市气象局及所属机关事业单位获先进党支部、先进基层党组织、生产救灾工作先进单位、抗洪抢险先进集体、社会治安综合治理工作先进单位、平安单位等县处级各类奖励40项（次），县级气象局获102项（次）。

1. 气象台获奖情况

1993—2012年，气象台5次获得"全国重大灾害性天气气象服务先进集体""汛期气象服务先进集体""百家最佳优质服务单位"省部级荣誉称号。9次获得"汛期预报服务先进集体""宿州市抗洪抢险先进集体""宿州市先进集体""重大气象服务先进集体""创优质服务先进单位"等厅局级荣誉称号。

2. 宿州农网获奖情况

2001年至2012年，"宿州农网"7次获得"宿州市优秀网站"称号、宿州市信息化协会"先进单位"称号。

2003年至2012年，"宿州农网"5次荣获"全省信息入乡先进单位""全省农网信息港第一名""全省农业信息服务先进单位""全省优秀网站""特别优秀单位"称号。

2005年，"宿州农网"荣获中国气象局政策法规司、中国兴农网联合颁发的2005年"中国农村综合经济信息网系统"气象为农服务优秀奖。

2005年、2008年，"淮海农资网"荣获中国电子商务协会、农博网联合颁发的"2005中国农业网站100强"称号；中国电子商务协会、中国互联网协会、农业部信息中心颁发的"2008年度第五届中国农业网站百强单位（农资类10强）"荣誉称号。

2005年，"宿州先锋网"荣获安徽省委组织部、安徽省气象局颁发的优秀党建网站称号。

3. 人工影响天气获奖情况

1998年至2012年，宿州市人工影响天气办公室被安徽省人工降雨防雹联席会议（或领导小组）表彰为"人工降雨防雹组织优秀奖"14年次，各县、区人工影响天气办公室表彰为"人工降雨作业先进单位"35站次。被宿州市政府表彰为"全市人工增雨工作先进单位"8年次。

4. 气象学会获奖情况

1983年，宿县地区科学技术协会授予宿县地区气象学会"1982年度先进学会"称号；1999年以后，宿州市科学技术协会先后6次授予宿州市气象学会“优秀学会”称号；2次授予“全市科协工作先进集体”称号；2011年授予市气象学会《宿州市科协“5612”工程先进单位》称号。

中国科学技术协会1993年授予宿县地区气象学会“先进学会”称号。

5. 灾防协会获奖情况

宿县地区科学技术协会1997年授予宿州市灾害防御协会1995—1996年度“全区科普工作先进集体”称号；宿州市科学技术协会2007年授予宿州市灾害防御协会2001—2006年度“全市科协工作先进集体”称号。

6. 资料室获奖情况

1988年，被宿县行署档案局评为科技档案管理“先进单位”称号；1990年，荣获安徽省档案局颁发的“1990年机关档案管理省一级先进”称号；1992年荣获安徽省档案局颁发的“省一级机关档案管理”证书；1999年获“省部级科技事业单位档案管理”单位称号。

1994年5月，安徽省气象局发文表彰“宿县地区气象局及所属县局档案管理全部达标升级”。1999年，宿州市气象局资料室晋级为省部级科技事业单位档案管理。

7. 财会知识竞赛获奖情况

2013年10月，在全省气象系统举行的首届财会知识竞赛中。由王夫北、田明丽、姜立英组成的宿州市气象局代表队取得团体第一名的佳绩。

其他未能列入的集体奖励详见2012年9月编印的“改革开放以来《宿州市气象局科技成果汇编》”附录二中的附录1至附录3。

(二)职工获奖

1. 省部级奖励

1956年3月，孟继方被安徽省政府授予“社会主义建设积极分子”(劳动模范)称号。

1960年2月，佘修平被安徽省政府授予“社会主义建设积极分子”(劳动模范)称号。

1988年4月，周鸿庆获安徽省省级劳动模范称号。

1993年元月，泗县气象局局长卢山刚被国家气象局授予“全国优秀气象站长”称号。

2. 其他奖励

60年间，宿州市气象系统职工在各自的工作岗位上，勤勤恳恳工作，无私奉献，取得优异成绩，所属职工个人荣誉奖842人(次)。宿州市气象局及所属机关事业单位职工获得全国质量优秀测报员、全国“优秀值班预报员”、全国气象部门双文明建设先进个人、全国气象先进工作者、全省抗洪抢险先进个人、中国气象局优秀系统管理员、安徽省技术能手等省部级各类奖励57人(次)，县级气象局职工获奖16人(次)。市气象局及所属机关事业单位职工获全省质量优秀测报员、安徽省气象系统先进工作者、宿州市先进工作者、全省气象科技服务先进个人、以及最佳地面观测员、农气员、预报员、业务管理员、网络管理员和观测员奉献奖等厅局级各类奖励344人(次)，县级气象局职工获奖293人(次)。市气象局及所属机关事业单位职工获优秀党务工作者、优秀共产党员、宿州市“十佳”气象女职工、“三八”红旗手、先进工作者、科普工作先进工作者、优秀学会干部等县处级各类奖励55人(次)，县级气象局职工获奖77人(次)。

受篇幅所限，这里不再逐项列入，详细情况见2012年9月编印的“改革开放以来《宿州市气象局科技成果汇编》”附录二中的附录4至附录6。

二、有关文件题录

(一)地方政府关于气象工作文件题录

宿县地委、行署(宿州市政府)及其有关部门发文要目

表附录-1

文号	发文单位	文件标题	发文日期(年.月.日)
革发〔1977〕30号	宿县地区革命委员会 安徽省宿县军分区	关于今年我区使用民兵高炮进行人工降雨的安排意见	1977.07.27
革秘〔1977〕59号	宿县地区革命委员会	关于全区开展气候普查的通知	1977.10.06
联字第1号	宿县地区革委会气象局、科技局、农林局、供销合作社、棉办室	关于联合召开土面增温剂会议的通知	1977.11.03
宿地气字〔1978〕32号 宿地财予字〔1978〕144号	宿县地区革命委员会气象局 宿县地区革命委员会财政局	人工降雨经费通知	1978.09.20
宿地发〔1978〕90号	中国共产党宿县地区委员会	批转地区气象局党组《关于大力开展气象工作为农业服务的报告》	1978.11.04
革编字〔1978〕30号	宿县地区革命委员会编制办公室	关于成立"宿县地区农业气象试验站"的批复	1978.11.20
革发〔1979〕84号	宿县地区革命委员会	关于加强保护气象观测场地环境条件的通知	1979.09.08
宿地农字〔1980〕15号 宿地气字〔1980〕06号	宿县地区革命委员会农林局 宿县地区革命委员会气象局	关于农林场站建立专业气象站的联合通知	1980.01.30
行发〔1980〕163号	安徽省宿县地区行政公署	安徽省宿县地区关于保护和改善气象台站观测环境的通告	1980.11.01
行办发〔1984〕13号	宿县地区行政公署办公室	关于地区农科所三幢职工宿舍让给地区气象局的批复	1984.05.21
行发〔1984〕51号	安徽省宿县地区行政公署	关于要求设立宿县气象服务站的请示	
政办函〔1984〕87号	安徽省人民政府办公厅	关于同意设立宿县气象服务站的批复	1984.07.13
行办发〔1987〕8号	宿县地区行政公署办公室	批转地区气象局《关于气象部门开展有偿专业服务情况和今后意见的报告》	1987.05.05
乡企生字〔1994〕18号	宿县地区行署乡镇企业局 宿县地区行署气象局	关于在全区轮窑厂建立气象防灾警报网的通知	1994.03.13
局字〔1994〕08号	宿县地区行署乡镇企业局 宿县地区行署气象局	关于转发全区乡镇企业局、气象局长会议纪要的通知	1994.04.08
宿地气局字〔94〕19号	宿县行署计划委员会、宿县行署财政局、宿县行署气象局	关于明确我区地方气象事业项目和经费的通知	1994.04.20
行办秘〔1994〕23号	宿县地区行政公署办公室	关于成立宿县地区农村经济信息中心的通知	1994.06.08
计综函字〔1996〕86号	宿县地区行政公署计划委员会	关于将我区地方气象事业"九五"计划纳入全区国民经济和社会发展"九五"计划的复函	1996.07.14

续表附录－1

文号	发文单位	文件标题	发文日期（年.月.日）
宿气发〔1996〕23号	宿县地区气象局、宿县地区公安消防支队、宿县地区技术监督局	关于落实皖政办〔1996〕12号文的请示	1996.7.16
地编字〔1996〕13号	宿县地区机构编制委员会	关于成立宿县地区防雷减灾局的批复	1996.08.18
行办发〔1997〕14号	宿县地区行署办公室	转发地区气象局关于恢复我区人工增雨防雹工作意见的通知	1997.03.14
行办秘〔1997〕14号	宿县地区行署办公室	关于成立宿县地区人工增雨防雹减灾工作领导小组的通知	1997.04.04
行办函〔1997〕03号	宿县地区行署办公室	关于分担人影天气经费的通知	1997.05.04
建设〔1998〕64号	宿县地区行署建设委员会 宿县地区防雷减灾局	关于加强我区建（构）筑物防雷管理工作的通知	1998.05.04
房改字〔1998〕35号	宿县地区住房制度改革办公室	关于宿县地区气象局集资建职工住房的批复	1998.09.29
宿气局字〔1999〕18号	宿州市农村经济委员会 宿州市气象局	关于建立宿州市农村综合经济信息网的报告	1999.05.19
政办〔1999〕22号	宿州市人民政府办公室	关于印发"宿州市农村综合经济信息网建设方案"的通知	1999.12.10
政办秘〔2000〕27号	宿州市人民政府办公室	关于加强防雷安全管理工作的通知	2000.04.24
宿政〔2002〕34号	宿州市人民政府	关于解决我市天气雷达设备经费的请示	2002.11.29
宿政办发〔2002〕59号	宿州市人民政府办公室	关于在全市开展防雷安全普查工作的通知	2002.07.23
宿安办字〔2003〕第11号	宿州市安委会办公室 宿州市防雷减灾局	关于做好2003年度防雷安全工作的通知	2003.02
宿气发14号	宿州市气象局 宿州市公安消防支队	关于加强全市防雷防静电装置安全检测工作的通知	2004.03.22
宿政秘〔2004〕61号	宿州市人民政府	关于落实我市数字化天气雷达楼工程建设资金的通知	2004.07.21
宿政办秘〔2005〕29号	宿州市人民政府办公室	关于落实2005年人工增雨防雹经费的通知	2005.04.28
宿气发〔2005〕17号	宿州市安全生产监督管理局 宿州市气象局	关于开展全市防雷安全专项检查工作的通知	2005.10.25
宿政秘〔2005〕75号	宿州市人民政府	关于加强防雷减灾管理工作的通知	2005.11.18
宿气发〔2006〕10号	宿州市安全生产监督管理局 宿州市气象局	关于开展防雷安全专项检查的通知	2006.08.20
宿政办发〔2006〕29号	宿州市人民政府办公室	关于印发百镇千村农信通工程实施方案的通知	2006.09.07

续表附录－1

文号	发文单位	文件标题	发文日期(年.月.日)
宿政办发〔2006〕50 号	宿州市人民政府办公室	关于印发宿州市防御台风应急预案的通知	2006.12.27
宿卫防〔2007〕19 号	宿州市卫生局 宿州市气象局	关于印发宿州市卫生局、宿州市气象局应对气象条件引发公共卫生安全问题的合作方案的通知	2007.01.31
宿气发〔2007〕12 号	宿州市气象局、宿州市教育局 宿州市安全生产监督管理局	关于做好学校防雷安全工作的紧急通知	2007.06.05
宿政办明电〔2007〕95 号	宿州市人民政府办公室	关于开展防雷减灾督查工作的通知	2007.06.11
宿政发〔2007〕18 号	宿州市人民政府	关于印发加快气象事业发展的决定	2007.07.02
宿气发〔2007〕16 号	宿州市气象局 宿州市教育局	关于在全市中学内安装气象预警信息电子显示屏的通知	2007.07.16
宿卫防〔2007〕72 号	宿州市卫生局 宿州市气象局	关于转发省卫生厅省气象局“关于印发安徽省高温中暑事件卫生应急预案的通知”的通知	2007.08.30
宿市科〔2007〕49 号	宿州市科技局 宿州市气象局	关于转发省科技厅省气象局“关于加快安徽省气象科技创新工作意见”的通知	2007.11.02
宿应急办明电〔2008〕7 号	宿州市人民政府应急管理办公室	关于加强雷电天气计算机信息系统安全防护的紧急通知	2008.07
教基〔2008〕61 号	宿州市教育局 宿州市气象局	转发关于做好安徽省小学生气象灾害防御教育读本发放使用工作的通知的通知	2008.08.27
宿气发〔2009〕15 号	宿州市气象局 宿州市安全生产监督管理局	转发关于 2009 年度防雷装置安全性能监测的通知	2009.05.04
宿气发〔2009〕18 号	宿州市气象局 宿州市教育局	关于进一步加强农村学校雷电灾害防御工作的通知	2009.06.12
宿政办〔2009〕34 号	宿州市人民政府办公室	关于印发宿州市乡镇综合信息服务站建设实施方案的通知	2009
宿政办秘〔2009〕73 号	宿州市人民政府办公室	关于落实防灾减灾气象应急服务移动指挥系统建设资金的通知	2009.11.09
安监综〔2010〕98 号	宿州市安全生产监督管理局、宿州市气象局	关于在全市开展防雷安全专项查活动的通知	2010.05
宿政办发〔2011〕27 号	宿州市人民政府办公室	关于印发宿州市雷击风险评估管理办法的通知	2011.07.29
宿政发〔2011〕17 号	宿州市人民政府	关于印发宿州市气象灾害应急预案的通知	2011.08.24
发改农经〔2011〕303 号	宿州市发展和改革委员会 宿州市气象局	关于印发宿州市气象事业“十二五”发展规划的通知	2011.09.15
宿气发〔2011〕30 号	宿州市气象局 宿州市教育局	关于在全市开展校舍防雷安全专项检查的通知	2011.10.21

续表附录－1

文号	发文单位	文件标题	发文日期（年.月.日）
宿气发〔2012〕25号	宿州市气象局 宿州市煤炭管理局	关于加强煤矿防雷安全工作的通知	2012.07.05
宿政办秘〔2012〕71号	宿州市人民政府办公室	关于调整宿州市人工影响天气领导小组的通知	2012.08.02
宿政办秘〔2013〕49号	宿州市人民政府办公室	关于印发宿州市2013年人工影响天气工作计划的通知	2013.07.26

埇桥区（宿县及县级宿州市）政府及其有关部门发文要目

表附录－2

文号	发文单位	文件标题	发文日期（年.月.日）
宿政〔1984〕39号	宿县人民政府	关于要求设立宿县气象服务站的报告	1984.05.10
市政〔1991〕16号	宿州市人民政府	关于设立宿州市气象服务台的通知	1991.04.11
宿政〔1992〕28号	宿县人民政府	关于设立宿县气象服务台的通知	1992.04.10
宿气发〔2002〕16号	埇桥区人民政府、宿州市气象局	关于成立埇桥区气象局的通知	2002.06.19
埇气发〔2007〕18号	埇桥区气象局、埇桥区教育局 埇桥区安全生产监督管理局	关于做好学校防雷安全工作的紧急通知	2007.06.14
埇卫字〔2007〕130号	宿州市埇桥区卫生局 宿州市埇桥区气象局	关于转发省卫生厅省气象局“关于印发安徽省高温中暑事件卫生应急预案的通知”的通知	2007.09.10
埇政秘〔2011〕28号	宿州市埇桥区人民政府	关于加强建（构）物等防雷安全工作的通知	2011.04.09
埇政办〔2011〕60号	宿州市埇桥区人民政府办公室	转发宿州市人民政府办公室关于印发宿州市雷击风险评估管理办法的通知	2011.08.23
埇政秘〔2011〕17号	宿州市埇桥区人民政府	关于将乡村气象服务专项建设内容纳入目标管理的通知	2011.03.20
埇政办秘〔2011〕21号	宿州市埇桥区人民政府办公室	关于成立宿州市埇桥区气象灾害防御工作领导小组的通知	2011.03.22
埇政办〔2011〕33号	宿州市埇桥区人民政府办公室	关于印发《宿州市埇桥区气象灾害应急准备工作认证管理办法》的通知	2011.05.16
埇政办〔2011〕35号	宿州市埇桥区人民政府办公室	关于印发宿州市埇桥区气象灾害应急准备工作认证实施细则（试行）的通知	2011.05.21
埇政办〔2011〕45号	宿州市埇桥区人民政府办公室	关于进一步加强气象为农服务工作的通知	2011.06.21
埇政办〔2011〕53号	宿州市埇桥区人民政府办公室	关于印发宿州市埇桥区气象灾害应急预案的通知	2011.07.20

续表附录－2

文号	发文单位	文件标题	发文日期（年.月.日）
埇政办秘〔2012〕23号	宿州市埇桥区人民政府办公室	关于成立宿州市埇桥区农业物联网发展工作领导小组的通知	2012.03.23
区组字〔2012〕24号	中共宿州市埇桥区委组织部 宿州市埇桥区气象局	关于表彰2011年度全区综合信息服务站先进集体与先进个人的决定	2012.05.14
埇政办秘〔2012〕61号	宿州市埇桥区人民政府办公室	关于成立宿州市埇桥区人工影响天气领导小组的通知	2012.08.02
埇政办〔2013〕9号	宿州市埇桥区人民政府办公室	宿州市埇桥区人民政府办公室关于将"三农"气象服务专项建设内容纳入目标管理的通知	2013.03.16
埇卫字〔2013〕78号	宿州市埇桥区卫生局 宿州市埇桥区气象局	关于印发《埇桥区高温中暑事件卫生应急预案》的通知	2013.08.01
埇气字〔2013〕22号	宿州市埇桥区气象局 宿州市埇桥区民政局	关于成立乡镇（街道）气象灾害防御管理所的通知	2013.09.09
区组字〔2013〕39号	中共宿州市埇桥区委组织部 宿州市埇桥区气象局	关于表彰2013年度全区优秀气象信息员的决定	2013.10.28

（二）主要参考文献（资料）

1. 砀山县地方志编纂委员会编，《砀山县志》，方志出版社，1996年8月出版

2. 安徽省宿县地区地方志编纂委员会，周道斌主编，《宿县地区志》，中国人民大学出版社，1995年9月出版

3. 宿州市地方志编纂委员会编，《宿州市志》（原县级宿州市1979年10月至1992年10月），上海古籍出版社，1991年12月出版

4. 张秉伦、方兆本主编，《淮河与长江中下游旱涝灾害年表与旱涝规律研究》，安徽教育出版社，1998年9月出版

5. 宿迁气象志编纂委员会，《宿迁气象志》，气象出版社，2009年5月出版

6. 南通气象志编纂委员会，《南通气象志》，气象出版社，2012年5月出版

7. 安徽减灾年鉴编辑委员会，《安徽减灾年鉴》（1991—1995），安徽人民出版社，2000年7月出版

8. 安徽减灾年鉴编辑委员会，《安徽减灾年鉴》（1996—2000），安徽大学出版社，2003年10月出版

9. 张学贤、戚尚恩主编，《宿州气候》，气象出版社，2012年9月出版

10. 安徽省气象局编，《安徽省基层气象台站简史》，气象出版社，2010年3月出版

11. 安徽省气象局、安徽省气象学会，《安徽省气象志》（1986—2005），气象出版社，2012年3月出版

12. 周鸿庆主编，《宿县地区气象志》，油印本，1987年2月印刷

13. 李国师主编，《阜阳地区气象志》，铅印本，1990年8月印刷

14. 江春铭主编，《灵璧县气象志》，油印本，1985年6月印刷

15. 宿州市档案局编，《宿州年鉴》，珠海出版社，1999年5月出版

16. 宿州市档案局编,《宿州年鉴》,黄山书社,2000 年 10 月出版
17. 宿州市档案局编,《宿州年鉴》,黄山书社,2001 年 10 月出版
18. 宿州市档案局编,《宿州年鉴》,黄山书社,2002 年 11 月出版
19. 宿州市档案局编,《宿州年鉴》,铅印本(2003—2013 年共 11 本)
20. 1949 ~ 1990 中国干旱灾害事件表(电子版)
21. 1949 ~ 1990 中国雨涝灾害事件表(电子版)
22. 1949 ~ 1990 中国龙卷风灾害事件表(电子版)
23. 1949 ~ 1990 中国寒潮灾害事件表(电子版)
24. 1949 ~ 1990 年中国冰雹灾害事件表(电子版)
25. 1949 ~ 1990 中国热带风暴灾害事件表(电子版)
26. 安徽省宿县地区土肥站. 宿县地区土壤. 铅印本. 1986 年 11 月印刷
27. 宿州市统计局,国家统计局宿州调查队. 宿州统计年鉴. 合肥恒鑫纸塑制品有限公司. 2012 年 8 月印刷
28. 翟武全主编. 中国气象灾害大典·安徽卷. 气象出版社. 2007 年 6 月出版
29. 翟武全主编. 中国气象灾害大典·安徽卷(2001—2005 年). 铅印本. 2008 年 10 月印刷
30. 戚尚恩、唐守顺、蒋跃林,《宿县地区农业气候资源分析与区划》. 铅印本. 1985 年 9 月印刷
31. 宿县地方志编纂委员会主编,《宿县县志》,黄山书社,1988 年 12 月出版
32. 国家气象局编定,《农业气象观测规范》(上卷),气象出版社. 1993 年 6 月出版
33. 中央气象局、中国科学院地球物理研究所联合资料室编印,《中国降水资料》,铅印本. 1954 年 5 月印刷
34. 安徽省水利电力厅,《安徽省水文手册》,铅印本. 1958 年 10 月印刷
35. 安徽省革命委员会水利电力局,《安徽省历年水文统计》,铅印本. 1972 年 7 月
36. 宿县曹村中学气象哨编,《看天浅说》,油印本. 1977 年 9 月印刷
37. 朱炳海,《天气谚语》,开明书店出版,1952 年 9 月第一版,1953 年 2 月第二次印刷出版
38. 宿县地区档案馆编印,《谚语》,铅印本. 1978 年 8 月印刷
39. 江苏省建湖县《物象测天》编写组,《物象测天》,农业出版社,1977 年 10 月出版
40. 王劲草编著,《农谚选》,安徽科学技术出版社,1985 年 2 月出版
41. 宿县地区科学技术协会、气象学会编印,《天气谚语》,铅印本. 1983 年 4 月印刷
42. 天气谚语在长期天气预报中的应用编写组编,《天气谚语在长期天气预报中的应用》,科学出版社,1977 年 10 月出版
43. 萧县地方志编纂委员会主编,《萧县志》,中国人民大学出版社,1989 年 12 月出版
44. 灵璧县地方志办公室整理,《灵璧县志》,黄山书社,2007 年 8 月出版
45. 安徽省地方志编纂委员会编著,《安徽省志·气象志》,安徽人民出版社,1990 年 3 月出版
46. 泗县地方志编纂委员会主编,《泗县志》,浙江人民出版社,1990 年 8 月出版
47. 上海、江苏、安徽、浙江、江西、福建省(市)气象局、中央气象局研究所编,《华东地区近五百年气候历史资料》,铅印本. 1978 年 1 月印刷
48. 安徽省气象台情报组,《安徽省灾害性天气年鉴》(1950—1976),铅印本. 1977 年 12 月印刷
49. 安徽省气象台情报、长期预报组,《安徽省旱涝史料》,铅印本. 1979 年印刷
50. 宿县气象局,《宿县旱、涝、雹、风、蝗、病、震等灾害史料摘录》,铅印本. 1980 年 3 月印

三、自然物候及天气谚语

本附录收集了宿县地区档案馆《谚语》、曹村气象哨《看天浅说》、宿县地区气象学会《天气谚语》、宿县地区及各县市地方志中的有关谚语、《灵璧气象志》中的天气谚语以及《物象测天》《天气谚语》《农谚选》中的有关淮北地区的部分内容,仅供参考。

(一)植物物候谚语

桃花落在烂泥里,麦子收在干土里;
发尽桃花水,必是旱黄梅;
桃花落在干土里,麦子收在烂泥里;
韭菜发芽报春早。
南瓜头向下,天气将(有)变化;
柳树萌芽早,初春温度高;
水底泛青苔,天有风雨来;
虫窝(树干上的)淌水,天将阴雨。

(二)动物物候谚语

蠓虫扑(打)脸,下(有)雨不远;
蠓虫拉磨,风雨就到;
乌鸦成群飞着叫,短期之内风雨到;
乌鸦哑声叫,雨要到;
喜鹊叫得欢,一定是晴天;
喜鹊乱叫,阴雨天到;
久雨闻鹊声,不久天转晴;
大雁南飞要下霜;
燕子高飞晴天告,燕子低飞雨天报;
燕子贴地飞,出门带蓑衣;
猫头鹰二声三声叫,风雨必将到;
猫头鹰白天叫,会有雨天到;
黑蜻蜓飞成群,阴雨天气将来临;
蜻蜓飞屋檐,风雨在眼前;
蜻蜓高,晒得焦;蜻蜓低,出门带蓑衣;
红蜻蜓飞舞,热在大暑;
蜘蛛张网兆天晴,蜘蛛收网天将雨;
蜘蛛结网,雨停不过响;
蝉儿早早结束叫,秋季转凉来得早;
"知了鸣",天放晴;
雨中闻蝉叫,预告晴天到;
麻雀囤食,天要下雪;
麻雀成群欢飞叫,雨天过后晴天到
麻雀洗澡雨要到;
蜜蜂不收窝,来日有雨落;
蜜蜂带雨采蜜天将晴;
蜜蜂阴处叫,必有风雨到;
蜜蜂迟归,雨来风吹;
鸡上窝早晴,鸡上窝晚阴;
鸡洗旱澡,天气不会好;
晚上鸡鸭早进笼,明天太阳红彤彤;
鸡不入笼有大雨;
公鸡高处鸣,阴天要转晴;
母鸡斗,天要漏;
屎克螂通夜忙,明天好晒粮;
蛤蟆叫,雨来到;
早蛙阴,晚蛙晴,中午蛙叫晒死人;
青蛙叫得欢,必有大阴天;
长虫过路,大雨将注;
水蛇水面游,雨水遍地流;
泥鳅暴跳,风雨必到;
泥鳅静,天气晴;
鱼起头,下雨不用愁;
鱼儿跳,有雨到;
鸭子潜水快,天气将变坏;
鸭子上栏早,雨天将来到。
蚂蚁成群爬上墙,雨水淋湿大屋梁;
蚂蚁搬家,有雨不差;
狗肚翻肠响,将有大雨降;
狗吃青草阴,猫吃青草晴;
蚂蚁垒窝蛇过道,燕子低飞山戴帽,大雨马上就来到。

(三)物象谚语

烟搭棚,天气晴(天要晴);

烟囱不出烟,一定是阴天;

屋里不出烟,眼前无晴天;

炊烟乱地跑,天气不会好;

灶烟往下滚,不久雨来临;

烟烧屋,天将哭;

草灰(草木灰)结成饼,天有风雨临;

灶灰湿作块,定有大雨来;

锅底出汗,天气要变;

河塘翻底,有雨不远。

水缸出汗地返潮,不久雨来到;

缸穿裙,大雨淋;

地潮沟里旱,庄稼收的没法办;

盐罐返潮,大雨难逃;

柱脚石(石柱子下边的基石)潮湿有雨;咸鱼滴卤,大雨如注;

水底泛青苔,天有风雨来;

石头出汗,塘水要漫;

水缸翻底、塘里浮青苔、透腥气,天气要转阴雨;粪坑冒泡,大雨将到。

(四)天象谚语

1.云

早起红云雨涟涟,晚起红云火烧天

早上瓦瓦云,中午晒死人;

早上白云走,晌午晒干柳;

今晚花花云,明日晒死人;

茄子云,晒煞人;豆荚云,天大晴;

城堡云,有雨临;

馒头云,天气晴;疙瘩云,晒死人;

朝有破絮云,午后雷雨临;

炮台云,雨淋淋;锯齿云,天不晴;

云低转雨,云高转晴;

云从东南涨,有雨不过晌;

云彩出了朵,下雨无处躲;

云无脚,雨无踪;云越高,天越晴;

云彩对风行,天气莫望晴;

天脚乌云吊,倾盆大雨到;

云彩似灰布,大雨止不住;

天上起了鲤鱼斑,明天晒谷不用翻;

天上云翻腾,必定起大风;

天上起了堡塔云,地上不久有雨淋;

天上钩卷云,地上雨淋淋;

天上有了黑块云,江河洪水涨起来;

天上挂絮云,地上有雨淋;

天上棉絮云,地上有雨淋;

天上灰布悬,地上雨绵绵;

天黄闷热乌云绞,天河水吼防冰雹;

天上扫帚云,三天雨淋淋;

一朵乌云涌上天,必有狂风吹人间;

乌云无脚,雨淋不着;

火烧乌云盖,大雨来得快;

乌云接驾,不阴就下;

乌云接日头,半夜雨稠稠;

乌云在天顶,有雨也不凶;

乌云接日高,有雨在明朝;

乌云接日低,有雨在夜里;

乌云在东,有雨不凶;乌云在西,大路成溪;乌云吹向西,打马送蓑衣;

乌云遮落日,不落今日落明日;

乌云接太阳,猛雨两三场;

日落乌云长,半夜雨点响;

乌云沉沉,冰雹出阵;

不怕乌云块大,就怕黑白云打架;

乌云夹白云,不遭吹来也遭淋;

白云变黑云,必定大雨淋;

黑云在骑马,雨点沙沙下;

黑心红边大块云,下雨一定凶又狠;

黑云窜天河,洪水穿山过;

夏云黑心带红彩,有雨必下冰雹来;

浓云发红,冰雹不轻;

黑云上边有白云,上下翻动冰雹临;

阴云满地跑,天气要转好;

黑云黄云搅,这场雹子小不了;

云色恶,必有雹;

西北乌云无好货,不是大风就是雹;

西北起黄云，冰雹要来临；

黑云镶白边，冰雹将会来；

黑云风，白云雨；

西北黑云生，雷雨必震声；

满天一色云，遍地雨淋淋；

云在东，雨不凶；云在南，河水满；(夏季)西北望无边，一定是晴天；

南云北云穿梭游，大水可能漫河流；

风云逆行雨淋淋；

云相磨，水成河；云相斗，天顶漏；

云下山，地不干；

傍晚无云有微风，来日定是好天公；

云头打架，必有雨下；

晚上西北暗，有雨还有闪；晚若西北明，来日天气晴；(夏季)。

黑(指云)吃红(太阳)，雨等不到明；红吃黑，雨等不到黑。

云走东，雨不凶；云走西，披蓑衣；云走南，雨成团；云走北，日头烈。

云往东，一场空；云往西，雨凄凄；云往南，雨成潭；云往北，田开裂。

云行东，车马通；云行西，马溅泥；云行南，水满潭；云行北，好晒麦。

云向东，雨无踪；云向西，水没犁；云向南，雨潺潺；云向北，好晒谷。

北云翻过南，大水聚成潭；南云翻过北，没有水磨墨；北云南逃，大雨随到。

黑猪过河，大雨滂沱；江猪过河，落雨成何；乌龙挡坝，来朝雨下；云往天河跑，有雨很快到；有云如猪羊，防水冲屋梁。

2. 风

东风湿，西风干；北风寒，南风暖；

春东风，雨祖宗；

东风下雨东风晴，再刮东风就不灵；

东北风，雨太公；

早刮东风不雨，涝刮西风不晴；

东风急，备蓑衣；

东风不倒，神仙难保(要下雨)；

东南紧一紧，下雨快得很；雨后起东风，夜里雨更凶；

东风有雨下，只怕太文雅；

一年三季东风雨，独有夏季东风晴；

四季东风下，只怕东风刮不大；

东北风，降雨雪；西南风，看明月；

南风转东风，三天不落空；

东南风是调雨台，西北风是开天锁；

春夏东南风，不必问天公；

雨后西南风，三天不落空；

西南火风三日晴；

五月南风下大雨，六月南风海也干；

风是雨的头，风狂雨骤收；

春西北，晒被头；冬西北，必转晴；

秋冬西北风，日日好天空；

五月南风涨大水，六月南风井底干；

六月北风雨回头；

冬南夏北，转眼雨得(雨落)；

七月北风及时雨；

春南夏北，有风必雨；春东夏西，骑马送蓑衣；夏雨北风生；

暑要南，寒要北，反了风向大雨追；

秋前北风雨，秋后北风晴；

地上刮风云不动，风向瞬间要变动；

无风不雨，无风不晴；

黑风头，黄风尾，光打雷，不下雨；

久晴夜风雨，久雨夜风晴；

东风下雨西风晴，南风发热北风冷；

东风湿西风干，南风暖北风寒；

开门风，关门住，关门不住，要刮倒树；五月(农历)东风不雨；

春起东风雨绵绵，夏起东风井断泉，秋起东风秋不论，冬起东风雪连天。

3. 雷、电、声、光

早雷不过晌，早雷下大雨；

一日春雷十日雨；

雷声像拉磨，狂风夹冰雹；

响雷雨不凶，闷雷下满坑；

雷轰天顶，有雨不猛；雷轰天边，大雨连天；当头雷无雨，连头雷暴雨；

雷打惊蛰前,高山好种田;
雷打惊蛰后,低田能种豆;
雷打立春节,惊蛰雨不歇;
秋后雷声发,大旱一百八;
先打雷,后刮风;有雨也不凶;
雷声大,雨量少;
先见闪,后闻雷,大雨紧跟随;
久雨闻雷声,不久定天晴;
雷响无尾音,马上会天晴;
雷声绕天转,有雨不久远;
西方雷声隆隆叫,大雨马上就要到;
雷声团团转,要雨不会远;
打炸雷,雨缩回;雷哼哼,大雨倾;
雷声闷沉沉,天晴难得稳;
先雷后雨不长久;先雨后雷下不停;
炸雷雨天晴,闷雷雨连阴;
东闪日头西闪雨,南闪火门开,北闪有雨来;闪电无光,风大雨狂;
正月雷打节,二月雨不歇,三月缺秧水,四月田开裂,五月发大水。

4. 雨、露、雾、霜

早上下雨当日晴,晚上有雨到天明;
鸡打鸣时下了雨,有雨不会大;
雨前濛濛无大雨,雨后濛濛不晴天;
雨中亮一亮,还要下一丈;
久晴出现露(雾),有雨在明后;
有雨四方亮,无雨天顶光;
早晨露水特别大,一、二天里有雨下;
久晴大雾雨,久雨大雾晴;
露水直到中午干,晴天就要转阴天;
有露起云,雨天将临;
早雾晴,晚雾阴(雨);
晨起雾露,晒破葫芦;
早上满天雾,尽管洗衣裤;
清晨浓雾,天晴不误;
春雾雨,夏雾热,秋雾晴,冬雾雪;
日开雾晴,风开雾阴;
雾早散,天气晴;雾迟散,雨淋淋;
云吃雾雨,雾吃云晴;
雾上升,天气晴;雾下沉,雨淋淋;
大雾不过三,不雨也阴天;
雾带白,天气晴;雾带黑,天将雨;
日晴夜雾;
傍晚拉起雾,半夜冲断路;
大雾不开雨就来;
雾收的早,天气晴好;
雾收不起,细雨不止;
雾露不收即是雨;
雾开天晴,雾合天阴;
秋雾干到底,冬雾来还礼;
大雾在初冬,朝朝太阳红;
一场冬雾一场雪,十场冬雾下半月;
腊月多雾露,无水做酒醋;
一场树孝(雾凇),一场水;
雾下山,地不干;
春霜东风一日晴,不出三日天要变;
雾脚零乱雨淋淋;
霜打冬至前,来年雨涟涟;
一雾三晴,十雾九晴;
霜降被雨打,来年踩泥巴;
霜夹雾,旱的井也枯;
早晨出门一片白,今天一定晴到黑;
霜(雾)重见晴天;
雨夹雪,一下就得半个月;
浓霜猛日头。

5. 日(太阳)

日出红云升,劝君莫远行;
日出猫咪眼,有雨不到晚;
日出胭脂红,无雨便是风;
日出有乌云,风雨将来临;
日出云来迎,无雨也不晴;
日出早雨,日出晚晴;
日落红云升,来日是晴天;
日落云连天,半夜有雨颠;
日落乌云长,半夜听水响;
日落胭脂红,无雨便是风;
日头戴上帽,风雨一定到;
日头衔山,明天晴天;

太阳颜色黄,明日大风狂;
太阳反照,晒得嚎叫;
黑云接太阳,有雨在晚上;
太阳打伞,有雨在喊;
雨中太阳晌午露,还得三天沤;
太阳爬墙,雨水满塘;
太阳落,乌云长,半夜三更听雨点响;
太阳穿外套,无风雨也到。

6. 月

月亮起毛毛,太阳坐阴牢;
月亮长毛,晴也不牢;
月亮毛东东,不是雨来就是风;
月亮打伞,晒破岩板;
月亮打黄伞,三天晴不到晚;
月亮长毛,大雨涛涛;
日晕三更雨,月晕午时风;
日晕雨打田,月晕火烧天;
日晕涨江水,月晕草枯萎;
月色胭脂红,不雨也起风。

7. 星

晚上星星稠,明天热死牛;
久雨见星光,明日雨更狂;
星星照稀泥,明天雨霏霏;
星星眨眼,有雨不远;
星星照湿地,落雨不歇气;
落雨见星,难望天晴;
天上星星跳,落雨如水倒;
星光摇,风雨恶;
星子稀,披蓑衣;星子稠,晒死牛;
星成团,地成潭;
星星稀,淋死鸡;星星密,晒破衣;
满天星,大天晴;
黄昏星,雨淋淋;半夜星,大天晴;
闪烁星光,雨下风狂。

8. 霞、虹等其他

早霞不出门,晚霞行千里;
早出青霞,等雨烧茶;
早上红云照,无雨便是雹;
早晨烧霞,傍晚沤麻;
早晨烧天不到晚,晚上烧天九日晴;
晚上红霞,无水烧茶;
朝霞暮雨晚霞晴;红霞雨,黄霞风;
朝霞烧到顶,下雨会满井;
日出东南红,无雨便是风;
晚出青霞,干死蛤蟆;
早看东红不等黑,晚看东红半个月;
日出天发紫,有雨不能止;
日暮火烧云,明天必定晒死人;
早虹雨,晚虹晴;
雨前虹,落不停;雨后虹,天转晴;
东虹日头西虹雨;
虹吃雨天要晴,雨吃虹下不停;
短虹快收,风雨后头;
虹见东,有雨一场空;虹见西,早晚披蓑衣;虹入云中,雨下不停;
寒潮过后是晴天,夜里无云地尽霜;
热极生风,闷极生雨;
云彩吃虹,下雨不停;虹吃云彩,雨下不成;久雨出虹转久晴,久晴出虹转久雨。

9. 季节

正月十五雨打灯,滴滴哒哒到清明;
春风多,秋雨多;
春吹东风雨连绵,夏吹东风断水源;
四季东风是雨娘;
春雨勤,夏雨匀,春雨过多伏里旱;春雪纷纷是旱年;
一场春雨一场暖,十场春雨单衣穿;春风不多,夏秋旱;
春寒多有雨,夏寒断水流(初夏);
春暖夏雨少;
清明有雨,连到谷雨;
清明晒干柳,馍馍噎死狗;
有钱难买五月旱,六月连阴吃饱饭;立夏南风夏雨多;
立夏起东风,鲤鱼哭祖宗;
立夏不下,干断塘坝;

芒种西南风，夏至雨连天；

夏至无雨三伏热；

夏至五月端，麦贵一千天；

夏至是晴天，有雨在秋边；

五月南风发大水，六月南风井也干；大旱不过五月十三；

六月初一龙落泪，新粮倒比陈粮贵；端午东南风，当年泥洼坑；

六月六雨湿衣，连阴带晴四十一；

六月六湿龙衣，一直下到七月七；

晒伏头，淋伏脚，打的粮食没处搁；淋了伏头，锈了锄头；

淋头伏，晒伏脚，七、八月里断水喝；三伏透雨下，一亩能顶一亩八；

淋了小暑头，四十五天不使牛；

小暑南风伏里旱；

伏天没大雨，九九天没大雪；

三伏天不热，冬天多雨雪；

立秋有雨庄稼丢，处暑有雨庄稼收；秋雨连绵西北风；

立秋打雷三河水，立秋打雷不旱秋；秋季北风对春雨；

秋前北风秋后雨，秋后北风干河底；秋分刮北风，腊月雨水多；

八月初一下一阵，旱到来年五月尽；秋后雨水多，来年雨水缺；

八月十五云遮月，正月十五雪打灯；白露下雨，来年夏雨多；

重阳无雨看十三，十三无雨一冬干；头九雨雪对二月；

重阳阴天冬天暖，重阳晴天冬天寒；冬不冷夏不热；

立冬下，多雨雪；立冬干，一冬干；冬三月无雨，春三月有雨；

小雪不下雪，旱到来年五月初；

大雪下雪，来年雨不缺；

头九下，九九下；头九晴，九九晴；冻破头九，九九暖；

头九二九下了雪，头伏二伏雨不缺；三九无东风，春里无大雨；

头九冻河二九开，三九冻河等春开；九里南风伏里旱；

九九雨雪多，夏天雨水少；

九里无雨伏里旱；

一冬无雪天藏玉，三月有雨地生金；九尽三场雨，遍地都是米；

冬至一场风，夏至一场暴（雨）；

冬至不下到立春；

冬春雨水贵似油，不让一滴往外流；冬暖春寒夏雨多；

九里无大雪，伏天无大水；

干冬湿年，快活种田；

春季南风是雨娘，夏季南风干禾苗，秋季南风毛毛雨，冬季南风雪花飘；

春季东风雨涟涟，夏季东风井断泉，秋季东风田开烈，冬季东风雪漫天；

南风送九九，干死荷花晒死柳；北风送九九，船儿仃在大门口；雪送九九，十塘九裂。

正月二十阴，遍地生黄金；正月二十晴，鲤鱼穿河凌；正月二十下，鲤鱼干死桥底下。

（五）天气与农业

正月十五雪打灯，今年必有好收成；

立春三场雨，遍地都是米；

二月二湿了场，麦子谷子一把糠；

麦收三月雨，还得二月下；

雨洒清明好年景；

春雷响，万物长；

清明前后一场雨，豌豆麦子中了举；

麦怕清明连夜雨；

麦怕胎里旱，人怕老来穷；

清明下雨烂麦根；

春天三场雨，秋后不缺米；

麦田常干燥，麦苗哈哈笑；

四月不拿扇，急煞种田汉；

肥不过春雨，瘦不过秋霜；

四月十二湿了老鸹（乌鸦）毛，麦子水里捞；春得一犁雨，秋收万担粮；

春雨漫了垅，麦子豌豆丢了种；

春雨贵似油，多下农民愁；

雨打梨花减一半，沙打梨花不见面；

春风带哨，秋后易涝；

好雨下三场，粮食没处藏；

晚霜伤棉苗，早霜伤棉桃；

麦黄西南风，就怕要送终；

五月不热，稻谷不结；

麦黄不要风，久风没收成；

五月天不冷，豆子收一捧；

夏至雨点值千金，夏至过后雨如金；

大豆开花，墒沟摸虾；

伏里无雨，谷里无米；伏里雨多，谷里米多；该热（三伏）不热，五谷不结；

伏里一天一暴，坐在家里收稻；

人往屋里钻，稻在田里窜；

人在屋里热的叫，稻在田里哈哈笑；

人热了跳，稻热了笑；

人怕老来穷，稻怕寒露风；

遭了寒露风，收成一场空；

麦收八、十、三场雨；

庄稼就怕夹秋旱；

秋禾夜雨强似粪，一场夜雨一场肥；

迎秋三场雨，遍地出黄金；

立秋下雨万物收，处暑下雨万物丢；

立了秋，那里下雨那里收；

棉怕八月连阴天，稻怕寒露一朝霜；

处暑好晴天，农民摘新棉；

五九六九雪一场，麦季多收几石粮；

地冻一尺深，害虫断了根；

七月十五定旱涝，八月十五定年成；

冻断麦根，挑断麻绳；

八月初一雁门开，大雁脚下带霜来；

冷收麦，热收秋；

冬天下雪麦盖被，小孩枕着馒头睡；

麦是苦虫，不冻不行；

腊月大雪半尺厚，麦子还嫌“被”不够；雪在田，麦在仓；

麦子盖上雪花被，来年枕着馍馍睡；

白盖黑，吃陈麦；

今冬大雪飘，明年收成好；

冬雪年丰，春雪无用；

一场冬雪一场财，一场春雪一场灾；

瑞（大）雪兆丰年；

冬雪一条被，春雪一把刀；

冬雪是被，春雪是鬼；

冬雪是麦被，春雪烂麦根；

春雪填满沟，夏田全不收；

春旱谷仓满，夏旱断种粮；

春旱不算旱，秋旱减一半；

春旱盖仓房，秋旱断种粮；

不怕旱苗，就怕旱籽；

不怕种子旱，就怕秋苗干；

水荒百日，旱荒一年；

黑天下雨白天晴，打的粮食没处盛；

霜打片，雹打线；

冬寒春雨多，冬暖春雨少，冬暖又要防春寒；干冬湿年下，冬旱易春涝。

编 后 记

本志全面记述了宿州气象业务、服务、管理、体制、机构、人员等方面的历史演变过程,系统地介绍了宿州气象事业的发展历史和现状,实事求是的记载了宿州气象事业的发展历程,客观描述了宿州气候特点、气候资源及主要灾害性天气;收录了2220多年以来的主要气象灾害。是集史料性、科普性、实用性、权威性于一体的气象资料工具书。本志可供党政部门领导以及气象、水利、水文、农业、林业、史志等行业的工作者参考应用。

《宿州气象志》由宿州市气象局编修。市气象局局长任编委会主任,副局长、纪检组长、学会秘书长任编委会副主任,市气象局机关各科室及各事业单位主要负责人为成员,学会秘书长主编、并负责统稿。

2012年7月,宿州市气象局主要负责人提出编修《宿州气象志》。因准备宿州气象建制60周年庆典活动,编修延后。2013年3月列入市气象局科研计划,编志工作正式启动。《宿州气象志》的编修规划通过市气象学术委员会的可行性论证后,对参加编修人员进行分工以及修志专业知识培训,制定了志书编写大纲和开展资料的搜集、整理,进行初稿编写工作。初稿的每一章、节内容都由相关单位资历较深或掌握内情的人员撰写,最后汇总由主编统稿、总纂。

第一稿的编撰大纲是按照地方志办公室编写地方专业志的有关精神,在《宿县地区气象志》的基础上,只编1978年以后的内容,但在查找老档案时发现,原志中很多地方需要拾遗补缺,因此随后的编写大纲改为从气象站建立开始编。

新编写大纲吸收了外地《气象志》的编写经验,在原编撰大纲的基础上进行了重大调整。除增加了地理环境、职工队伍、科研教育、财务与资产等内容外,还对大事记、气象灾害等众多内容进行拾遗补缺,仅1952年至1985年的大事记内容,就增加了约两倍的份量;内容增加最多的是气象灾害纪实,《宿县地区气象志》中气象灾害纪实仅13页,不足5000字;新志中该部分87页,仅1985年之前的内容就超过70000字。

2013年3月、5月、8月、10月及2014年2月先后多次召开或发布《宿州气象志》编撰论证会、编写情况汇报会、关于征集入编"宿州气象志"有关内容的通知、编撰进度通报会、初稿编撰催报通知等等;同期,编撰者先后查阅了《淮河与长江中下游旱涝灾害年表与旱涝规律研究》《宿县地区志》、四县一市地方志、《宿县地区气象志》、宿州市气象局资料室、宿州市档案馆、安徽省气象档案馆及图书馆的有关资料等。2014年1月22日,在市气象局召开的离退休老同志座谈会上,通报了《气象志》的编写情况;3—11月完成初稿、修改稿及审核稿。12月召开审稿委员会(纪检组长任主任,离退休科级以上干部任成员)会议,会上、会后提出不少修改意见和建议。2015年2月,召开由《宿州气象志》编委会及撰稿人参加的审核会,提出了进一步修改的建议。根据领导和专家们的修改意见和建议,编纂人员进行了反复的修改,对记述的事件、资料等进一步核实;3—4月主审审核,5月完成总纂,形成送审稿,报宿州市地方志编委会办公室审查,经宿州市地方志编委会办公室编审人员认真审改后,报送有关领导审定验收,批准出版。7月,通过了由市气象局副处级以上领导成员和学术委员会组成的验收委员会的验收。8月,通过安徽省气象局专家委员会的审核。

《宿州气象志》设序、总述、大事记、图片展示、附录等，主体部分设5篇22章、99节，51.7万字。是宿州市有史以来第一部全面记述宿州气象工作的志书。它的出版为人们了解宿州气候及宿州气象工作、为宿州百姓生活及各级政府决策提供帮助。本志第二章由王东、戚尚恩编写，第三章、第四章中第一节、第十三章第一至三节、第十四章第五节、第十九章由吴本勋编写；张丙振：第五章中第一至五节及第七节、第十四章第三节；王昉：第五章中第六节、协助查找资料；王德育：第六、第九章；柏枫：第八章；汪顺勤：第十、第十六章；卢俞：第十一章；祁宦：第十二章；王夫北：第十五章；其他章节及大事记、总述、图片、附录等余下内容均由戚尚恩编写和整理。彩图第一页中的两幅截图从宿州市电子地图中截取，标注当地气象站位置。

该志书在编写过程中得到宿州市气象局各级领导及广大职工的热情帮助和支持，同时也得到宿州市地方志编委会办公室领导和专家的支持与指导。戚尚恩负责该志书的联络、指导、初稿审核、统稿及拾遗补缺、终稿的总纂、校对等；张丙振、戚尚恩联络出版事宜；李红卫、祁宦、孙惠合、陆太平、张友伟、市气象局党组成员负责审稿、复审及终审。该志书的编写既要整理归纳宿州市有气象记录以来的气候状况，又要全面记录宿州气象工作的发展历程，所以工作量大，难度也大。我们本着求实的精神，尽最大可能地、客观地记录宿州气象工作在历史上的每一步，但是由于我们的水平有限，掌握的资料尚不全面，本志书还会存在许多不足或错误之处，恳请广大读者给予批评指正。

在《宿州气象志》的编撰过程中，宿州市地方志办公室、宿州市档案馆、宿州市科协，安徽省气象学会、安徽省气候中心、安徽省气象科学研究所、安徽省气象台、安徽省气象局办公室、安徽省气象信息中心、安徽省气象档案馆以及宿州市气象局广大职工及离退休老领导、老专家、老职工均给予了大力支持和帮助，特别是安徽省气象局专家组（周倍顺、吴必文、田红、王东勇、管国双）的审核，全面提升了本志的编排质量。在此，谨表示衷心感谢。

期盼日后修志者同仁，将本志下限之后史料悉心收录保存，作为《宿州气象志》续修之用。并对本志遗漏错讹之处进行修正，则幸甚。

编 者

2015年8月